DAJIANG ZHIDAO

ZHONGGUO TONGZUO JIAJU ZHIZUO JIYI

大匠之道

——中国通作家具制作技艺

王金祥 著

图书在版编目（CIP）数据

大匠之道：中国通作家具制作技艺 / 王金祥著. --
苏州：苏州大学出版社，2023.3
ISBN 978-7-5672-4078-0

Ⅰ. ①大… Ⅱ. ①王… Ⅲ. ①家具–制作–中国
Ⅳ. ①TS666.2

中国国家版本馆CIP数据核字(2023)第054053号

书　　名　大匠之道——中国通作家具制作技艺
著　　者　王金祥
策划编辑　刘一霖
责任编辑　刘一霖
文字统筹　凌振荣　赵彤　王曦　戴烨　朱叶彤
装帧设计　高坚　王曦
图片摄影　施东升　高坚　王曦
出版发行　苏州大学出版社（Soochow University Press）
社　　址　苏州市十梓街1号
邮　　编　215006
网　　址　www.sudapress.com
印　　刷　上海雅昌艺术印刷有限公司
销售热线　0512-67481020
开　　本　889 mm×1 194 mm 1/16　印张：21　字数：302 千字
版　　次　2023年3月第1版
印　　次　2023年3月第1次印刷
书　　号　ISBN 978-7-5672-4078-0
定　　价　380.00元

王金祥

1963年4月生，江苏南通人

正高级工艺美术师

正高级乡村振兴技艺师

中国通作家具研究中心主任

2019年“全国五一劳动奖章”获得者

2019年中国民间文艺“山花奖”获得者

中国民间文艺家协会会员

江苏省产业教授（本科类）

江苏省非物质文化遗产(通作家具制作技艺)省级代表性传承人

江苏工匠

江苏省企业首席技师

江苏省乡土人才“三带”名人

江苏省工艺美术名人

南通通作家具博物馆馆长

南通大学艺术学院兼职教授

南通市民间文艺家协会副主席

序

食、衣、住、行是人类最基本的生活内容，也映衬出人们的生活水平与生活质量。家具与人类的生活起居紧密联系，是人们日常生活中不可或缺的最重要用具之一。看似普普通通的日用家具，却真真切切地折射出时代的文明，承载着人类的智慧，闪耀着艺术的光辉，体现着人文的价值。

我国家具制造业历史悠久、多彩纷呈。自明清以来，人们按照产区的地理位置、设计风格、技艺特点等，大致将其中最为优秀的家具制作技艺称为苏作、京作、广作等，且公认以苏作为最。苏作从广义上讲，应该是江苏一带家具制作的统称。通作家具，究其脉络，是苏作家具的一支，抑或是自成流派的技艺体系，业界都还没有非常确切的定论。但现存的通作家具实物，总体上都呈现出典雅、质朴、精致、隽秀的艺术风格与特色，也因而被大众青睐。

自古至今，家具制作的能工巧匠都备受人们的敬重。当今，通作家具制作技艺代表性传承人王金祥先生，就是被同行及社会所公认和尊敬的工艺美术家之一。记得早在先秦时期的手工艺专著《考工记》里就讲道："知者创物，巧者述之守之，世谓之工。百工之事，皆圣人之作也。"王金祥先生完全符合这个标准。王金祥先生在实践中能准确地将传统通作家具制作技艺坚守好，并传承、发展下去，是"巧者"；更为难能可贵的是，在这个基础上，他又能创造性地设计制作出更多既有传统元素，又符合现代审美的通作家具，并在市级、省级、国家级各类艺术作品竞赛、展览、评比中屡获大奖，得到业界与社会的肯定，是"知者"；他所创造的成绩，可称"圣人之作也"。

我们工艺美术行业，虽不乏能工巧匠，但也确实多少存在着"会做的不会写（著书）""会写（著书）的又不善做"的现实状况，而又能做又能写（著书）的艺人是凤毛麟角。朴实、勤奋又不乏智慧的王金祥先生属于后者。多年来，他把通作家具制作技艺加以系统地整理与记录，出版了《大器"婉"成——一张通作柞榛方桌的解析》《一席绮梦——一张通作楠木挑檐架子床的解读》两部专著，通过对典型家具的解析，对前辈精湛技艺的总结，精确地分析并绘制图解，供业者学习借鉴，也引领民众加以鉴赏。今天，王金祥先生又写了《大匠之道——中国通作家具制作技艺》一书，更加全面、系统地对通作家具的人文内涵、造型设计、材料运用、技艺表现等进行总结与提炼。应该说这是一部专业性、学术性、艺术性很强的著作，其无疑对通作家具制作技艺的发展与弘扬，对相关从业人员技艺的进步与提升，都能起到很好的促进作用。

冀望王金祥先生百尺竿头更进一步，艺术之路越走越宽广！

是为序。

马 达

中国工艺美术学会原副理事长

江苏省工艺美术行业协会、学会名誉会长

研究员级高级工艺美术师

前言

形而上者谓之“道”，形而下者谓之“器”。

通作家具是器，但已“进乎于道”。在这当中，起关键作用的是人。通作家具之所以能在诞生数百年后的今天登上大雅之堂，成为文博界共同认可的古典家具的典范，就是因为它们被贯注了古代知识分子的人文精神和审美情趣。

明代后期，随着工商业的繁荣，江南一带出现了“富贵争盛，贫民尤效”的风气。这不仅体现在服饰、饮食等方面，而且对家具也提出了“既期贵重，又求精工”的要求。南通通作家具正是在这一时期逐步成型并成熟起来的。

在这里，我们不得不对“通作家具”这一概念再做一次诠释。明清两代，中国古典家具的制作样式和工艺水准达到了顶峰。按照地理位置、流派风格和设计理念的不同，中国古典家具大致可分为晋作、京作、广作和苏作四大流派。其中，以苏作家具的水平为最高。

在很长一段时间内，人们普遍认为，苏作家具的产地就是苏州，但是，南通人李渔在他的《闲情偶寄》中曾有这样的论述：“以时论之，今胜于古。以地论之，北不如南。维扬之木器，姑苏之竹器，可谓甲于古今，冠乎天下矣。”由于李渔出生于明代，因此，他留下的文字最有说服力。

因此，我们可以知道，明代中后叶至清早期，苏州工匠主要从事的是竹器的制作，而顶级木制家具的主要产地在“维扬”。所谓“苏作家具”，更准确的说法应该是“维扬家具”。

在这里，李渔所说的“维扬”并非专指扬州一地，在雍正之前，南通都曾隶属扬州府。所以，他说的“维扬”包括了今天的扬州、泰州、南通和淮安的广大地区。事实上，从存世的明清家具来看，南通的数量巨大，且水准极高。近年来，作为“维扬家具”最重要的一个分支，通作家具已被业界广泛认可，由中国民间文艺家协会认定的“中国通作家具研究中心”的成立便是明证。

好的艺术家是由好的观众培养起来的。现在是这样，古代其实也是这样。在明末清初那个动荡不已的乱世，南通观众仍然培养出了评书表演艺术家柳敬亭和戏剧理论家、实践家李渔等。

南通人柳敬亭很厉害，他最擅长说的两部书是《隋唐》和《水浒》。因为说得好，他甚至引起了与他同时代搞思想史研究的大学者黄宗羲的注意。黄宗羲给了他很高的评价："每发一声，使人闻之，或如刀剑铁骑，飒然浮空；或如风号雨泣，鸟悲兽骇。"那时候，柳敬亭经常在扬州、杭州、苏州和南京一带巡回演出，每到一个地方，听众皆"逢迎恐后"。

南通人李渔也很厉害。他不但是中国历史上第一个对戏剧理论进行系统研究的人，还自己创作了剧本《比目鱼》《风筝误》等。京剧《凤还巢》就是根据《风筝误》创编的，成为京剧中的传统保留剧目。

李渔还是一位家具设计大师。在他著的那本体现明清知识分子生活情趣和指导文人生活的"完全手册"《闲情偶寄》中，他曾不厌其烦地介绍了他独具匠心的两件作品——凉杌和暖椅的制作方法。

凉杌的杌面是空的，里面设有一个匣子，四面嵌以油灰，"先汲凉水贮杌内，以瓦盖之，务使下面着水，其冷如冰，热复换水"，这样就可以始终保持坐者的清凉和舒适。至于上面覆盖的瓦片，李渔也做出规定，"此瓦须向窑内定烧，江西福建为最，宜兴次之"。由此看来，这瓦应该是琉璃或陶瓷制成的了。

暖椅其实是椅子和书桌的组合。桌子底部有一抽屉，可烧木炭，桌面可保持暖和。李渔说："此椅之妙，全在安抽替于脚栅之下。只此一物，御尽奇寒，使五官四肢均受其利而弗觉。"

正是因为有了像李渔这样的文人加入家具的设计、风格的研讨和样式的推广，特别是将个性化的艺术思维融入具体的器具之中，使通作家具充分体现了彼时文人的思想维度、艺术修养和独到审美，通作家具的制作才由此达到了出神入化的境界。

明清时期，中国知识分子良好的儒学修养使他们既不能忘情于庙堂，又沉醉于山林。这种矛盾却又统一的人格特征，成为中国文人的一种基本特点。他们的这种境界构成了"天人合一"的审美态度，使家具在创意设计、创作实践中充分展现出空灵、简明的特征。这在通作家具中体现得尤为突出。通作家具由此达到了前所未有的艺术高度，成为后人仰慕的“逸品”“妙品”或“神品”。

素雅简练、流畅空灵，删繁就简、独见精神，这是通作家具最高的审美指向，其艺术渊源甚至可以追溯到当时的文人画，因为两者在审美旨趣上是一脉相承的。文人画追求的是“意趣”，用净化的、单纯的笔墨给人以美感，表现文人内心深沉的情感、精深的修养、艺术的趣味与独特的个性，展示超逸脱俗的心态。

王世襄先生在他的《明式家具珍赏》一书中，曾将明式家具的风格归纳为“十六品”，其中所说的简练、淳朴、厚拙、圆浑、沉穆、典雅和清新恰恰都与通作家具的气韵相吻合。而且，因为文人的参与，通作家具在功能的适用、形式的完整和技法的老到方面，更是将“用”和“意”融为一体，在展示高超技艺的同时把追求闲逸之趣的文人化倾向发挥到了极致。

通作家具还以其独特的材质而为世人所称誉。

南通有一种特别的树种，名为“柞榛”。以它为材料制作的家具质地静穆、坚硬，花纹流畅、华丽，时间愈久则光泽愈古旧，如和田玉般温润、典雅。这种特殊的材质既有内在的质之美，也有外在的文之美。这般的天然去雕琢恰恰与中国文人审美中“文质合一”的理想不谋而合，达到了璞玉浑金般的艺术境界。

在通作家具中，我们还能看到“雅俗同流”的文化现象。它反映的是那个时代的文化生态。那时候，文人们常常把人生艺术化，把艺术人生化，既能以诗书立世，又能以散淡终老，从而创造出了才子式的典雅。在这种文化背景下，通作家具作为一种载体，进入了文人的世界，他们借此描绘内心所思与人生情怀，在艺术化的生活中找到了出世与入世的平衡点。

应该说，文人的闲情逸致对通作家具的高度审美化起到了关键作用。一套书房家具，几件案头赏玩，达则兼济天下，穷则独善其身。文人骚客的理想在这有限的空间里进退自如。“莫恋浮名，梦幻泡影有限；且寻乐事，风花雪月无穷”，这是文人梦想中的别有洞天。在这方天地里，他们能临轩倚窗仰望星空，能远离尘世近拥琴棋书画，让思想与心灵超越粗鄙与荒凉，享受“寂寞的欢愉”，在静谧美妙的空间里找到自信、自尊和人格归宿。

南通的地理位置十分独特，它的南边是浩浩荡荡的长江，它的东边是水天苍茫的黄海，在古代，它的北边又是沼泽地，唯有西边一条通道可以进出。这种类似口袋的地势使南通成了“兵家不争之地”。

纵观南通历史，上千年来，南通城几乎没有经历过大的战火。不像有的战略要地，动辄兵戎相见，甚至被屠城数日。老百姓惨遭涂炭，流离失所、背井离乡不说，老祖宗留下来的一点“家私”还一夜之间就“宫阙万间都做了土”。所以，南通这个地方有“崇川福地”之称。也正因为是一方福地，大量的古代家具被保留下来，使后人的研究有了实物资料。

多年以来，借助这些宝贵的资源，王金祥先生对通作家具进行了深入细致的研究，从而有了这部《大匠之道——中国通作家具制作技艺》的付梓。

王金祥先生是一位有责任感、使命感的工匠。作为江苏省非物质文化遗产——通作家具制作技艺省级代表性传承人，前几年，他出版了《大器“婉”成——一张通作柞榛方桌的解析》和《一席绮梦——一张通作楠木挑檐架子床的解读》两部专著。这两本书既是对前辈工匠精湛技艺的再现和总结，又为后人提供了宝贵的范本和借鉴。它们的面世将中国古典家具研究带到了一个全新的领域。

与这两本书相比，《大匠之道——中国通作家具制作技艺》第一次系统地阐述了通作家具出现、发展的时代背景和美学价值，并对其结构、造型和制作中木材的处理、雕刻、打磨、髹漆等技艺进行了全方位总结。显然，它在学术性和专业性方面又更深一层。

王金祥先生的潜心研究，直接拉近了古今之间的距离，使传统与现代、过去与当下、前辈与后辈之间穿越时空的对话和交流成为可能。从这个意义上讲，他已经是一位“进乎于道”的“大匠”了。向他致敬！

赵 彤

资深媒体人

目录

1 **一、通作家具发展的时代背景**
1 1. 繁荣兴旺的社会经济
3 2. 特色鲜明的建筑艺术
6 3. 积淀深厚的江海文化
8 4. 应运而生的木匠利器

13 **二、木材初加工**
13 1. 树木砍伐
14 2. 圆木沉水
15 3. 圆木分段
16 4. 圆木分类
19 5. 圆木分解
23 6. 圆木锯切
24 7. 圆木砍削

28 **三、配料**
28 1. 方料选配
33 2. 异形工件选材
36 3. 面板选料
37 4. 橱背板、橱搁板、橱顶板和橱底板配料
40 5. 拼板
41 (1) 平缝拼
42 (2) 斜缝拼
43 (3) 槽榫拼
44 (4) 企口榫拼
45 (5) 裁口缝拼
46 (6) 嫁接榫拼

47 (7) 燕尾榫拼
48 6. 拼板工艺的选择
49 7. 圆棒榫的制作和选用
51 8. 刨料
51 (1) 坯料
55 (2) 异形料
57 (3) 板料

59 四、家具造型
59 1. 家具设计
60 (1) 草图（以书橱为例）
61 (2) 比例图（以书架为例）
62 (3) 实图一（异形家具）
65 (4) 实图二（以椅类家具为例）
68 (5) 材料镶嵌
69 (6) 天然纹饰
70 (7) 桌、椅、几和案的面心板
71 (8) 线脚
78 (9) 线脚搭配
82 2. 划线
85 (1) 作合工件
88 (2) 异形工件
89 (3) 龙凤榫
90 (4) 大割角出榫
91 (5) 大割角巧角出榫
97 (6) 桌、几和案
100 (7) 书橱

108 (8) 圆角柜
117 (9) 四出头官帽椅
123 (10) 拐儿纹八仙桌
128 (11) 传统床类家具
143 3. 拐儿纹样式和制作
143 (1) 拐儿纹分类
155 (2) 拐儿纹制作
157 4. 通作特色工艺及家具
157 (1) 桌面内圆角
160 (2) 富贵凳平直线
162 (3) 通作凉床子线、皮条线
166 (4) 鸟儿头翘头案和牙条
171 (5) 撇足花几
175 (6) 高束腰画桌
179 (7) 指甲圆线方凳
181 (8) 冰裂纹茶几
185 (9) 宝座
191 (10) 四腿八挓方桌
198 (11) 四腿八挓条凳

205 五、榫卯结构
205 1. 凿卯
207 2. 制榫
210 3. 穿带榫卯
212 (1) 单支穿带榫
213 (2) 两支穿带榫
214 (3) 三支穿带榫

215 (4) 四支穿带榫

216 (5) 五支穿带榫

217 (6) 六支及以上穿带榫

218 4. 通作家具典型榫卯

218 (1) 扣夹榫卯

219 (2) 双燕尾榫卯

220 (3) 锁角榫卯

221 (4) 虎牙榫卯

222 (5) 双出头夹子榫卯

223 (6) 插榫卯

224 (7) 双面割角榫卯

225 (8) 圆角送肩半榫卯

226 (9) 子母榫卯

227 (10) 嫁接榫卯

228 (11) 扒底销子榫卯

229 (12) 鱼尾扣榫卯

230 (13) 圆棒榫卯

231 (14) 满口吞夹子榫卯

232 (15) 走马销榫卯

233 (16) 挑皮割角榫卯

234 (17) 双穿带夹子榫卯

235 (18) 十字榫卯

236 (19) 帮肩半榫卯

237 (20) 钩角榫卯

238 (21) 双人字肩夹榫卯

239 (22) 燕尾扣榫卯

240 (23) 抱肩挂销榫卯

241 (24) 龙凤榫卯

243 六、圆角和线脚工艺

243 1. 圆角制作

243 (1) 横竖档内圆角

245 (2) 落堂座面大边和抹头内圆角

247 (3) 藤面压条内圆角

248 (4) 腿足和牙条内圆角

250 (5) 券口、牙条内圆角

252 (6) 椅类家具搭脑和靠背板内圆角

253 (7) 椅子前腿足和扶手、后腿足和搭脑内圆角

254 2. 刨线

257 七、家具雕刻

258 1. 线雕

259 2. 浅浮雕

261 3. 圆雕

262 4. 透雕

264 八、组装和打磨

264 1. 椅子

266 2. 橱

273 3. 表面

276 九、大漆和五金

276 1. 刮灰

276 (1) 刮底灰

277 (2) 贴夏布
279 (3) 批麻挂灰
280 (4) 表面刮灰
281 2. 擦漆
284 3. 五金
285 4. 五金安装

287 附一：南通木匠工具和配件制作
287 1. 木匠尺
287 (1) 角尺
288 (2) 方板尺
289 (3) 活络尺
290 2. 锯子木配件
292 3. 墨斗
293 4. 划子
294 5. 工具木配件
294 (1) 斧头柄
295 (2) 凿柄
296 (3) 平刨刨床
297 (4) 裁口刨刨床
298 (5) 槽刨刨床
299 (6) 线刨刨床
300 (7) 手工钻
301 (8) 木匠工作台

303 附二：通作家具的木料品种
303 1. 南通地区树木
303 (1) 柏木
304 (2) 榉树
305 (3) 柞榛木
306 (4) 本榆树
307 (5) 枣树
308 (6) 楝树
309 (7) 黄杨
310 (8) 桑树
310 (9) 银杏
311 2. 外来木材
311 (1) 铁力木
311 (2) 鸡翅木
311 (3) 楠木
312 (4) 杉木
312 (5) 黄花梨
312 (6) 紫檀
313 (7) 老红木
313 (8) 香红木

315 后记

一、通作家具发展的时代背景

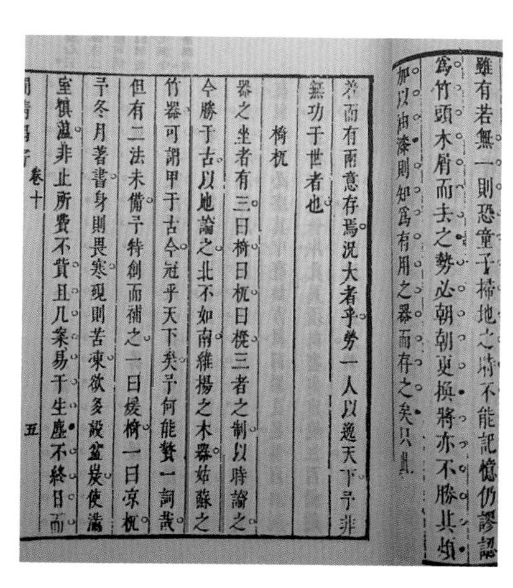

雖有若無一則恐童子掃地之時不能記憶仍謬認
爲竹頭木屑而去之勢必朝朝更換將亦不勝其煩
加以油漆則知爲有用之器而存之矣只須

著而有兩意存焉況大者乎勞一人以逸天下乎非
無功于世者也
椅杌
器之坐者有三曰椅曰杌曰櫈三者之制以時論之
今勝于古以地論之北不如南維揚之木器姑蘇之
竹器可謂甲于古今冠乎天下矣予何能贅一詞哉
但有二法未備予特創而補之一曰煖椅一曰京杌
予冬月著書身則畏寒硯則苦凍欲多設盆炭使滿
室俱溫非止所費不貲且几案易于生塵不終日而

閒情偶寄 卷十 五

明清时期是中国家具发展的黄金时代，全国各地都能生产家具。当时出现了一些全国闻名的家具流派，如苏作、京作和广作，而苏作最著名。关于苏作，有人认为“是苏州制作”，也有人认为“是长江中下游地区的城市制作”。明末清初著名的文学家、戏剧家李渔谈到家具时说过：“以时论之，今胜于古。以地论之，北不如南。维扬之木器，姑苏之竹器，可谓甲于古今，冠乎天下矣。”由此可知，当时顶级家具“苏作”的制作地是维扬。当时维扬包括今天的扬州、泰州和南通等地区。改革开放后，“世界各地收藏家从南通‘淘’走的黄花梨家具达数百件之多，其中不乏大件和精品[1]”。可与黄花梨家具媲美的南通传统柞榛家具是海内外收藏家喜爱的珍品。事实证明，南通是明式家具的重要产地之一。

1. 繁荣兴旺的社会经济

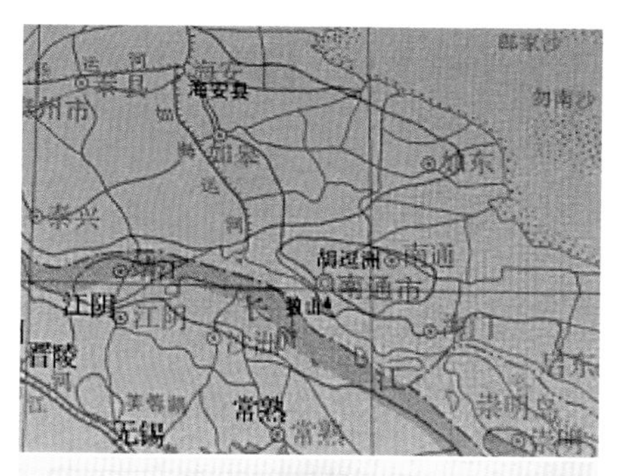

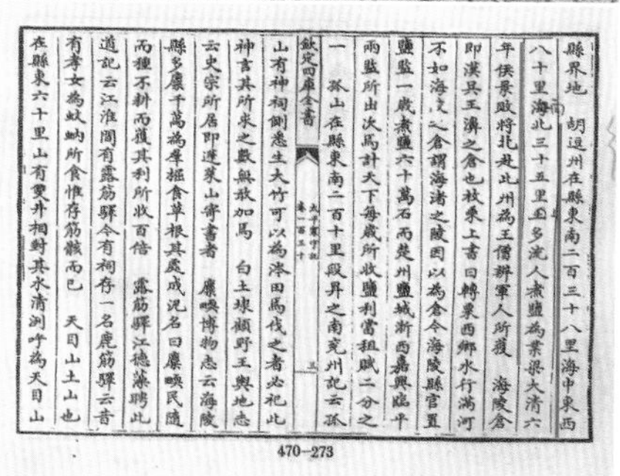

縣界地 胡逗州在縣東南二百三十八里海中東西
八十里海(南)北三十五里土多流人煮鹽爲業梁大清六
年侯景敗將北走此州爲王僧辯軍人所獲 海陵倉
即漢吳王濞之倉也枚乘上書曰轉粟西鄉水行滿河
不如海陵之倉謂海諸之陵因以爲倉今海陵縣官置
鹽監一歲煮鹽六十萬石而楚州鹽城浙西嘉興臨平
兩監所出次焉計天下每歲所收鹽利當租賦二分之
一 孤山在縣東南二百十里殺昇之南兗州記云孤

欽定四庫全書 太平寰宇記 卷一百三十

山有神祠側悉生大竹可以爲涔田馬伐之者必祀此
神言其所求之數無敢加焉 白土埭顧野王輿地志
云史宗所居即蓬萊山齊書者 麋畯博物志云海陵
縣多麋千萬爲羣掘食草根其處成泥名曰麋畯民隨
而種不耕而獲其利所收百倍 露筋驛江德藻聘北
道記云江淮間有露筋驛今有祠存一名鹿筋驛云昔
有孝女爲蚊蚋所食惟存筋骸而已 天目山土山也
在縣東六十里山有雙井相對其水清洌呼爲天目山

470—273

1. 李渔著《闲情偶寄》中关于家具的记述
2. 唐代胡逗洲示意图
3. 宋初乐史著《太平寰宇记》中关于胡逗洲记述

南通原为江口海域，由长江中的泥沙冲击而成。南北朝时南通市区一带涨沙成洲，名为胡逗洲，唐时设盐亭场。宋初乐史所著的《太平寰宇记》中记载：“胡逗州（洲）在县东南二百三十八里海中，东西八十里，海（南）北三十五里，土（上）多流人，煮盐为业。”唐末天佑年间，洲与北边大陆相连。五代后周显德五年（958）静海都镇制置院改为静海军。同年建城垣，改称通州，下领静海、海门两县。

南通滨江临海，素有渔盐之利。食盐是人民生活的必需品，盐课则是国家赋税的重要来源，因此，历代政府都非常重视盐业管理。可见盐在国家经济中的地位。五代时扬州到如皋的运盐河已通到静海。后人称此运盐河为通扬运河。这里是长江门户、兵防要地。这里多次发生大规模的水战，其目的就是争夺这块战略要地，以控制沿海的盐业资源。

宋代通州设利丰监，“管八场：西亭、利丰、永兴、丰利、石港、利和、金沙、余庆”。[2] 明代盐业又有发展。明初，扬州设立两淮都转运盐使司，在通州设立分司，管辖淮南上十场，即如皋县境内的丰利、马塘、掘港 3 场，通州境内的石港、西亭、金沙、余西、余中、余东 6 场，和海门县境内的吕四场。再加上属于泰州分司的栟茶、角斜 2 场，今南通市范围内共有 12 场。嘉靖七年（1528）前后，12 场额定产量加上余盐，共 10 万～12 万吨。[3]《崇川竹枝词》也颂扬了淮南盐业生产的盛况：“三十六场盐户多，盐船朝夕傍盐河；盐花向晚

〔1〕宏林.风华再现：中国传统柞榛家具[M].上海：华东理工大学出版社.2014:27.
〔2〕戴裔煊.宋代钞盐制度研究[M].北京：中华书局,1981:11.
〔3〕穆烜.明代的南通：古代南通简史之五[J].江海纵横,1997:25-28.

白如雪，持比水精可若何。”[1]到清中期，盐产量仍有 10 万吨。由于海岸线东移，滩涂逐步向外延伸，产盐的灶区日益缩小，以后盐产量逐渐降低。

“太祖初立国即下令，凡民田五亩至十亩者，栽桑、麻、木棉各半亩，十亩以上倍之。”[2] 这一措施使棉花种植得到推广，农业结构发生了重大改变。通州植棉和棉纺织技术是从江南传来的，其途径是从江南到崇明，再经海门到通州。由于通州土有碱性，适宜植棉，所以植棉业得到很快发展。棉花种植和棉纺织业的发展，使农业经济增加了新业态，同时也促进了手工业发展。农民白天在田地里劳动，晚上在家纺纱织布。正如李懿曾的词云："通州好，比屋解谋生。夹岸柳丝云碓响，万家篝火布机鸣。勤织又勤耕。”[3]

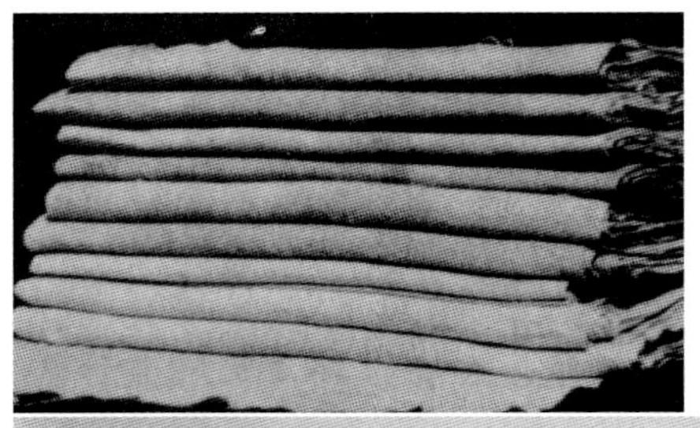

1. 顾能墓出土棉布
2. 东北营口堆放南通土布的原“源大通”商号码头仓库

明中期通州的棉纺织品已能自给，这也被南通的文物考古所证实。1956 年，南通市郊区褚准乡明墓（墓主顾能死于明嘉靖元年）出土棉布。该棉布与松江同时代明墓出土的棉布相比，质地比较粗疏，显然为通州的自产棉布。随着棉植业的扩大和棉纺织业的日益发达，棉花和棉织品自给有余，多余的棉花和土布便被销往外地。“昔在明代，通州棉花畅销徐、淮、山东，已用布袋，每袋六十斤，称之为驮，驴马载运北去。”[4] 据史料记载，通州的棉花不但销往北方，而且也销往南方。由此可知通州棉花种植业之兴旺和棉纺织品销售之繁荣。即使是江南这样的传统植棉区，也有通州的棉花销售，可见通州棉花质量之好，竞争力之强。清中期通州土布声名远播，远销至苏北、南京和东北等地。销往这些地区的布，分别被称为县庄布、京庄布和关庄布，销往浙闽的则被称为杭庄布。

通州植棉业扩大和棉织品销售，显然也占了地理上的优势。通州与江南有一种天然的联系。海门于后周显德五年（958）隶属通州。海门人多来自崇明，而崇明人是江南的移民。海门、崇明语言同江南的相同，同属吴语系。“故大江南北的农工商业，久已联成一系成为不可分割的局境，因此植棉方法、纺织技术，营业行为等等大概相同而商品流通亦早互惠。”[5] 通州棉花和土布销售还得益于交通方面的优势。当时通州的东北从海上可以通辽海诸夷，西南经长江可以通吴粤楚蜀，内地运河可以通齐鲁燕冀。“通”就是四通八达之意。通州

〔1〕季光.崇川竹枝词[M].南京：江苏文史资料编辑部，1996:15.
〔2〕张廷玉等.明史：卷七十八[M].北京：中华书局，1974:1894.
〔3〕季光.崇川竹枝词[M].南京：江苏文史资料编辑部，1996:153.
〔4〕林举百.近代南通土布史[M].南京：南京大学学报编辑部,1984:7.
〔5〕林举百.近代南通土布史[M].南京：南京大学学报编辑部,1984:7.

滨江临海靠运河，有水运方面的优势。当时主要运输工具是船舶，各类商品流通顺畅，有利于商品经济的繁荣和发展。

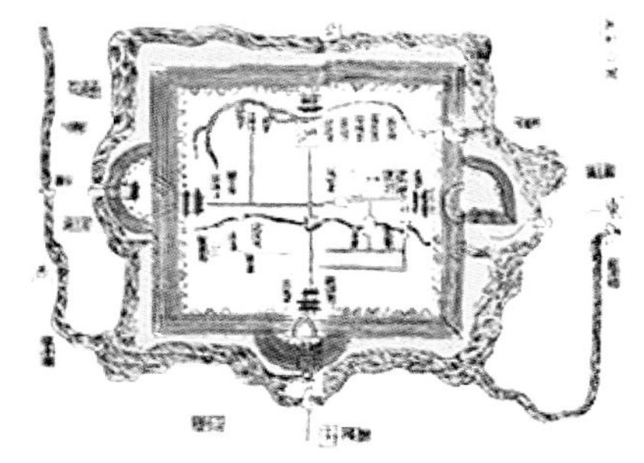

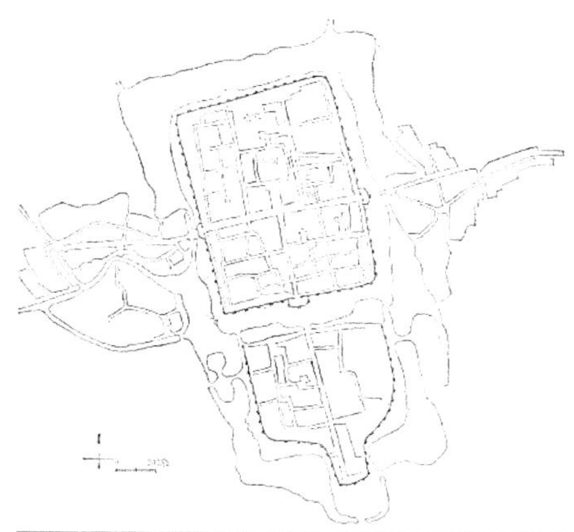

1. 明中期以前的通州城示意图
2. 明末通州城示意图
3. 明墓出土石椁

明代是通州经济发展的显著时期。在盐业生产不断扩大的同时，棉纺织业迅速兴起，手工业也得到快速发展。当时通州已相当繁荣，有“小扬州”和“北苏州”之称，因而有“崇川福地”的美誉。随着人口不断增多，城内有限的面积内，居民的住房越来越拥挤。因此，城市扩建势在必行。明万历二十六年（1598），知州王之城采军山和剑山石在州城的南面加筑了新城，使城市规模有了较大扩展。新城内增建了许多住宅。通州城平面由方形变成了倒葫芦形。

明代中晚期，东南地区出现资本主义萌芽。商品经济的发展，城市的繁荣，使社会风俗发生显著变化。据记载，通州人从前一向重名节，遵古礼，风气淳朴，但到嘉靖年间，民风渐趋奢华。青年们喜欢到外地去买价高而华美的衣料。茶馆、酒店增多，宴会盛行。婚俗也发生变化，人们开始计较彩礼、嫁妆。

社会风俗的变化，一方面透露了商品经济的发展和资本主义萌芽的信息，另一方面反映了物质丰富后社会出现了奢侈之风。反映在丧葬制度上，则是对死者实行厚葬。所谓厚葬，就是死者的棺材用楠木等上等木材制作，棺材外面还有石椁，墓的密封程度比较好。这样的墓都是地位比较高的官僚及其家属的墓。20 世纪 50 到 70 年代，南通和扬州地区曾发现十几座尸体没有腐烂的墓葬。这些墓葬均为明嘉靖、隆庆和万历三个年号之间的。值得注意的是，奢侈之风盛行的年代，与明式家具产生的年代是一致的。这说明在明代中晚期社会存在着一个富裕阶层，他们对明式家具的喜爱和追求成为社会对明式家具的需求。这是明清时期通作家具发展的重要原因之一。

2. 特色鲜明的建筑艺术

通州“据江海之会，扼南北之喉”。优越的地理位置，发达的盐业经济，使通州成为兵防要地、战略重地。因此，州城建设十分重要。州城南边的五山是州城防卫的天然屏障。登山望远，能发现几十里外的敌船，可提前做好击敌的准备。五山与州城之间，是州城防卫的缓冲地带。在山与城之间投入一定的兵力，即可形成第二道外围防线。州城虽不大，但濠河浩浩荡荡，最宽处达 200 多米。如此宽阔的护城河在国内是罕见的。宽广的水域不但便于船舶运输、市民用水

1. 紫琅禅院法乳堂
2. 狼山葵竹山房（准提庵）平面图
3. 狼山支云塔

和农田灌溉，而且是防御敌人、保护城市的重要屏障。这大大增加了敌方进攻的困难。

通州城城周六里七十步，原为土城，在明代加砌砖石。城之东、西、南各开一门。东门为宁波门，西门为来恩门，南门为江山门。西门和南门均为三重瓮城，东门为二重瓮城。城四角有角楼，城上有敌台十六处。城外为宽阔的濠河。大街为丁字形。州署位于城北部正中位置，前面是敲钟击鼓报时的谯楼。丁字形大街交叉处为城中心。此处到南门为南大街，到东门为东大街，到西门为西大街。东西大街有三大建筑临街而立，中间的为城隍庙（郡庙），东大街之东头建筑为文庙（孔庙），西大街之西端建筑为武庙（关帝庙）。州署东侧为试院、总镇署、学正署等；西侧为吏目署、万寿宫、书院等。商店沿大街两侧布置。大街里面的街巷内建有居民住宅。

南大街是州城南北中轴线。州署坐落在轴线的北端。南大街延长线的终点是五山中的狼山。如果站在南门前的长桥上向南望去，狼山上的支云塔就在南大街中间。这就是人们所说的通州城“龙脉”。城内的街道和主要建筑都是依照中轴线呈对称式布置。城市布局严整，规范有序。通州城的朝向不是正朝南，而是南偏东 15°。通州住宅建筑最好的朝向是南偏东 15°。因为此地夏天多东南风，冬季多西北风，这种朝向的房子冬暖夏凉。通州城的设计和建设体现了“天人合一”的思想，反映了建城者的匠心和智慧。

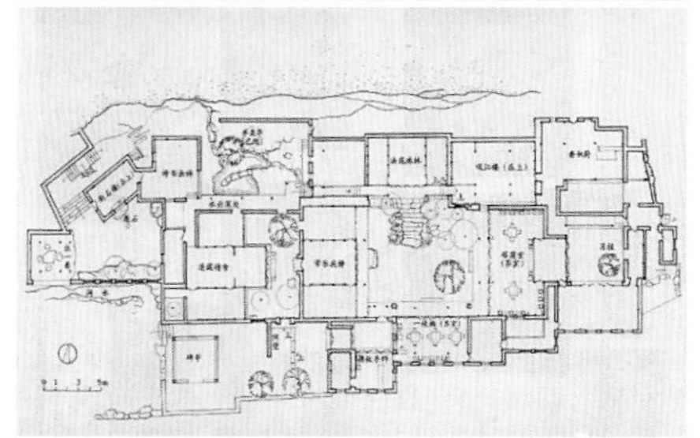

南通的古建筑极富地方特色。在五山中，狼山的广教寺建筑最多，从山脚到山顶层层叠叠，气势恢宏，蔚为大观。建筑分三个组群。南坡山脚为紫琅禅院，金刚殿、轮藏殿、大悲殿建于山脚平台；拾级而上为法乳堂，四壁镶嵌范曾绘制的十八高僧瓷砖画；再上面为藏经楼、晒经楼等。山腰为葵竹山房（又名准提庵），是明代所建的寺庙园林，曾被收入《江南园林图录》。“法苑珠林”“塔荫堂”“一枝栖”“退藏精舍”组成四合院，东西两侧为厢房。山顶为广教寺主体建筑，由大观台、山门、二门、翠景楼、圆通殿、支云塔、大圣殿等组成。

通州有谚语：“通州有三塔，角分四六八。两塔平地起，一塔云中插。”这三座木结构塔的外形不同。支云塔有四个角，文峰塔有六个角，光孝塔则有八个角。其中文峰塔是建于明万历四十六年（1618）的风水塔，是为补山水之形胜、助文风之盛兴而建。光孝塔和支云塔则为宋代建筑。支云塔建在狼山顶，

1 1. 天宁寺大雄之殿瓣形柱

与通州城遥相呼应。此塔建造时困难多，修缮难度也大。1984 年，该塔大修需更换塔刹木。这就要把原塔刹木拆除，再把几吨重的新塔刹木（含金属件）提起来，再精准地插进宝塔的第四、第五层。古代没有起重机，今人也不可能将起重机开上山。木匠用土法将塔刹木吊装成功，靠的是勇气和智慧。

南通天宁寺是一座具有宋代建筑特征的古寺。其大雄之殿的平面为方形。殿中的四根内柱和两根中柱为瓣形柱，有缠枝牡丹青石柱础。木质瓣形柱是宋代流行的柱式。目前全国有两地发现瓣形柱，一个是南通，另一个是宁波。宁波目前只发现一座建筑有瓣形柱，即宁波保国寺大殿，而南通发现三座建筑，除大雄之殿外，还有天宁寺金刚殿、太平兴国教寺大殿。“在南通一地，自宋以降的遗构中竟有三座佛殿使用瓣形柱的手法，十分引人注目……地处海隅的南通，因为成陆不久，没有森林，缺少巨木良材，使用拼合柱手法则势在必行。一方面通过拼合法加粗柱径以增加负荷力，另一方面将其外形镶嵌成花瓣形，使之华贵堂皇，富于美感，表现了古代南通匠人的机敏和才智。”[1]

通州城内也有不少精品建筑。明代经济比较发达，学子获得了功名，总要建造新宅第，因而明代官宅较多, 如丁古角明代住宅、冯旗杆巷明代住宅等。南关帝庙巷明清住宅分为东西两个院落，由东西各五进的建筑组成。东宅轴线建筑偏西，其东南有客堂和拐角二层楼，将坐落在东南角的南关帝庙隔开。东北边原有小花园一座。20 世纪 30 年代，该小花园被废除，改建成小院落。掌印巷清代住宅有东西两个院落，西院为五进建筑的院落。二门影壁由方形磨砖平砌而成，四抹角雕饰花鸟，上方饰以四十四幅砖雕。东院曾为花园，后被废弃，另建新的院落。城西南部是官宅相对集中的地方。这些官宅聚集地的巷名也含权力的色彩，如掌印巷、冯旗杆巷等。

明代建筑和家具属同一类别，二者都为木作业。陈从周把家具喻为“屋肚肠”，形象地比喻了家具与建筑的关系。明代建筑业的繁荣兴旺极大促进了明式家具的发展。家具和建筑是相互依存、相辅相成的。家具是建筑结构和功能的补充与延伸。俗话说得好，“好马要配好鞍”，高级宅第必然要配高档家具。柞榛家具是南通传统家具的代表。大概在黄花梨家具产生之前，南通工匠就已经制作柞榛家具了。这种硬木家具如同黄花梨家具一般，深受家具爱好者的喜爱。这是明清时期通作家具发展的又一个重要原因。

〔1〕唐云俊，方长源.南通天宁寺大殿木构考[J].南京博物院集刊,1985(8):67.

3. 积淀深厚的江海文化

1. 南通海安出土的玉琮
2. 南通海安出土的玉璧

南通位于中国海岸线的中部、长江入海口的北岸。优越的地理位置使其成为多种文化的交汇之地。南通海安青墩新石器时代遗址出土了大量的石器、陶器、骨器，还有玉琮、玉璧等玉器。玉琮是良渚文化的典型器物，而良渚文化主要分布在江苏南部和浙江杭嘉湖平原。这种江南的器物竟然在江北发现，说明早在新石器时代，这里就有了南北文化交流。随着历史发展和江海平原扩大，南通受到齐鲁文化、中原文化、荆楚文化和吴越文化的浸润，使南通人的性格综合了江南的灵秀和北方的粗犷。

南通方言是文化交流的标记。中国历史上有六次大移民，同南通有关的至少有三次，即“安史之乱”之后、北宋末年和明朝初期的移民。每次移民都会促进传统文化的交流和发展。南通地区至少有两种语系。南通北三县（海安、如皋和如东）语言属江淮语系。南三县（通州、海门、启东）的海门、启东两县语言属吴语系。通州的语言分三部分。一是南通市区及周围地区（原胡逗洲范围）的语言，保存了许多古音。这种语言外地人难听懂，说明南通在唐末以前还是一个海岛时，来自四面八方的流民，在长期生活中形成了一种独特语言。二是通州西边靠近如皋地区的语言，同北三县的相近。三是通州东边靠海门一带的语言，同启海话相似。

明代南通的文化已十分繁荣，大批知识分子出现了。与宋代相比，考中进士的人数成倍增加。通过科举考试走上仕途的人显著增多，一些人成为朝廷重臣和封疆大吏，如蓟辽总督顾养谦、两广总督陈大科、湖广巡抚凌相、工部和户部尚书马坤、四川左布政使袁随等。明代南通文人辈出，著述丰富，据史料记载。当地明人的著作，经史子集中共有四百多种。著作最多的曹大同，辑类书《艺林华烛》一百六十卷，惜已散佚。明代编修的通州志，现存嘉靖和万历两种，还有明末邵潜编撰的《州乘资》。个人诗文集很多，但传下来的很少。

明代南通的书画作品保存下来的很少。明晚期的南通书画家比较著名的有崔桐、顾养谦、范凤翼、冒襄、顾骢、王永光等。清代的南通书画家不少，远胜于明，据统计有 400 多人。有画家组织“五山画社”，其中有代表性的画家有张经、李山等。乾隆、嘉庆年间著名的画家为钱球、钱莹和钱恕，人称“通州三钱”。最著名的是被列为“扬州八怪”之一的画家李方膺，还有丁有煜。他们追求个性解放，敢于创造。李方膺故居遗址在通州寺街。

私家园林是官僚和富商为了享乐而建造的，是宅第的扩大和延伸，也是文人娱乐和休闲的场所。这些私家园林常常是文人聚会、吟诗作画和饮酒娱乐的地方。如明末四公子之一的冒襄，就经常邀请友人在水绘园聚会，吟诗作画。据考证，明清时期南通也有一些私家园林。清末，尚遗有明珠媚园、石圃、水绘园、葵竹山房等古园林。在庭院中修建亭榭、堆筑假山、种植花木，或以竹石点缀景物的更多。这样的庭院富有文化气息，给人以幽雅之感。

明晚期出现以诗文传世的家族，即通州范氏诗文世家。范氏为宋代杰出政治家、文学家范仲淹的后裔。从明代范应龙起到当代范曾，绵延 400 余年共 13 代。范应龙之子范凤翼（第 2 代），明万历年间进士，吏部主事，明代著名诗人，有《范勋卿诗集》。范凤翼之子范国禄（第 3 代），有《十山楼稿》。范国禄之子范遇（第 4 代），有《一陶园诗》。范遇之子范梦熊（第 5 代），能诗。范梦熊之子范兆虞（第 6 代），能诗。范兆虞之子范崇简（第 7 代），有《懒牛诗钞》。范崇简之子范持信（第 8 代），能诗。范持信之子范如松（第 9 代），能诗。范如松之子范当世（第 10 代），有《范伯子诗集》。他与弟范钟、范铠皆以诗名，人称“通州三范”。范当世之子范罕（第 11 代），有《蜗牛舍诗》。范罕之子范子愚（第 12 代），有《子愚诗抄》。范子愚的三个儿子范恒、范临、范曾（第 13 代）皆能诗。范曾将诗、书、画融为一体，享誉海内外。“从明末至今，13 代中先后出现了数以百计的诗人、文学家和画家，而足可彪炳于中国文化史的巨擘大师至少有范凤翼、范伯子、范仲林、范罕、范曾等”[1]。

南通如皋冒氏为蒙古族，是汉文化世家。冒氏“坐拥书城，聚书数千卷”，曾献书朝廷编永乐大典。永乐帝颁发御赐笔“万卷楼”匾额。冒家数代为官，是拥有水绘园及冒家巷东府和西府的豪门大户。第 7 代为冒起宗，崇祯年间进士，山东按察司副使。其子冒襄，为明末清初文学家，明末四公子之一。冒襄一生著述颇丰，传世的有《先世前征录》《朴巢诗文集》《岕茶汇抄》《水绘园诗文集》《影梅庵忆语》《寒碧孤吟》《六十年师友诗文同人集》等。冒氏家族好学成风，潜心学术，著作丰富，“1919 年前冒氏著作家 46 人，专著 240 种”[2]。近代冒氏家族也是人才辈出，冒广生、冒舒湮、冒效鲁等都是全国知名的专家、学者。

明末清初著名的文学家、戏剧家李渔，出生于如皋，青少年时代也在这里

1. 李方膺故居

〔1〕邵盈午.范曾画传[M].北京：北京大学出版社，2007:7.
〔2〕黄毓任、冒键等.南通历史文化概观[M].北京：新华出版社，2003:273.

1
2
3

1. 水绘园中的镜阁
2. 水绘园中的水明楼和洗钵池
3. 李渔设计的暖椅

度过。他在 23 岁时才回到祖籍地金华兰溪生活，20 年后到杭州、南京居住。在杭、宁期间，曾带戏班到全国各地演出。他著述丰富，有剧本《笠翁十种曲》、小说集《无声戏》《十二楼》、有“生活百科全书”之称的《闲情偶寄》等。《闲情偶寄》“器玩部”介绍了他发明的暖椅和凉杌，他对家具有很深的研究。家具是文化的载体，而文化历来对家具有重要影响。“由于像李渔之类的文人的介入，南通柞榛家具又少了几分粗糙和俚俗，而添了几分精巧、细致和文静。”〔1〕这是明清时期通作家具发展的第三个重要原因。

4. 应运而生的木匠利器

明代社会安定，经济发展，文化繁荣，手工业发达。明代政府采取了很多措施，以促进手工业的发展。一是开放海禁。“至隆庆初年，为了缓解国内的财政危机，明政府开放了海禁”〔2〕，使国外的物资能通过沿海港口输入到内地，其中包括印度小叶紫檀、泰国老红木等木料。当印度小叶紫檀供应短缺时，泰国老红木继而代之。二是印刷科技书。明代出现了许多科技方面的书，其中手工工艺方面的有宋应星的《天工开物》、午荣的《鲁班经匠家镜》、文震亨的《长物志》、黄成的《髹饰录》等。这些书对进一步推动手工业的发展有重要意义。三是改进生产工具。在人类社会的发展进程中，生产工具在物质文明建设中具有关键性作用。先进的生产工具能大幅度提高社会生产力，创造更多的物质财富。

明式家具最大的特点是材美、工巧、韵味十足。明式家具是为满足明中晚期的富裕阶层的需求而生产的硬木家具。硬木家具的产生必须具备一定的条件。一是必须有硬木材料。黄花梨、紫檀和鸡翅木等硬木材料主要生长在东南亚热带地区。中国开放海禁后，东南亚硬木材料的进口才能畅通无阻。另外，中国海南也有黄花梨产出。二是木匠的技艺要精湛。垂足而坐的高型家具，从南北朝开始，经过隋唐、五代基本定型。到了明代，无论制作工艺还是技艺都已成熟。三是必须有锋利的铁刃口木作工具。“工欲善其事，必先利其器。”硬木家具如果没有合适的工具，是无法制作的。

在宋代或更早的时代，木匠需用的各种工具已配置齐全，但有些铁刃口工具的锋利度不够，因而提高铁刃口的锋利度成为制作硬木家具的关键。宋应星的“《天工开物》有记载曰：‘凡健刀斧皆嵌钢包钢整齐，而后人水淬之，其快利则又在砾石成功也’。海南黄花梨属于硬木，能走进万千家庭，其中重要的一

〔1〕宏林.风华再现:中国传统柞榛家具[M].上海：华东理工大学出版社,2014:27.
〔2〕许振平. 海外珍贵木材的输入与明式家具风格的形成[J].中国港口,2016(增刊)：22.

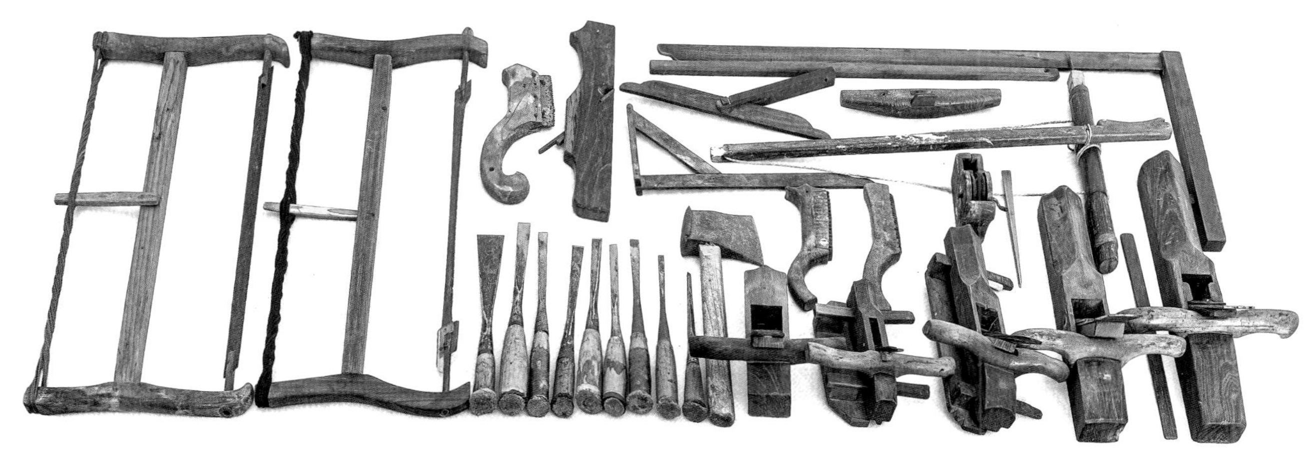

1

1. 南通柞榛木配件工具（斧、凿、刨、锯）

个原因就是明晚期的工具革命，相应的冶炼萃取技术以及锻造技术得到十足的长进，为做工上乘明式家具快速发展提供了基础条件”[1]。理论或经验的总结总是在实践之后。大概在明嘉靖年间或更早的时间，刀斧刃口嵌钢包钢的水淬技术已在工具制造中广泛应用。木匠工具因铁刃口的锋利度已大大提高，可以用于制作更多的硬木家具。

木匠工具大多数由有刃口的铁件和木件组成。柞榛木是刃口铁件最好的木配件。南通硬木家具制作具有得天独厚的条件。长江中下游地区生长着一种叫柞榛的硬木，其质地和色彩堪比黄花梨。南通地区生长的柞榛树要比其他地区的多些。这些柞榛树木成为南通人做家具的良材。柞榛树生长慢，成材年代长，易腐蚀，且十柞九空，因而特别珍贵。南通地方上的大户人家，大多有使用柞榛家具的嗜好，因为这是富裕家庭的重要象征。

柞榛木还是南通木匠制作工具的首选用材。柞榛的木质紧密，材质坚硬，油性中等，木色氧化后呈黑褐色。刨子是平木的主要工具，在家具制作中使用的频率最高。柞榛木是做刨子刨床的上等木料。南通木匠有用柞榛木做刨床的习惯。柞榛木做的刨子刨料轻巧，不像其他硬木做的刨子那样使人感到吃力。柞榛木刨子刨料时易出刨花，操作时的滑行度好。这主要是因为柞榛木含油适中，有利于刨床的运行。明式家具中的各种线条都是用刨子刨出来的。这种刨子称为线刨。明式家具的线刨有 100 多种。好线刨对于明式家具线条的制作起着至关重要的作用。

〔1〕孙迟，杨丽橘，张蕾. 明式家具发展缘由探析[J]. 家具与室内装饰, 2016（10）:19.

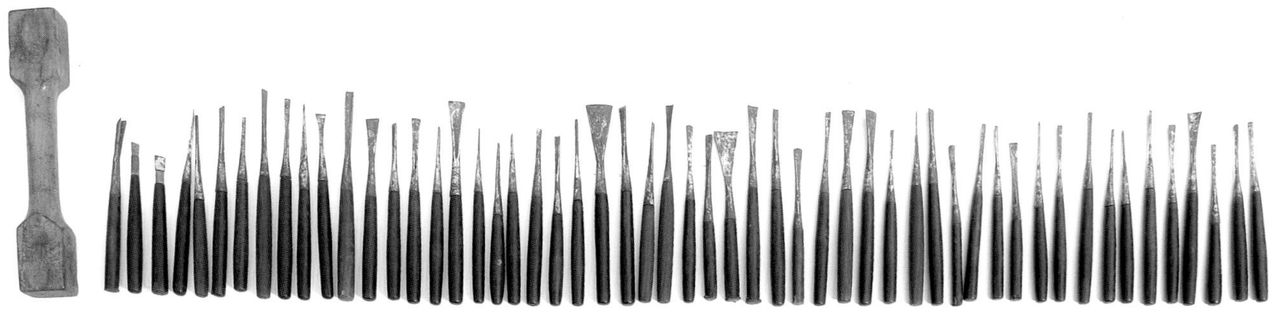

1
2

1. 南通柞榛木线刨
2. 南通柞榛木柄雕花凿子

如果说木匠使用刨子用的是巧功，那么，使用凿子则要重锤。柞榛木是做凿柄最理想的材料，因为木匠凿卯孔时，要用斧头在凿柄头上不断锤打，而柞榛木有硬度，也有韧度，是经得起反复锤打的。用柞榛木做锯把手和锯钮，下雨天即使忘了松锯绳，锯钮也不会受多大的影响，但是用其他木料做的锯钮，在上述情况下，就可能会裂开。柞榛木也是做斧头柄、羊角锤柄的上等木料。

南通雕花匠喜欢用柞榛木做凿柄，这样，凿柄端头就不需加铁箍。用其他木材做凿柄则需用铁箍(保护凿柄)，这是因为其他木材不如柞榛木经得起锤打，容易损坏。如果凿柄端头用铁箍，凿刃口与柄箍碰撞容易产生缺口。雕花匠的雕花凿子有七八十把之多，平时用布包包裹存放。雕花匠工作时把布包平摊在工作台上，让凿刃口朝同一方向，将所有凿子整齐排放在前方。

明中期铁刃口工具改革的科技成果，全国各地木匠都可以共享。由于中国幅员辽阔，科技成果传播和应用需要一定的时间，因此，不同地区享受科技成果的时间难免有早有迟。在利用柞榛木做木匠工具配件方面，南通木匠占有地理优势，加上自身事业心强，做事又十分考究，他们总是千方百计地寻找柞榛木做工具。利用柞榛木制作木作工具是南通工匠特有的喜好。正是这些应运而生的优质木作工具，使南通木匠在木业界如鱼得水。这也是明清时期通作家具发展的重要原因之一。

二、木材初加工

1. 树木砍伐

南通地区的农家做家具，大多是利用房前屋后的自栽树木。待这些树木成材后，自行砍伐，经过沉水、杀虫、脱脂和阴干后，再做家具。本地树木是南通民众家具材料的主要来源。

冬季由于树木基本停止生长，对水分的需求量减少，是砍伐树木的最好季节。先把选定砍伐树木的树枝、较小的树头锯掉（对于高大的树木，可在树倒地后再锯树头）。然后用麻绳捆绑好树上端，以防止树木突然倾倒而发生危险，还可控制树倒的方向。确定树干倒地的方向后，用锛清理树根部泥土、树皮，用笔画好锯口位置。用龙锯锯至100～200 mm 的深度后（大约是树径的1/3），再用锛在锯口的上方砍至所锯的深度（此缺口的朝向也是树干倒地的方向）。然后再从反方向（同一个平面上），用龙锯锯到接近锯口会合处时停止。最后，众人一同拉麻绳，将树干拉倒在地。砍伐的树木倒地后，锯掉树根、树顶端、树枝，然后把树木固定，将树干弯的部位和树顶端用龙锯锯断。

1	2
3	4
5	6
7	8

1.选定合适的树木
2.用锛清理树根部杂物
3.锯掉树枝
4.用麻绳捆绑树上端
5.用龙锯锯切树干根部
6.用锛砍削树根锯口上部
7.树木倒地
8.给树干分段

2. 圆木沉水

把锯断的圆木沉入河中（不能浮于水面）。最好选择能够流动的河水，因为树木沉到流动的水里，不易发臭。如果是不流动的水，树木沉于其中会有臭味。

树木沉水时间长短可根据树木直径大小而定：树径小的要一年，树径大的要两年以上。届时将树木从河里捞上岸，清除污泥，放在阴凉处阴干，半年以后，可锯成板材或薄板。

沉水的木材易干，且不易生虫。木材沉水是中国传统的木材防虫方法。木材防虫还可采用烘干或者喷洒化学药物的方法。

在河水里脱脂并自然阴干的木材比不脱脂的木材容易干燥，而且圆木周边白皮不易腐烂，但其内应力要比不脱脂的木材小。从遗存的白皮腐烂的通作硬木家具中可以看出，桌面割角的里角有裂缝，而且器物容易散架。这说明此木料未经过沉水脱脂处理。而器物反面有明显白皮且没有腐烂，桌面割角的里角比较完好，说明木料经过沉水脱脂，材料比较干燥。没有树脂的木材就不会被虫蛀，用之制作的家具使用寿命也会延长。

1.木材运输
2.树木沉水
3.捞上岸的树木
4.树木阴干

3. 圆木分段

圆木分段是为了使木料便于加工和选用。因此，凡是砍伐后要做家具的树木，经过一定时间的沉水捞上岸后，往往要进行分段（也有先分段后沉水的）。

选择合适的场地，将需加工的圆木用稳木（一种长方体木料，一面为平面，另一面用斧头砍成“V”字形状。一般可根据圆木直径确定“V”字角度大小。圆木越大，角度越大；圆木越小，角度越小）垫好，使圆木不向两边滚动。然后按料单要求在树干上划线，做记号。如是弯树干，则结合料单在弯处划线。弯树干是做椅子后腿足的理想材料。在断圆木时，弯树干要优先考虑。余下的一段也用稳木垫好，但要比锯口旁的稳木低 20 mm 左右（在锯木过程中，圆木余下的部分会慢慢下沉，锯口慢慢变大而不会夹锯）。在断料过程中，两人操作龙锯时用力要均匀。单侧用力过猛会导致锯路跑偏的状况。

1.稳木
2.确定分段长度
3.用龙锯分解圆木
4.两人拉锯断木
5.圆木断开

4. 圆木分类

圆木分类是在分段的基础上进行的。同一根圆木可分若干段。不同段的圆木，其密度、木纹和特点不一样。同一段圆木可分解为若干板材或薄板。不同部位木材的木纹、内应力和木质稳定性不同。因此，圆木分段后还必须分类。分类是为了根据家具制作要求，在不同部位配置不同的材料，从而充分发挥各部位木料的优点。

树木根部向上的一段木材（第一段木材）缺陷比较少，相对质量要优于其他树段。树苗在生长过程中，开始不会生长杈枝。树干长得越高，树杈越多。每一个树杈处就有一个死结。随着树龄的增加、树枝的脱落，死结包在树干内，会在树干表面产生鼓包现象，要等锯材时才能被发现。树木越大，木材质量越好。用第一段、第二段锯成的板方质量相对较好。用树木最顶上一段（为树头）锯成的板方质量相对较差，可以加工成板材。如何辨别第一段木材？一看径纹，树木径纹明显较粗；二看根部锯口线，砍伐树木时两个方向锯口会合处不会正好在同一条线上；三看是否有拔丝，板材向一面倒会出现拔丝现象。

目前，国内进口的硬木大部分为方材，辨别第一段木材，同样是看端头锯口和是否有拔丝。

根据家具料单或常用的材料规格初步配料时，往往选择条干直且圆木周边无明显死结，两端头无炸芯（树芯越小越好）的锯板材料，且长度宜长不宜短。好的材料往往在树干的第一段。还有一种情况：第一段圆木容易长成各种不规则形状，一旦其长成扁圆形，树芯会偏向一边。树芯偏向一边的偏芯材圆木为上等圆木，出材率

1
2
3

1.根部向上第一段圆木
2.根部拔丝
3.偏芯材

比一般圆木要高，而且板面实用宽度大于树芯在树木中心的圆木。此材料是桌面、橱门面心板的理想用材。第一段圆木根部往往比其他段的圆木粗大，有伐木过程中的斧砍横痕，端头有双面对锯而锯口缝不一致的特征。

弯形圆木是做椅子腿足比较理想的用材，因为椅子腿足带弧形，而弯形木材木纹同样有弧度。在工件设计和实际取料中，通常用自然弯曲的材料做腿足，因为自然弯曲的材料牢固，使用寿命比较长。若用直料做成弧形腿足，如果不小心把椅子碰倒在地上，就会造成腿足顺木纹裂开，而减少椅子的使用寿命。

1
2
3

1.弯形圆木
2.直干圆木
3.第一段圆木

加工圆木时将条干直、树芯小而不炸芯、树干表面光滑的木料作为后背板和搁板用材堆在一起。剩余的圆木可作家具骨架使用，同样宜长不宜短。如树干弯曲，可根据料单要求，结合树干弯度锯断，并在端头做好记号。

木材最结实的部分在树木外围一周，而内应力最大的也在外围一周。像农民挑担的扁担，在使用时，圆的面在下，平的面在上。活荷载受力是在扁担的下面，而下面为扁圆形状能均衡受力。扁圆木椽子受力情况和扁担受力情况一样。

将针叶树圆木锯成板材或薄板后，应该把两边白皮（边）锯掉，因为板材（或薄板）一旦成型，在自然（或现代烘房）脱水过程中，两面白边受力会把板材或薄板拉坏，形成裂缝而减少木材利用率。把两边白皮（边）去掉后，板材或薄板开裂相对会减少。

1.杉木立柱
2.杉木桁条
3.杉木白皮

5. 圆木分解

根据家具制作的需要，在为圆木划线后用框锯将其锯为板材或薄板的方法称为圆木分解。

把要加工的圆木平放在工作凳上，两端用稳木垫好。圆木重量比较大的，可在地面上用稳木固定。选顺弯的一个面朝上放稳，在圆木端头的中心位置用墨斗挂中线，也可以用线砣挂线并划线，然后再向两边分出薄板线或板材线。圆木的另一端也按照同样的方法和尺寸划线。两端的线划好后，用墨斗线连接树干的两头相应的线端，分别弹出垂直中心线、薄板线或板材线。

树干直的第一段圆木和表面光滑、树芯小且无炸芯、周围无缺陷的圆木可以锯成薄板。

在圆木两端划线，一般由径切纹的中心向两边分线。圆木四周向里约 20 mm 厚的白皮不能作为成品材料，可作为备用材，也可以锯成 20 ～ 25 mm 线条用料。板面宽度达 70 ～ 90 mm 的，可以锯成 15 mm 厚的薄板，做抽屉的抽帮用材。此部位木材韧性较好，内应力较大。因为抽屉经常来回移动，使用韧性好的木材制作抽帮，抽屉的使用寿命长。板面宽度达到 120 mm 左右的，可锯成橱类家具后背或橱底板用料。板窄可以

1.堆场圆木
2.弹圆木通长线
3.用墨斗挂圆木垂直线

1	2
3	4

1.在圆木端头弹线
2.在圆木端头划线
3.划好线的圆木
4.弹圆木通长线

拼缝。板面宽度达到 200 mm 左右的好板材，可锯成 15 mm 厚的门面心板、橱山头板或抽屉底板。抽屉底板不能用差板，因为抽屉使用率较高，材料好，使用寿命才会长。板面宽度达到 250 mm 以上的，可锯成 18 mm 厚的桌子面心板。木材如在树芯部位出现死结、炸芯、开裂等情况，可以锯成 50 mm 厚的桌子大边或 35 mm 厚的橱门板材。因为树芯部位平面和年轮夹角呈 65°～80°，锯成的坯料为直纹的板材是做桌子大边、橱门竖档的理想材料。用此部位的材料做正立面面板，则不易变形和弯曲。

树干较好的圆木弦切纹（山水纹）部位可锯成 18 mm 厚的桌面心板、15 mm 厚的橱门面心板或 13 mm 厚的橱搁板；窄面可以锯成橱、椅类家具后背、橱底或线条板材。不是第一段但表面良好的圆木也可以按树干第一段的加工方法加工。靠边窄材可锯成线条用材。有 12 mm 厚的可锯成后背用材。达到 15 mm 厚的可锯成搁板用材。树心径切纹部分的木材可以锯成 50 mm 厚的桌大边、35 mm 厚的橱门竖档用材。

薄板在家具中起到举足轻重的作用，既可以做装饰，也可以作为结构用材。圆木中最好的部位可锯成桌、几、

1 | 2
3

1.圆木上架
2.给圆木挂直线
3.从上向下锯木

案的面心板材，在加工圆木时可作为备用材料优先加工。长度在 2 000 mm 以内，厚度在 15 ～ 17 mm 的薄板可做桌面心板。长度超过 2 000 mm，板厚度为 20 mm 的可做大桌面，板厚度为 13 ～ 15 mm 的可做橱门面心板或橱山头板，板厚 12 ～ 14 mm 的可做橱搁板，板厚 10 ～ 12 mm 的可做橱后背板。

表面较差、树芯炸芯、结疤较多的圆木可锯成厚度为 30 mm、35 mm 或 40 mm 的穿带板材。树干弯的圆木可以锯成厚度为 36 mm 的板材，作为椅类家具的用材。特别是椅类家具腿足弯曲部位用材，最好以树木自然生长中形成的弯曲圆木锯成厚度为 35 ～ 38 mm 的板材，以便配料时按树干生长方向取料。

加工时把圆木两端放在工作凳上，弯弧朝上，将两端用稳木固定，然后用墨斗挂垂直中线。中心径切纹部分锯成厚度为 45 ～ 55 mm 的大边板材，或厚度为 30 ～ 35 mm 的橱门档料。大的圆木中心部位可锯成厚度为 60 ～ 65 mm 的腿足板材。白皮腐烂开裂的圆木不考虑锯材。一般部位锯成厚度为 35 mm 的板材做备用材料。特别是弯弧圆木，板面宽度达到 200 mm 的，则可锯成厚度为 35 ～ 38 mm 的椅子用料，而椅子腿足弯部

1	2
3	4
5	6

1.从两边依次向中间锯
2.拉直锯
3.垂直锯
4.锯开的薄板
5.板材阴干
6.薄板阴干

分可选弯弧料，用径级大、缺陷少的圆木加工。一般圆木可以锯成厚度为40 mm 的通用板材，如发现好的板面，也可以锯成厚度为 13 ～ 15 mm 的座面薄板。

圆木分线后，用方料或小圆木做成人字架，并用大绳捆扎实。圆木中前部用绳固定在人字架上，另一端放在地面，用稳木固定并用重物压实，或者在地面挖一个斜形小坑，将木头斜放入坑中不让它移动。搭好脚手架后，锯木时一人在圆木上端，一人在圆木下部，上下对拉，从边上往中间依次锯。当所有的薄板锯到圆木长度的一半时，再从另一端开始锯。当锯缝与另一端的锯缝重合时，板材会自然分离。

锯圆木时，锯齿要锋利。锯气干密度在 0.85 g/cm^3 以上的硬木时，锯齿呈 55°～ 58°。锯杉木及松木材料时，锯齿呈 48°～ 52°。锯料时上下拉锯要均匀移动，用力不要过猛。每次拉锯时以上、下线为准。如出现夹锯，可用楔子调整。对大的圆木落锯前，用绳索捆牢，待木料锯好后，解开捆绳，将木材平稳放到地面上。

锯好圆木后，用搁条码好。原则上隔条厚度大于板材厚度。码料时，板材、薄板分类堆放。薄板的搁条间

距 500 mm 左右为宜；25 ～ 40 mm 厚的板材搁条间距 700 ～ 800 mm 为宜；45 mm 以上厚度的板材搁条间距 1 000 mm 左右为宜。一般两路为一堆，搁条连为一体，堆放高度为 1 000 ～ 1 500 mm。板材码堆好后用绳捆扎，以防移位。一年四季分四次翻制木材，将上一批堆到下一批位置，下一批堆到上一批位置，循环往复。薄板同样要捆扎实，按堆放板材的方法堆放（一年之后若有条件，可把堆敞开）。将板材、薄板竖向阴干约半年时间，再二次分解方料。

6. 圆木锯切

小径圆木如果要进行分解，只要一人就可以完成。和分解大径圆木一样，同样将弧弯朝上，挂垂直线后用墨斗上下弹中心线。划好线后将圆木放在工作凳上用稳木垫好。开锯的一端比另一端高 20 mm 左右。人站在工件的左边，右脚压在圆木上。从圆木边线开始锯。将锯条上下垂直拉动，不要用力过猛，可以直接锯到另一端，也可以锯到一半，再从另一端开始锯。锯到会合处时木材会自动分离。径级小的圆木可从中心线锯成两半。锯好后同样用搁条码好，放在通风处自然阴干。一年四季每季都重新翻制木材，两年后可以改锯成方料。

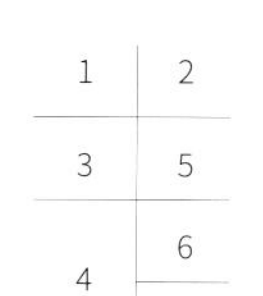

1.小径圆木
2.稳木固定后挂垂直线
3.弹中线
4.圆木对开后弹边直线
5.锯毛边
6.分解好的木料

1	2
3	4
5	6

1.断圆木
2.小径圆木
3.粗砍
4.砍削一个面
5.砍削邻面
6.砍削的两个面要成直角

7. 圆木砍削

这里所讲的斧砍材不是市场上出售的、用电圆锯锯成的方材，而是运用传统手工技艺，用斧头把径级小的圆木四周砍成的方材。

径级小的圆木长短不限。长度超过 2 500 mm 的可平放在工作台上，用稳木固定后，选一个较直的面用斧头平砍成平面。其工艺如下：按料单要求截弯取直后，先选较好的一个面，把一端放在凳子端头(若圆木长的话，也可以直接放在地面），用斧头沿圆木直线(靠眼力) 从上到下进行粗砍。再按料单要求，按所要的宽度从上砍到下。砍好后检查一遍是否平直。如材料没有达到要求，再用斧头轻轻地砍一遍，直至符合标准为止。

一个面达到标准后，相邻的一个较好的面用同样的办法完成。要特别注意：把两个面的夹角砍成 90°才能保证下道工艺的顺利进行。相邻两个面检查达标后，用粗刨刨成半成品，然后用细刨刨直、刨平。检查合格后就做记号，沿两个大面按料单所要求的规格字好线。字线后如发现多余部分，可以将之做成穿带或其他小部件，也可用锯子沿线（要留线） 上下垂直锯，将锯下来的边角料留作他用。如多余的部分无法利用，可用斧头将其

1	2
3	4
5	6

1.刨一个面
2.刨相邻的面
3.看是否翘角
4.看是否平直
5.验收直角
6.用划子字线

砍掉，并留线，保证下道工艺的加工余量。

直径达到 100 mm 的圆木可用粗料锯，沿中心线锯成两个半圆形状。把圆木两端搁在工作台上，并用稳木垫好。两端头用墨斗挂垂直中心线，双面用墨斗弹直线。锯时注意圆木一端要高于另一端，并用稳木固定好。人站立要正，一只脚站在圆木的左边，另一只脚压住工件，将锯子上下垂直拉动。一端锯了大于一半后，再用同样方法锯另一端。锯到接口处时，工件自然脱落。锯好后同样将两端放在稳木上，按半圆木的实际方料宽度用墨斗弹线。

如发现余料可做其他工件，就用粗料锯把线外的边角料锯下备用。如边角料无用，就用斧头沿线（留线）把边角料砍掉后复线(通作木匠俗语，指使坯料两个大面呈 90°角，并且两个基准面平直、不翘角，合格后，按料单数据划好线，把两个小面出现的多余部分用刨子刨直、刨平)。把平面和侧面的夹角刨成 90°后，按规格在侧面字线。

粗齿锯子，通常锯长 700 mm，锯把手宽 40 mm，锯条厚 0.5 mm。木匠根据木料或气干密度，选用锯齿角度不同的锯子。锯杉木时，选择锯

齿角度为 48°～50°的锯子；锯松木时，选择锯齿角度 为 50°～52°的锯子；锯气干密度为 0.7～0.9 g/cm³ 的材料时，选择锯齿角度为 55°～58°的锯子；锯气干密度在 1.0 g/cm³ 以上的硬木时，选择锯齿角度为 60°～62°的锯子。锯子的锯齿要锋利。锯料从一个方向开始。在上下两端各留 10 个左右的齿作为直齿，不上料。约从第 11 个齿开始，第 1 个向右掰齿，第 2 个为直齿，第 3 个向左掰齿，第 4 个为直齿，第 5 个向右掰齿，依此类推。最后约留 10 个齿不掰。

锯齿角度的大小（俗语叫料大小）取决于木材含水率和木材的气干密度。木材含水率越高，角度掰得越大；含水率越低，角度掰得越小，气干密度越大，角度也掰得越小。用以上方法掰锯齿，锯木头时才不会感到费力。

1.复线
2.字线
3.掰齿
4.锯边材

三、配料

配料是指木匠根据家具制作的要求和木材的特点，以及用各个分段木材分解的板材、薄板和异形材料，选择最适合各个部位的用料，以保证家具的适用性、美观和牢固。

配料的原则：①材料使用的合理性，即大料大用，小料小用，弯料弯用。②配料色彩的一致性，即大面材料色彩相同或相近。③要体现材料的特性，如门档用不易变形的径切纹材料，面心板用木纹美丽的弦切纹材料。④配料木纹要有对称性，如门面用独板最佳，若用双板，其配料木纹要对称。⑤四面观家具配料要尽量无缺陷。

1. 方料选配

把自然阴干的板材在工作台上一字排开，把有白皮、芯材、虫蛀或腐烂的部位用笔做好记号，用墨斗弹好线。有扭转纹、死结的也同样处理。有以上六种缺陷的木材，取料时要严格区分，不应在配好的材料中出现。

边材就是树木最外一层的木材。树木在生长过程中吸收营养成分，逐渐生成木质，水分含量高，活的细胞大量存在。边材未达到一定的成熟程度，表现为质软性大。特别是未经沉水处理的木材，容易生虫、腐烂。而沉水脱脂处理好的木材，虽不易腐

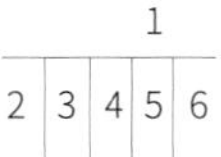

1.木材截面
2.边材（白皮）
3.树芯（芯材）
4.腐材、死结
5.虫蛀
6.扭转纹

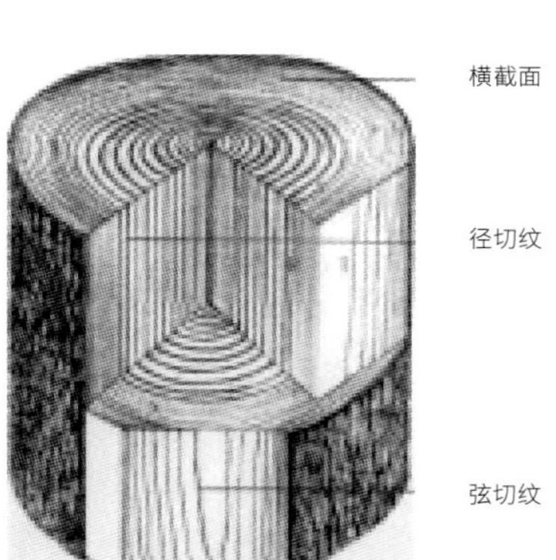

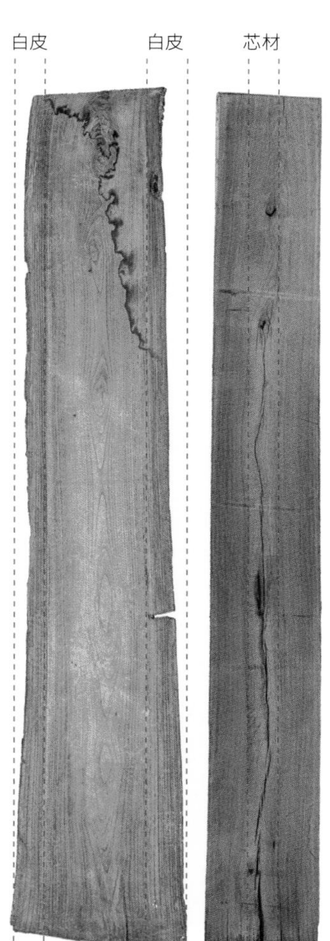

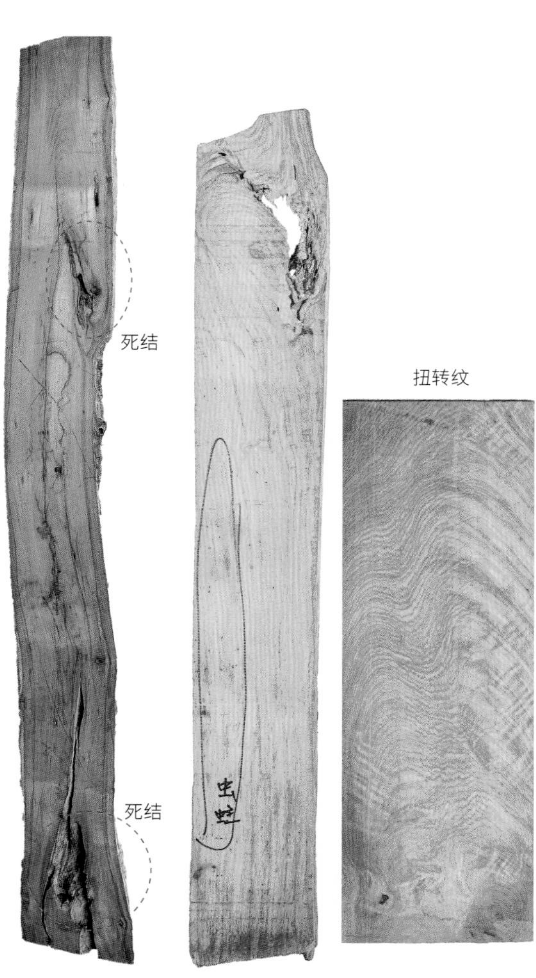

烂，但白皮在整个木材中内应力最大，容易造成材料变形、弯曲。一支方料如白皮过多，两端会向外弯曲。

芯材是指树木靠近树芯周围的材料。在树木生长过程中，芯材部位的细胞逐渐减少和死亡，故此部位在木料加工制作过程中容易断裂。

死结是指树木生长过程中出现的树枝与周围木材脱离或部分脱离而形成的树结。有死结的材料会断裂。

腐烂、有虫蛀或扭转纹，是树木在生长过程中受到自然灾害而产生的缺陷。故取料时应避开有这些缺陷的木材。

按料单材料规格放足加工余量(平面、侧面各放 3 mm 为宜)，取门扇竖档材料。若发现材料出现死结或其他缺陷，则将之作为门扇上下冒头用材。然后取和橱门在一个立面上的腿足料和横档料。这样可保证一个面骨架料不会出现较大的色差。

按同样的方法取桌、几、案等大边、抹头径切纹材料。如一块板材只能取三支大边、抹头，那么最后一支大边或抹头要选用同根木材或纹理接近、色差较小的板材补齐。

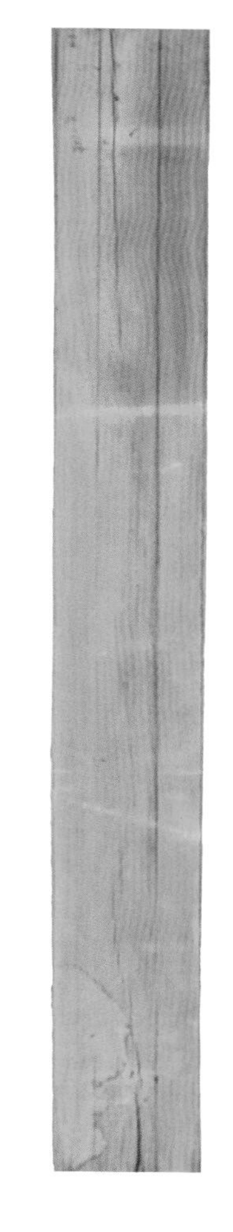

1.在板材上配料，分长短线弹线
2.两边径切纹方料中间开裂部分作为穿带用料
3.两边径切纹方料中间部分为弦切纹

桌、几类家具的腿足不仅要选用直纹部位，还要选用年轮较紧密的板材配料。因为板材下端直接接触地面，年轮疏松的木材容易开裂。

对直纹主要部件下料时，应注意板材两端是否开裂，特别是腿足用材更要注意。有条件的话，取腿足用料时将板材端头锯掉 100 mm（因为板材端头易裂，会出现多条细小裂缝），然后定腿足长度并分线、弹线。

做主材配料时，一个面的材料应在同一根木料上配齐。若实在配不齐，应选用颜色接近的或相似的材料补齐，这样才能有效保证大漆髹饰后木材色泽基本一致。

合理避开有白皮、树芯、腐烂、虫蛀、死结或扭转纹的材料后，一部分木材可以按料单下料，另一部分可以按常用规格下料后备用。年轮和平面夹角成 75°～ 90°的径切纹材料优先做橱

1 | 2 | 3 | 4

1.径切纹橱门档料
2.径切纹桌案类家具腿足料
3.径切纹橱类家具腿足料
4.径切纹橱门档料

门档料。年轮和平面夹角成60°以上的径切纹材料优先做下端无拉档的腿足料。长度达到1 000 mm的档料就可以做桌面大边、抹头或其他门面横竖档，余下的边材可做1 000 mm以下的横竖档、穿带，边角料可做穿带。

橱门档料一般规格为宽40 mm、厚35 mm。桌类腿足规格为宽40 mm、厚40 mm至宽65 mm、厚65 mm不等。长度在1 500 mm以下的方桌大边规格为宽90 mm、厚40 mm；长度在2 000 mm以上的桌大边规格为宽100 mm、厚50 mm。椅类大边规格为宽72 mm、厚38 mm。方凳大边规格为宽60 mm、厚35 mm。书橱腿足规格为宽45 mm、厚40 mm。

用墨斗为以上规格的材料弹好线后，将其放在工作凳上，前高后低，准备下锯。选择和要下锯的材料气干密度对应的粗齿锯摆好。作业时人站在工件左侧，从板边开始以线中为锯口方向，上下垂直拉动锯条。锯至工件超过一半长度时，调方向重新开始下锯。锯至和另一方向的锯缝重合时，方料自然脱落。待一组板材全部锯好后，把所有材料整理好，用搁条码好，放在通风处阴干半年后开始制作。

门扇竖档选用径切纹材料，出现公差的概率会减小，那么两扇门的竖档就不会不平整。如果选用非径切纹材料，特别是对开门，两支竖档在一个面，假设一个面朝里弯1 mm，另一面朝外弯1 mm，门面就会不平整（高度在1 000 mm以上的，门扇朝一个面弯1 mm也是比较正常的，这是在国标允许范围内的公差）。

案、几、桌这类家具，一般腿足下端无拉档。如果选用径切纹材料，腿足成型后不会出现弯曲现象。

按料单先选配橱门竖档、大边、抹头及腿足料。下料时放足加工余量（平面和侧面各放3 mm为宜），用墨斗弹线。最好一个器物上的材料在同一个木料上配齐，否则应选与木纹颜色相似的材料补齐。配料时，以径切纹材料相互配用（尽量少把弦切纹材料用在主要部位），并做好记号。锯料完成后，按规格大小堆放并用搁条码好，阴干半年后开始刨料。取好主材后，再依次取牙条、前后和两侧横档，最后取穿带等副料。

1

1.半成品二次阴干

2. 异形工件选材

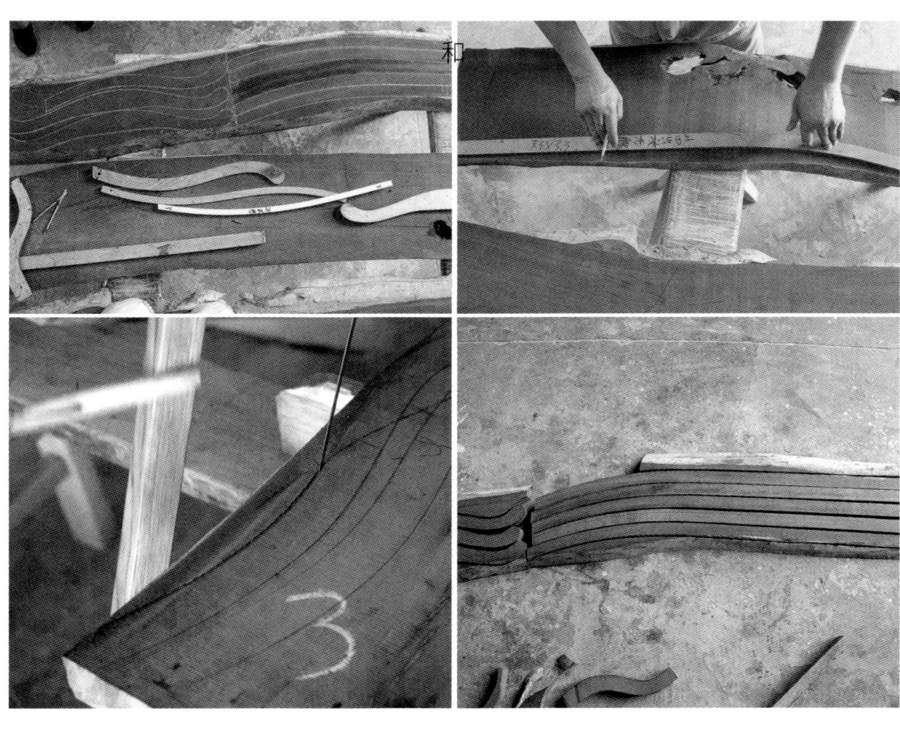

1 2
3 4

1.模板
2.照模板划线
3.划好线后沿线锯料
4.椅料半成品

传统家具中的异形工件不少，其中椅子的异形工件最多。异形工件的选材有它的特点和要求。

椅子不同于其他家具，它的四个立面和座面能同时被看到。因此，选择椅子材料的要求也高。色差较大、纹理不一、生长方向颠倒或山水纹不对称等情况，都会对家具造成很大的负面影响。

椅子料分为异形工件材料和普通工件材料。按设计图纸 1 ∶ 1 的比例，把异形工件在薄板上逐个放样，取好模板，并注明尺寸备用。

椅子异形工件分为前后腿足、扶手、搭脑、靠背板、鹅脖、圈椅扶手、穿藤座面下弯档、连帮棍以及券口等。给异形工件配料时要注意树木的生长方向，并做好记号，特别是给弧形部件配料时要选弯形板材。前后腿足要求用整块材料，不允许嫁接；腿足料选顺弯，而且木纹（年轮方向朝上）弯度与腿足弯度接近的材料。扶手选料也应谨慎。扶手、搭脑不能取两端头的板材，要在板材中间部位划线下料，因为自然阴干或低温烘干板材时两端会出现明裂或暗裂。明裂可以看到，暗裂在取料时不明显，但在家具成型后细看还是较明显的。两端可以做档料。肩和榫的位置出现暗

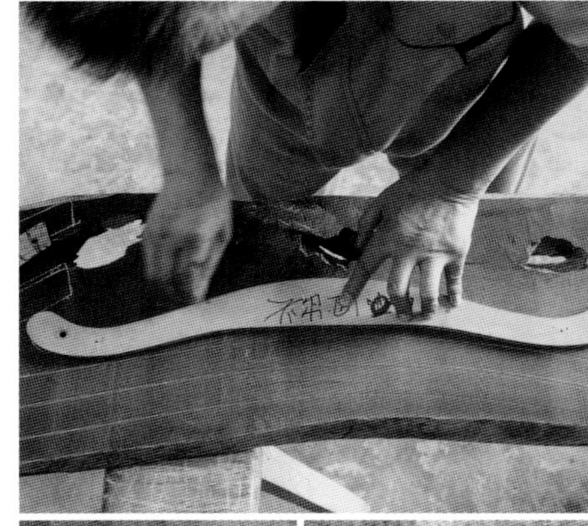

1.划搭脑线
2.划椅扶手、鹅脖线
3.椅料半成品
4.椅子后背板（侧面）划线
5.椅子后背板

裂或明裂，组装后不易被发现，缺陷可以避开。因此，给异形工件配料时，要选择材料的中间部分，两端配档料。

将靠背板、券口按设计图纸放好样，同样在薄板上做成模型（侧面）。靠背板正立面应该选山水纹(弦切纹)材料，而且山水纹材料的年轮方向要朝上，花纹在靠背板中心位置为最佳。次之用径切纹做靠背板（直纹），且纹理要顺直，尽量避免缺陷。鹅脖、连帮棍、券口部分可用另料做，但材料应尽量避免缺陷。节约材料是南通木匠的一种习惯：不是显眼位置，可用一般的材料配料。大边、下档、踏脚按料单规格放足加工余量。有白皮、虫蛀、死结、芯材、腐烂或扭转纹的材料要避开。配好料，划好线，做好记号就可以锯料。

锯直料部分可用大锯，锯异形料部分则可用窄条锯子。以线为标准，上下垂直锯，锯好后对照料单，发现数量不够就补齐。然后将材料码好，堆放整齐。

取料时注意下侧档、后档和前脚踏档对木纹的要求是纹理直（弦切纹、径切纹均可）。若树木纹理结构不佳，时间长了之后，工件就会发生变形。弯纹会延伸到木板开裂，而绞丝纹料、树杈料、树根料也会变形。取料时要尽量避开这些材料。

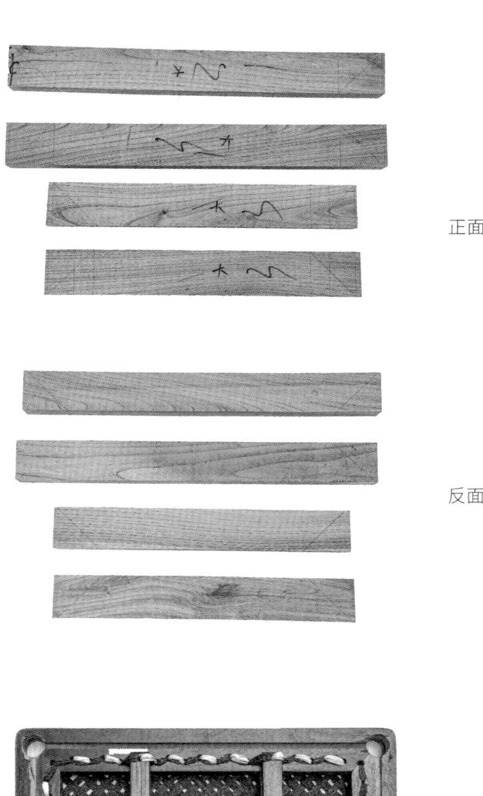

反面

椅子和衣柜、案、几、床等不同，它使用频繁，会被经常移动，对材料要求较高。座面大面为软座面，穿藤的大边、抹头不能有缺陷。因为棕绳都是带潮穿的，慢慢阴干，棕绳会越来越紧。两支大边中心部位有弯弓档相互支撑。大边、抹头穿棕绳打孔部位对纹理、气干密度、木材质量要求比较高。人坐在软座面上动来动去，活荷载对大边、抹头也是有损伤的。因此，如果大边、抹头有缺陷，在棕绳的拉动下，座面框就容易损坏。

板式座面大面材料的气干密度比穿藤座面同质材料的气干密度稍小一点，不会影响使用寿命，因为人坐在座面板上时活荷载相对较小。座面板可用平缝拼、斜缝拼、企口榫拼等工艺，其中斜缝拼是座面板最理想的拼缝方式。

1
2
3
4

1、2. 椅子座面的大边抹头
3、4. 椅子穿藤座面

3. 面板选料

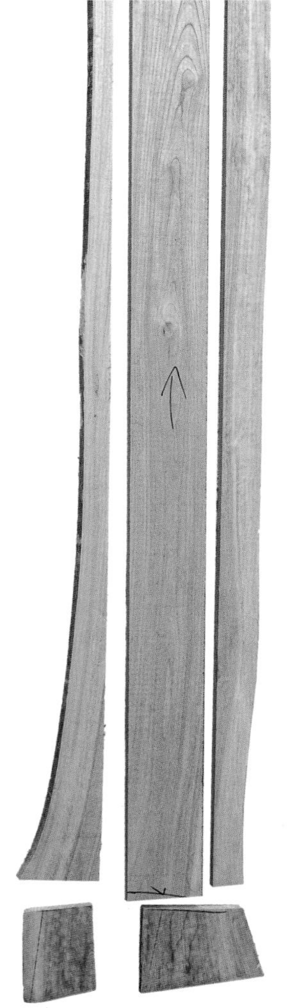

桌、几和案等家具面心板及橱门面心板、橱外山板、橱搁板、抽屉底板、橱二底板、后背板要分类堆放。堆放时，径切纹、弦切纹材料要分别堆放，来自同一根圆木的材料要按编号单独堆放。

面心板一般用对称拼法（橱门、几面尽量取独块板），用墨斗弹线直边后，取长度。两块以上对拼的工件按料单配好后，划圆棒榫卯线。注意在划圆棒卯孔线时，先算好穿带位置。圆棒卯孔不能做在穿带处。门面心板要标明木材生长方向，且每块板两端头大小要相等，不能出现大小头板。后背、橱顶板和橱底板尽量不配大小头板。配板时，有白皮、死结、芯材、腐烂、虫蛀或扭转纹的木板，不能用来做面心板。门面心板活结直径要小于 2 mm。

椅、台、案和桌的面心板的厚度与长度有一定关系。面心板长度增加，其厚度也相应增加。面心板长度在 1 000 mm 以内时，板厚度大于 15 mm；面心板长度为 1 100 ～ 1 500 mm 时，板厚度大于 16 mm；面心板长度为 1 600 ～ 2 000 mm 时，板厚度大于 18 mm。面心板越长，板越厚。

面心板的厚薄还同结构、功能相关。橱门板和两侧外山板主要起遮挡作用，故其用板相对较薄。如橱门、外山板为落堂式，其面心板长度为 1 000 mm 时，厚度大于 11 mm；长度为 1 100 ～ 1 500 mm 时，厚度大于 12 mm；长度为 1 600 ～ 2 000 mm 时，厚度大于 13 mm。橱门面心板如采用平面工艺，面心板在落堂工艺基础上加厚 5 mm。

1.木板弹线
2.锯掉边和端头裂开的部分
3.多块板相拼划圆棒榫卯线
4.两块板对称拼划圆棒榫卯线
5.用90°角尺打方校正
6.圆棒榫卯线划毕

4. 橱背板、橱搁板、橱顶板和橱底板配料

橱背板制作可采用两种工艺。第一种工艺同外山一样，做成橱外山形状后，用嫁接榫和后腿足连接，采用落堂或平面工艺。另一种工艺：后腿足做槽卯，后背面心板直接做槽榫和橱后腿足连接，采用落堂工艺，板厚 8 ～ 10 mm，槽卯深 5 ～ 6 mm 为宜。配板要注意把径切纹或弦切纹材料分别相拼，且要注意木板色彩的搭配，要做到深色和深色相拼，浅色和浅色相拼，同时把木材生长方向做好记号。板如有大小头则不宜过大。划好圆棒榫线，间距约 100 mm 左右。如有穿带，要留出穿带位置。配板前先用粗刨刨直边。按料单尺寸配好后，用笔打好记号，放足加工余量，同时对角线要打方（对角线不要出现偏差）。配好材料并码好后做缝。

做缝对刨床要求较高，刨子长度应在 500 mm 左右。刨杉木、松木类材料时，刨刀刃口呈 44°。刨气干密度小于 0.76 g/cm^3 的硬木时，刨刀刃口呈 46°～ 47°，每次刨花厚度为 6 丝（1 丝 =0.01 mm）左右。刨气干密度在 0.76～1 g/cm^3 的硬木时，刨刀刃口呈 48°～ 50°。用精刨做缝时刨花厚 4 丝左右。刨气干密度在 1 g/cm^3 以上的硬木时，刨刀刃口呈 51°～ 55°。先用手工刨做缝，每次刨花厚 3 丝左右。刨后如发现雀丝，可用宽 40 mm 的耪刨刨平。

橱搁板、橱顶板和橱底板如采用落堂工艺，长度为 800 mm 的，厚度大于 11 mm；长度为 1 200 mm 的，厚度大于 12 mm。如采用平面工艺，面心板加厚 2～3 mm。

1	2
3	4
5	6

1、2、3. 为白边做记号
4.用墨斗弹直线
5.在端头开裂部分划线
6.划圆棒榫卯线

1.配板
2.在板头树节、开裂处做记号
3.标注木材生长方向
4.划圆棒榫卯线
5.对称拼板

5. 拼板

拼板是家具制作中的常用工艺，因为窄板在材料中占大多数，尤其是在制作案、台、桌、橱等较大型家具时，能够使用独块板的毕竟是极少数。因此，多数面板、外山板、后背板、搁板等都要采用拼板工艺。

拼板做缝对木匠手艺要求比较高。一件器物中板与板拼接处的严密程度直接影响美观度。拼板工艺有平缝拼、斜缝拼、槽榫拼、企口榫拼、裁口缝拼、嫁接榫拼和燕尾榫拼等。

设计圆棒榫卯时，应充分考虑穿带榫卯的位置。不可将圆棒榫卯孔和穿带榫卯孔做在同一位置，否则圆棒榫就会失去受力意义。

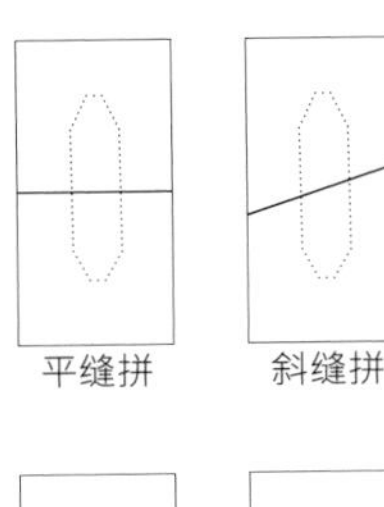

平缝拼　斜缝拼　槽榫拼

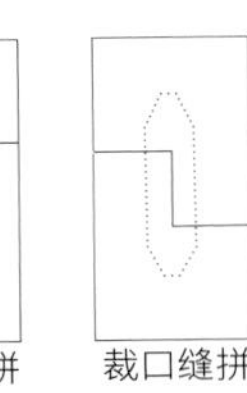
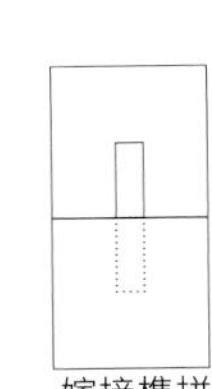
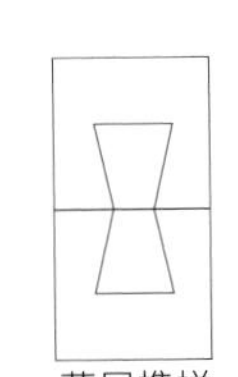

企口榫拼　裁口缝拼　嫁接榫拼　燕尾榫拼

1 | 2
  | 3

1. 拼板工艺
2. 手工切削圆棒拼钉
3. 圆棒拼钉

（1）平缝拼

以木板侧平面拼接的方法为平缝拼。这是一种比较简单而常见的工艺。根据拼板的厚度选用钻头，把配好的板固定在工作台上。按圆棒榫线钻卯孔。钻好卯孔后，先用粗平刨沿拼缝面刨平、刨直（刨花厚度在 10~15 丝为宜）。做缝时平面始终和板侧面呈 90°。平缝初步成形后用长细刨做缝（刨花厚度在 3~8 丝为宜）。将两条拼缝刨平刨直后，将两块板拼在一块看是否密实。如某段不紧密，就用笔做好记号，再用细精刨调整到直为止。两块板上下试拼严丝合缝后，再做第三块板缝。待一组板缝调试好后用相宜的圆棒榫拼装成型。

1	2
3	4
5	6

1. 拼缝卯孔划线
2. 用手钻钻卯孔
3. 卯孔成型
4. 刨缝
5. 会缝
6. 平缝拼板成型

(2) 斜缝拼

以木板侧斜面相拼合的方法为斜缝拼。这是在平缝拼工艺上发展而来的。先用手钻钻好卯孔，与平缝拼工艺一样做好拼缝。平缝拼工艺完成后，把两块板的侧面改为30°左右斜面，两块板以斜面相拼。具体做法：在拼板两端分别划斜边线，将一块板侧刨去正面成斜面，另一块板侧刨去反面成斜面，把两个斜面拼成平板。如果发现板缝面出现缺陷，应先用直尺划出要去掉的斜面，用粗刨沿线刨直、刨平。第一道工艺完成后用长精刨把两块板的斜面刨直、刨平，然后试拼两块板。如发现不严密，就用笔做好记号，用刨子刨平再相拼。待二者严丝合缝后，选用相宜的圆棒榫将板拼合。

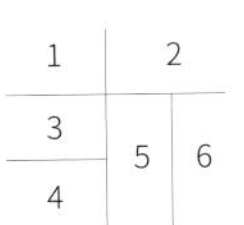

1. 刨平缝
2. 划边线
3. 端头划斜线
4. 刨斜缝
5. 会缝
6. 拼板组装

(3) 槽榫拼

相拼的两块板纵向侧面都开槽卯，以薄木片和圆棒榫使两块或多块板相连，这种拼法称为槽榫拼。这也是在平缝拼基础上发展而来的拼板工艺。用手钻钻卯孔。相拼的两个面试拼合格后，以拼缝平面的正面为标准面，用槽刨在工件平面的中心位置刨槽卯。槽卯的宽度一般是板厚度的1/4，槽卯深度为12～18 mm。做槽榫时注意，槽榫必须为竖向木材且气干密度等同于受拼工件的气干密度，卯宽度同于槽榫厚度。把一组要拼的板槽卯刨好，试拼合格后，用槽榫和圆棒榫把一组板拼好。

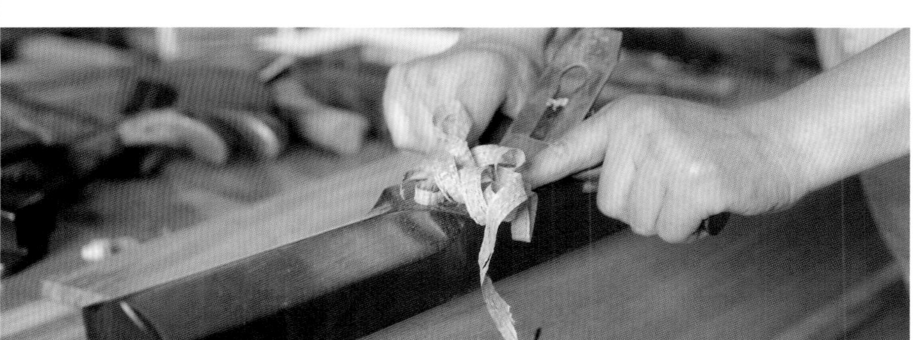

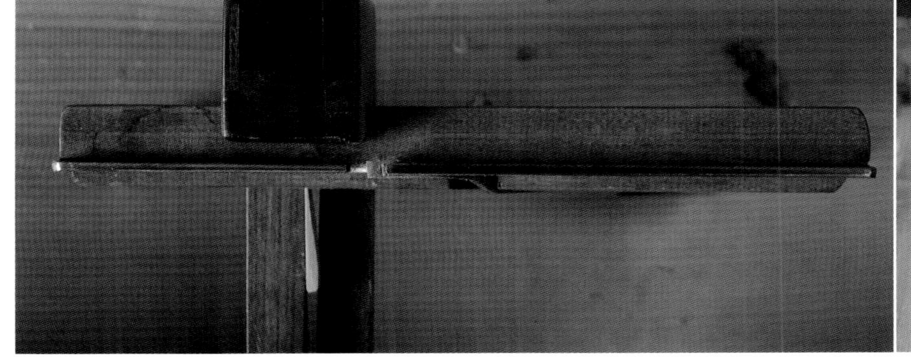

1 2
3 4
5 6

1. 钻卯孔
2. 刨平缝
3. 刨槽卯
4. 槽榫、圆棒榫拼缝组装
5. 槽刨
6. 拼板成型

(4) 企口榫拼

两板侧面分别做榫和开槽，形成一榫一卯相拼合的方式（如同地板榫卯）称为企口榫拼。企口榫拼前期工艺同于平缝拼。钻卯孔，用平刨做好缝，将两块板调试成功后，在相拼缝的平面上，以面心板正面为标准面用槽刨刨槽卯。卯宽度是工件厚度的 1/3 ，深 6 ～ 7 mm。相拼的另一工件按槽卯大小及深度划线。以面心板正面为标准面，用裁口刨把工件两边刨掉，则成槽榫。榫头端部用单线刨子刨去棱角，以便入槽卯。榫与卯要紧密配合。完成榫卯后试组装，如发现不严密的部分则用单线刨子刨平。试组装后选用相宜的圆棒榫把一组板拼为整板。

1. 刨平缝
2. 刨槽卯
3. 刨两侧，中间留榫
4. 圆棒钉拼缝组装
5. 用企口榫拼拼板成型

(5) 裁口缝拼

高低缝相拼合的方法为裁口缝拼。按照要拼的木板厚度选用钻头钻孔，再根据平缝拼加工方法完成拼板工艺。试拼合格后，在相拼木板的平面中心划出中心线（选缺边或缺角的面）。以中心线为标准调好裁口刨靠山。在一块木板上沿中心线先用裁口刨刨 6～7 mm 深，在另一块相拼木板上同样刨 6～7 mm 深。工艺完成后试拼，如发现正反面凹凸不平，可用单线刨子刨直、理平侧面，直至平整。试拼合格后，让裁口高的平面向里斜 10 丝，使两个面拼缝更加紧密。待工艺完成后选用合适的圆棒榫进行拼装。

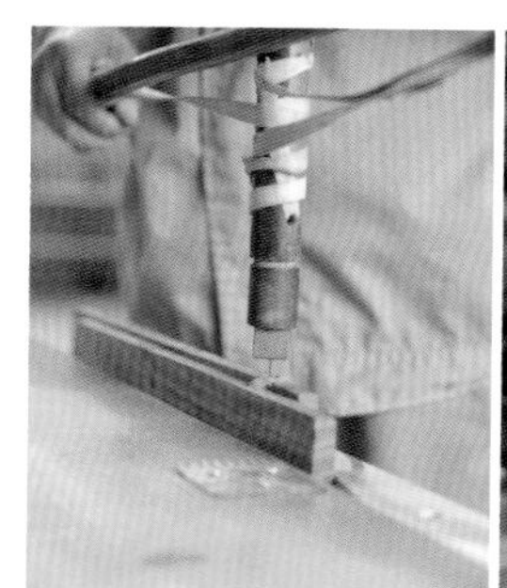

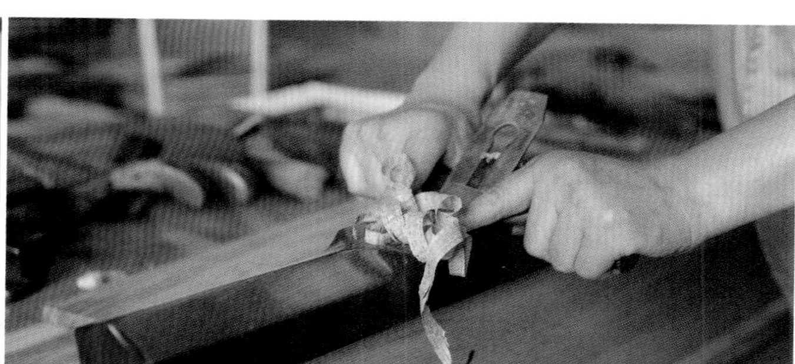

1	2
3	4
5	6

1. 钻卯孔
2. 刨平缝
3. 刨裁口
4. 平缝向里倾斜3°～5°
5. 裁口刨
6. 用裁口缝拼拼板组装

(6) 嫁接榫拼

在木板纵向侧面垂直凿卯孔，采用薄方木片栽榫的方法，与另一木板纵向侧面的卯孔接合，这样的工艺为嫁接榫拼。其前期工艺同于平缝拼，不需要手工钻卯孔。平缝拼工艺完成后，在一组配好的板正面设计卯孔间距，卯孔深 40 mm 左右，卯孔宽度是待拼板的 1/3 。先预留好穿带榫位置，卯孔间距 70 ～ 80 mm 为宜。穿带榫部位不设计卯孔。板的端头向里预留 60 mm 为卯孔位置。划好线后先用凿子凿卯孔，卯孔垂直于板的正侧面，卯孔深约 40 mm。然后按卯孔大小设计嫁接榫。榫长度小于卯孔深度 2 ～ 3 mm 为宜。榫宽度大于卯孔长度（嫁接榫用材为硬木时，宽度大于卯孔长度 5 丝左右；嫁接榫用材为松木时，宽度大于卯孔长度 15 丝左右）。榫厚度小于卯孔宽度 3 ～ 5 丝。

嫁接榫拼与圆棒榫相关工艺相同，不同之处是圆棒榫（三棱柱或圆柱体）换成了嫁接榫（长方体）。

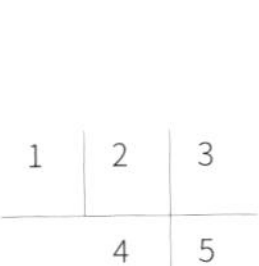

1. 配板
2. 划卯孔线
3. 刨平缝
4. 凿卯孔
5. 拼板用嫁接榫连接

（7）燕尾榫拼

采用尾根部相连的双燕尾榫，使拼合的两块木板或多块木板固定，这样的拼法为燕尾榫拼。燕尾榫拼一般用于厚度为 30 mm 左右的厚板上。做缝工艺与平缝拼相同。试拼完成后，做燕尾榫。榫一般规格为长 80 mm、宽 30 ～ 40 mm，厚度为板厚的 1/2。燕尾榫做好后，选一个作为标准，在需要拼合的木板反面划好卯孔线，卯孔间距为 150 mm 左右。设计间距时，留足穿带榫槽卯位置。用板凿依线凿好卯孔，卯孔边和板成 90°角。试组装时，榫卯配合不宜过紧，否则燕尾榫会崩角，从而影响结构牢度。

	1	2
3	4	5
6	7	8

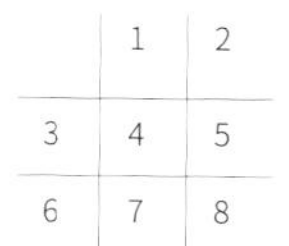

1. 刨平缝
2. 分卯孔间距尺寸
3. 划卯孔间距线
4. 照燕尾榫模板划线
5. 锯缝留隐线
6. 凿卯孔
7. 修卯孔
8. 用燕尾榫拼拼板成型

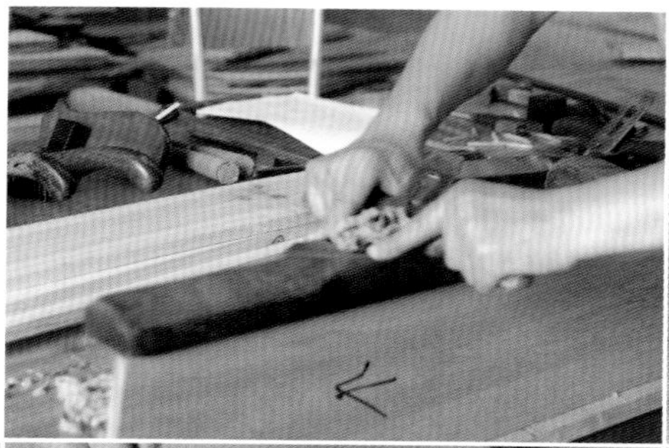

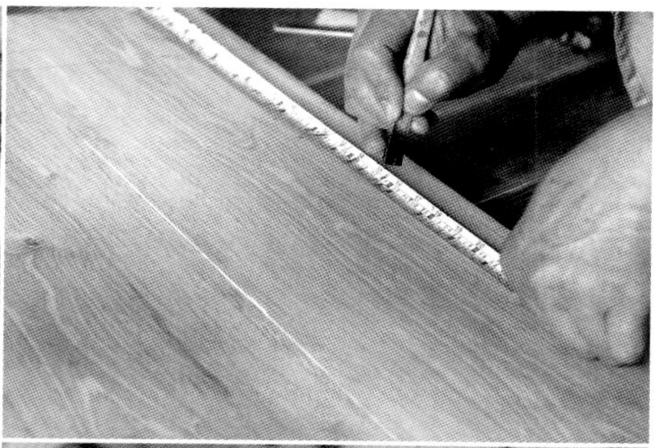

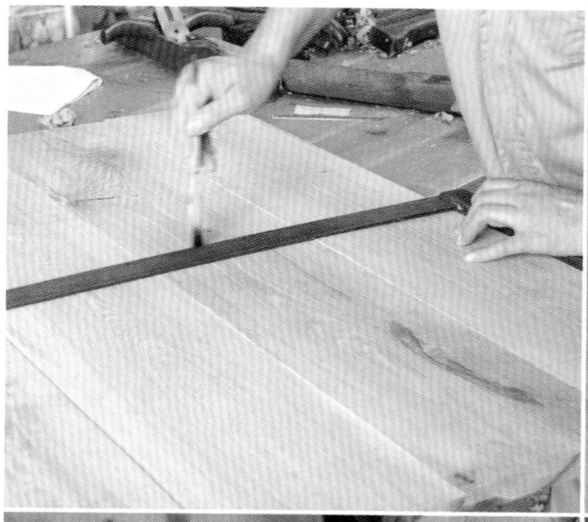

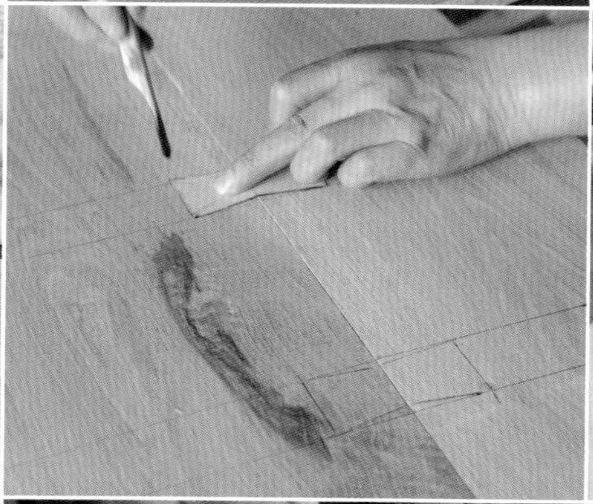

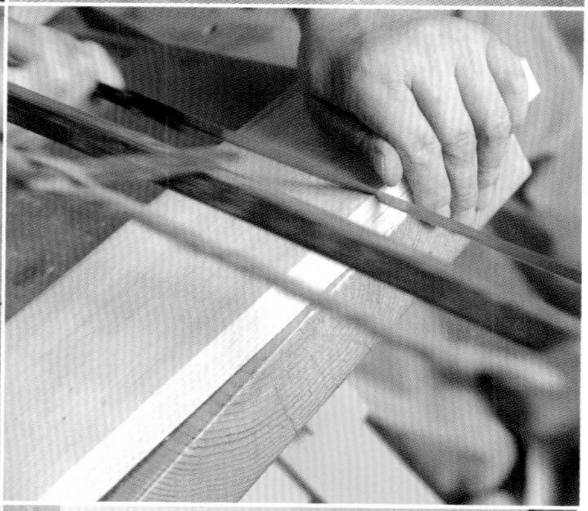

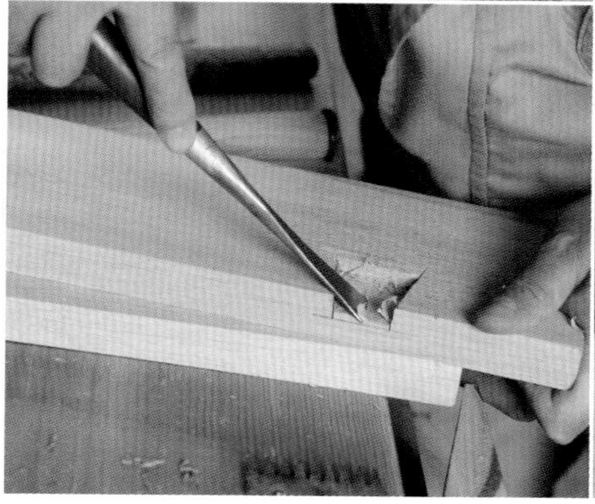

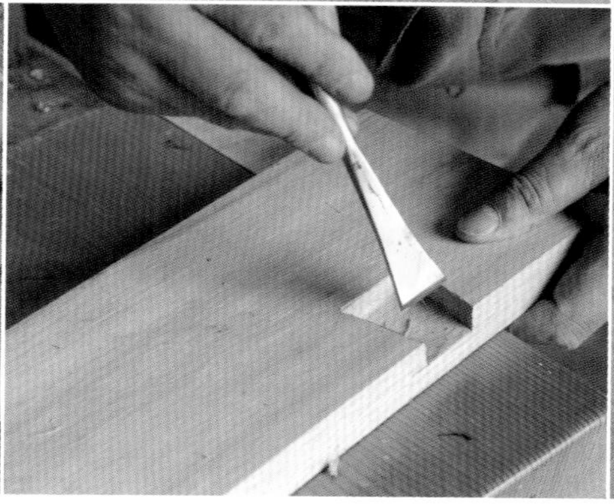

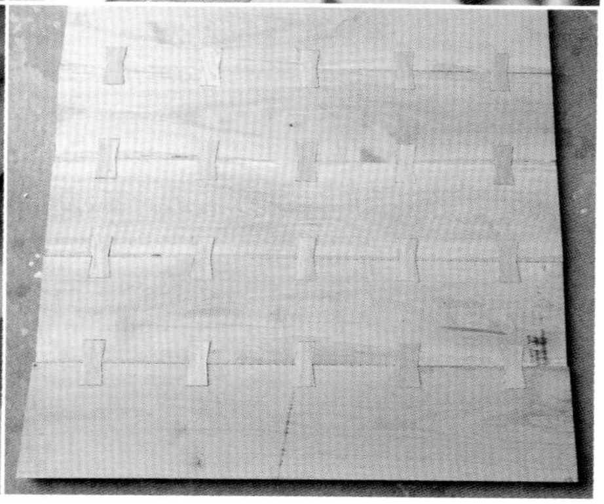

6. 拼板工艺的选择

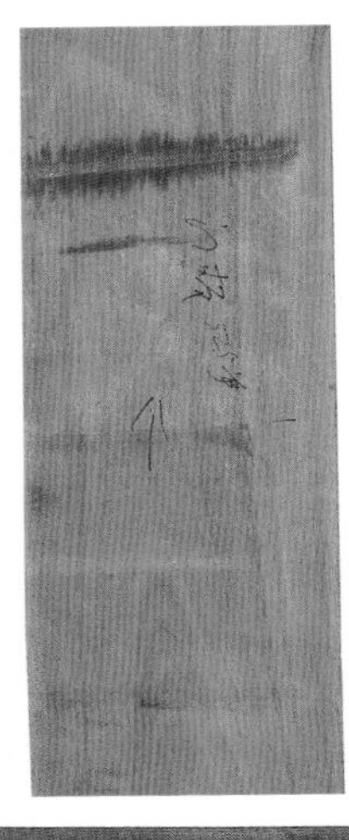

有的桌面需要经常清洗。清洗桌面时，用平缝拼或斜缝拼拼接的桌面上的水容易从缝里流出。清洗采用其他拼板工艺的桌面时，水渗入拼缝内不易流出，桌面心板就容易腐烂，影响桌子的使用寿命。

两块或多块超过 40 mm 厚的硬面面板拼缝时，一般做平缝，反面用燕尾榫拼接，讲究的用双排圆棒榫工艺。因为用一排圆棒榫拼板时，两块厚板的板缝之间不易拼好，而用双排圆棒榫时，板正反面在双面受力的情况下,两块板缝能拼接严密，反面用燕尾榫固定就会更牢固。

椅座面板与板相拼，一般采用平缝拼工艺，讲究的采用斜缝拼，因为椅面心板长度在 500 mm 左右时，受力面及内应力相对较小,在此情况下，斜缝拼较为理想，工艺也不复杂。也可以采用企口榫拼。

桌、案和几的面心板拼缝相对讲究。此类家具以陈设为主，对工艺要求比较高，一般采用企口榫拼或裁口缝拼，基本上从同一根圆木上选材。选用弦切纹对称配板法，这样拼好的板有较强的艺术观赏性。

橱门、椅、台、桌和几的面心板一般采用平缝拼、斜缝拼工艺，讲究的采用企口榫拼、嫁接榫拼、裁口缝拼或燕尾榫拼工艺。

后背板、搁板、橱顶板、橱底板和抽屉底板等多用平缝拼工艺，讲究的也可以采用斜缝拼或其他工艺。

取板配料时，毛板每个面都要比所拼板的实际尺寸加宽 2～4 mm 作为加工余量。 因为板与板相拼时，相拼的两个面会有凹凸不平的情况，配板前，要拼的板先直好边，才能达到配板的要求。平缝拼、槽榫拼、嫁接榫拼、燕尾榫拼的每条缝都增加 2～4 mm 的加工余量；企口榫拼、斜缝拼、裁口缝拼每条缝增加 5～7 mm 加工余量。圆棒榫卯孔直径是板厚的 1/3，圆棒榫长度一般在 35～45 mm 为宜。钻孔时，钻头保证和工件成 90°角，尽量避免出现偏差而影响拼板质量。卯孔在工件正中位置，不能偏离中心线。钻孔时，相拼的两个面要作合固定在工作台上，这样才能保证两个板面相拼不会出现纵向偏差。拼板时，圆棒榫先固定在一块板的卯孔里，用斧头打牢后和另一块板的卯孔相拼，再用斧头打紧。板与板相拼达到严丝合缝的方为合格品。

1. 一木对开的桌面心板
2. 对称合拼的桌面心板
3. 码堆晾干中的面心板
4. 码堆晾干中的橱搁板

7. 圆棒榫的制作和选用

圆棒榫要选择冬天砍伐的，并且竹龄在三年以上的毛竹，用其根部去黄留青制作。在没有毛竹的情况下，也可用气干密度大于 0.9 g/cm³ 的径切纹硬木材料，而且纹理要直（只能替补用）。因为毛竹特别是留青部分很有韧性，在圆棒榫卯孔出现偏差的情况下，硬木圆棒榫会折断，而毛竹做的圆棒榫不会出现这种情况，在同等情况下会折弯，对板缝影响不大。工艺如下：按工件卯孔深度，将毛竹锯成一段一段的半成品去黄留青，用斧头按圆棒榫卯孔直径大小劈成长方体形状坯料。

圆棒榫的形状有两种，可根据需求选择制作。第一种，将长方体坯料用板凿削成三棱形，并将两端削尖（用于气干密度在 0.76 g/cm³ 以下的木板相拼）；第二种，将长方体坯料用板凿削成圆柱形，并将前后两端削成圆锥形状。

圆棒榫和卯孔要紧密配合，以将圆棒榫用力插入卯孔后无法拔出为佳。三棱形圆棒榫可用于杉木、松木、楠木材料的拼板。榫和卯孔受力时，虽然毛竹的气干密度不高，但三棱形圆棒榫的三条边比较锋利，三棱形圆棒榫插入气干密度相对低的松木类材料的圆形卯孔并受力后，其边角像刀一样在卯孔外围受力，牢牢把两块板连在一起。如果是气干密度大于 0.76 g/cm³ 的硬木材料，只能用圆柱形圆棒榫相拼，圆棒榫的直径要大于卯孔直径 5 丝左右，这样才能把相邻的两块工件拼牢。如果三棱形圆棒榫用于硬木板拼接，其边角进入卯孔后会被硬木削平而失去使用三棱形圆棒榫的意义。

拼板时对圆棒榫的排列方法也有严格要求。圆棒榫插入卯孔时，毛竹的青面或黄面对板的纵向面。通作木匠有句顺口溜：青对青，黄对黄。意即毛竹圆棒榫青的一面对另一支榫青的一面，而黄的一面对下一支毛竹圆棒榫黄的一面。因为拼板前手工钻孔时，相拼的卯孔多少会有误差，用此工艺才能有效预防卯孔出现误差导致圆棒榫折断。即使卯孔出现轻微偏差，毛竹也会弯，但因为毛竹的韧性，这对榫卯结构不会带来多大的损伤。

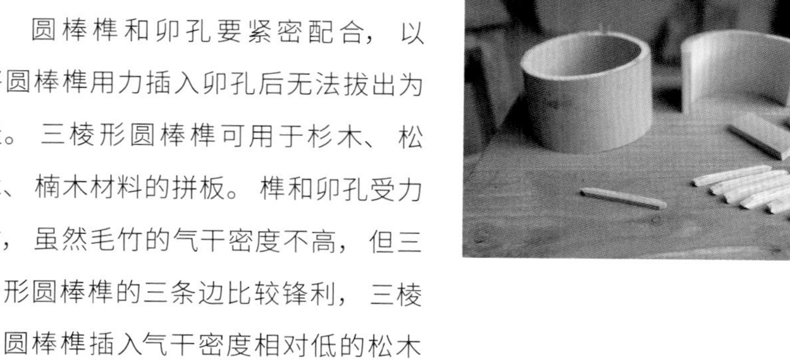

1. 毛竹竿
2. 毛竹竿分段
3. 分解圆棒榫坯料
4. 坯料和圆棒钉

8. 刨料

1

2

1. 调试刨刀
2. 刨板

用平推刨把坯料、异形工件或木板刨平、刨直、刨光、削薄的方法称为刨料。刨料是家具制作中必不可少的一道工艺。刨料使家具更加平整、光滑、美观，并使各种各样美丽的木纹得到淋漓尽致的展现。

（1）坯料

刨料是木匠最基本的技艺。初学者可先从刨板开始。因为刨板时只要刨刀刃口锋利，调试好刨刀刃口角度，使刨刀和盖铁吻合，只管用力把一块板全部刨完即可。刨板说起来简单，真的要把木板刨好也不是一件容易的事。操作时木匠刨也有重要影响。

刨硬木家具材料时，要根据硬木气干密度大小，调整刨刀刃口角度。刨气干密度在 0.76 g/cm^3 以上的材料时，刨底面和刨刀刃口角度成 47°～51°。气干密度越大，角度同样越大。除配备粗刨、精刨外，还要配置耪刨。耪刨分为粗耪刨、精耪刨、洼线耪刨和圆线耪刨。

刨文玩小件用木匠精刨。精刨刨长 320 mm，配宽 36 mm 刨刀（同样地，气干密度越大，刨底面和刨刀刃口角度也越大）。刨文玩小件同时还要配备平耪刨及洼线、圆线耪刨。

刨圆作用木匠刨。拼缝刨长 850 mm，配宽 90 mm 的刨刀；粗刨长 350 mm，配宽 44 mm 的刨刀；粗刨长 220 mm，配宽 44 mm 的刨刀；圆线刨、洼线刨长 230～280 mm，配宽 38～44 mm 的刨刀。此外，刨圆作还要配备圆形滚刨和收口滚刨。圆作材料为杉木，加工时刨刀刃口角度为 42°～43°。

有条件的话，木匠刨用南通的柞榛木做刨床材料。刨刀刃口用优等钢镶嵌。攒火要精确。耪刨刨底和刃口角度成 60°～68°。刃口要用高强度钢，才能保证刃口锋利，刨工件特别是硬木工件时就不会出现雀丝。

刨料时先检查刨刀是否锋利，盖铁和刨刀是否配合良好。磨刨刀时先用 240 目砂轮粗磨，后用刀砖（专门用来磨工具的青砖）精磨。刨刀刃口要磨得方方正正，盖铁和刨刀要吻合，刨料时才不会产生雀丝。如发现盖铁和刨刀不吻合，可用平锉刀修整齐，直至严密吻合。

刨料前，刨刀与盖铁要配合好。刨气干密度在 0.65 g/cm^3 以下的松木等材料，刨刀和盖铁间距 2 mm 左右时，人不会觉得吃力。刨气干密度在 0.76 g/cm^3 以上的硬木时，刨刀和盖铁间距 1 mm 左右。调好间距后，左手拿刨身，右手拿刨刀，插入刨膛内，

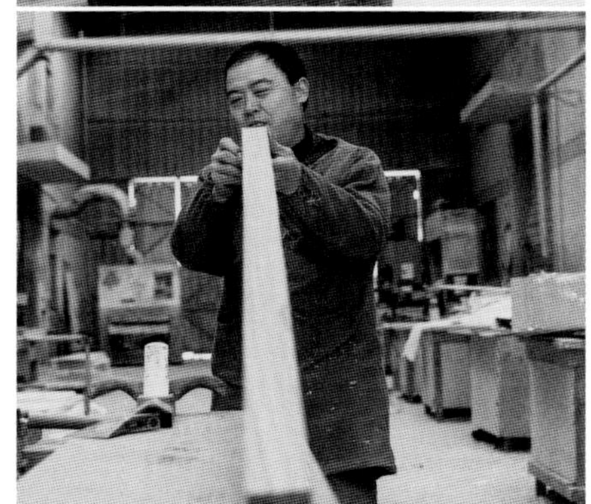

让刃口接近刨底面上楔木。用斧或锤校正刃口。刃口露出多少与刨削量成正比。粗刨工件时，刃口从刨底露出以能看见为宜；精刨工件时，刃口从刨底露出以隐约看见为宜。发现刃口从刨床露出底面过少，可敲打前端调整；发现刃口露出得过多，可敲打后端调整。如发现一角突出，可用斧或锤敲打同角方向校正，调好后用力紧固楔木。

装好刨刀，上好刨楔木，先刨大面（所谓大面，是指一支料四个面中朝外的面）。顺着木材生长方向刨就不会产生雀丝。 如逆着木材生长方向刨，不仅人会感到吃力，而且工件表面容易出现雀丝。

正确的刨料操作方法：双手握住刨把手，左右手大拇指压住刨床后部，食指压住刨床中部位置。刨料时左腿在前，右腿在后，并用力蹬地，形成向前的推力。双手用力压住刨床向前推进，双臂同时发力，胳膊必须伸直用力。无论木材多难刨，人中途都不能息力。操作时两手必须握住刨把手，将刨子端平，将刨床按水平线方向向前推进，直至刨到木料的端头。退回时，用手将刨身后部略微提起，以免刨刀刃口在工件上拖沓。同时刨子要拿正，不许斜着刨。

耪刨使用办法：右手握住耪刨手柄，同时左手压住并握紧耪刨的前部，人站立姿势和手工刨木板一样。按水平线顺着木材生长方向前后反复刨平刨直。

刨料时，选两个好面。好面就是表面相对无缺陷的面。如果发现料有弯度，应先刨向上弯的一个面。刨好后，用右眼（左眼闭）看平面是否平直，如发现不直就要继续刨，直到刨直为止。同时检查平面是否有翘角，如果发现有，就先刨翘角。检查时让平面对光。右眼看一个面四个角在一个平面上，证明平面无翘角。如两条对角线上的角不在同一平面上，那么刨高的两个翘角，刨好后再用右眼看一下是否合格。

1. 调试刨刀
2. 刨料前先选好面
3. 先刨正面
4. 双手握住刨把手向前刨
5. 用右眼看是否刨直

1	2
3	4
5	6

1. 左右看是否有翘角
2. 检查相邻的两个面是否垂直
3. 用划子字线
4. 字好线后标记大面
5. 调整刨刀准备复线
6. 开始复线

刨料前，先检查对角线板面是否有翘角。划线时都是以正面（俗称大面）为标准面，在工件两个侧面划榫或卯孔棉线。四个角在一个平面上的工件为合格品。工件两侧的棉线在一个面上，工件横竖档组装也在同一个面上。如果某个角出现翘角，和其他三个角不在同一平面上，一旦榫卯完成，组装后工件就会出现一个面不平，还是会出现翘角。所以，刨料时应严防翘角。刨好料并检查合格后给两个大面做好记号。

除做好两个大面的记号外，还要检查工件两个大面夹角是否成 90°。夹角大于 90°或小于 90°，都会影响整套工艺。有经验的木匠可以凭眼力检查 90°角；如没有把握凭眼力确认，可以用 90° 靠尺来检查。如发现夹角偏大或偏小，一般则保持宽面不动，刨窄的一个面，使两个面形成 90°。正面和侧面（大面）或反面的夹角，应该为 90°角。如果夹角偏大或偏小，那么，组装时，一面肩严密，而另一面肩会出现缝隙。补救的方法是用角锯重新割角。

确定两个大面都无翘角，两个大面成 90°角后，才能认为两个大面合格。

1 2
3 4
5 6

1. 正面复线
2. 反面复线
3. 看是否有翘角
4. 看是否平直
5. 侧面复线
6. 侧反面复线

刨料主要是把四个面刨直、刨平。每个面都不能出现翘角。如有面出现翘角，那么划线做榫或卯时，两个点不在同一个面上，下道工艺就无法进行。如两个面夹角偏大或偏小，做榫或做卯时就会出现一个面肩子可以吻合，而另一个面肩子出现缝隙。

在刨好一个批次材料后，按料单规格，左手拿尺、右手拿笔划字，以两个大面字线，一支料的标准断面就确立了。两个小面线外 5 mm 左右部分直接用刨子刨掉（南通木匠称此为复线工艺）。线外部分如超过 5 mm 就直接用斧头砍掉，但要留线，保证线内断面没有变化。名贵材料线外部分若达到 3 mm 以上，就先用锯子锯掉，留作他用。处理好一个批次的线外余料后，就可以开始复线。在复线过程中除用刨子刨直外，还要经常检查，保证两个小面不翘角，而且面要直，两个小面的夹角也要成 90°。两个小面要刨到留隐线为止。把一个批次的材料都刨好后，按规格码好，等待划线。

刨子在使用过程中要注意保养。敲打后端时尽量用斧头，不要用横截面小的锤子，要在后端中心位置敲打，以免损坏刨身。

1

2

3

1. 检查是否有翘角
2. 细刨复线
3. 刨好后堆放晾干

在使用过程中，刨子底面要经常涂油，保证刨床和材料润滑，以减小刨床和刨面的摩擦力。收工时，刨床底也要涂油保养，要松楔，防止下雨天刨身涨裂。

（2）异形料

刨异形工件时，要选较好的平面先刨。粗刨和精刨的长度、刀宽、刃口角度和刨的方法，与刨气干密度相同的工件的用刨方法一样。刨完平面后，用稳木固定弧形部分，选相邻的侧面（外侧面）作为大面先刨。用短光刨顺着木纹方向用力向前刨。同时要反复多次对照模板（薄板做的板样），不能偏离模板。检查平面和侧面是否成直角。正面和侧大面都不能有翘角。检查合格后，对照料单模板字线，确定断面宽度、厚度。然后以沿大面和侧面 90°角边为基线字线。

复线时平面刨法同直料刨法一样，而异形工件另一个弯面，用专用短光刨对照字的线刨好后，要和另一个直面成 90° 角。对于弯曲度较大的工件，可用滚刨刨侧面，同时对照模板保证弧形部分不走样。复线时按字线刨掉多余部分。滚刨的使用方法：用两个拇指压住刨床后部，用食指压住前部，然后用力向前推进。

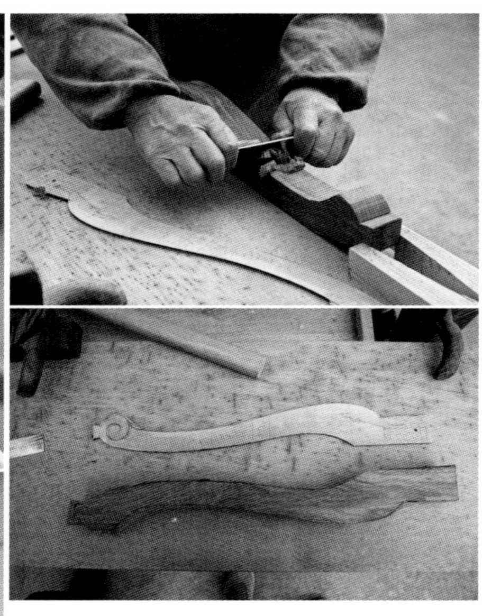

刨料其实也是在选料。所刨的两个面是指对外的两个面，称为大面。另外两个面在部件反面，称为小面。如反面两个面复线后，确实比第一次选的面要好，那么就按正面标准重新将此确定为大面，并做好记号。再把原来的大面记号去掉，将之作为小面。完成后，沿两个标准面字线（确定断面尺寸），用粗刨把两个小面刨到字线位置为止。两个小面的夹角必须成90°，另外两个夹角自然也成 90°，四个角全部成 90°。宽度、厚度复线精确后，后面的问题就可迎刃而解了。

1. 异形料先刨正面
2. 用滚刨刨
3. 正面刨好后用模板检查
4. 检查是否成90°角
5. 照模板字线
6. 用刮刀刮平
7. 用工件对照模板
8. 刨异形材料工具

（3）板料

板料是指做家具面板的配板材料。这些配板是用独块制成，或由两块或多块窄板，通过圆棒榫拼成的一块较大的板，两面都需要刨光、刨平。这样的工件一般用于加工门面心板、橱山板、搁板、后背板、抽屉底板和桌面心板等。

在工作台端头 300 mm 处锚固千斤口（锉成锯齿状），将板端头固定在千斤口上。左腿在前，右腿在后，双手握紧、压实刨子顺着木纹方向刨切。先用木匠粗刨（刨长约 350 mm，刨刀宽 44 mm，刨刀和盖铁严密配合）把两个面刨好后，再用精刨（刨长约 300 mm，刨刀宽 44 mm，刨底面和刨刀刃口角度取决于工件的气干密度）刨板，顺着木纹方向重新刨一遍。刨子出口刨花厚度为 5 ～ 8 丝。个别未刨到的地方，可用短精刨顺着木纹方向刨一遍。刨好后检查是否有倒顺木纹情况（雀丝）。如发现雀丝，就把板掉头继续刨，用精刨在有雀丝的地方重新补刨几遍。

抽屉帮及橱三面围板、牙条、券口及部分线条，其刨法与前述方法相同。选较好的一个平面，先用粗刨刨，然后用右眼看板面的四个对角是否有翘角。无翘角后用精刨刨好，并检查线条直度和平整度。将两个侧面刨直后，按料单字线，确定工件几何尺寸，进行复线，同样按前述工艺实施。

1. 调试刨刀
2. 开始刨板
3. 用光刨刨板
4. 用刮刀刮平

四、家具造型

1. 家具设计

家具设计可以体现家具的功能性、适用性、牢固性和美观性。因此，家具设计是家具制作的基础，是木匠进行家具制作的依据，是使家具使用者获得实用、舒适、耐久和美观的家具的前提。

家具设计分三步。一是了解家具制作的要求、材料，以及家具摆设的空间；二是画出家具外形，以及根据内外饰要求画出草图；三是通过多次修改，画出正式图纸。

家具设计图分为四种：第一种，草图。一些比较简单的家具有了设计草图后，所需材料的料单和家具制作的问题往往就能解决。设计比较复杂的家具，需要先画草图，再画正式图。第二种，比例图。将草图修改好后，按比例画在图纸上，将节点数据标注好，并且划好横、竖剖面图，就可开始制作。第三种，实图。根据家具的实际尺寸，按 1∶1 的比例画在纸上或薄板上。实图主要针对椅类、带叉线的异形家具及家具的局部异形工件进行设计。第四种，材料镶嵌图。利用特殊木纹作面心板，镶嵌在家具中，作为家具的一种装饰。如：桌面大边、抹头用同一种材料，面心板用另一种材料；橱门外框用一种材料，面心板用另一种材料。

另外，在中国传统家具制作中，有不少制作方法是符合设计理念的，但并没有被列入家具设计的范畴。如合理选配材料、巧妙利用木纹、科学搭配线条、恰当选用榫卯等。对于木匠来讲，这些他们早已了然于胸，操作自如，并已成习惯。这些都是家具设计的灵魂和制作技艺的精髓。

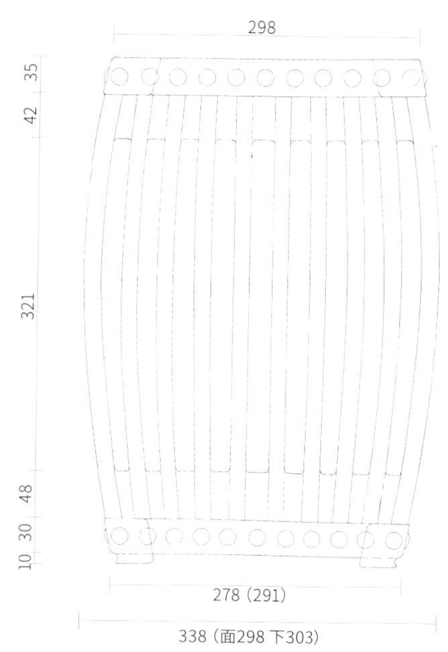

1 | 2

1. 手绘鼓凳设计图
2. 按图制作的鼓凳

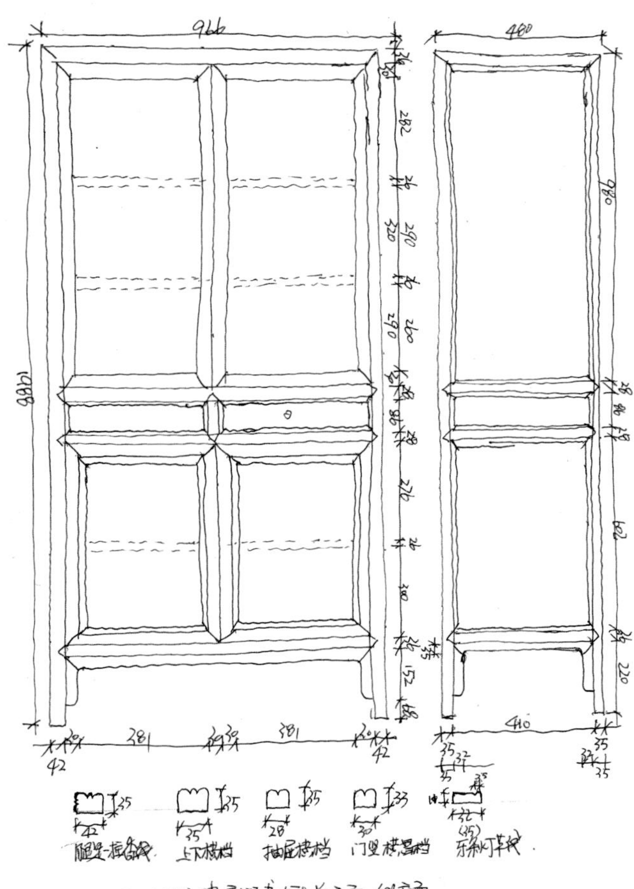

1988×966(480)玻璃门书橱前立面.侧立面.

(1) 草图(以书橱为例)

家具的正立面、侧立面，是平时要经常面对人的部位，因而是家具设计的重点。桌、几、椅、案和橱等是多个立面可让人观看到的家具,所以,这些家具的制作会受到木匠的特别注意和重视。对类似橱这样的家具，有经验的木匠通过草图就能明白设计目的。木匠在充分了解需求的基础上，在橱门板上或纸上，就能大概把正立面及侧立面图画好，标明橱的高度和宽度、亮脚高度、抽屉放置高度、抽面高度、门扇高度和宽度，并注明骨架材料的剖面和规格。草图是开具料单的第一手资料，也是木匠进行家具制作的依据。

1988×966(480)书橱料单.

1. 腿足 42×35×1990×4丁
2 上下横档 35×35×970×4丁 480×4丁
3. 抽档 28×35×970×4丁 480×4丁 150×2丁
4. 隔档 26×35×950×6丁 430×6丁
5 牙条 11×38×900×2丁 420×2丁
11×40×160×8丁
6 别档. 顶.底 30×28×450×4丁
中抽 30×20×450×2丁
隔档 30×17×450×6丁
7. 抽走道 60×36×460×1丁
30×36×460×2丁
8 后背竖档 30×30×360×5丁
9. 门竖档.横档 30×33×610×4丁 950×4丁. 450×8丁
门别档 30×23×420×2丁.

10 抽面 86×20×450×2片. (86×20×910×1片) 抽屉侧板 86×13×470×4片 后侧板 86×13×450×2片.
11 抽底 450×450×10×2片.
12 抽二底 420×430×8×2片
13 橱门板 550×410×11×2片 (对板 560×220×11×4片对缝)
14 外山头板 上 960×430×11×2片 .下 620×430×11×2片.
对缝上 966×220×11×4片 下 630×220×11×4片
15 搁板 900×430×10×6片
16 夹档板 430×100×11×2片. 460×100×11×2片
17 后背 (上) 340×440×6片 (下) 320×440×4片

1.手绘书橱设计草图
2.手写料单

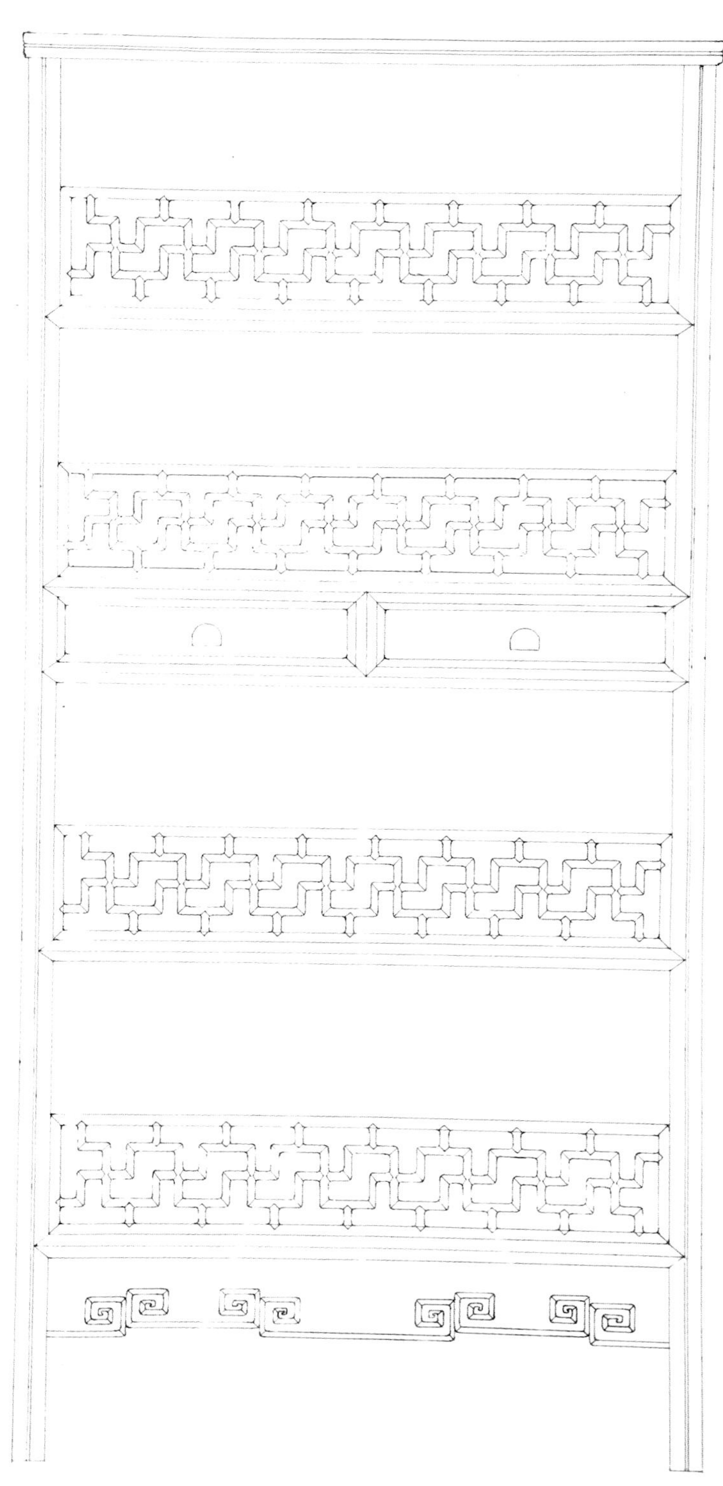

（2）比例图（以书架为例）

以书架设计为例，在充分考虑好书橱的款式、功能、材料、色彩和尺寸大小等的情况下，木匠先画草图，经过修改再画正式图。要把书架的高度、宽度，抽屉高度及抽屉上横档在整个器具上的高度，书架搁板的高度分割，搁板三面围栏和万字纹的大小比例，亮脚高度以及牙条的拐儿纹纹饰设计好，并按照一定的比例画在图纸上。

1

1.手绘万字围栏书橱设计图（原图1：2）

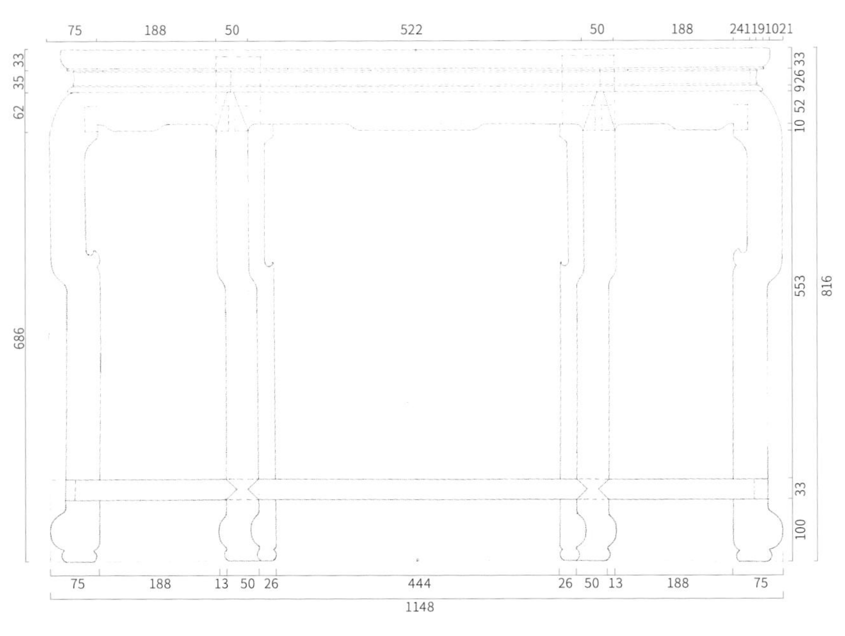

正立面

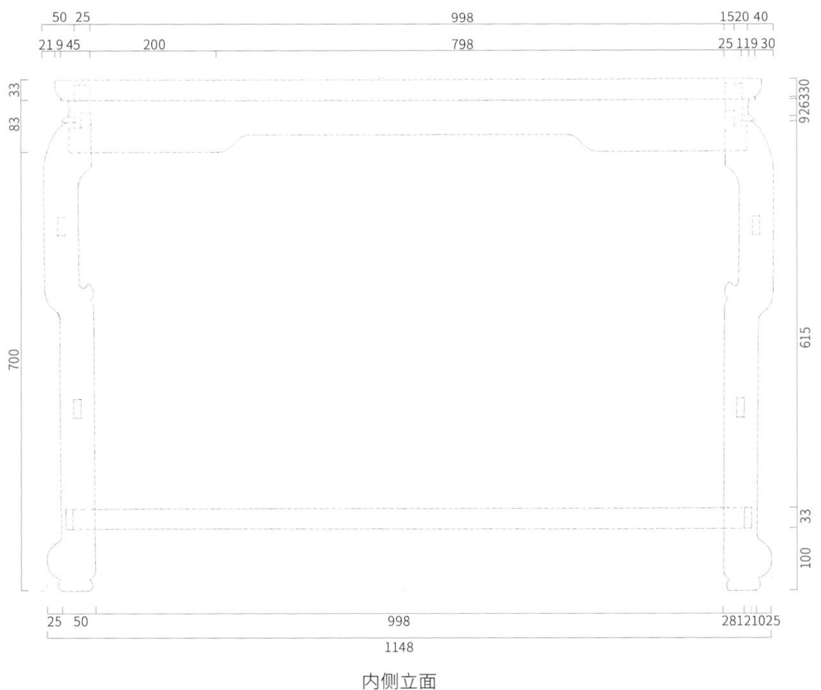

内侧立面

1
2 1、2. 手绘圆桌立面设计图

(3) 实图一（异形家具）

非方形平面、非直档直腿的家具为异形家具。

异形家具的主要特征是形状为异形。这种异形家具在通作家具中也不少，如圆形、半圆形桌子、凳子，大小头书橱和衣橱，椅类家具，以及其他形状不规则的家具。此外还有一些普通家具的部件为异形，如桥梁档、霸王枨等横竖档、斜档为非直档的；在腿足中，如鼓腿膨牙、撇腿、三弯腿、鼓腿内翻马蹄足等。

异形家具的部件形状不规则，因此，应该根据家具和部件的实际尺寸，按 1∶1 比例画好实图，方可进行制作。

确定一件家具（如案或椅）的长、宽、高以及腿足和案（椅）面叉线数据后，按 1∶1 的比例画在图纸或薄板上。如果发现按设计数据所画的图在立面上出现比例失调，也可以重新设计，调整实图或异形工件后再画实图，特别是设计椅类家具后腿足时要考虑人体工程学，简单地讲即人要坐得舒适。在画抛物线时用薄尺掰出弧度，用铅笔先画草图，经过多次修改后才能画在图纸或薄板上。

圆桌面根据设计方案，用圆规按半径数据划在薄板上。划桌面圆框

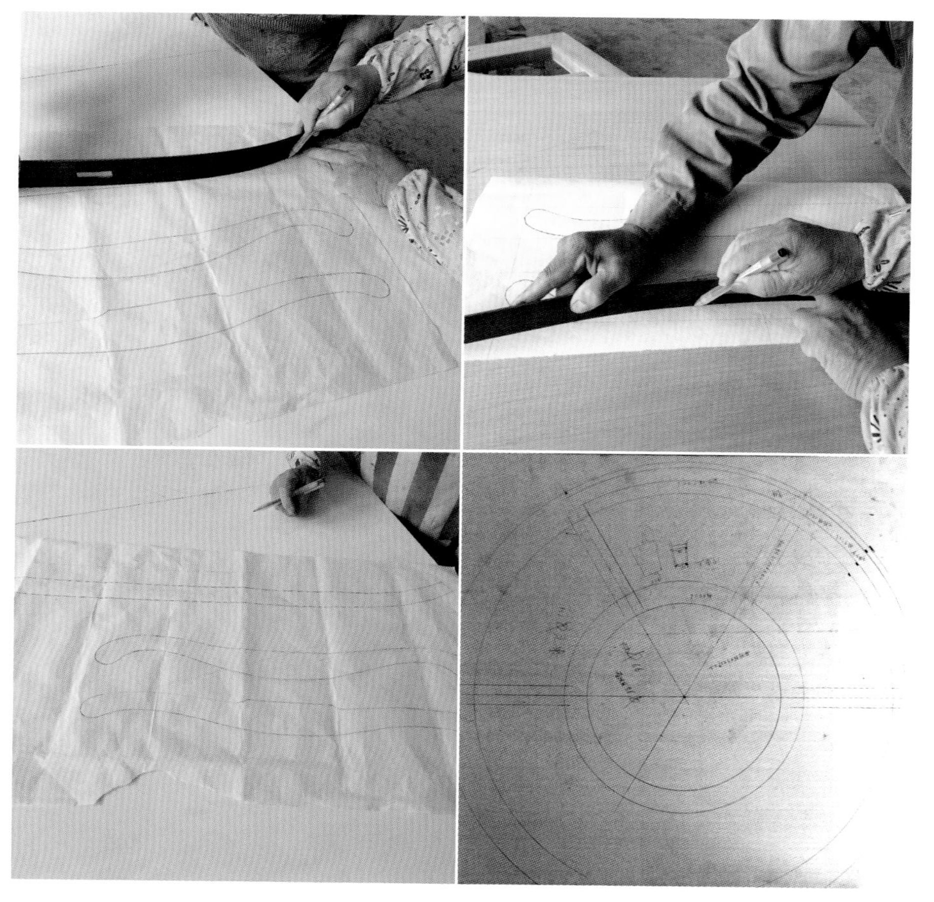

时，无论平均分成几段，面框弧形边接合点与圆心都必须是等距离，才能保证节点角度一样。做案类家具应先画正立面图。腿足下端和案面叉度一般为 50 mm 左右，侧面腿足下端和案侧面叉度一般不超过案面宽度。这类家具同样需要在图纸或薄板上画好实图。

对于零部件，经初步设计，先做模板，然后照模板划工件。如将桥梁档节点划好后做成模板，再划在工件上，才能保证桥梁档几何尺寸在可控制范围内。同样，先将拐儿做成模板，再划在工件上，也可以控制一组拐儿图案及钩子的大小。

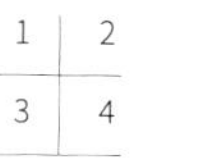

1、2. 用薄尺掰出弧度划线
3. 搭脑正面及侧面设计图
4. 圆桌桌面设计图
5. 圆桌腿足和牙条榫卯结构设计图

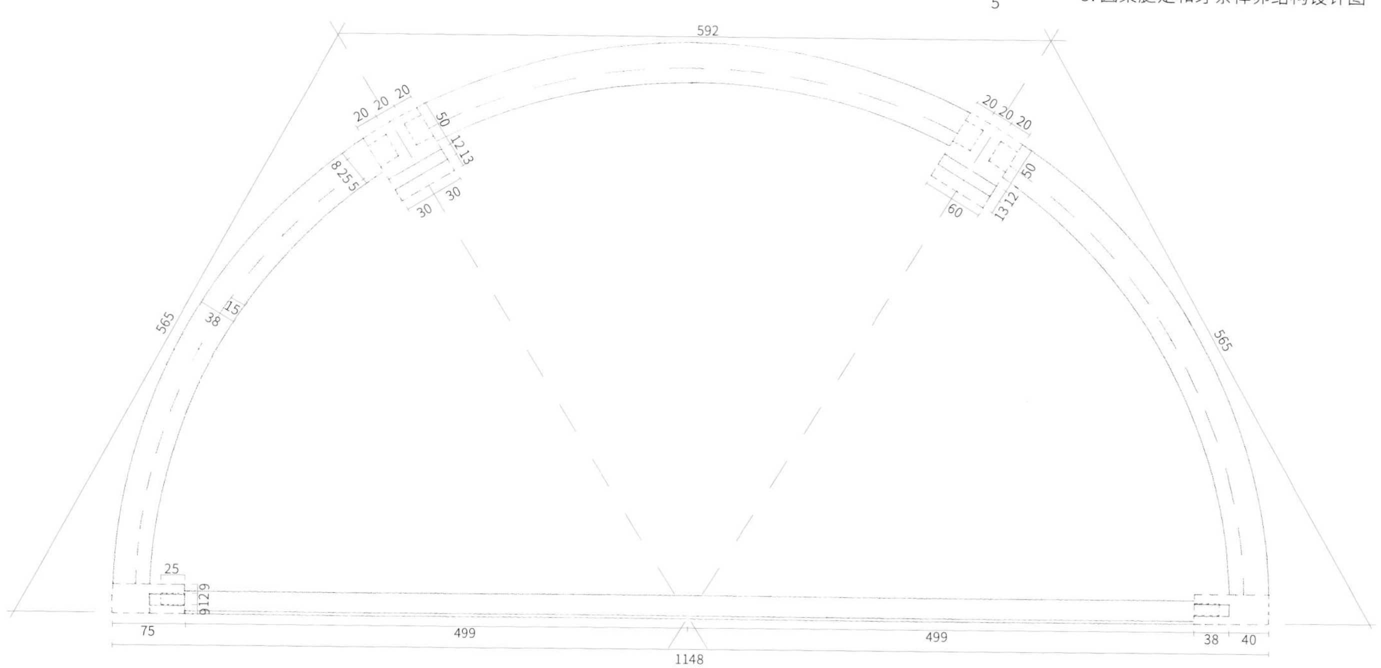

凡是对称的部件，可根据其特点，先画部件的一半，另一半通过对称复制，从而形成完整的部件模板。例如，搭脑可先画一半，修正后可用黑锅灰拓在薄板上形成对称的图案，用窄锯沿里线锯好后修正。这样，完整的搭脑模板就产生了。

对于异形材料，木匠下料时要注意弯曲度并顺应木纹走向，防止绞丝纹等产生的内应力引起材料的弯曲、变形、断裂。各类座椅的后腿足要一木连做，才能保证产品质量。

1	2
3	4
5	6
7	8 / 9

1. 照模板在坯料上划桥梁档线
2. 划好线的桥梁档坯料
3. 照拐儿模板在工件上划线
4. 划好线的拐儿坯料
5. 按设计先做一半抛物线弧度
6. 将锅灰涂在模板上
7、8. 模板印在纸上
9. 按印好的样子做成的模板

(4) 实图二(以椅类家具为例)

实图设计是指把一件家具按 1∶1 比例画在纸张或大板上。因为椅类家具多为异形部件，实图设计便于为异形部件按图纸取样和划线。设计有弧线及抛物线造型的家具，特别是椅、几、圆凳等异形家具，必须通过图纸设计才能得出几何数据。然后把设计图纸上的弧线部分用薄板在图纸上取大样。将取好的样线精心做成样模(或称大样)，按料单尺寸选择相应的板材，用样模划好线后再进行下道工艺。对于直线部分，按图纸标明的尺寸列出料单即可。

设计步骤是先在图纸上划出横竖垂直十字线(用勾股定理确定十字线比较科学)，以十字线的横线为标准划椅座面高度线。按传统座面高度(一般为 47 ~ 49 cm)划好座面高度线，再划腿足下端线。然后划座面厚度线(一般为 32 ~ 35 mm)。十字中线也是椅子中心线。假设靠背椅座面宽 520 mm，那么从中心线向两边各延伸 260 mm 并划好竖线。前腿足在座面左右两边，其上端从座面向里各收 16 mm。例如座面长 520 mm，前左右腿足上端间距应为 488 mm，腿足下端在此基础上向两边各增加 14 mm，那么腿足下端间距应为 516 mm。用直尺划好前左右腿足外口线(腿足一般规格为 33 mm×33 mm)，从外口线同时向内划 33 mm 作为腿足线。

1. 步骤一：划垂直十字线
2. 步骤二：划座面高度及椅大边高度线

椅座面宽、深及座面高度定好并划好线后，由座面向下划腿足宽度线。由后腿足上端向下划搭脑高度线。划线时沿腿足外侧至搭脑划腿足延长线，在搭脑处确定腿足上端宽度线，由座面向上至搭脑划连接线。至此，椅子前立面和后立面基本划成形。用同样的方法划出侧立面图。

椅子侧面设计方法同前后立面的一样。座面前后深 400 mm，则腿足上端间距应为 368 mm，下端间距应为 396 mm，同时划好侧面腿足线。

前立面腿足下端留 20 mm 为关头。向上为前下牙条位置。下牙条向上为前脚档（前立面基本划好）高度位置。侧面前后腿足下侧，在踏脚档向上一般留 10 mm 的间距，再向上为两侧档卯孔位置。后档同样在两侧档向上留 10 mm 间距，其上为后横档位置。民间称此工艺为步步高，实际考虑下四支横档不在一个平面上，其卯孔同样不在一个平面

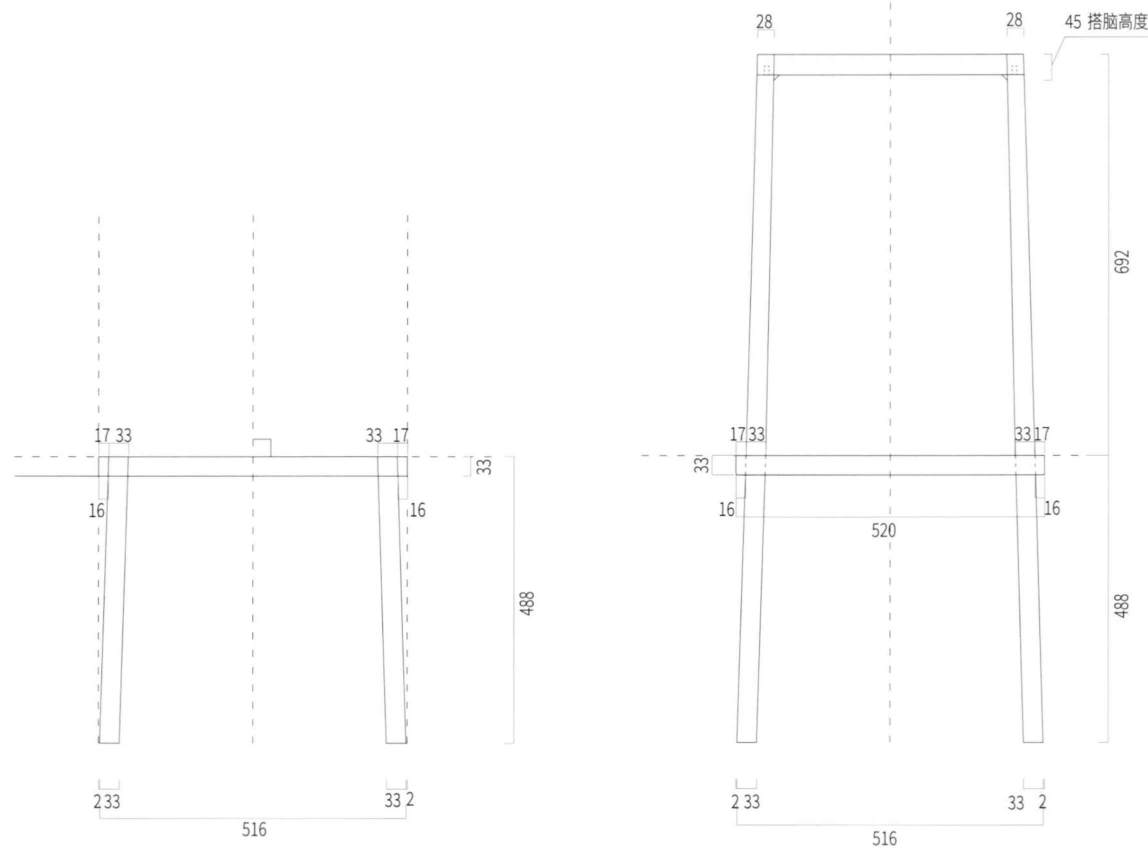

1 | 2

1. 步骤三：划座面向下腿足宽度线
2. 步骤四：划搭脑高度及腿足上端宽度线

上。如四支横档在一个平面上，腿足规格为 33 mm×33 mm，棉线减 11 mm，下档榫长只有 20 mm。榫短，榫卯摩擦力就会变小，会影响结构强度。而下横档不在一个平面上，卯孔就会错开，这样榫头就可加长，从而增加摩擦力。

传统家具主要靠榫卯结构来保证家具的结构强度。由座面向下划好牙条线。椅子按人体工程学设计，后背板也是按人体脊椎骨的弧度设计，设计时要反复修改模板。从人的直观意识出发，搭脑应呈现中间高、两边低的弧线，并在实图中加以体现。同时设计好榫卯的节点以及线脚。

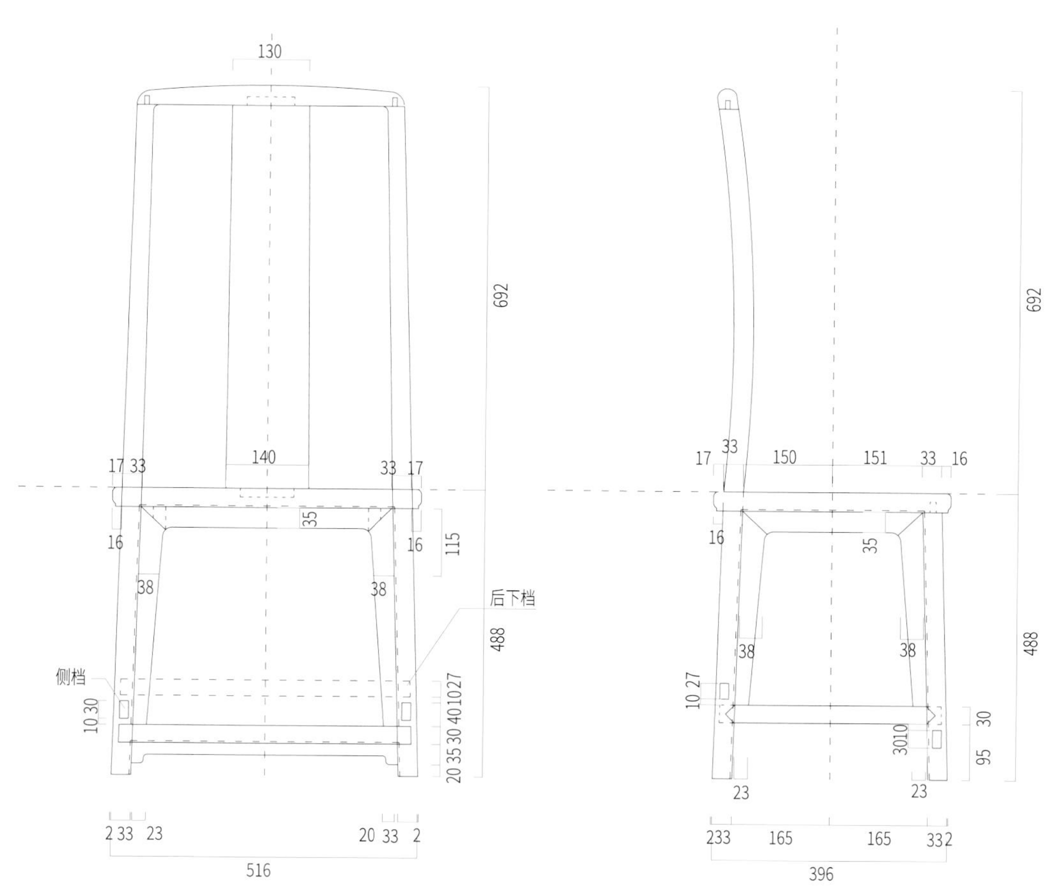

1 | 2

1. 步骤五：划前（后）立面券口、下档、下牙条和后背板线
2. 步骤六：用同样的方法划侧立面线

(5) 材料镶嵌

这里的材料镶嵌是指利用天然木纹材料加工成绚丽多彩的图案，并作为面心板镶嵌在家具面框中，使天然的木纹成为家具的特殊装饰。

桌面心板、橱门面心板如同家具的脸面。树木的扭转纹，通过深加工锯成影木纹，树瘤也可通过深加工用于面心板制作。面心板通过穿带连接后，再和大边或橱门横竖档以半榫卯、槽榫卯接合。木匠经过刨、刮和打磨，让面心板呈现出不一般的效果，突出四周横竖档或大边、抹头，增强家具艺术性、观赏性和牢固性。

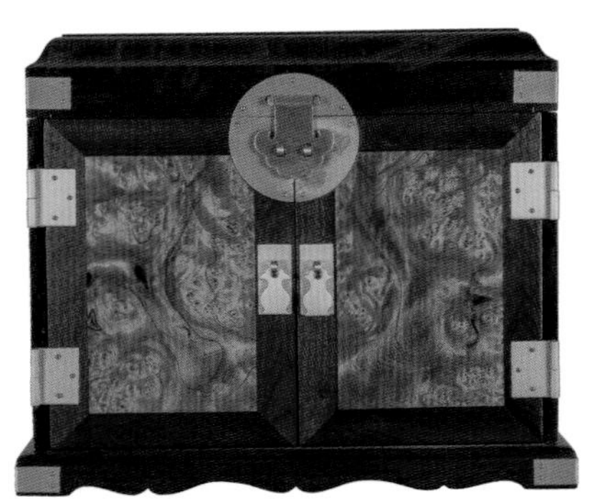

1. 老红木官皮箱门面心板使用柏木瘿
2. 檀香紫檀官皮箱门面心板使用楠木瘿
3. 镶嵌楠木瘿的椅靠背面心板
4. 镶嵌楠木瘿面心板的圈椅

⑹ 天然纹饰

木材切割后会出现丰富多彩的纹样。采用不同的方法切割，木材所呈现的木纹是不一样的。树干外围一周基本上为弦切纹（俗称山水纹）。树木越大，靠近芯材部分的径切纹（俗称直纹）板材越宽。大边、抹头采用直纹方料，面心板则采用独板或对拼山水纹薄板；橱门横竖档采用直纹方料，面心板则同样采用山水纹薄板：这样呈现出完全不一样的效果。

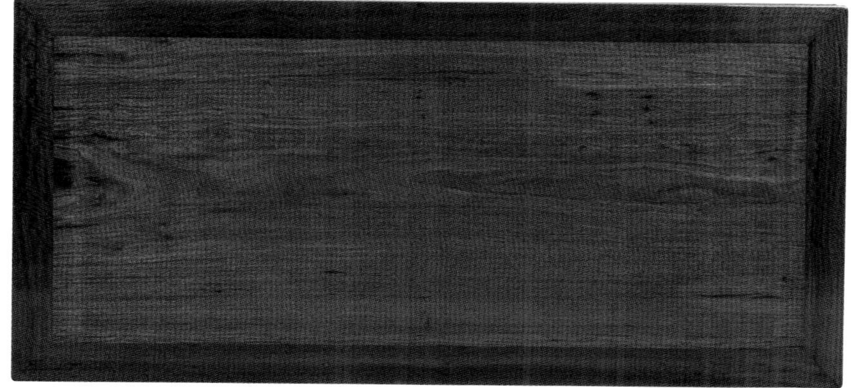

1
2
3

1. 橱门面心板用对称拼山水纹薄板
2. 桌面框用大果紫檀瘿木方料，面心板用整块大果紫檀山水纹薄板
3. 桌面框用大果紫檀直纹方料，面心板用大果紫檀瘿木薄板

（7）桌、椅、几和案的面心板

桌、椅、几和案的面心板设计，同器物的立（侧）面设计一样，关系到整个家具的结构与美观。在充分掌握设计节点的情况下，一般以草图设计来表现比较方便。通作家具除异形面心板和大边、翘头案面心板和大边、抹头采用直角工艺外，其他比较讲究的台面、椅面和凳面一般以内圆角满缝工艺来表现。落堂大边和面心板、软藤座面压条和压条节点同样用内圆角工艺。大边宽度及厚度和器物大小比例要恰当。异形台面要以实图设计，才能完成下道工艺。

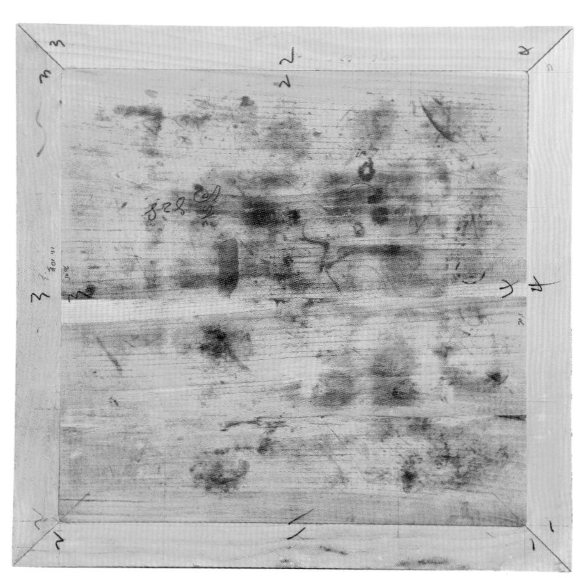

1. 椅座面采用平面工艺
2. 椅座面采用落堂工艺
3. 椅座面采用藤面工艺
4. 桌面心板一木对开，大边、抹头采用内圆角工艺

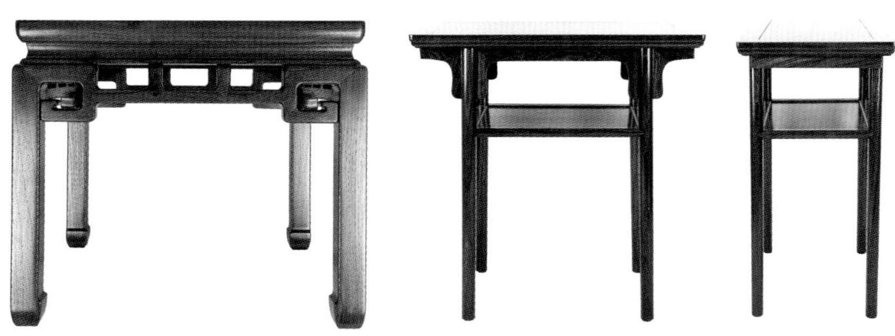

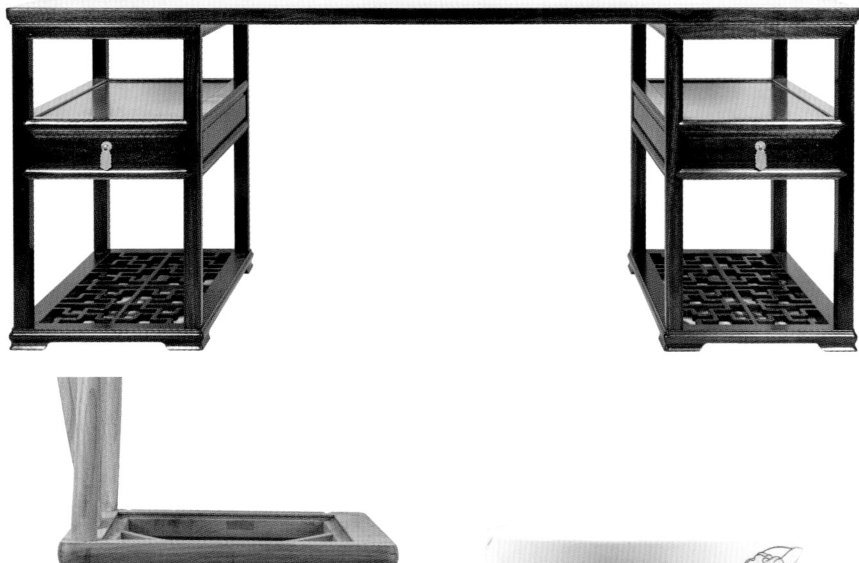

(8) 线脚

利用线和面的高低形成的阳线和阴线、凸面和凹面组成的圆方、宽窄、疏密的线条称为线脚。

通作家具以平直线表现手法居多，大边、抹头外侧立面一般以碗底线来表现。

碗底线，顾名思义，像碗底外侧的线条造型。碗底线一般用于桌面、凳面外侧立面，是方腿足桌面线条的常用表现方法。桌、椅面的外侧立面采用碗底线，其边缘以半径为 18 mm 的圆线收口。腿足、牙条采用平直线，其边缘以半径为 5 mm 的圆线收边。桌面外侧立面采用碗底皮条线，腿足、横档侧面以皮条线收边。椅座面外侧立面采用碗底线，腿足、横档一般采用外圆内方线。桌面外侧立面采用明式碗底线，腿足采用扁圆线。桌面、椅座面外侧立面采用碗底灯草线，腿足、牙条采用指甲圆盖面，边缘以灯草线收边。在设计碗底线时，腿足、牙条线型要合理搭配。

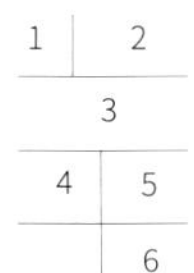

1. 方凳：凳面外侧立面用碗底线，腿足牙条用平直线
2. 酒桌：桌面外侧立面用明式碗底线，腿足用扁圆线
3. 书桌：桌面外侧立面用皮条线，腿足、横档同用皮条线
4. 一字椅：椅座面外侧立面用碗底线，腿足、横档用外圆内方线
5. 碗
6. 八仙桌：桌面外侧立面用碗底阳线，腿足、牙条拐儿档用指甲圆盖面

① 碗底线

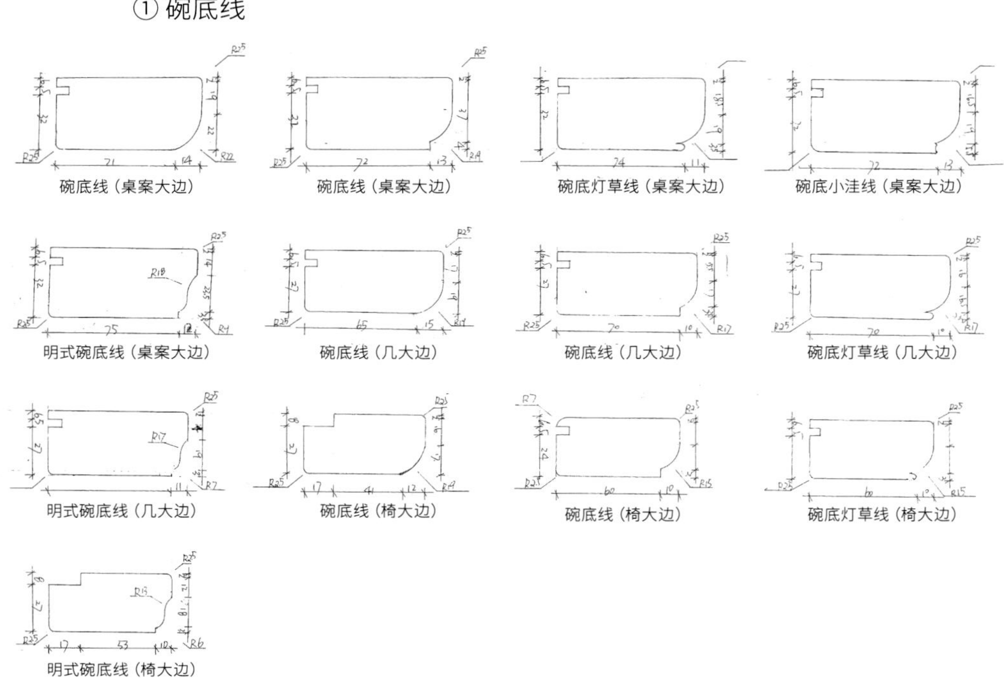

碗底线（桌案大边）
碗底线（桌案大边）
碗底灯草线（桌案大边）
碗底小洼线（桌案大边）
明式碗底线（桌案大边）
碗底线（几大边）
碗底线（几大边）
碗底灯草线（几大边）
明式碗底线（几大边）
碗底线（椅大边）
碗底线（椅大边）
碗底灯草线（椅大边）
明式碗底线（椅大边）

② 冰盘沿

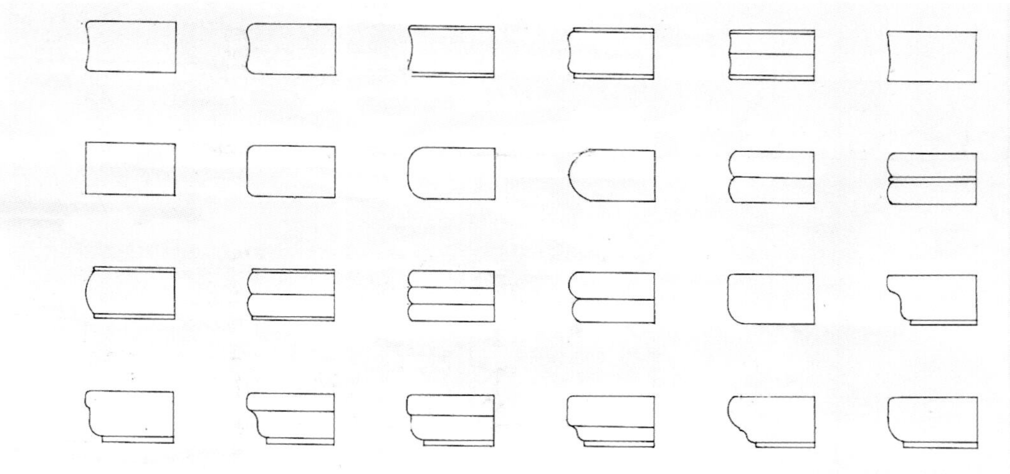

③ 子线、圆线

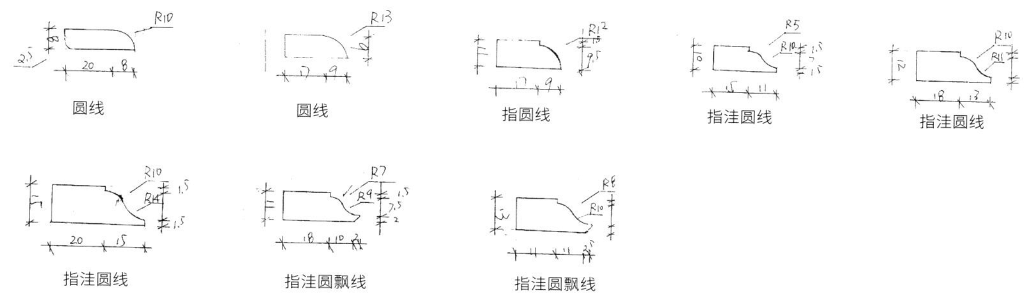

圆线　圆线　指圆线　指洼圆线　指洼圆线

指洼圆线　指洼圆飘线　指洼圆飘线

④ 束腰

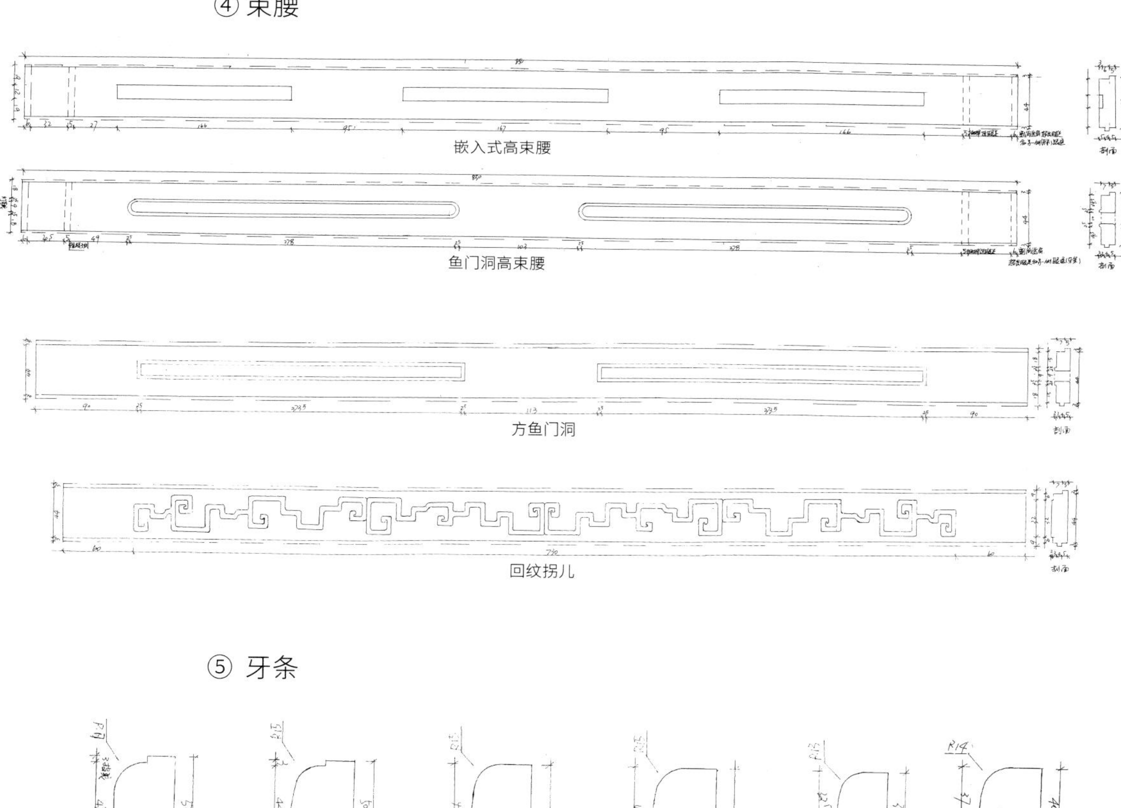

嵌入式高束腰

鱼门洞高束腰

方鱼门洞

回纹拐儿

⑤ 牙条

上指线，下硬口圆线　上指线，下灯草线　碗口线　灯草线　灯草线　灯草线

⑥ 腿足

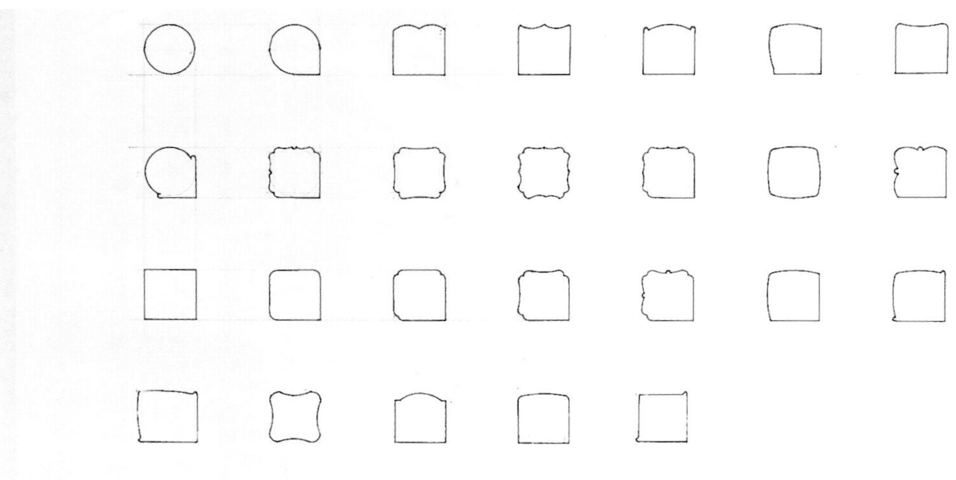

⑦ 马蹄腿足

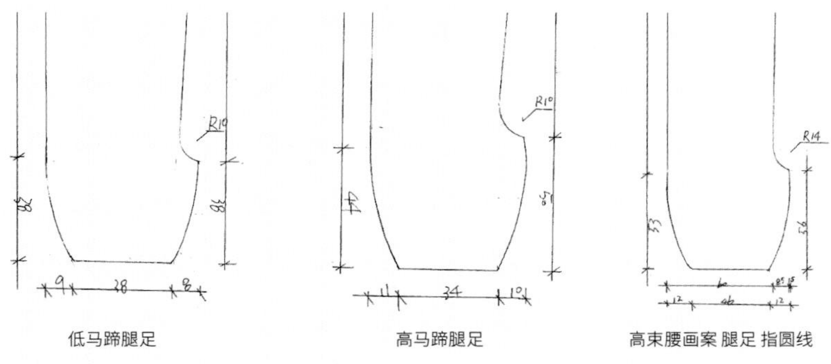

低马蹄腿足　　高马蹄腿足　　高束腰画案 腿足 指圆线

⑧ 腿足线

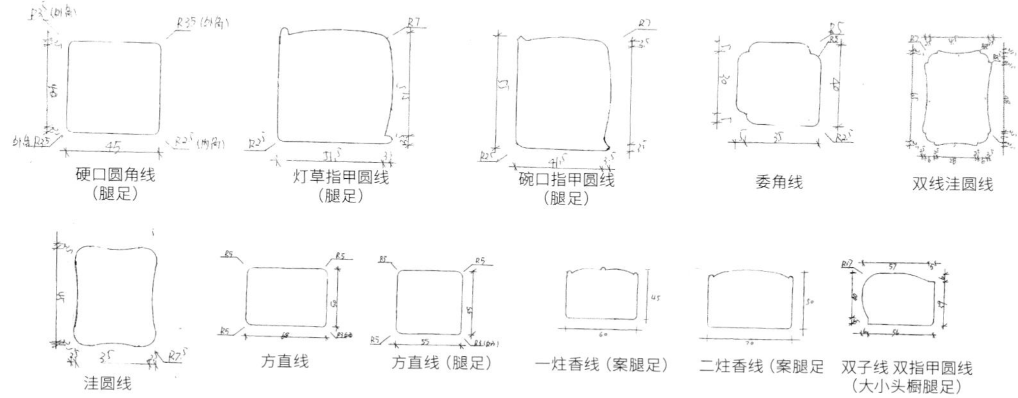
硬口圆角线
（腿足）
灯草指甲圆线
（腿足）
碗口指甲圆线
（腿足）
委角线
双线洼圆线
洼圆线
方直线
方直线（腿足）
一炷香线（案腿足）
二炷香线（案腿足
双子线 双指甲圆线
（大小头橱腿足）

⑨ 椅子脚踏线

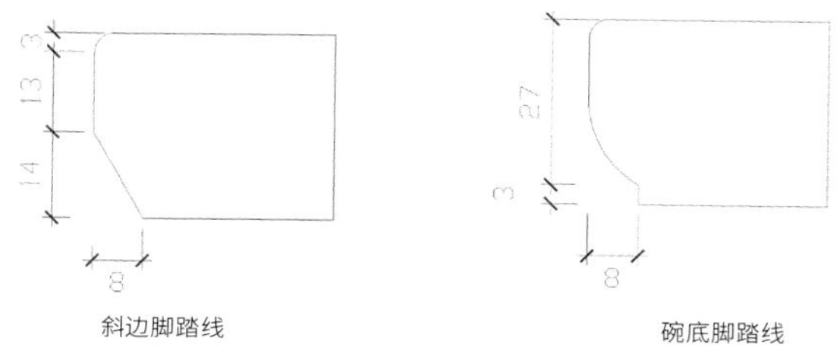
3
13
14
8
27
3
8
斜边脚踏线
碗底脚踏线

⑩ 牙条

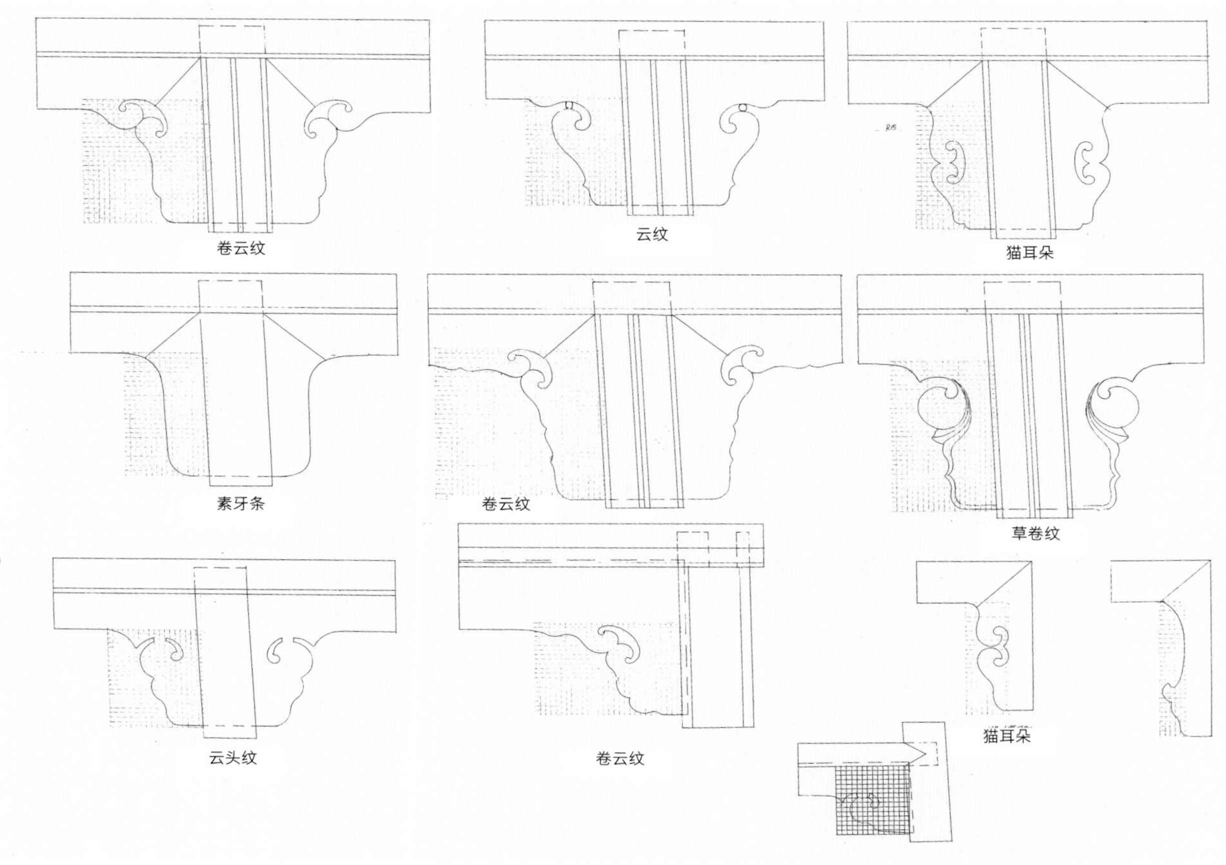

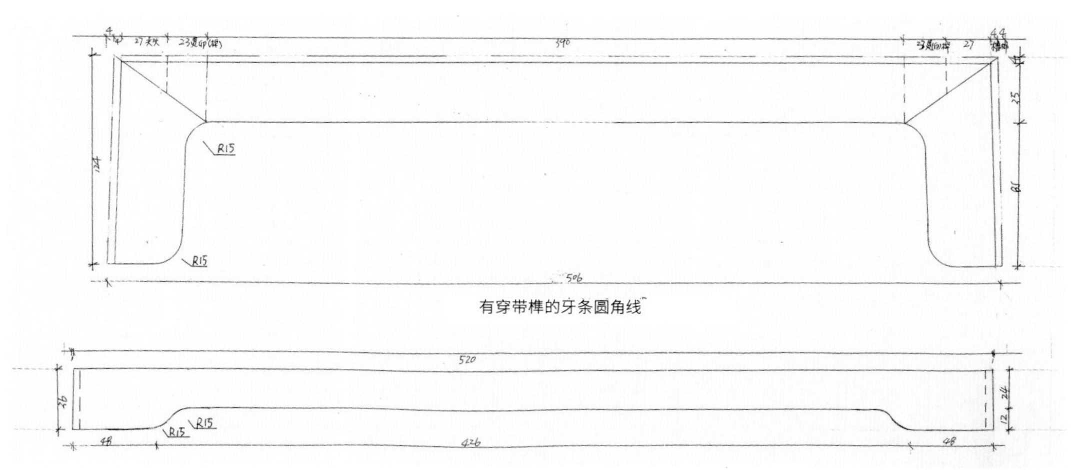

有穿带榫的牙条圆角线

下牙条圆角线

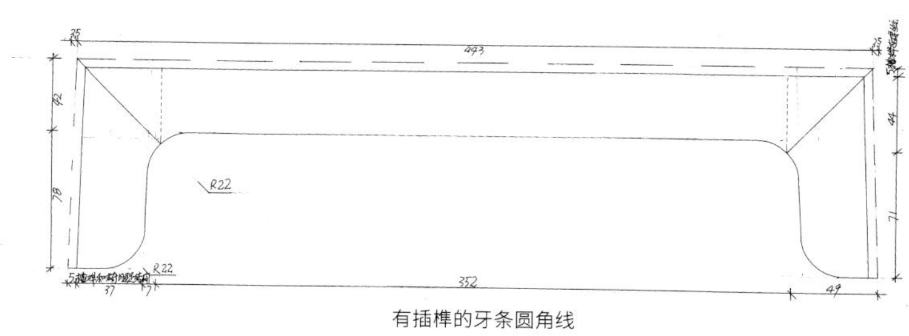

有插榫的牙条圆角线

⑪ 券口

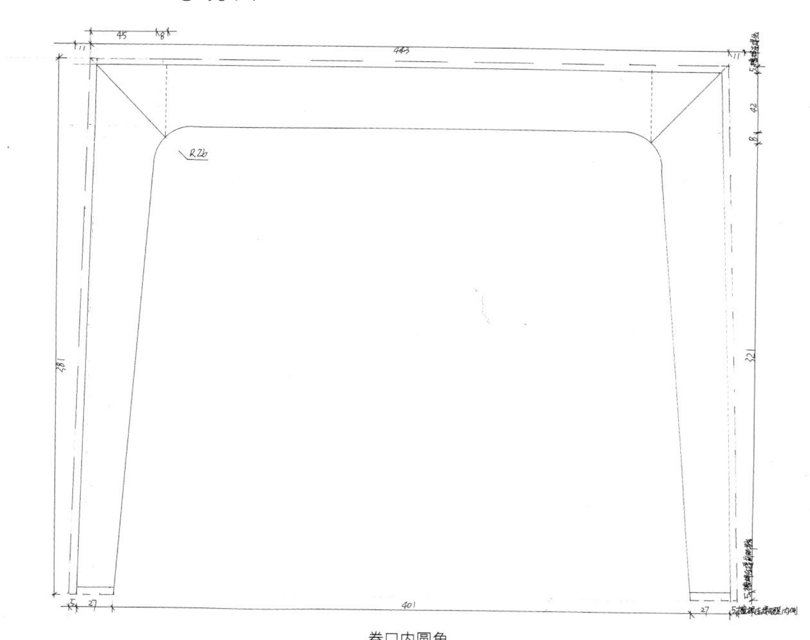

券口内圆角

⑫ 桥梁档

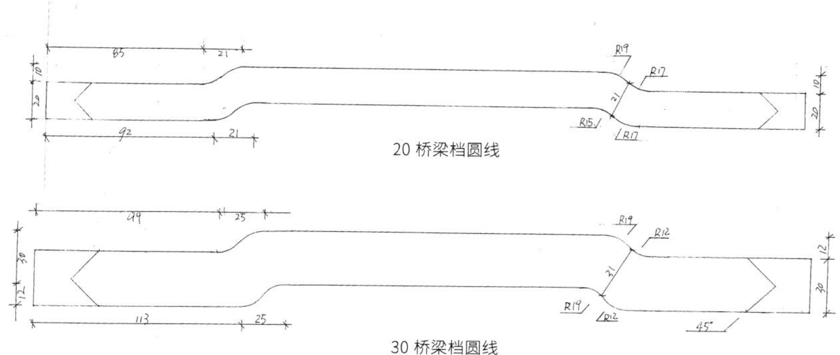

30 桥梁档圆线

(9) 线脚搭配

多种线条的有序组合称为线脚搭配。线脚使立体三维空间的各个平面出现起伏和凹凸，从而丰富了家具形体空间的层次感，使家具形状和轮廓线型的变化与各种造型要素融洽协调，增强了形体线型的表现力。

第一，明式四出头官帽椅线条搭配。

明式四出头官帽椅座面上方采用圆柱形状，而座面下方采用内方外圆（不仔细看，往往误认为是圆柱状）。组装好座面后，在四角打圆孔，让后腿足穿过座面后圆孔上端，将座面从上向下组装。因为上半段为圆柱状，下半部分为内方外圆，内方部分正好托住了座面 。左右侧下档及后下侧档同样为内方外圆。横档外侧半圆线和腿足外圆线交圈，横档里侧内方线和腿足内方线平肩交圈完美组合，座面大

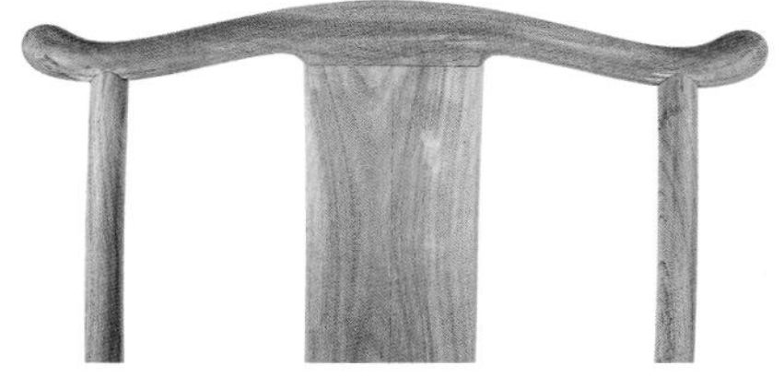

1. 四出头官帽椅腿足及下横档内方外圆线
2. 搭脑和后腿足圆柱线
3、4. 四出头官帽椅
5. 一字椅

侧立面

正立面

正立面

边侧面用明式碗底线。扶手、搭脑同样为变形圆柱形状，靠背板后立面两边缘用半径为 5 mm 圆线收边，前立面两边缘用半径为 10 ～ 12 mm 的圆线收边。

四出头官帽椅的线脚设计，把明式家具圆足、圆档及内方外圆巧妙地组合，又增强了椅子的结构强度。

第二，通作拐儿纹八仙桌线条组合。

通作拐儿纹八仙桌在南通是比较常见的家具。大边和抹头边缘以半径为 3 ～ 5 mm 的圆线收口，外侧立面采用碗底阳线（也叫碗底灯草线）。束腰采用洼线线型来表现，但洼线幅度不大。束腰高度一般为 25 mm 左右，表面仅凹陷 3 mm 左右。远看觉得洼线不明显，只有近看，甚至用手触摸才有洼线的感觉。洼线以下为子线和圆线。上部 2 mm×2 mm 轮廓线俗称子线，子线向下过渡到圆线。圆线向下为牙条。牙条上部采用半径为 26 mm 的大圆线，牙条正面是半径为 14 mm 的指甲圆线，下部以半径为 4 mm 的阳线（灯草线）和腿足交圈。大边外侧立面碗底阳线延伸至束腰，出现了一个层次。子线延伸到圆线，再和牙条（不在一个垂直面上）形成另一个层次，二者上下呼应。八仙桌线条的精华部分靠线条的叠加设计来表现其艺术美感。

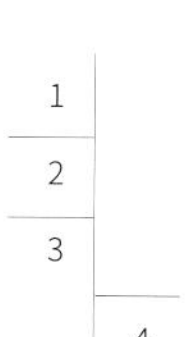

1. 桌面外侧立面用碗底阳线
2. 冰盘沿向下束腰用洼线
3. 束腰向下为子线、圆线
4. 子圆线向下为指甲圆盖面

线条在器物上讲究连贯性。例如：椅类家具座面外侧立面采用箯板圆碗底线，那么腿足上部为圆柱形，下部为半圆线形状。桌面大边外侧立面采用碗底阳线，腿足、牙条则同样采用阳线。桌面大边外侧立面采用碗底明式线，腿足、牙条也可使用指甲圆线。桌面大边外侧立面采用碗底皮条线，腿足、横档同样以皮条线交圈。

1	3
2	

1. 一字椅座面外侧立面采用箯板圆碗底线
2. 几面外侧立面采用碗底阳线，腿足、牙条采用指甲圆盖面
3. 桌面外侧立面、腿足横档面采用皮条线

2. 划线

划线是指木匠为制作各种工件、榫卯等，根据设计图，在木板和方料上划出各种符号和数据的线。如划腿足、大边、抹头、面心板、横竖档、穿带、异形件等工件的两端齐头线、根子线、榫宽线、榫长线、榫肩线（人字肩、45°割角肩、90° 平肩等）、卯孔的长线和宽线，以及榫卯的棉线、榫夹线。划好线后才能进行下道工艺。

划线与家具设计密不可分。家具设计是划线的基础，划线则是对家具设计的提升。划线是将设计者的意图具体化，同时也是对家具设计的深化。家具设计要考虑每件家具的六个面如何组合，以及如何分配和组合各种数据，而划线不仅要考虑这六个面如何组合，还要考虑用什么材料合适，更重要的是要考虑它们之间的相互关系。

木匠划线，不光是将设计图上的数据落实到每件材料上，还要对每件或每组家具进行整体考量。根据家具的立面、正面、反面、节点、榫卯、线条等方面的要求，选择合适的材料，同时兼顾材料的色彩、纹路、色差、形制乃至材料力学等一系列问题，再对材料及每个节点划线。

木匠划线时，对图纸的了解是十分重要的。只有在完全了解图纸（含草图）的情况下，才能比较自如地选

1. 45°人字肩划线和榫卯结构
2. 90° 平肩划线和榫卯结构
3. 45°割角肩划线及榫卯结构
4. 在深色木头上划齐头线
5. 抹上白色粉末凸显线条
6. 在正面划出割角线
7. 在侧面划出榫线

料和划线。例如，对于橱类家具，在对照图纸后，分别为腿足、前后横档、侧横档、穿带、门面心板、橱山板、搁板、顶底板、后背板、夹档板、线脚、抽屉料（抽屉面、抽屉帮、抽底板）等工件划线，并分类堆放。

正方形、长方形的桌、椅、台、几和案的面，一般由两支大边、两支抹头、面心板及若干支穿带组成。划线时应先划两支大边线，再划两支抹头线(先划长、宽线，再划高度线)。分别确认大边、抹头两个大面（检查正面及外侧面选面是否合适，如不合适，则重新选面并做好记号)。划线前，先按大边的大面对大面、小面对小面作合，抹头和其他工件也这样，并将这些材料放在工作台上以备划线。

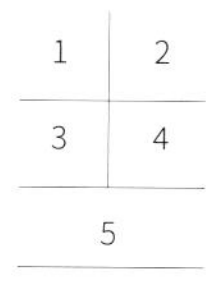

1. 穿带
2. 大边、抹头
3. 腿足
4. 薄板
5. 画案大边、抹头侧面作合划线
6. 画案大边、抹头正面作合划线

正立面　　侧立面

1	2
3	4

1、2. 书橱横竖档试组装
3. 方桌的大边
4. 方桌的抹头

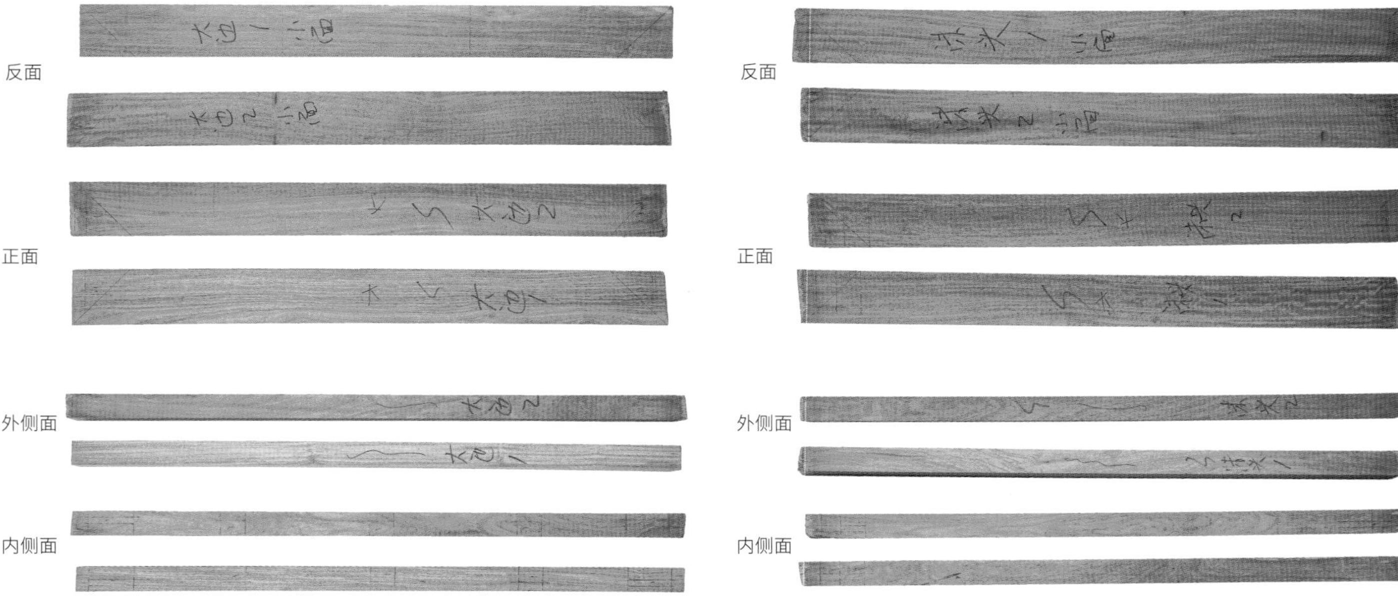

大边　　抹头

(1) 作合工件

作合指对一个立面或平面的两支料，如腿足、牙条、大边、抹头、橱门竖档、冒档等成对工件，进行有意识、有规律地配制。其要求是工件大小基本一样，生长方向一致，树木纹路基本相同，材质好且基本无瑕疵。作合工件就是家具部件中的“双胞胎”。

根据不同家具的特点和要求，木匠先要确定每支材料的位置、作用，并以此作为标准进行选材和配料。正立面为大面，大面外侧为侧大面，它们组成一组外立面。要选材料最好的两个面作为大面。

评判一支材料优良的标准必须是四面见线，同时无白皮、无树芯、无死结、无活节（若有活节，其直径控制在 3 mm 以内）、无虫蛀、无腐烂及无扭转纹。正、反立面用径切纹，两个侧面用弦切纹，或正、反立面用弦切纹，两个侧面用径切纹。而且纹理要直。每支材料要写明它在一组家具中的位置。如书橱共四支腿

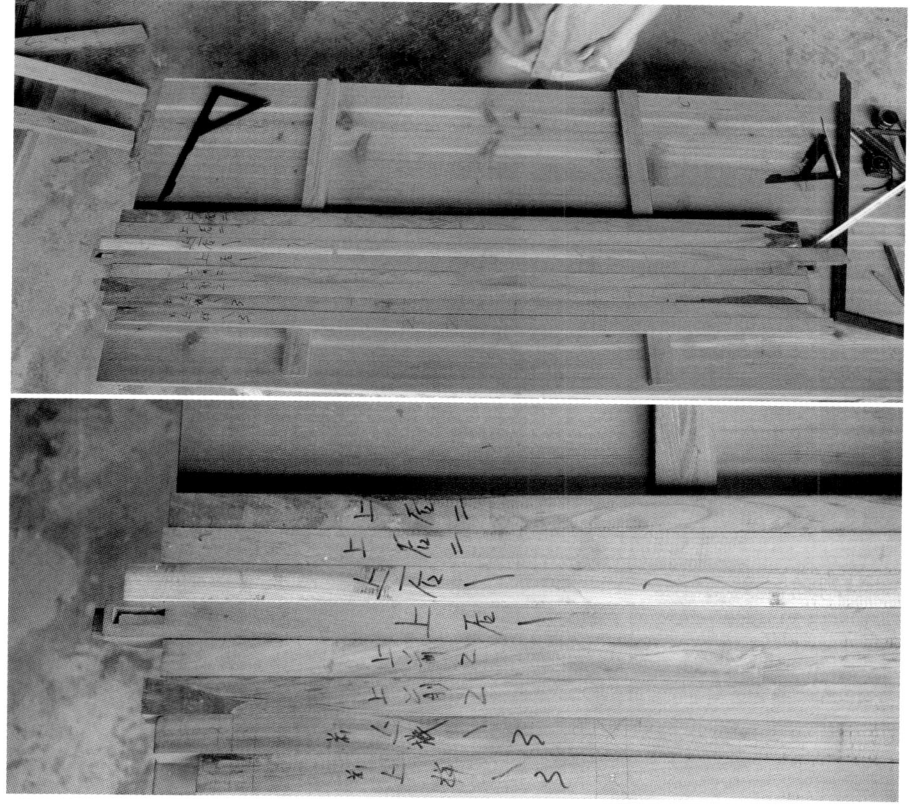

1. 大面作合摆放待划线
2. 标注部位的橱腿足

1
2 3

1. 书橱腿足
2. 凿卯孔
3. 锯榫

足，所以选两支较好的作为前腿足，同时注明右前腿足、左前腿足，另两支则作为右后腿足、左后腿足。再如给桌面注明抹头（一）、抹头（二）、大边（一）、大边（二）。

要确定每支材料在家具中的位置，例如，工件要用记号注明是在正立面（大面）还是侧立面（侧大面），还要用箭头表示树木生长方向。划线时，一般把两支材料的大面（正面）或侧大面（外侧面）放在下面，小面（反面）或侧小面（侧反面）放在上面，而侧面必须是两个大面（正面）在外作为标准面，而两个小面（反面）作合后放在里边。划线时一定要这样摆放。划棉线、榫线，凿卯孔、锯榫时，也要将两支料作合摆放，不可单根操作。

为桌、椅、台、几和案面划线时，先划抹头、大边齐头线。两支抹头作合后，侧大面在下，侧小面在上，正面在外，小面在内。然后以外侧大面为标准面，用角尺座子以外侧大面为靠山，依尺条划出两边齐头线。两端齐头线之间的距离为该工件长度。齐头线向里为大边宽度线，此线为根子线。

如桌面长 1 000 mm，那么两端齐头线距离就是 1 000 mm。大边宽95 mm，那么由齐头线向里量好95 mm并且用角尺划线，此线就是根子线。由根子线向外划出卯孔长度线。桌面抹头、大边槽卯深5.5～6 mm。面心板边长表面数据是810 mm，面心板两端是槽榫，榫长5 mm，那么面心板两端齐头线间距离为820 mm（根子线指由工件端头齐头线向里所作工件宽度线）。两端齐头线划好后，桌面心板长度就已确定。

根子线指榫的根部线，单面端头或两端头卯孔里线也为根子线。在操作过程中榫根子线或卯孔里口根子线比较重要。如根子线偏里或偏外，整个器物会比原尺寸要小或大。卯孔宽度线及榫线如越过根子线，那么器物会小于原来尺寸。如不越过根子线，则器物外尺寸会变大。

1. 圆桌面划线取料
2. 按照设计图划大边线
3. 用45°角尺划割角线
4. 大边试组装
5. 试组装后对照设计图校正

(2) 异形工件

按料单取好材料，并把坯料刨好。分别选出正面、外侧面，并做好记号。配料时，先确定每支零部件在器物中的位置，做好记号并配好号。在按实测图纸为每个工件节点部位划好线后，以直角尺划好齐头线和根子线，在侧面划出榫棉线、榫厚线及卯孔棉线。

冰裂纹也按实测图纸划线。对照图纸来确定每个零部件双面肩及卯孔、榫的几何角度，用活络尺过线。划好榫棉线、榫夹肩线、榫厚线及卯孔棉线后，先凿卯孔，后锯榫。给异形器物划线，都是按实际尺寸，用活络尺过线，再在各个零部件节点上划线。划线前需要认真画好图。测量数据时，要注明工件上侧和下侧的几何尺寸。这样，划线时才不会出现错误。

6. 组装中的几和异形工件的划线工具
7、8、9. 用活络尺对照大样图划线
10、11. 用角尺沿引线过线

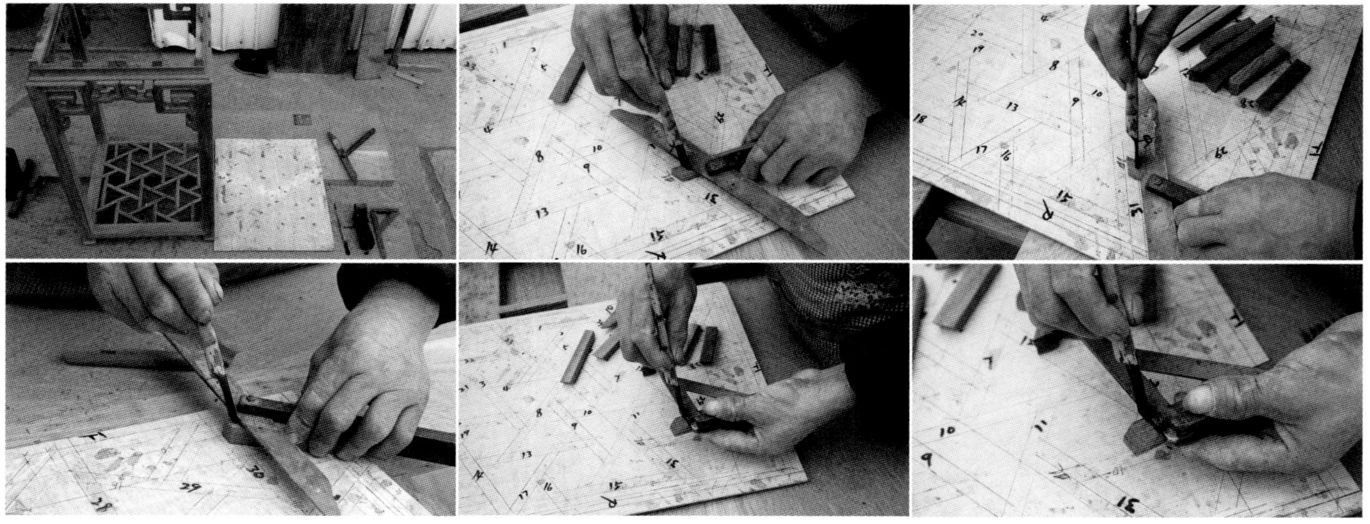

副榫　　主榫

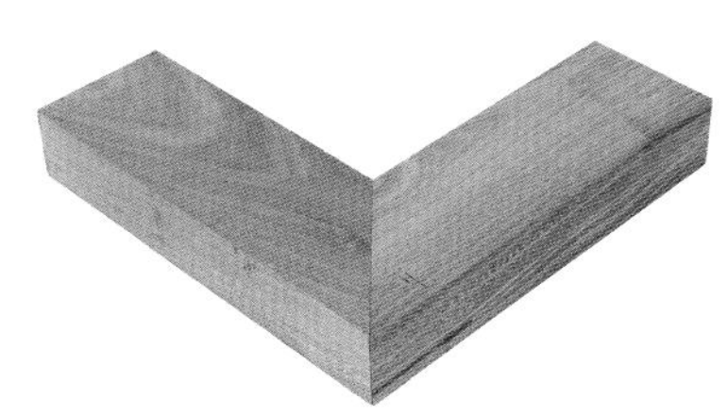

(3) 龙凤榫[1]

龙凤榫用于大边和抹头 90°角接合处。划好大边两端内侧齐头线后，用 45° 角尺座子以大边外侧（大面）为标准面，由内侧根子线向两端分别在正面和反面划 45°割角线。在两端头分别划榫卯线，并和相邻的抹头端头榫卯契合。

假设大边宽 90 mm，厚 36 mm，则正面榫肩厚 10～12 mm，主榫宽 40 mm，榫厚 8～10 mm，榫长是大边宽度的 4/5 即 72 mm。卯孔深度同样是大边宽度的 4/5，即 72 mm，卯孔长 72 mm，宽 6～7 mm，反面卯肩厚 6～7 mm。

在抹头一端双面划 45°大割角线，立面卯肩厚 10～12 mm。主卯孔深度是大边宽度的4/5即72 mm，长 40 mm，宽 8～10 mm。副榫的长度是大边宽度的 4/5 即 72 mm，榫宽 72 mm，榫厚 6～7 mm，反面榫肩同样厚 6～7 mm。

也可以这样理解，划好大边一端正反面 45°割角线后，大边厚度约 1/3 为榫肩厚（例如，大边厚 36 mm，那么榫肩厚应为 11～12 mm）。通作木匠称榫肩线为棉线。划好棉线后，划榫厚线，厚度小于大边厚度的 1/3（例如，大边厚 36 mm，主榫厚应小于 12 mm）。主榫榫厚线向下为卯孔棉线。卯孔宽度应为大边厚度的 1/5 左右（例如，大边厚 36 mm，卯孔宽度应为 7 mm）。划好卯孔线后，划反面 45°割角线。

龙凤榫由相对应的一榫一卯组合而成。大边两端是主榫和副卯，抹头两端是副榫和主卯。它们结构相似但不相同，一颠一倒，契合而成。大边端头上为主榫、下为副卯，相对的抹头端头上为主卯、下为副榫。同样的原理，不同的结构。

非面心板（如藤面座椅、藤面床）的横档和竖档采用龙凤榫结构工艺，则应该把主副榫正反肩平均分成四等分来确定榫的厚度。

1
2　1. 左为大边副榫（主卯），右为大边主榫（副卯）
3　2. 主榫和副榫组装示意图（正面）
4　3. 主榫和副榫组装示意图（反面）
　4. 大边和抹头组装件

〔1〕通作家具中的桌、凳、案、几等的面框直角接合处，采用龙凤榫结构的较多。这种结构的四条边如称为大边，也是有道理的，因为每条边的两个端头都有一榫一卯。但是，如将这些部件端头仔细对比，就会发现这些看似相同的榫卯，仍有主、副榫之分，即主榫稍窄而厚，副榫宽而薄。主榫入卯孔后有关头，而副榫入卯孔后没有关头。因此，两端头为主榫的部件应称大边，两端头为副榫的部件应称抹头。

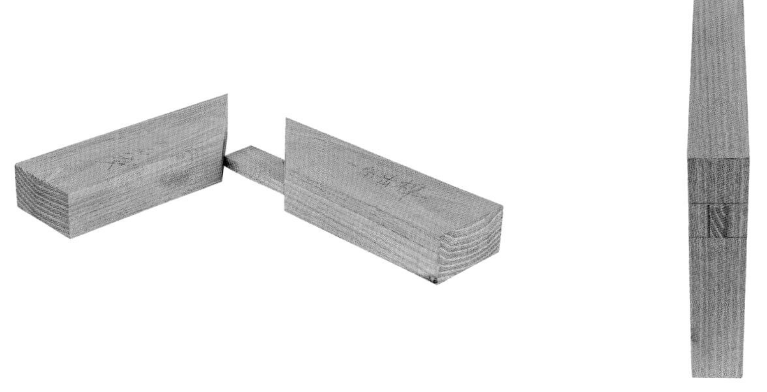

1. 抹头和大边榫卯结构
2. 抹头和大边榫卯组装示意图
3. 抹头和大边组装件

(4) 大割角出榫

划好抹头两端齐头线后，划大边宽度线，即根子线。从内侧根子线向外在正、反面分别划 45°割角线，然后在内侧和外侧分别划卯孔长度线。卯孔长度一般小于大边宽度的一半为宜。例如，大边宽 90 mm，那么卯孔长度为 40 mm 左右，至少不能小于 35 mm。如卯孔长度大于 45 mm，而卯孔两端关头小，就会影响结构强度。必须充分考虑榫卯的适度受力情况，才能正确决定榫宽。

划好大边两端齐头线后，划抹头宽度线，也就是大边贯榫的根子线。沿大边内侧根子线向外在正、反面分别划 45°大割角线。将抹头、大边分别作合放好后，用折尺沿大面划出榫卯棉线（大边棉线向里为榫），同时划好榫厚线。抹头棉线向里为卯孔。一般只划棉线，不划卯孔宽度线。卯孔宽度由凿子来定。划棉线时必须计算好卯孔宽度，即榫厚数据。划线时卯孔要作合放好。

锯贯榫前应再次确认榫厚线是否合适。如发现有偏大或偏小的状况，应及时修正贯榫榫厚线，否则会因为贯榫大或小而影响结构。

(5) 大割角巧角出榫

抹头两端齐头线划好后，桌面宽度就已形成。由两端向里划出大边宽度线。抹头卯孔长度小于大边宽度一半为宜。由抹头两端齐头线向里划 10 mm 作为巧角榫根子线，从两端内侧根子线向外分别在大、小面划 45°割角线。做 45°割角时，要留足齐头线及巧角榫线。待割角工艺完成后，再用角锯将巧角榫双面肩子及里侧肩锯掉。此时，抹头巧角榫、卯孔初步成型。

划桌面大边两端长度齐头线。齐头线向里为抹头宽度线，同时也是大边贯榫根子线。根子线向外为贯榫。从两端内侧根子线向外，分别在正、反面划 45°割角线，按抹头卯孔长度（也就是榫的宽度），以折尺划出贯榫宽度线。同样，在大边端头齐头线向里划出 10 mm 作为巧角卯孔根子线。作合、划线完成后，用细齿中锯按棉线位置完成锯榫工艺。同时大小面 45°割角落肩工艺完成后，沿巧角榫根子线凿好巧角榫卯孔。

巧角榫结构力学特征为大边大割角出榫有效保护抹头和大边人字肩结构节点不易扭角。巧角榫在抹头上完成而保护抹头卯孔关头不受影响。同时关头受力面加大，卯孔在大边外侧完成，对大边没有任何影响。

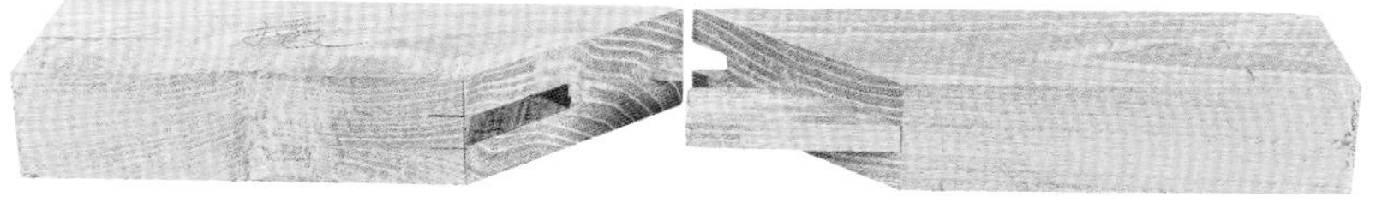

1. 抹头和大边榫卯结构
2. 抹头和大边组装示意图
3. 抹头和大边组装件

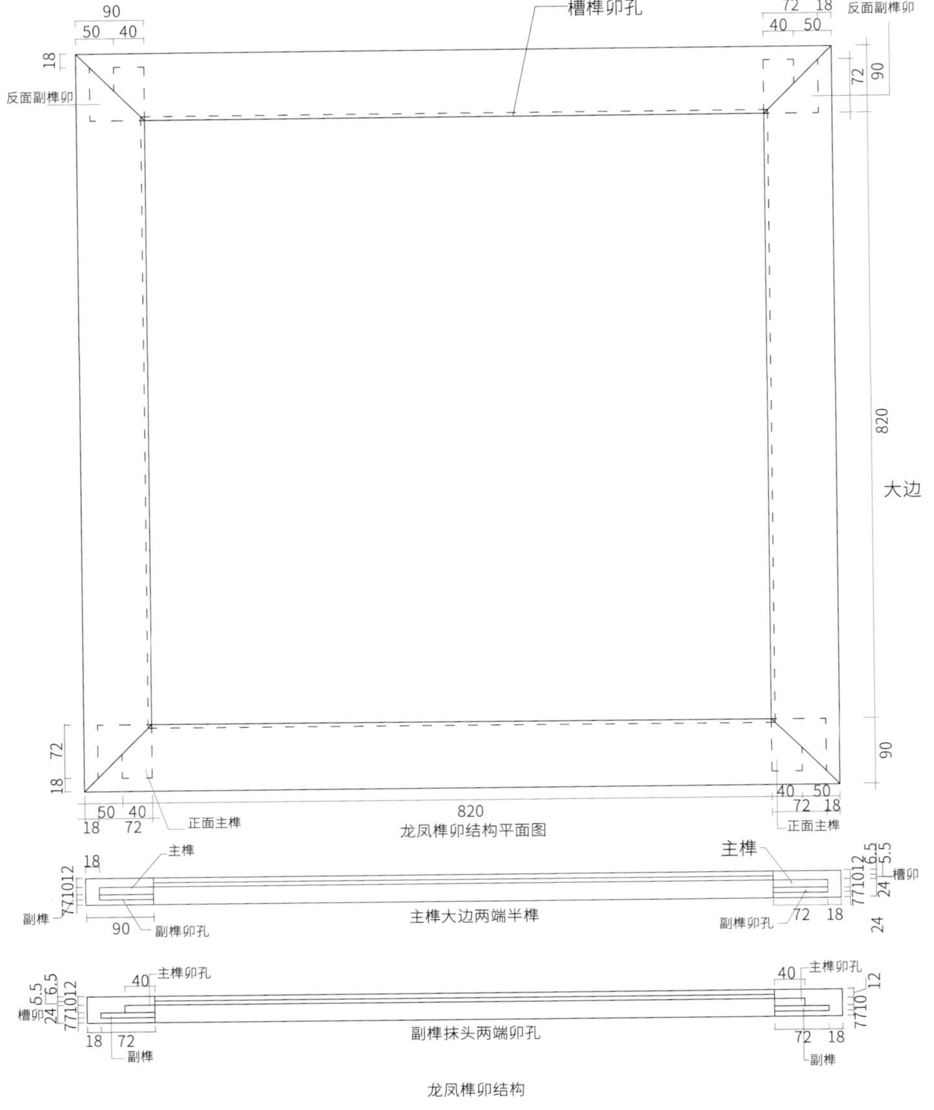

龙凤榫卯结构

立面

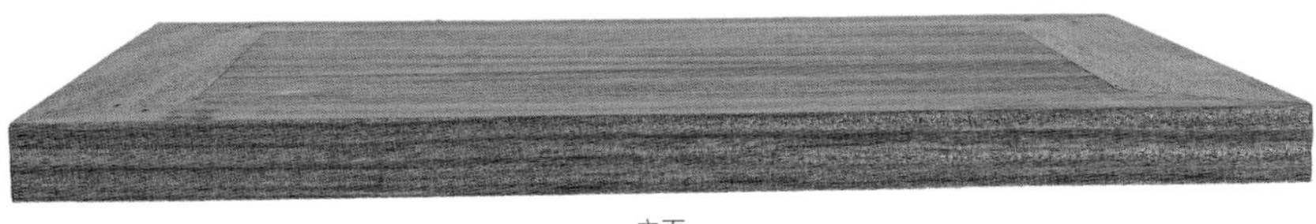

立面

桌面割角榫卯结构工艺基本就是大割角龙凤榫卯、大割角榫卯和大割角巧角榫卯三种。其中较科学、最美观、结构强度大的应该是大割角龙凤榫卯。

大割角龙凤榫卯结构力学特征为大边端头正反面呈45°大割角，双榫、双卯使整个部件的结构不会出现扭角，大边和抹头节点不会出现翘角。双榫双卯结构可使榫卯摩擦力增大。如用单榫卯结构，其摩擦力只产生在四个面上，而龙凤榫卯结构的摩擦力产生在八个面上，特别是主卯孔用关头结构，使榫在两个方向上产生的摩擦力更大。榫卯摩擦力越大，桌面45°大割角越不易松动，面心板和面框大边节点也不易出现裂缝。而大边和腿足用锁角榫卯结构，把相邻的大边和抹头端角连接得更加紧密。因为采用的是全半榫工艺，大边四周看不到出榫卯孔，使工件更美观。

此工艺最宜于方桌、方凳等家具腿足立面和桌凳侧面在一个面的工件使用。龙凤榫成形于桌面上，比桌面出榫要晚。龙凤榫卯工艺还可以用于其他案面、几面、橱顶、床顶等家具结构上。

1. 大割角龙凤榫卯设计图
2. 椅座面的龙凤榫卯结构抹头
3. 椅座面的龙凤榫卯结构大边

大割角巧角榫工艺是大割角出榫工艺的升级。巧角榫卯主要力学原理是，巧角榫做在抹头齐头线向里 10 mm 处能有效保护卯孔在受力时不易裂开，而巧角榫卯孔安排在大边两端 10 mm 处对大边两端出榫不会造成伤害。在桌面卯孔受力时巧角榫起到使工件抹头和大边节点始终在一个平面上的作用。此工艺一般用于条案等器物以及桌面侧面和腿足不在同一个面的工件上。

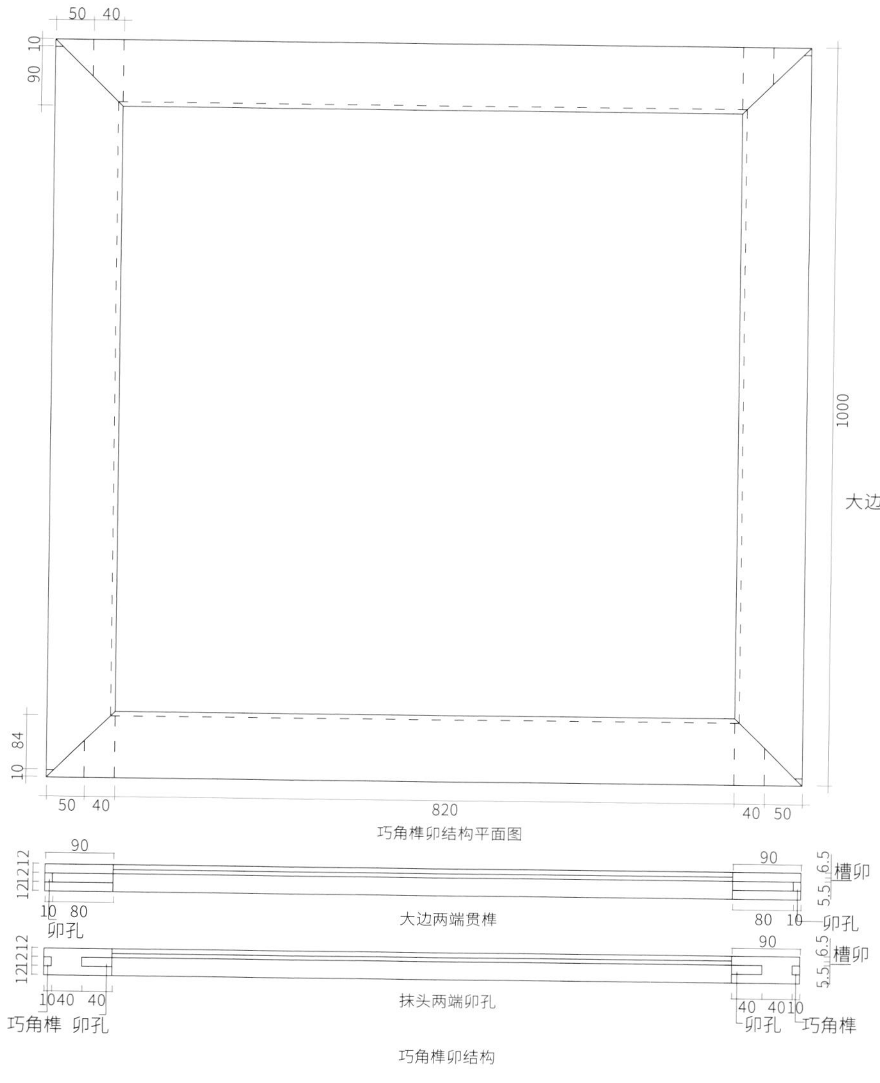

立面

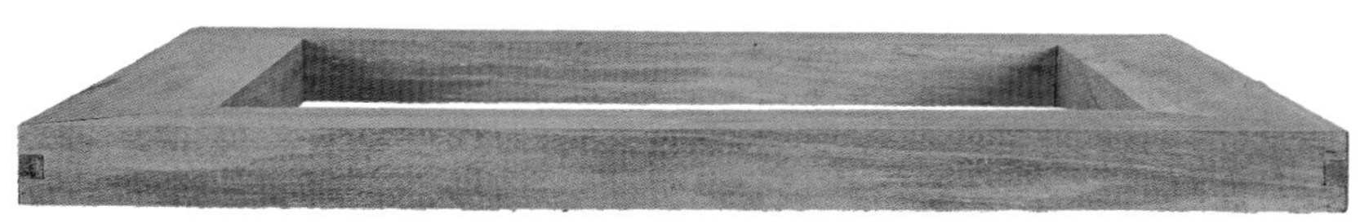

立面

1. 大割角巧角榫卯设计图
2. 椅座面的巧角榫卯结构抹头
3. 椅座面的巧角榫卯结构大边

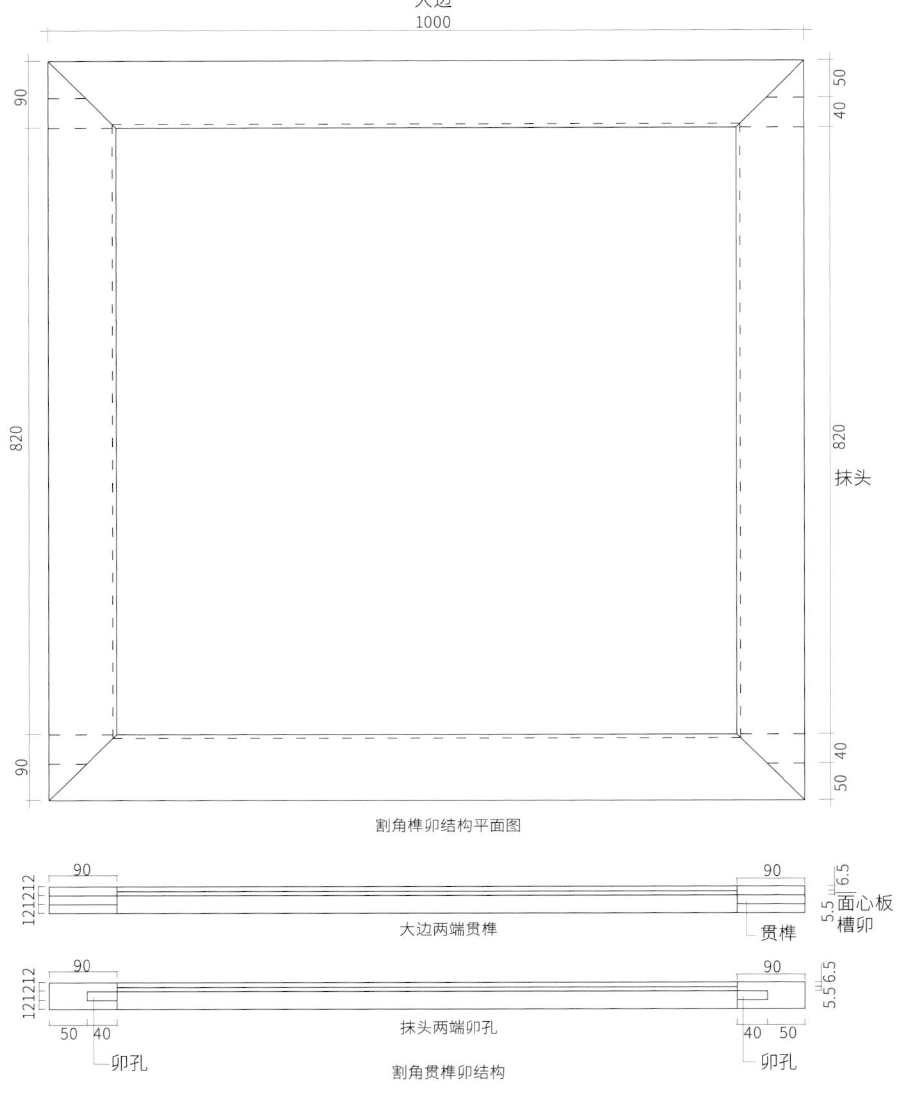

大割角贯榫工艺成型较早。将抹头、大边组装成型后，在工件抹头出榫处用原来凿卯孔的凿子在外侧向里约 5 mm 处打缝，然后把等宽（小于出榫宽度 50 丝为宜）木楔用斧头向榫里打牢。这样才能有效保护工件四个角不易松动。传统古典家具出榫都要用木楔加固，以有效保证器物不易松动。通作木匠一般称之为关楔。其位置一般在贯榫外侧 5 mm 处，而人字肩贯榫应该在贯榫的中心打缝加木楔。木楔受力后人字肩才更加紧密。

通作木作中贯榫不用木楔加固的器具只有两类：一是四腿八挓的方桌和长条凳。二是震动大的器具，如水车、织布机、推车等。这两类器具不宜用木楔固定，因为桌凳经常移动，器具震动，都会导致木楔松动脱落。一旦木楔脱落，整个结构就会松动，直至散架。

立面

立面

1. 大割角贯榫卯设计图
2. 椅座面的贯榫卯结构抹头
3. 椅座面的贯榫卯结构大边

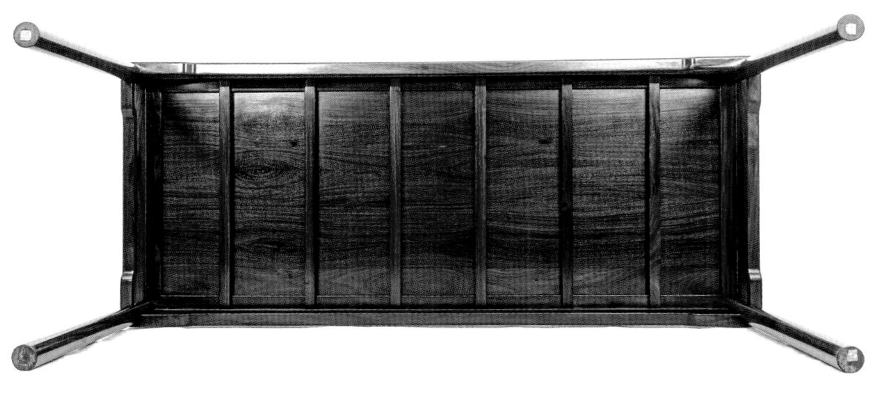

划好大边两端根子线后，距抹头根子线120～150 mm处为第一支穿带卯孔位置。一般的方桌面可设两到三支穿带。

穿带的作用很重要，主要是有效保护桌面心板槽榫和大边槽卯不易松动、起拱（案、几类大边第一支穿带线划好后，其他穿带间距约为220 mm）。方桌面心板用两支穿带。与抹头平行的两支穿带半榫和大边的卯孔构成闷榫结构。穿带半榫厚12 mm左右。如果是三支穿带的结构，穿带两端与根子线间距为120～150 mm，第三支穿带处于居中位置，与另两支穿带相向而行。

穿带棉线根据桌面心板厚度而定。厚14 mm的面心板，卯孔棉线长10 mm，穿带榫长4 mm；厚16 mm的面心板，卯孔棉线长11 mm，穿带榫长5 mm。半榫卯孔宽度按大边厚度而定，一般为12～15 mm。半榫长度是大边宽度的5/6，因为半榫越长，摩擦力越大。有条件的话，穿带厚度大于大边厚度20 mm左右，出榫夹送肩到牙条位置。

1. 两支穿带
2. 三支穿带
3. 穿带送肩

正立面

侧立面

从力学原理来看，如遇连续下雨天气，空气中的湿度大，桌面心板向上起拱时，穿带能有效阻止桌面起拱。穿带加厚，桌面能承受的冲击力会加大。穿带半榫和大边卯孔紧密配合，而穿带出榫夹送肩工艺完成后，又增加了大边和穿带的摩擦力。

将抹头、大边榫卯试组装合格后，把桌面修平，按面心板厚度在大边和抹头内侧刨槽卯。面心板厚 14 mm，则槽卯宽 6 mm，深 6 mm；面心板厚 16 ～ 18 mm，则槽卯宽 7 mm，深 6 mm；面心板厚 20 mm 左右，则槽卯宽 8 mm，深 6 mm。最后，把大边、抹头和面心板组装成型。

橱顶四周出线（橱顶四周超出橱身部分而出现的线脚）工艺，与椅、台、桌、凳、几和案面外侧立面出线的工艺相同。橱顶工艺其实也类似桌面工艺。桌面心板朝上，穿带在下。而橱顶面心板朝下，穿带在橱顶上。两者的表现形式不同，但橱顶的割角工艺和桌面割角工艺是一样的。明代和清早期家具一般采用贯榫工艺，清中期家具开始采用龙凤榫工艺。

1 | 2 1、2. 大小头书橱试组装

几面

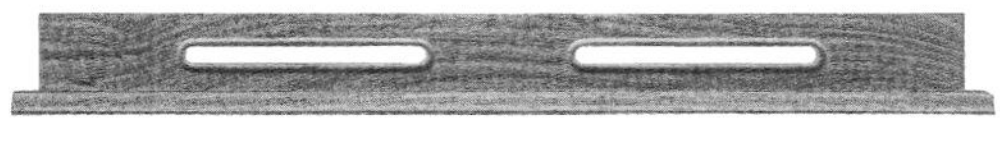
正立面

反立面

(6) 桌、几和案

桌、几和案的划线方式基本一样，先划面心板线，再划腿足线。

划好大边、抹头、面心板和穿带线后，就划腿足线。台面式家具，一般前后共有四支腿足（异形器物可能有一支、三支或五支腿足）。选好大小面，并按树木生长方向标明记号。选好工件的大面(正立面、外侧立面)后，就确定两个大面为外立面(特别注意，传统家具腿足宽面为正立面，窄面为侧立面），两个小面为反立面。同时要注明每个工件的具体位置，如腿足分别为右后腿足、左后腿足，右前腿足、左前腿足。划线时，前左右腿足作合摆放。桌、台、几和案的腿足分别注明 1 号腿足、2 号腿足、3 号腿足、4 号腿足。划线时 1 号和 2 号腿足作合摆放，3 号和 4 号腿足作合摆放。

同类家具也要注明前后左右腿足，这样划线才能有序，组装调试时才能一目了然。大小面作合划线、作合凿卯孔、作合锯榫，这样的操作方法要养成习惯，才能做出好家具。

腿足高度线划好后，按图纸要

1. 龙凤榫卯结构几面
2. 划好线后，加工成型的腿足榫卯
3、4. 划好线后，加工成型的鱼门洞形状的束腰和子线

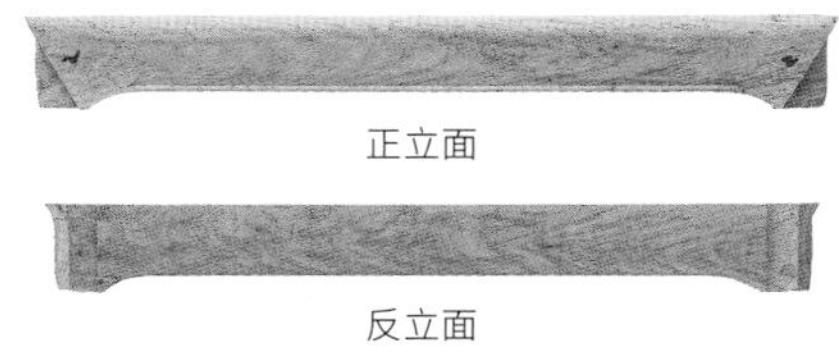
正立面
反立面

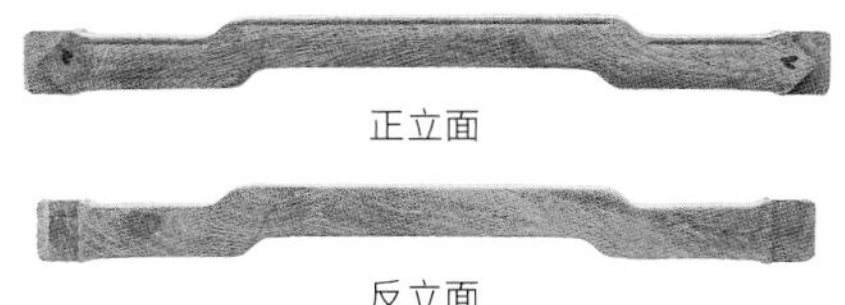
正立面
反立面

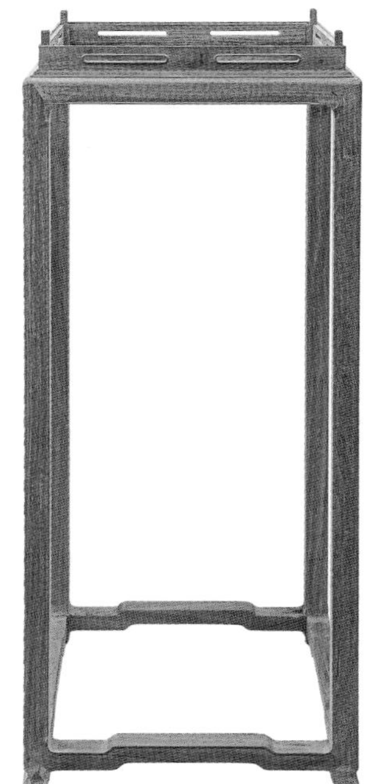

求，上端和几面框结构的榫一般为锁角榫。有束腰、子线工艺的家具，它们的腿足制作工艺一般是腿足上做活卯，而束腰、子线上做插榫。正面送肩和相邻的束腰、子线交圈。用此工艺的腿足在牙条向上两个外立面处各锯掉 20～25 mm，其中束腰、子线和腿足连接处为 5 mm 送肩，15～20 mm 为几大边冰盘沿侧面和束腰、子线立面上的层次落差。

对于牙条，按设计尺寸先划两端齐头线，再划腿足根子线，在两端根子线向外对应腿足几何数据，分别划两面肩线及棉线、榫夹线、榫厚线。如设计方案上有下拉档(横档)，那么应从两侧牙条上分别过线。下拉档应根据牙条实际尺寸放长。牙条长 1 000 mm，则下拉档放长 5 mm。侧面牙条长 500 mm，则下拉档放长 3 mm。如果牙条和下拉档长度一样，器物成型后会让人感到上大下小，从而有失美观。对于结构上没有下拉档的桌、几和案等家具，在试组装牙条时，腿足下端同样向两边增宽。增宽时在牙条和腿足两面肩之间，用角锯边调试边锯，才能达到理想的效果。

讲究的工艺是束腰上侧、下侧做 2～3 mm 槽榫，上侧和几面大边反面（做槽卯）以槽榫卯连接，而下侧同样做槽榫和子线（做槽卯）以槽榫卯连接，子线下侧做槽榫和牙条（做槽卯）以槽榫卯连接。这样做的优点是一旦材料收缩，节点处不会出现缝隙。如果家具没有束腰、子线，可用同样的办法。划好前、后、侧面横档线。榫卯线脚修凿成型，就可进行初成品试组装。

1. 牙条
2. 桥梁档
3. 组装牙条、腿足和桥梁档
4. 牙条、桥梁档与腿足组装的一个面
5. 腿足、桥梁档、牙条、子线、圆线和束腰组装成型
6. 组装完毕的花几

如果牙条、子线、束腰采用槽榫卯结构，其反面则采用扒底销子榫卯结构。束腰上部以半榫和几面框反面卯孔连接，腿足锁角榫和几面框反面卯孔构成闷榫结构。将腿足、束腰、子线、牙条、下档、扒底销子等工件试组装合格后，将之打磨光滑。检查对角线准确无误后，伸出牙条向上的锁角榫、扒底销子榫过线到几面框反面，划好卯孔线，凿好卯孔。试组装合格后，最后完成组装。

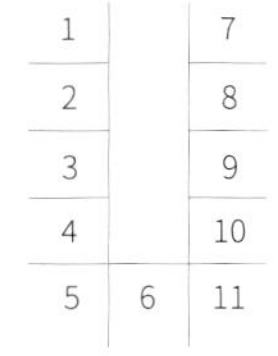

1. 试组装桥梁档
2. 确定上下宽度
3. 校正对角线
4. 组装与腿足连接的部件
5. 几下部组装完毕
6. 组装子线、束腰
7. 腿足、牙条组装好后待修正
8. 几面（反面）
9. 组装几面
10. 几面组装完成
11. 组装成型的花几

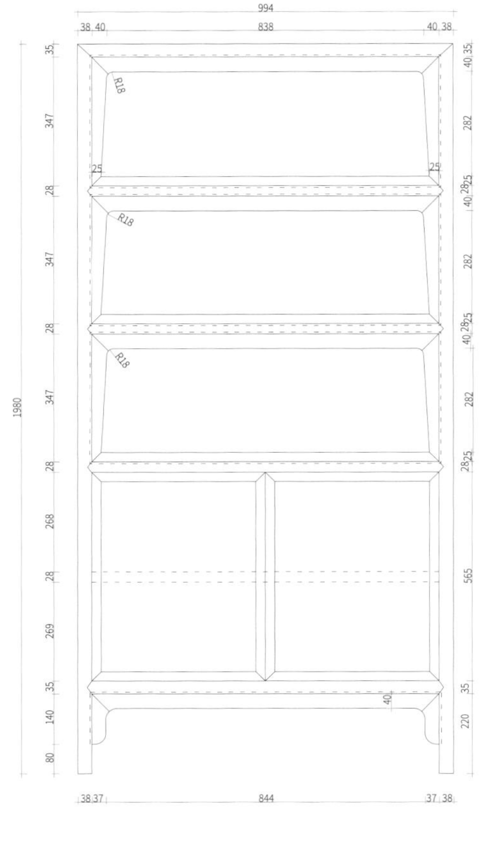

正立面

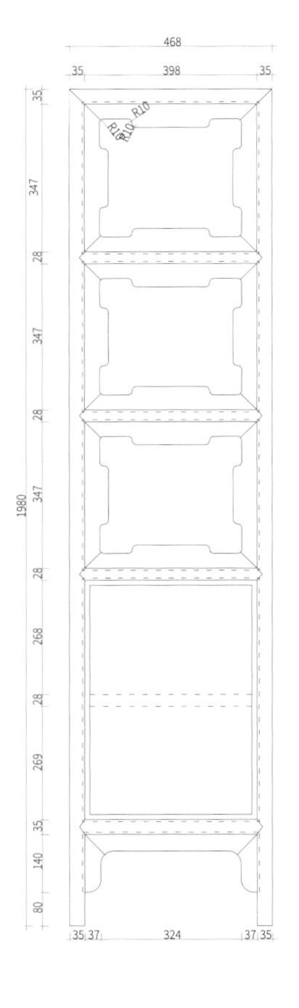

侧立面

(7) 书橱

选好书橱四支腿足的大小面后，按大面对大面、小面对小面作合摆放，然后划线。先划两支腿足两端齐头线（作为样线）。确定书橱的高度后从上向下分别划出每层搁板的前、后、侧面横档卯孔位置线。两支腿足的样线划好后，按样线划出另两支或更多同规格的腿足线。划好腿足齐头线、根子线、卯孔长度线后，再分别划榫线、卯棉线以及榫夹线、榫厚线。

橱顶超过橱身的为有出线书橱，工艺如下：腿足上端齐头线向下可以用半榫、贯榫或锁角榫和橱顶连接。如果橱顶没有超过橱身，腿足上端齐头线向下为前后上横档（或左右侧横档）宽度线，里线为根子线，根子线向外为半榫卯孔长度线。

1	2
3	4
5	6

1. 书橱正立面图纸
2. 书橱侧立面图纸
3. 划腿足卯孔线
4. 划前后横档线
5. 划棉线及榫厚线
6. 划侧横档线

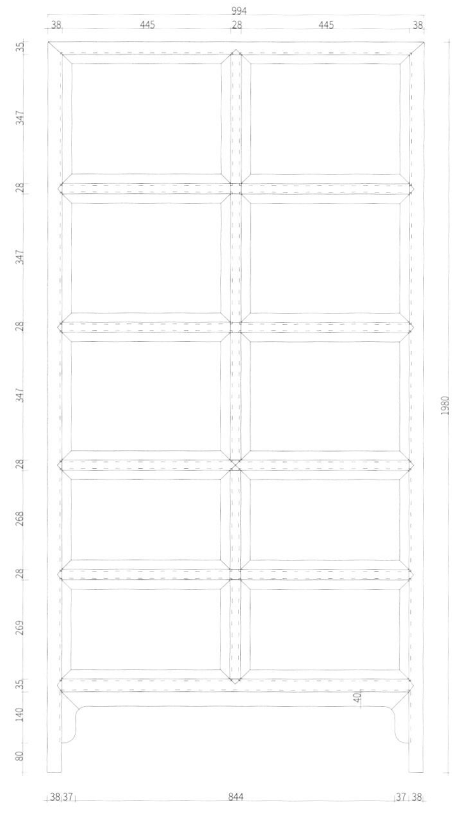

反立面

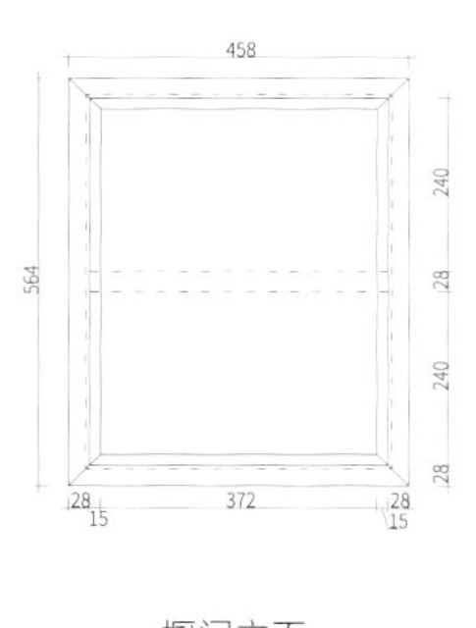

橱门立面

橱类家具侧横档运用传统榫卯工艺，和腿足上端采用半燕尾榫卯结构连接。另一种传统工艺为侧横档加宽（如前后横档宽 40 mm，则侧横档宽 55 mm，前后横档、侧横档上部在一个平面上）。侧横档比前后横档加宽 15 mm，那么 15 mm 部分作为贯榫和前后腿足以大进（20 mm）、小出（15 mm）榫卯结构连接。前后横档以 20 mm 贯榫和前左右、后左右腿足连接。腿足上部左右侧横档做大进小出榫，仅用于无出线橱顶。

若左右侧横档和腿足采用半榫卯结构连接，摩擦力小，就会影响书橱结构的牢固度。双侧采用大进小出榫，用木楔固定好贯榫端头。大进小出榫的摩擦力和榫端头的横向张力增加了榫和卯的摩擦力，从而增加了家具的使用寿命。

如书橱顶有出线，即橱顶超过橱身，左右侧横档用燕尾榫（半）和腿足连接。在不影响腿足上端榫的前提下，横档和腿足的受力相对要小，但此结构不会影响书橱的牢固度，因为腿足上端锁角榫和橱顶大边卯孔接合

1	2
3	4
5	6

1. 书橱反立面图
2. 书橱橱门图
3. 划好样线后，校正长度
4. 校正对角线
5. 用墨斗按样线弹线
6. 用角尺过线

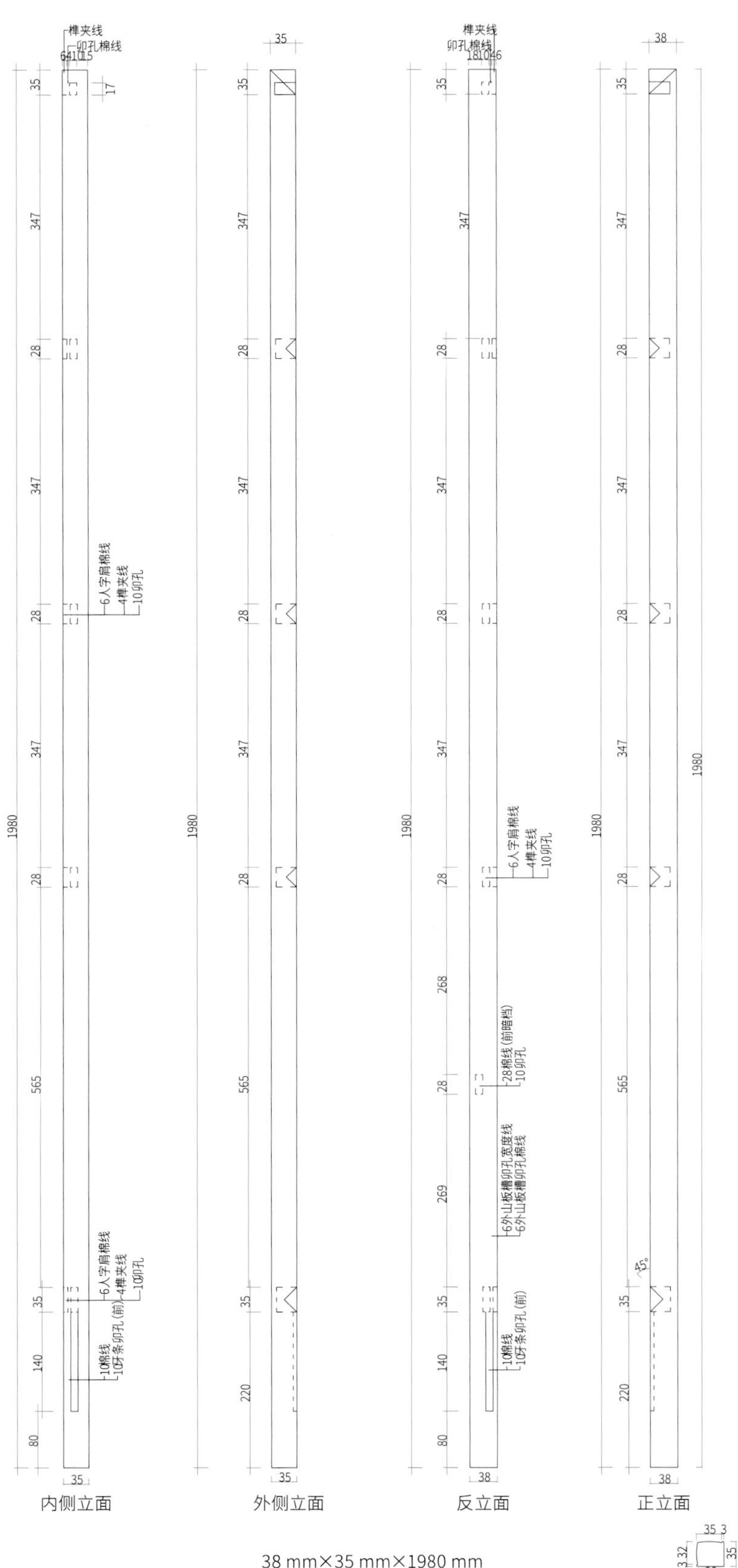

1

1. 书橱前左腿足划线

后形成箍力，如同把腿足和横档捆在一起，结构强度加大。

随着时代的变化，书橱上的前后横档、侧横档和腿足以半榫卯结构连接。从下端齐头线向上划亮足高度线（亮足一般为 200 mm 左右），然后划下前后横档及侧横档宽度线。下前后横档、侧横档在一个平面上。

传统结构同样为大进小出榫，即使在同一个书橱中，其使用也有一定差异。前后下横档、下侧档和腿足的大进小出榫工艺不同于书橱上端。侧横档的大进小出榫一般做在腿足上部，前后横档的大进小出榫做在腿足下部。组装成型后用木楔固定。此结构既美观又牢固。

上下横档卯孔长度线确定后，按图纸或实际尺寸划出前后横档及侧横档卯孔线。中间搁板平均分层的计算方法如下:（上端头根子线至下横档里线的高度－横档宽度）÷ 搁板层数 = 每层的间隔平均值。例如，书橱上端根子线至中横档里线即亮格部分的长度为 1 097 mm，中横档宽 28 mm×2 支 =56 mm，每层净间距应为 (1 097 mm-56 mm) ÷3=347 mm。根据计算的尺寸，从上向下分线，并把每层的横档(侧档)卯孔长度线划好。如中间安排抽屉，分线时应考虑抽面高度。也可以按实际尺寸来确定搁板高度，同样划好卯孔线（前后横档、侧档的宽度）。传统工艺在腿足中心位置加设前后横档、侧横档，结构为大进小出榫，以增大结构强度。两支样线划好后作为线样，按线样划出另两支或更多同规格的腿足线。

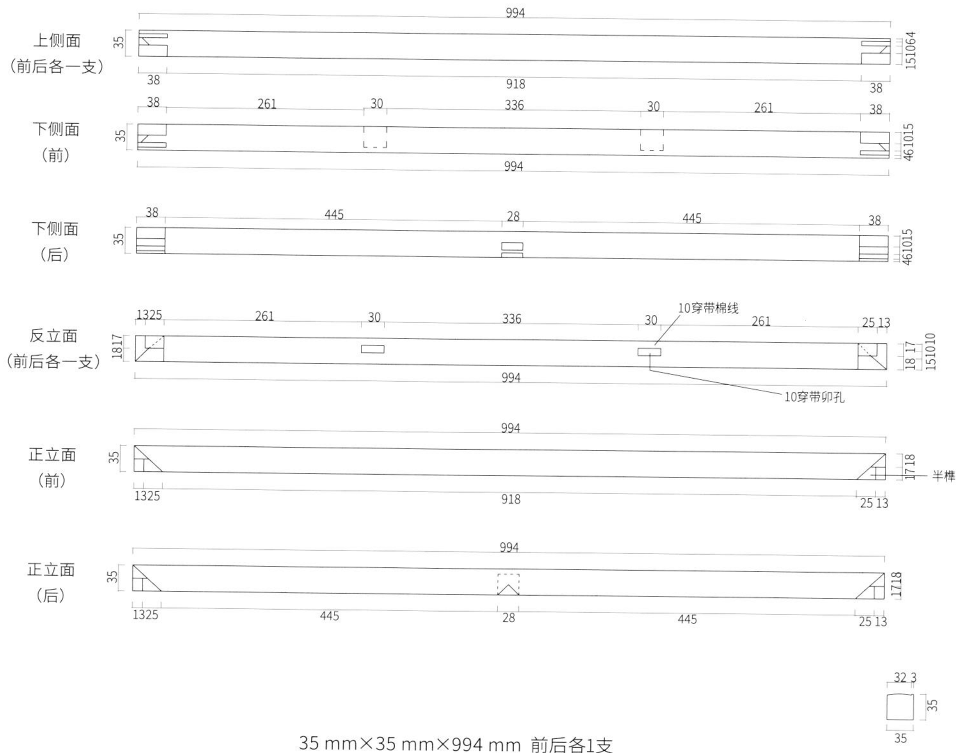

35 mm×35 mm×994 mm 前后各1支

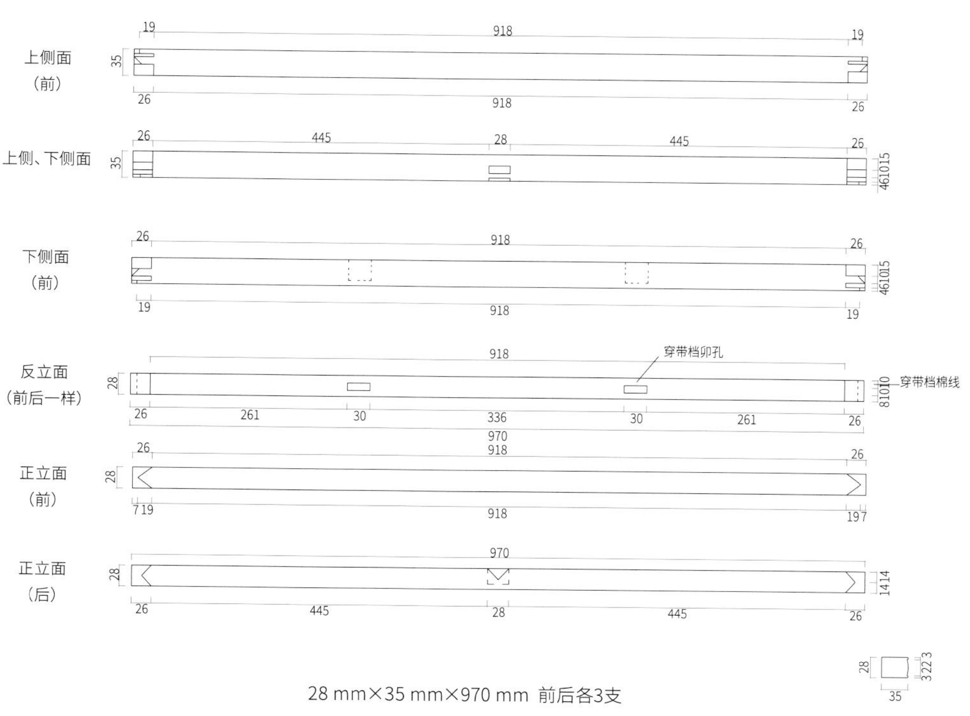

28 mm×35 mm×970 mm 前后各3支

1
2

1. 上横档划线
2. 中横档划线

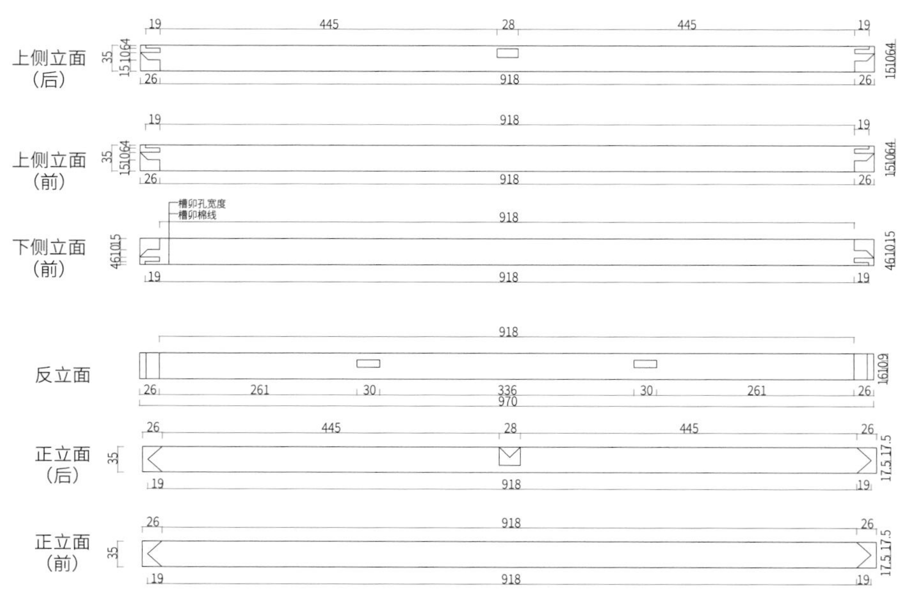

35 mm×35 mm×970 mm 前后各1支

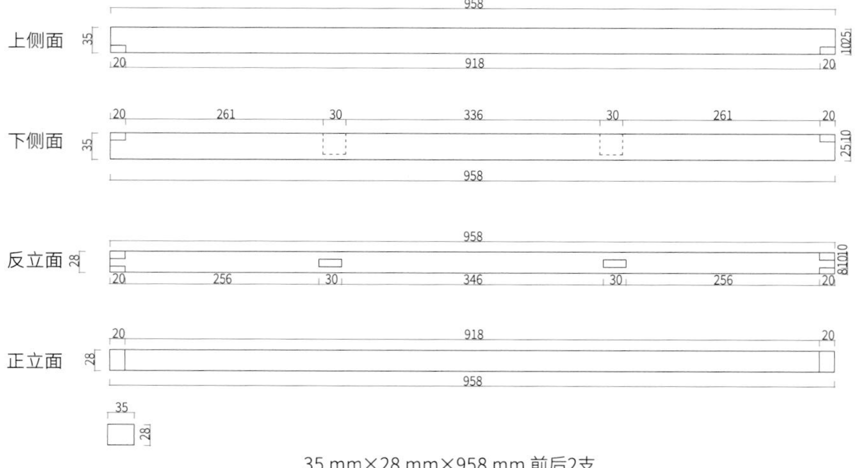

35 mm×28 mm×958 mm 前后2支

1
2

1. 下横档划线
2. 暗档划线

中横档向下为对开橱门，内设一层搁板，后暗横档棉线同其他横档的棉线一样，前横档棉线要留足橱门厚度。例如，橱门厚 28 mm，那么前横档向里留 29 mm 作为门厚度。暗侧横档实际成为穿带，连接两侧外山板。两侧外山板上下和侧横档、前后横档和前后腿足均采用槽榫卯结构。

牙条、圈口外围一般做成槽榫，和腿足、横档槽卯构成槽榫卯结构。牙条、圈口节点处每边各放大 2～3 mm，同样在腿足、横档与牙条、圈口节点处用槽刨刨槽卯，刨刀刃口宽度等同于工件槽榫厚度，槽卯深3 mm左右。组装工件时，牙条、圈口外围进入槽卯内，其结构强度加大，同时节点处不会出现缝隙。

划好卯孔线后，先为前后上横档、侧横档划点线割角线或 45° 人字割角线，然后为中横档、下横档划 45° 人字割角线。

按图纸划好侧横档、前后横档两端齐头线。侧横档两端向里为腿足厚度线。此线为侧横档根子线。前后横档两端向里为腿足宽度线。此线为前后横档根子线。划好这 2 根线后，对应腿足卯孔，划好棉线、榫夹线、榫厚线。

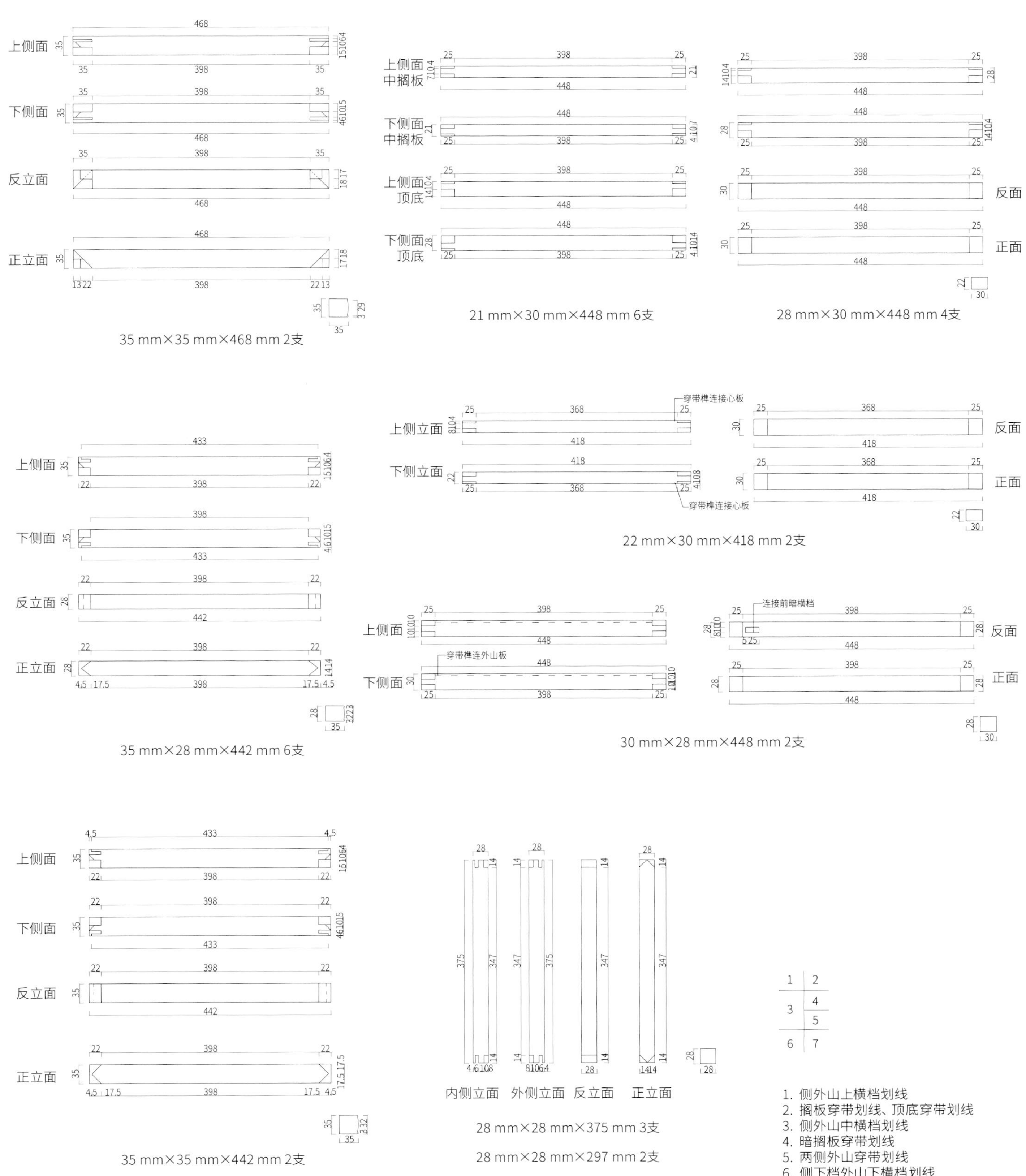

1	2
3	4
	5
6	7

1. 侧外山上横档划线
2. 搁板穿带划线、顶底穿带划线
3. 侧外山中横档划线
4. 暗搁板穿带划线
5. 两侧外山穿带划线
6. 侧下档外山下横档划线
7. 上竖档后背竖档划线、后背竖档划线

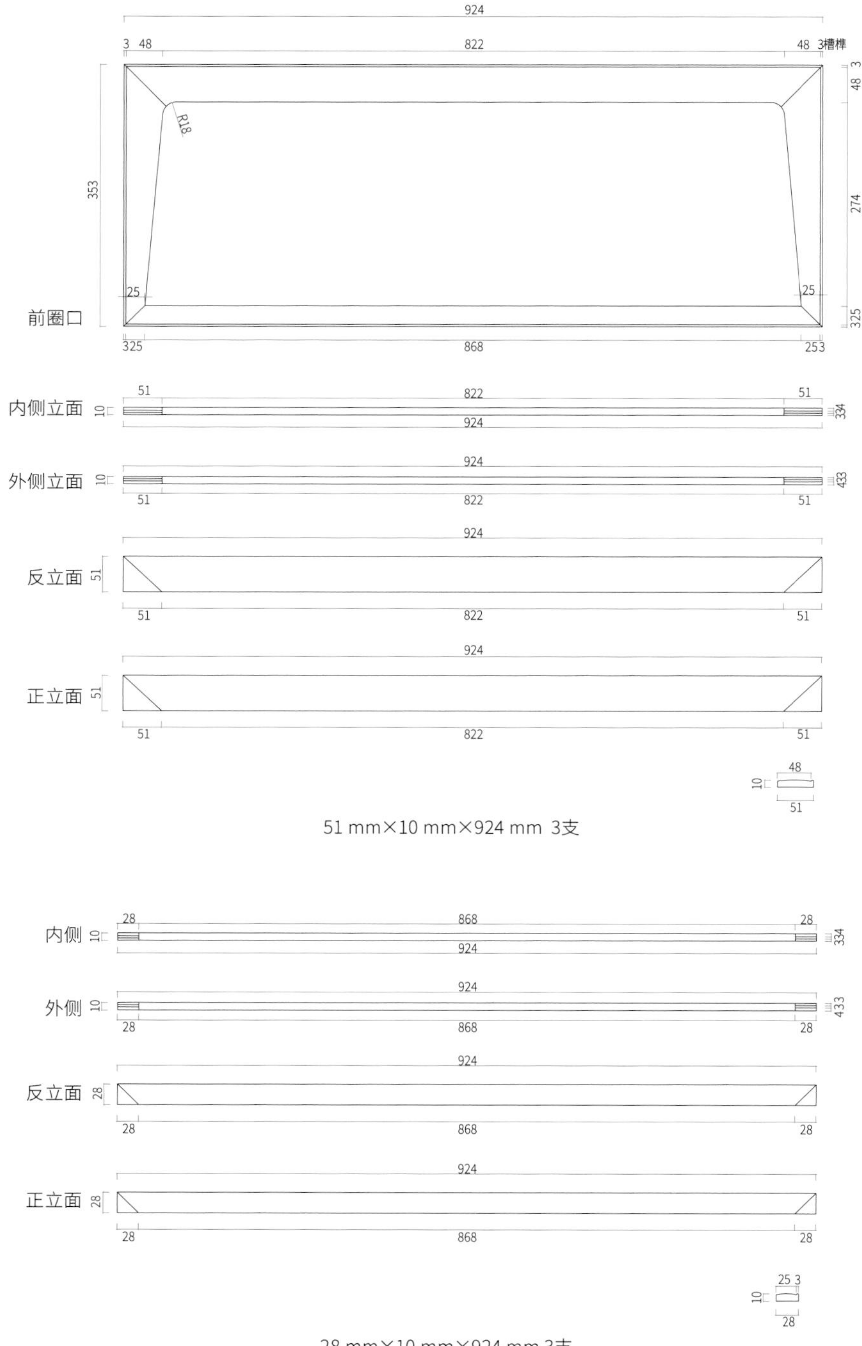

1. 前圈口上横档划线
2. 前圈口下横档划线

1 980 mm×994 mm×468 mm书橱料单

部位名称	规格	数量
腿足	1 980 mm×38 mm×35 mm	4支
上横档	994 mm×35 mm×35 mm	2支
下横档	970 mm×35 mm×35 mm	2支
中横档	970 mm×35 mm×28 mm	6支
暗横档	958 mm×35 mm×28 mm	2支
侧横档上	468 mm×35 mm×35 mm	2支
侧横档中	442 mm×35 mm×28 mm	6支
侧横档下	442 mm×35 mm×35 mm	2支
两侧外山穿带	448 mm×30 mm×28 mm	2支
后背竖档	375 mm×28 mm×28 mm	3支
后背竖档	297 mm×28 mm×28 mm	2支
穿带	448 mm×21 mm×30 mm	6支
穿带	448 mm×28 mm×30 mm	4支
穿带	418 mm×22 mm×30 mm	2支
前圈口	924 mm×51 mm×10 mm	3支
前圈口	924 mm×28 mm×10 mm	3支
前圈口	353 mm×51 mm×10 mm	6支
侧圈口	404 mm×51 mm×10 mm	12支
侧圈口	353 mm×51 mm×10 mm	12支
前后立面牙条	924 mm×45 mm×15 mm	2支
侧立面牙条	404 mm×45 mm×15 mm	2支
牙头	143 mm×45 mm×15 mm	8支
门扇竖档	564 mm×28 mm×28 mm	4支
冒头	458 mm×28 mm×28 mm	4支
穿带	450 mm×28 mm×21 mm	2支

在前后横档内侧划好面心板穿带卯孔位置线（暂不划棉线，因为面心板可能厚薄不匀。试组装合格，每层搁板面心板配置好，做好记号后，再确定前后横档穿带卯孔棉线）。

后背用竖档，目的是增强后背板的强度。给竖档划线，应从后腿足过线，分出每支竖档的实际长度，划好正反面肩线和榫棉线、榫厚线。后横档相应地确定和竖档连接的卯孔位置线及卯孔棉线。

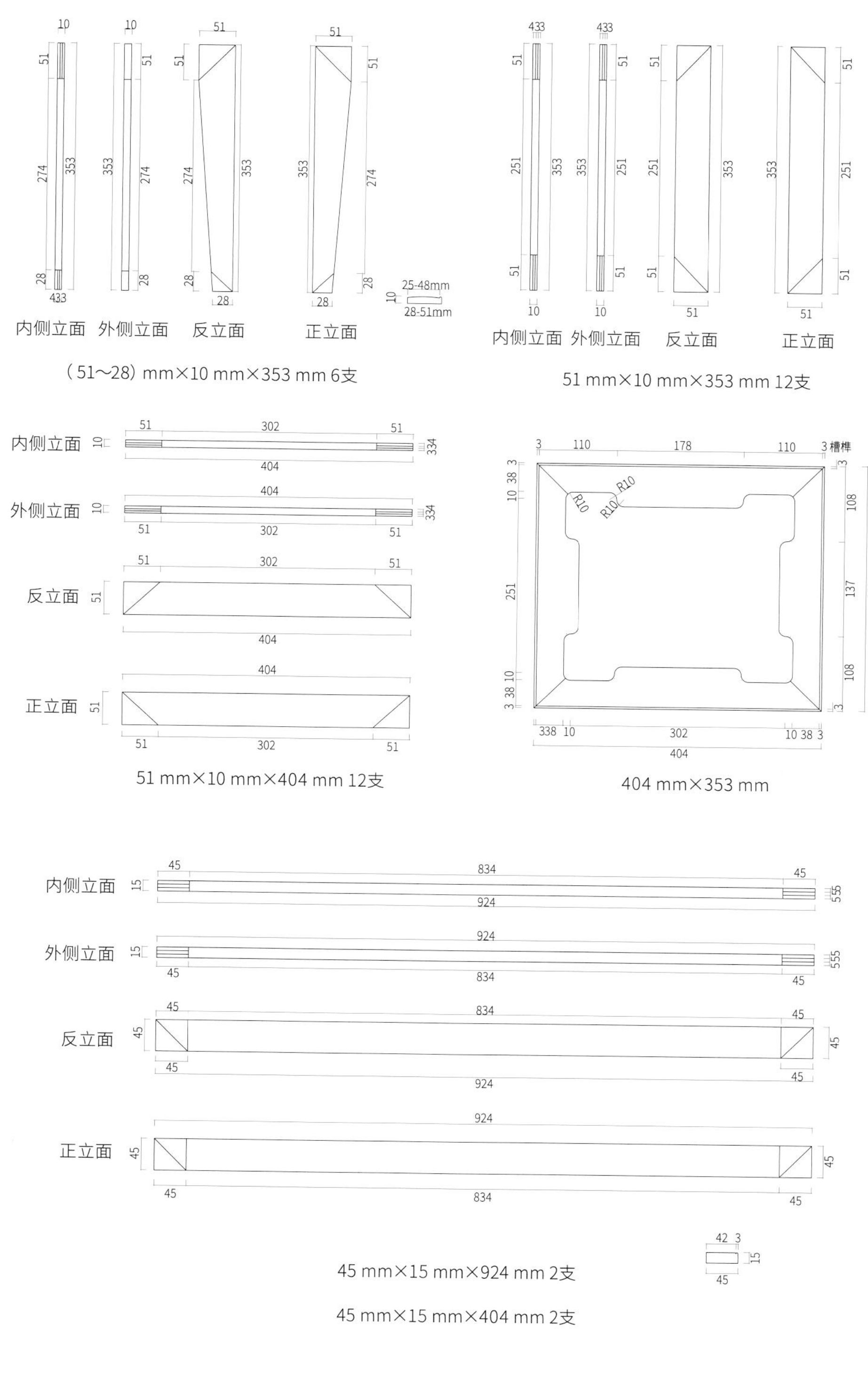

1. 前圈口竖档划线
2. 两侧外山圈口竖档划线
3. 两侧外山圈口横档划线
4. 侧圈口划线
5. 前后立面牙条划线、侧立面牙条划线

腿足横竖档榫卯成型后，进行试组装，如合格，给面心板节点的横竖档划好槽卯线，并做好记号。同时确定所有面心板、背板、橱门、抽面数据，做好记录，并量好牙条、圈口及其他线脚数据。

把搁板的面心板锯成方形，将四周刨成槽榫，确定其和前后左右横竖档的节点。待横档、侧档卯孔形成后，进行试组装。然后按面心板厚度划好前后横档内侧和面心板穿带的卯棉线，从前后横档内侧把卯孔长度线过线到面心板反面，划好穿带槽卯宽度线。至此穿带净尺寸已产生。测量好数据，做好记录，并在每块面心板和横档节点做好记号。

试组装成功并分解后，在面心板上划穿带榫的槽卯线，并划穿带的肩线及榫棉线、榫厚线。

按记录数据为所有橱山板、后背板、搁层板放足槽榫长度，将之锯方成形，四周按槽卯宽度倒边后打磨待组装。将所有工件打磨后，进行组装。复核门及抽面尺寸，然后划线。先划橱门竖档线、卯孔长度线，再划上下冒头榫线。橱门外框外立面采用挑皮割角工艺，面心板一般采用落堂式，抽屉采用燕尾榫，抽底采用四落槽的榫卯结构。划好线再进行下道工艺。

(8) 圆角柜

顶小底大、橱顶出线的书橱为圆角柜。

划线前，应认真了解图纸内容，按设计要求以 1∶1 比例放好大样，划好实图。

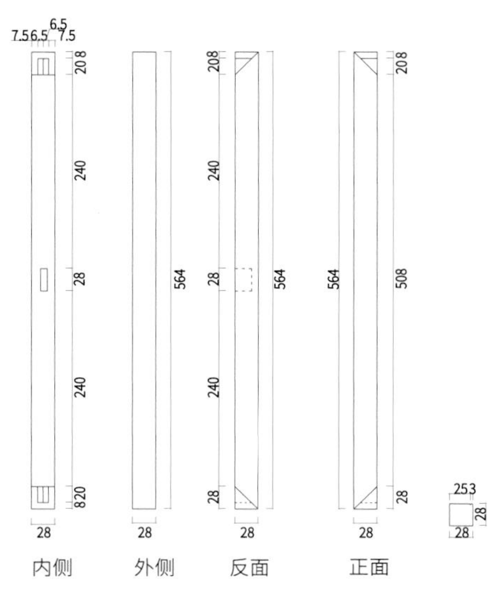

28 mm×28 mm×564 mm 2支

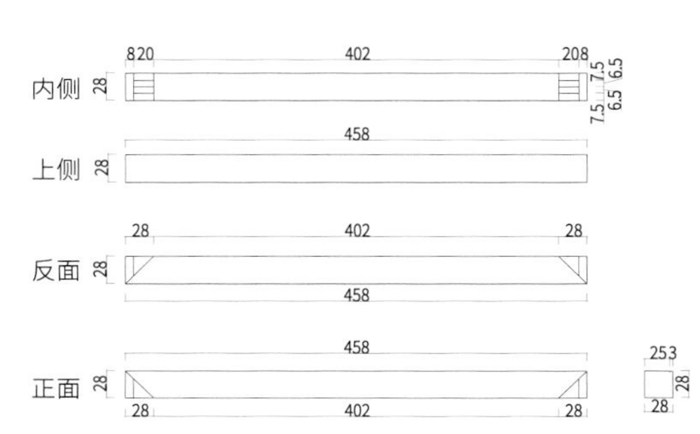

28 mm×28 mm×458 mm 4支

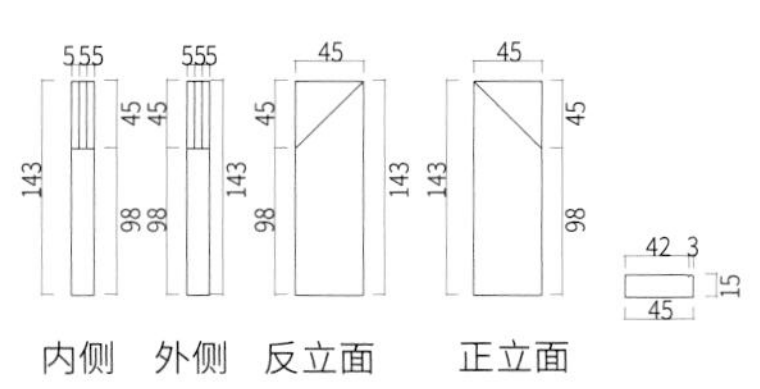

143 mm×45 mm×15 mm 8支

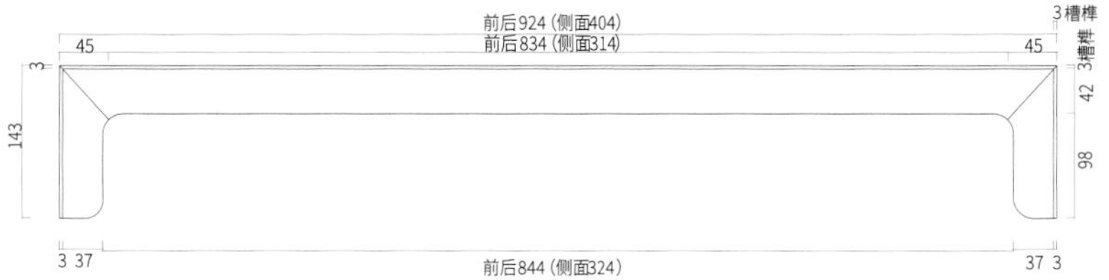

924 (404) mm×45 mm×15 mm 前后2支、侧面2支

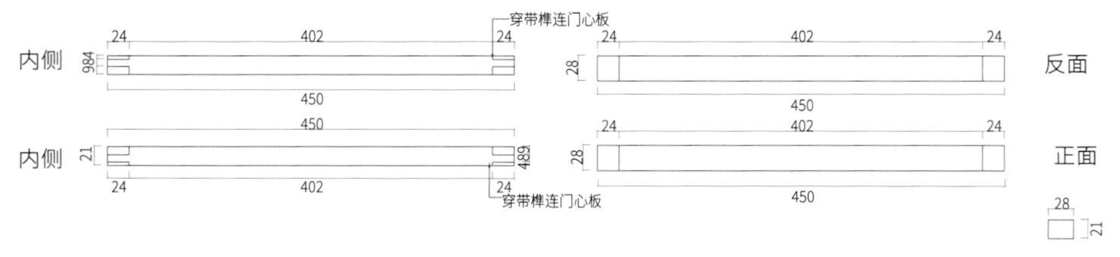

28 mm×21 mm×450 mm 2支

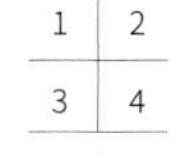

1. 门竖档划线
2. 门冒头划线
3. 牙头划线
4. 牙条划线
5. 穿带划线

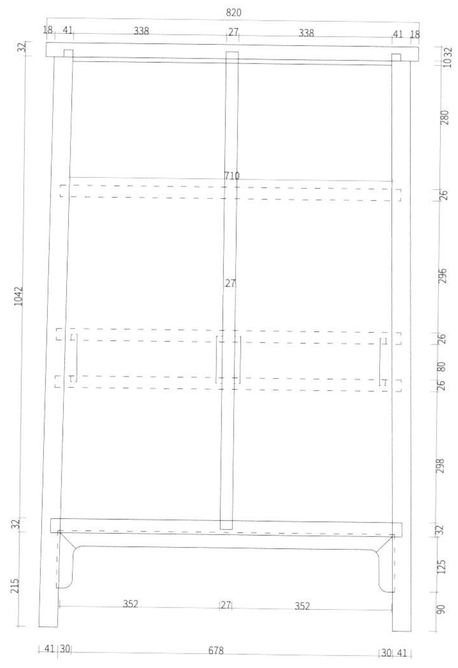

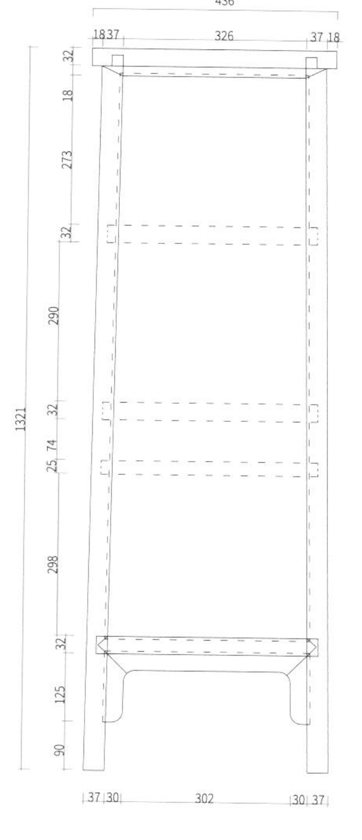

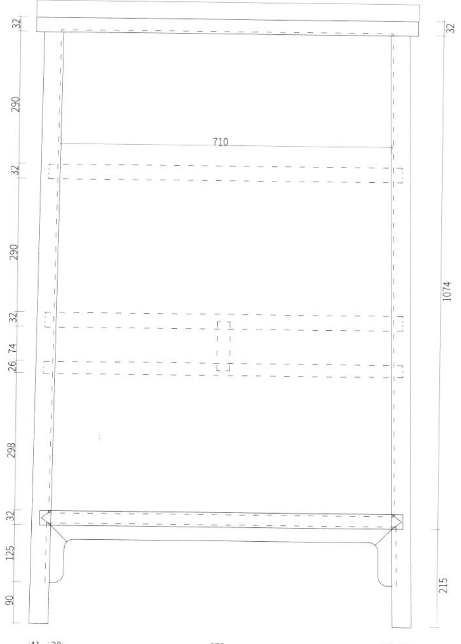

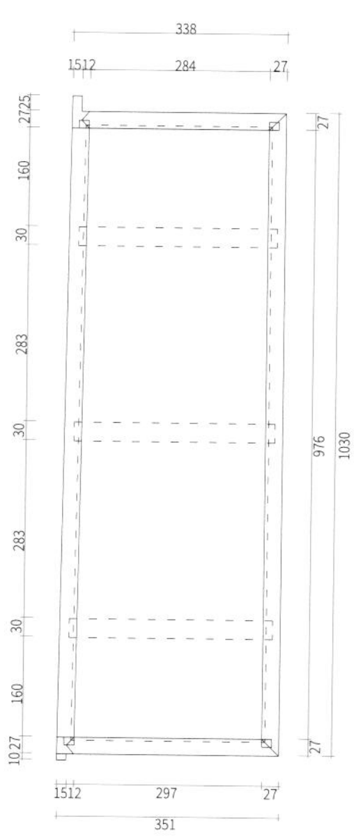

1	2
3	4

1. 圆角柜前立面(对开门未划)
2. 圆角柜侧立面
3. 圆角柜后立面
4. 圆角柜左门扇立面

给圆角柜划线前，应确定好每支腿足大小面，注明木材生长方向，同时标注每支腿足在橱中的位置，将大小面作合，按照常规方法划线。有条件的话，为前后立面和侧立面各配一把活络尺。在图上确定好斜度几何数据，并固定好活络尺和直尺角度，以防尺条移位。

齐头线划在作合面的腿足侧小面（反面）上。先划两端齐头线引线。用活络尺沿大面划好齐头线。由上端齐头线向下划橱帽半榫或贯榫的根子线，橱顶和腿足连接，前后不设上横档，侧上档厚度为 20 mm。用燕尾榫（半）和前后腿足连接。由下端齐头线向上划橱亮足线（约 200 mm）。在亮足上部侧下前后横档连接处划卯孔长度线。前后下横档所用传统工艺为贯榫卯结构。在内侧划卯孔长度线，用活络尺靠山沿大面过线到外侧，并划下横档卯孔长度线。其他前横档（含抽屉横档）采用暗档半榫工艺。在腿足内侧按设计尺寸分好线。划卯孔棉线时需要减去橱门厚度（一般橱门厚为 35 mm）。然后给每层搁板档分好数据，用角尺划好卯孔位置线，用活络尺靠山沿前大面在侧面划斜线。侧下横档在前后横档向下为贯榫连接腿足，用活络尺靠山沿前立面从内侧过线至前立面，以便划两侧面

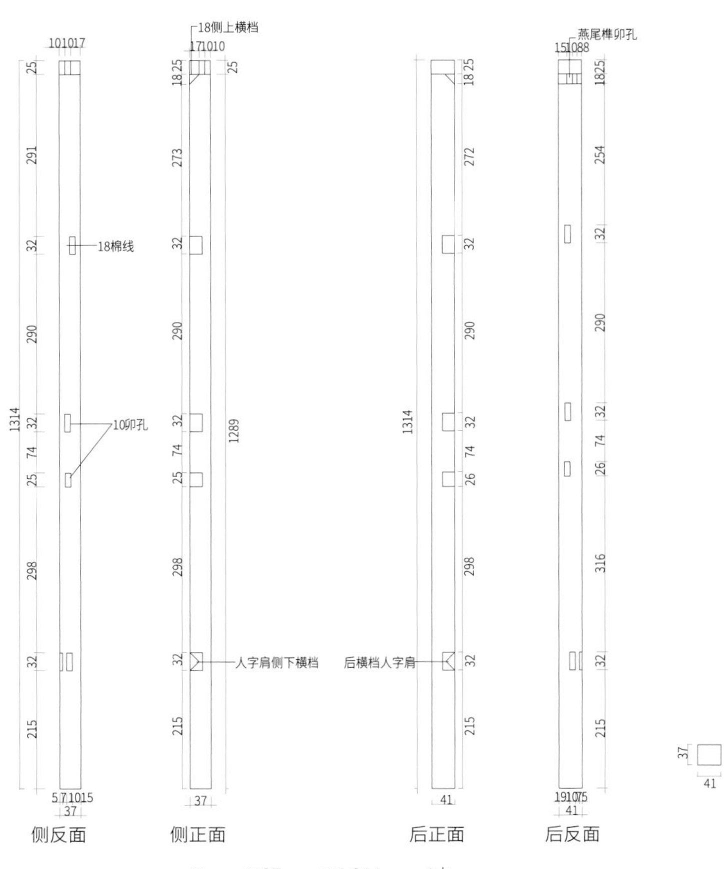

41 mm×37 mm×1 314 mm 4支

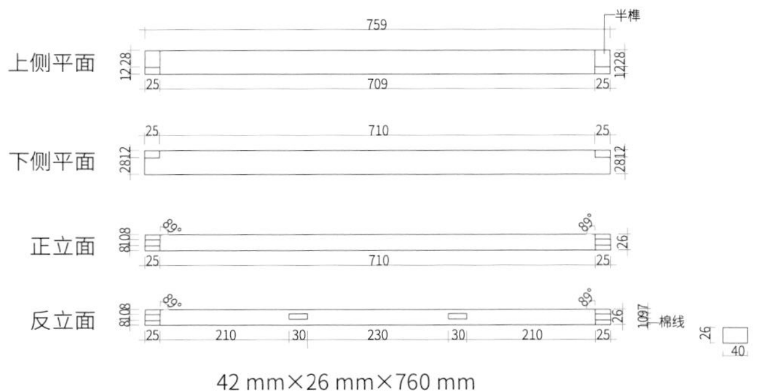

42 mm×26 mm×760 mm

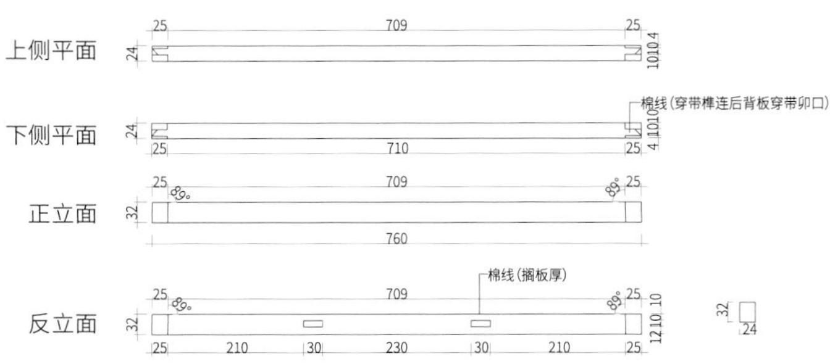

24 mm×32 mm×760 mm

卯孔棉线。侧外山板的穿带采用半榫结构连接前后腿足。

对于高 2 000 mm 左右的大书橱，应当在后腿足中间设一支横档贯榫穿带来增加结构强度。前下横档同样用贯榫工艺。在腿足两侧划好线。按样线将前后腿足分别作合后，划出横档及侧横档的卯孔位置线，以及前后下横档与前后暗横档卯孔长度线。如后背面用竖档，划线时应从腿足过线到后背竖档一同划线。

划好腿足上端半榫或贯榫根子线后，划榫、卯棉线，并划榫夹肩线、榫厚线。然后在腿足侧面上下横档节点处划人字肩大割角线。

将每层暗搁板前后横档作合后，按实图几何数据划两端齐头线。两端齐头线向里为腿足正面宽度线。此线为前后侧横档根子线。或对照实样图直接以角尺划好在前后横档两端上侧面的根子线，以活络尺过线到横档前后面(南通工匠称前后横档为搁板档。橱第一横档称顶板档，下端横档叫底板档）。按同样的方法，划其他各层

1. 后左腿足划线
2. 上前横档划线
3. 上后横档划线

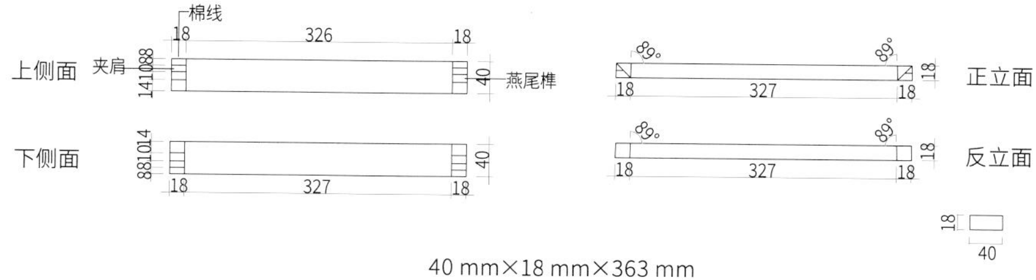

40 mm×18 mm×363 mm

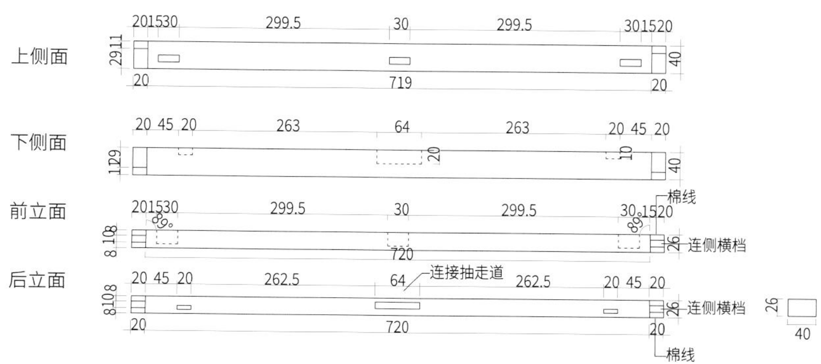

40 mm×26 mm×760 mm

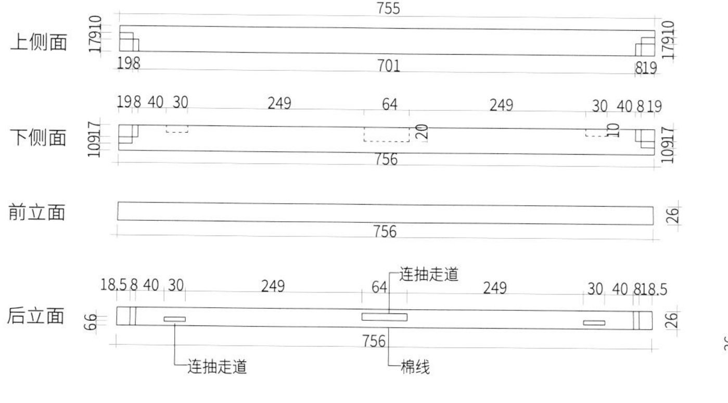

36 mm×26 mm×756 mm

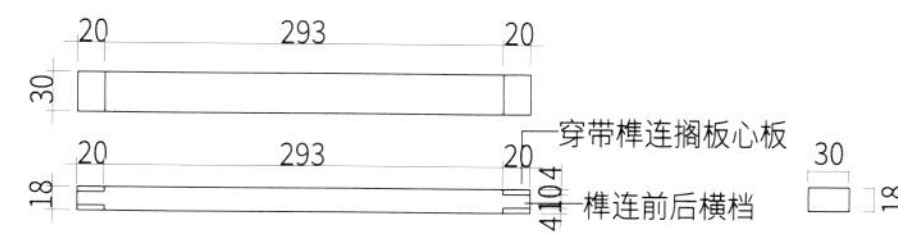

30 mm×18 mm×333 mm

的前后横档根子线。如设暗档抽屉，应在前横档上划竖档卯孔线，划竖档确定抽屉高度线，在前后横档侧面划卯孔线，连接抽屉走道档。

划好前后明档、暗档根子线后，统一在内侧划搁板穿带卯孔长度线。对照腿足卯孔棉线，分别在横档两端划好棉线、榫厚线、夹肩线及榫两边肩子线。

外山侧穿带划线相对简单。侧穿带线按实图长度用角尺划在侧档上侧或下侧，用活络尺过线到前后立面。按腿足卯孔棉线分别在各穿带两端划好半榫、贯榫的棉线、榫夹线、榫厚线。

待腿足卯孔、前后横档、侧面明档和穿带榫卯成型，试组装合格后，量好山头板、后背板、搁板的实际尺寸，做好记录。同时要给每层的横档都注明记号，并对照各节点的面心板厚度，计算好槽卯的棉线位置，在各节点注明数据，以便拆解后刨槽卯。然后为每层的搁板穿带测量好长度数据，并划根子线，同时为每支穿带都标明记号。前后横档用穿带连接。

1. 侧上横档燕尾榫划线
2. 抽下前横档划线
3. 抽下后横档划线
4. 上搁板穿带划线

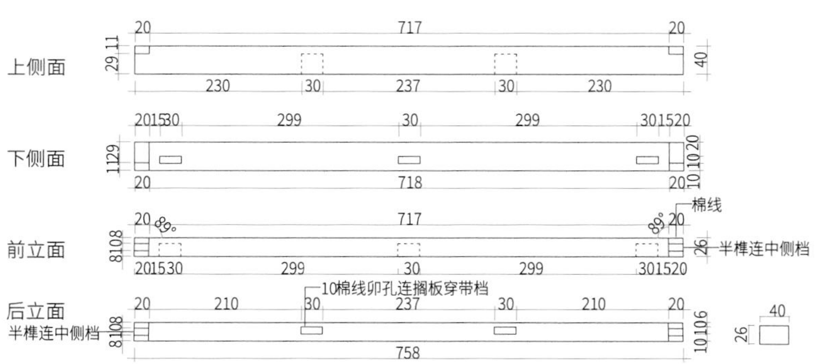

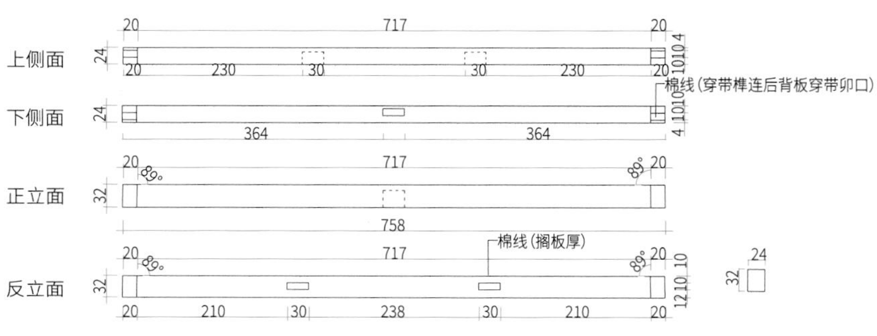

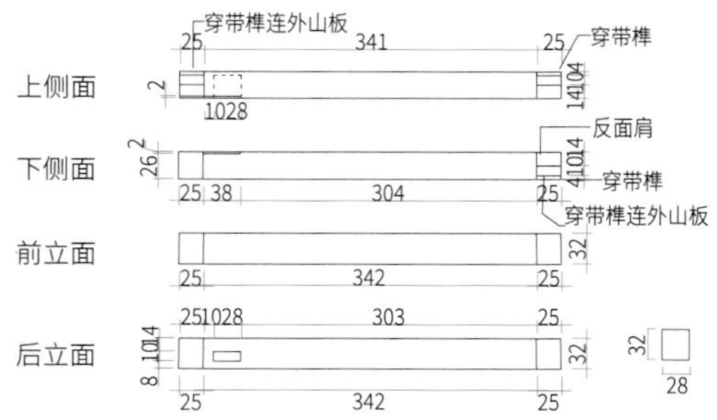

穿带和搁板面心板以槽卯连接，划穿带榫棉线时要对照每层的搁板厚度。如搁板厚 10 mm，前横档厚约 28 mm，可用 10 mm 的棉线，9 mm 宽的卯孔，卯孔在横档中心位置。如果横档厚 25 mm，则卯孔棉线为 7 mm，卯孔宽 9 mm，卯孔在横档中心位置。穿带榫厚 3.5 ～ 4 mm。穿带榫平肩线切割好后，留 9 mm 作为主榫，反面采用单面平肩。此工艺通作木匠叫托肩工艺。

搁板厚 12 mm，那么棉线长 8 mm，穿带榫厚 4 mm，用托肩工艺，穿带做双面平肩。穿带卯孔宽度一般为 8 ～ 12 mm，榫长 30 mm 左右。穿带半榫厚度由面心板的厚度和前后横档高度决定。

按试组装成型工件数据，锯方外山头板、搁板面心板及后背板合格后，从前后横档内侧过线到面心板反面，完成穿带槽卯划线。侧外山、后背板同样从腿足侧面过穿带槽卯线

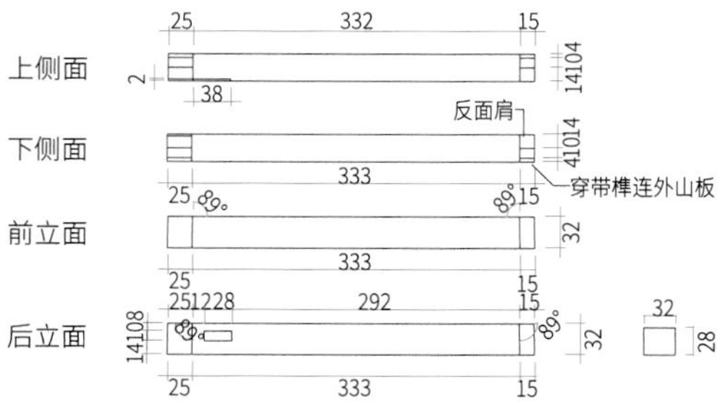

1. 前中横档划线
2. 后中横档划线
3. 抽上侧横档划线
4. 侧上横档划线

到面心板反面，并划穿带槽卯宽度线，用手锯锯好穿带槽卯。两端头用平刨倒边（留正面，刨反面），槽榫大小由侧外山上下横档槽卯大小决定。亮脚下牙条按记录的实际尺寸划线。榫卯线脚成型后打磨。橱顶按桌面龙凤榫工艺划线。榫卯完成，打磨后组装。

所有的零部件在榫卯、线脚成型，打磨合格后，完成组装。橱顶板组装后，在反面划好卯孔线，按实图要求刨好四周侧面冰盘沿，打磨合格后和橱身进行组装。

完成橱身组装后，相继给橱门、抽屉划线。抽屉侧板前端和抽面采用半燕尾榫卯结构连接，侧板后端和抽后侧板采用燕尾榫卯结构连接，抽底板和抽面板、抽侧板采用槽榫卯结构连接。

30 mm×26 mm×380 mm 2支

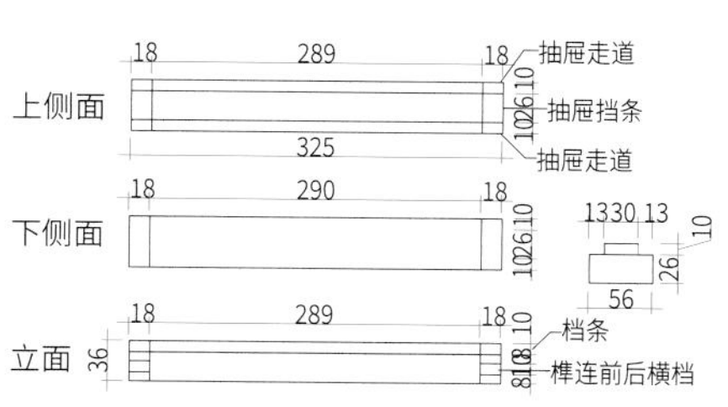

56 mm×36 mm×325 mm

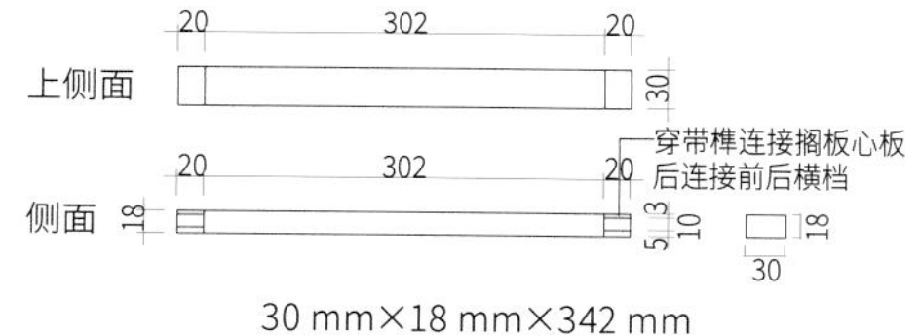

30 mm×18 mm×342 mm

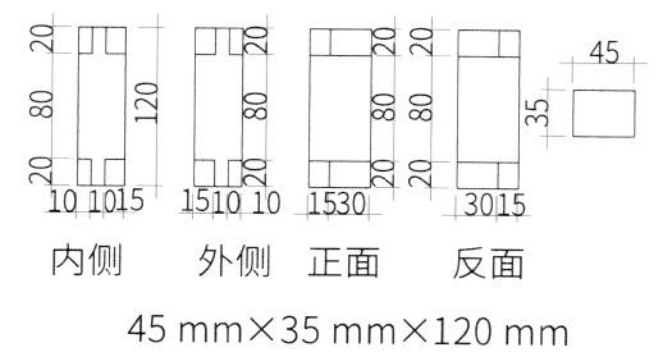

45 mm×35 mm×120 mm

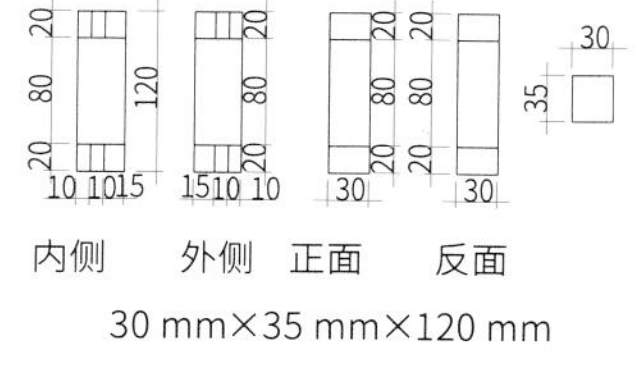

30 mm×35 mm×120 mm

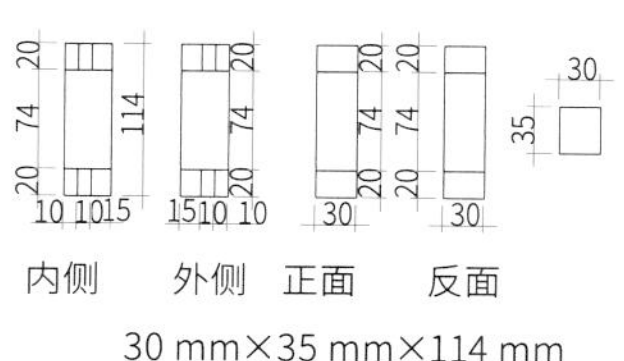

30 mm×35 mm×114 mm

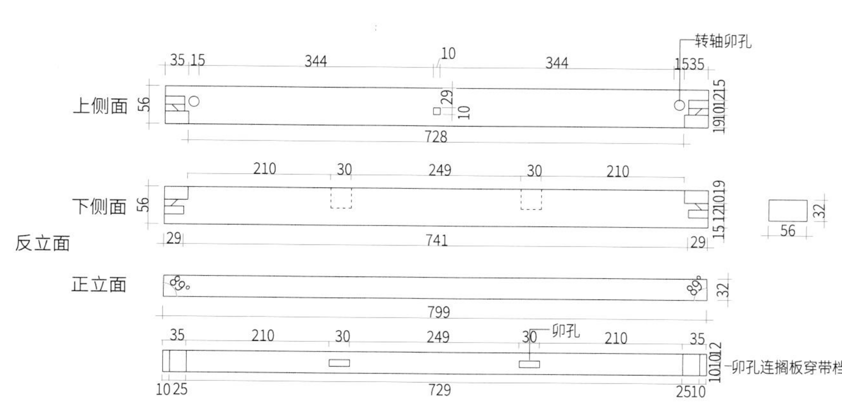

56 mm×32 mm×799 mm

1	2
3	4
5	6
7	

1. 抽下侧左右横档划线
2. 抽屉中档划线
3. 搁板穿带划线
4. 左右抽屉竖档划线
5. 中抽屉竖档划线
6. 后中抽屉竖档划线
7. 前下横档划线

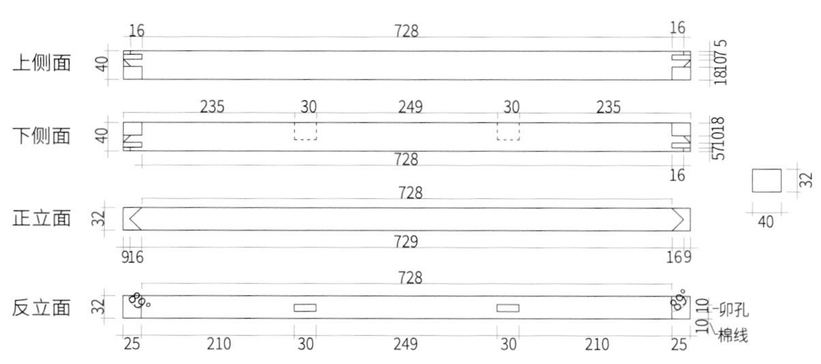

40 mm×32 mm×779 mm

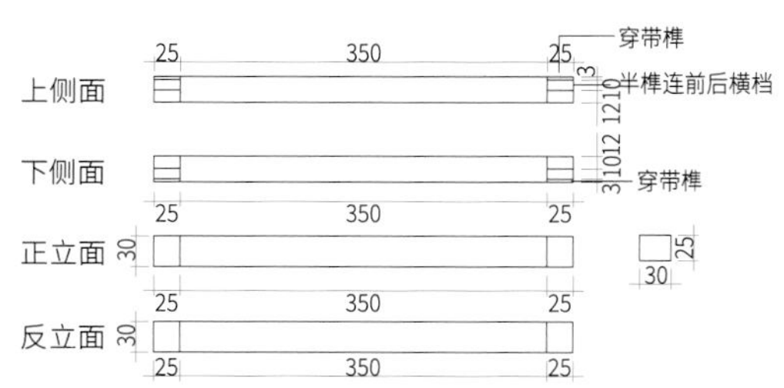

30 mm×25 mm×400 mm 2支

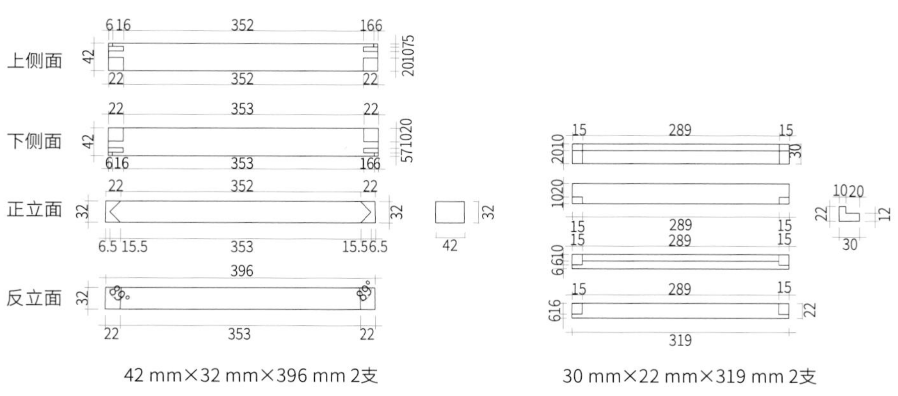

42 mm×32 mm×396 mm 2支

30 mm×22 mm×319 mm 2支

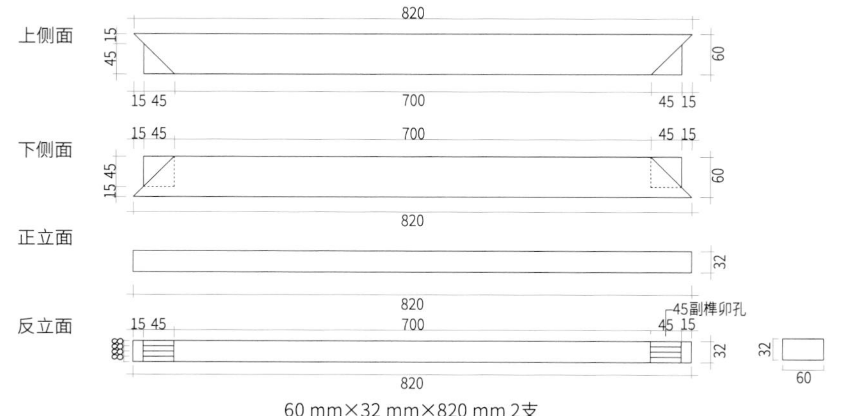

60 mm×32 mm×820 mm 2支

对于橱门，先划竖档线，按量好的实际尺寸划两端齐头线。齐头线向里为上下横档宽度线。此线也是竖档根子线。根子线向上为贯榫。贯榫宽度约为上下冒头宽度的1/2。卯孔深度根据上下横档的宽度确定（卯孔深度至少为上下横档宽度的2/3。如上下横档宽36 mm，那么卯孔深度至少为24 mm）。根子线内为穿带卯孔线。一般穿带间距为300 mm左右，两端间距控制在200 mm左右。均分卯孔线后，按门面心板厚度划好卯孔棉线及上下横档节点的大割角线，同时划好竖档和上下横档槽卯线。

以上为橱门上下有转轴时的工艺。如橱门装铰链，那么榫卯做法和桌面大割角工艺一样，竖档两端做贯榫，上下冒头两端做卯孔，用木楔固定贯榫来增强结构。这样做的优点是能有效防止门的心板向外涨开，且贯榫在门板上下，从侧面看不见，增加美观度。

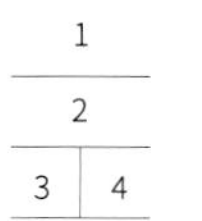

1. 后下横档划线
2. 橱底板穿带划线
3. 下侧左右横档划线
4. 抽左右走道划线
5. 橱顶大边划线

对于横档，参照实图数据划两端根子线。同样，用活络尺划正反面肩线，参照竖档和面心板划好榫棉线、榫厚线、榫夹线。

将面心板按实图尺寸锯成型。按横竖档的槽卯宽度，将面心板反面倒边并留足榫厚度。然后将竖档、横档和面心板试组装。组装合格后，将竖档里侧穿带卯孔长度线过线到面心板反面，并划好穿带槽卯宽度线。所有工艺完成后，打磨组装。

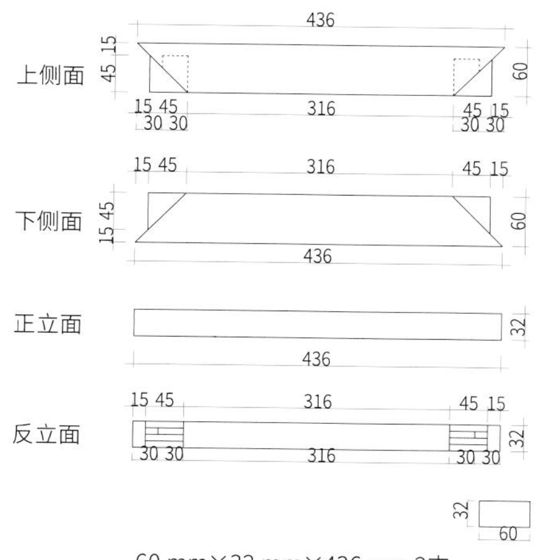

60 mm×32 mm×436 mm 2支

上侧面
下侧面
侧面
侧面
366
316
25
30
15
30 mm×15 mm×366 mm 2支

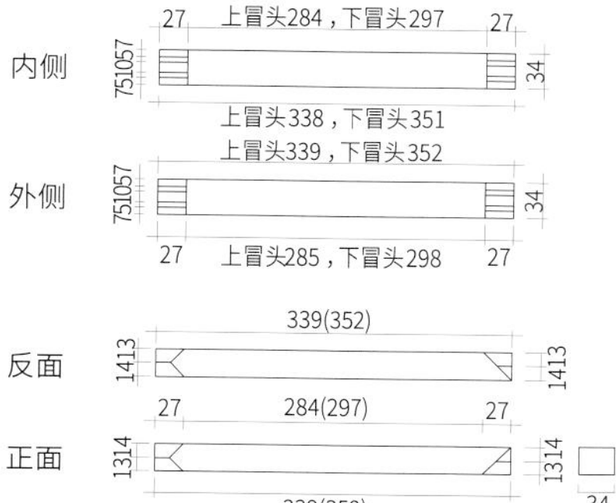

27 mm×35 mm×339 mm（352 mm） 2支

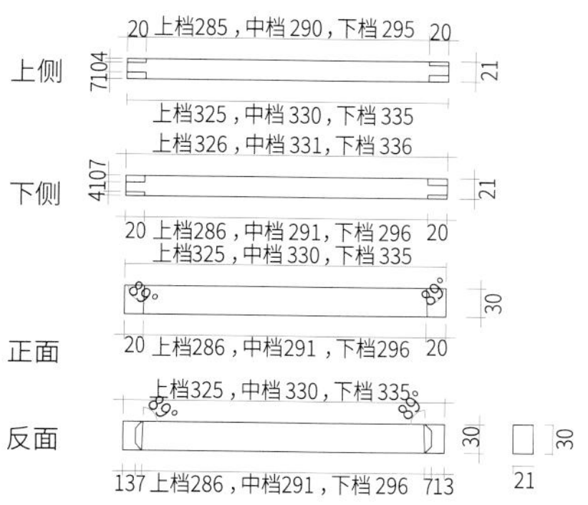

30 mm×21 mm×326 mm（331 mm,336 mm）

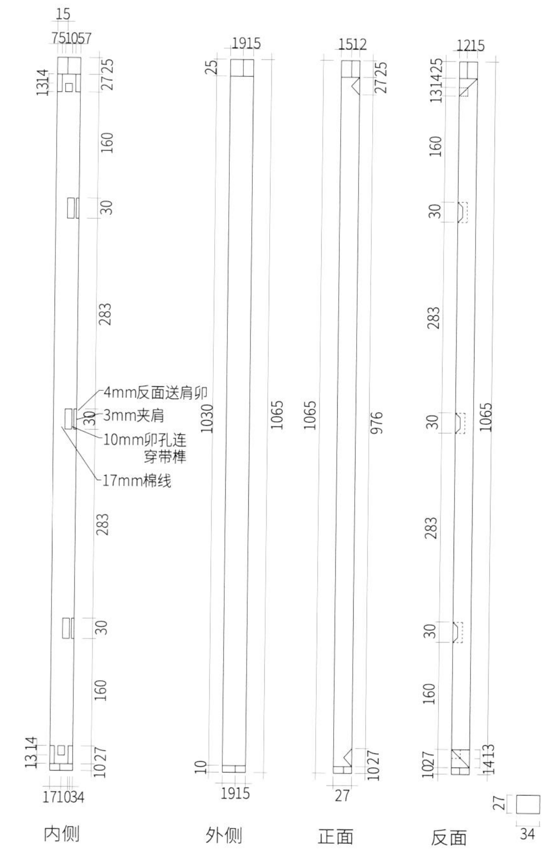

27 mm×34 mm×1 065 mm 4支

1. 顶左右侧抹头划线
2. 顶面心板穿带划线
3. 橱门冒档划线
4. 穿带划线
5. 门扇竖档（转轴竖档）划线

1 321 mm×820 mm×436 mm圆角柜书橱料单

部位名称	规格	数量
腿足	1 314 mm×41 mm×37 mm	4 支
顶大边	820 mm×60 mm×32 mm	2 支
顶抹头	436 mm×60 mm×32 mm	2 支
顶穿带	366 mm×30 mm×15 mm	2 支
前上横档	760 mm×42 mm×26 mm	1 支
后上横档	760 mm×24 mm×32 mm	1 支
上搁层穿带	333 mm×30 mm×18 mm	2 支
侧面上横档	363 mm×40 mm×18 mm	2 支
侧面上横档	373 mm×28 mm×32 mm	2 支
前中横档	758 mm×40 mm×26 mm	1 支
后中横档	758 mm×32 mm×24 mm	1 支
抽上侧横档	392 mm×28 mm×32 mm	2 支
中搁板穿带	342 mm×30 mm×18 mm	2 支
前抽下横档	760 mm×40 mm×26 mm	2 支
前左右抽屉竖档	120 mm×45 mm×35 mm	2 支
前中抽屉竖档	120 mm×30 mm×35 mm	1 支
后中抽屉竖档	114 mm×30 mm×35 mm	1 支
抽下侧横档	380 mm×30 mm×26 mm	2 支
抽屉中档走道	325 mm×56 mm×36 mm	1 支
抽边走道	319 mm×30 mm×22 mm	2 支
前下横档	799 mm×56 mm×32 mm	1 支
后下横档	779 mm×40 mm×32 mm	1 支
下侧左右横档	396 mm×42 mm×32 mm	2 支
下搁板穿带	400 mm×30 mm×25 mm	2 支
橱门竖档	1 065 mm×27 mm×34 mm	4 支
上冒头	339 mm×27 mm×34 mm	2 支
下冒头	352 mm×27 mm×34 mm	2 支
橱门穿带	326 mm×30 mm×21 mm	2 支
橱门穿带	331 mm×30 mm×21 mm	2 支
橱门穿带	336 mm×30 mm×21 mm	2 支

无论做一张橱还是做多张橱，都应先划腿足线，然后划前后横档线，再划侧档线。给一种部件划线时，先作合划齐头线，后划根子线，在正立面、侧立面、侧横档两端正面划45°人字割角线或点线割角线、榫卯棉线、榫夹肩线、榫厚线。

如做多种相同的部件，则应先划样线。待两根样线划好后将之作为线样，并做好记号。将所要划线的部件大小面确定好后，对每个部件都应先选两支作合摆放，然后按图纸要求逐一划线。划线的小面作合摆好后，将线样放在两边，未划线部件夹在中间，然后用角尺以线样大面为标准，和另一端的线样打方。也可以线样一端为标准，用勾股定理公式计算来确定是否和另一端线样长度相等。确定两端线样打方方式，用直尺或墨斗在线样上逐一过线到每个工件。

待每个工件按线样一个面划好后，以大面为标准，以角尺或活络尺在每个工件各个节点上划榫根子线、卯孔位置线，然后以折尺划出棉线、榫厚线、夹肩线、割肩线。

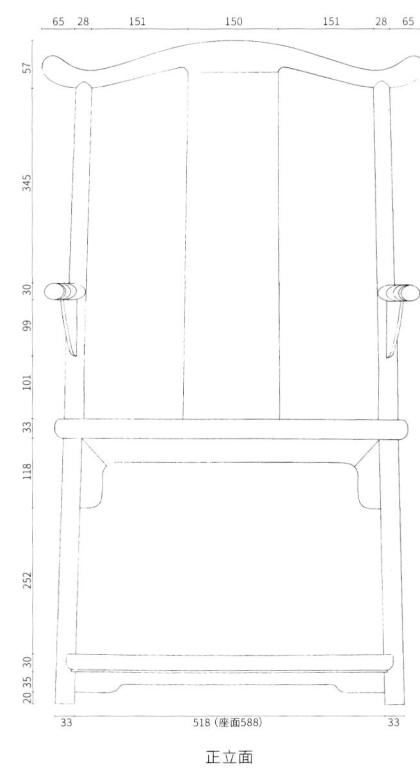

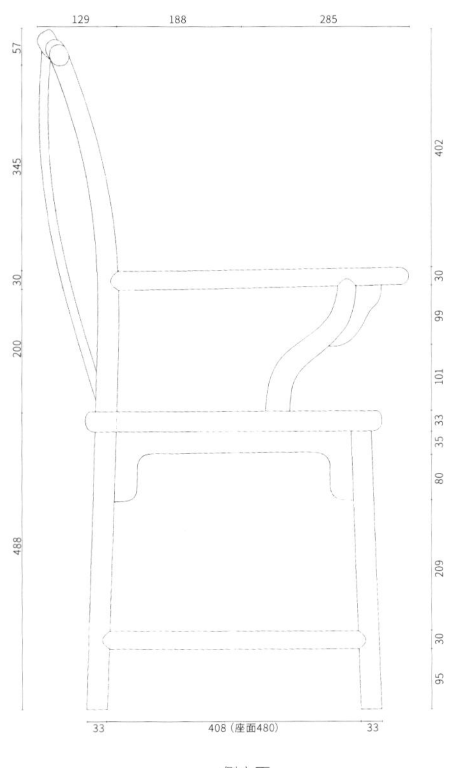

（9）四出头官帽椅

对于四出头官帽椅，按照设计图列出料单，采用传统工艺进行制作。

将前后腿足料刨好，选出大小面，并做好记号，注明左右腿足。前腿足对前腿足，后腿足对后腿足，作合摆放，以便划线。后腿足作合后正面在上，前腿足作合后反面在上。用角尺以侧立面（侧大面）为标准面，按图纸要求或实际高度划四支腿足两端齐头线。

在实样图上，对照腿足和其他节点的几何角度（也可以用量角器量出几何角度），固定好活络尺角度，然后用活络尺以侧大面及正面大面为标准，沿记号线向两个面划线。在座面框节点位置和前后腿足下端划齐头线。继续沿两个大面过线到两个小面（指腿足两个反立面）。通作木匠有句行话，即从大面外角划线一直向上，从小面和小面交叉角划线一直向下。

1. 四出头官帽椅前立面
2. 四出头官帽椅侧立面

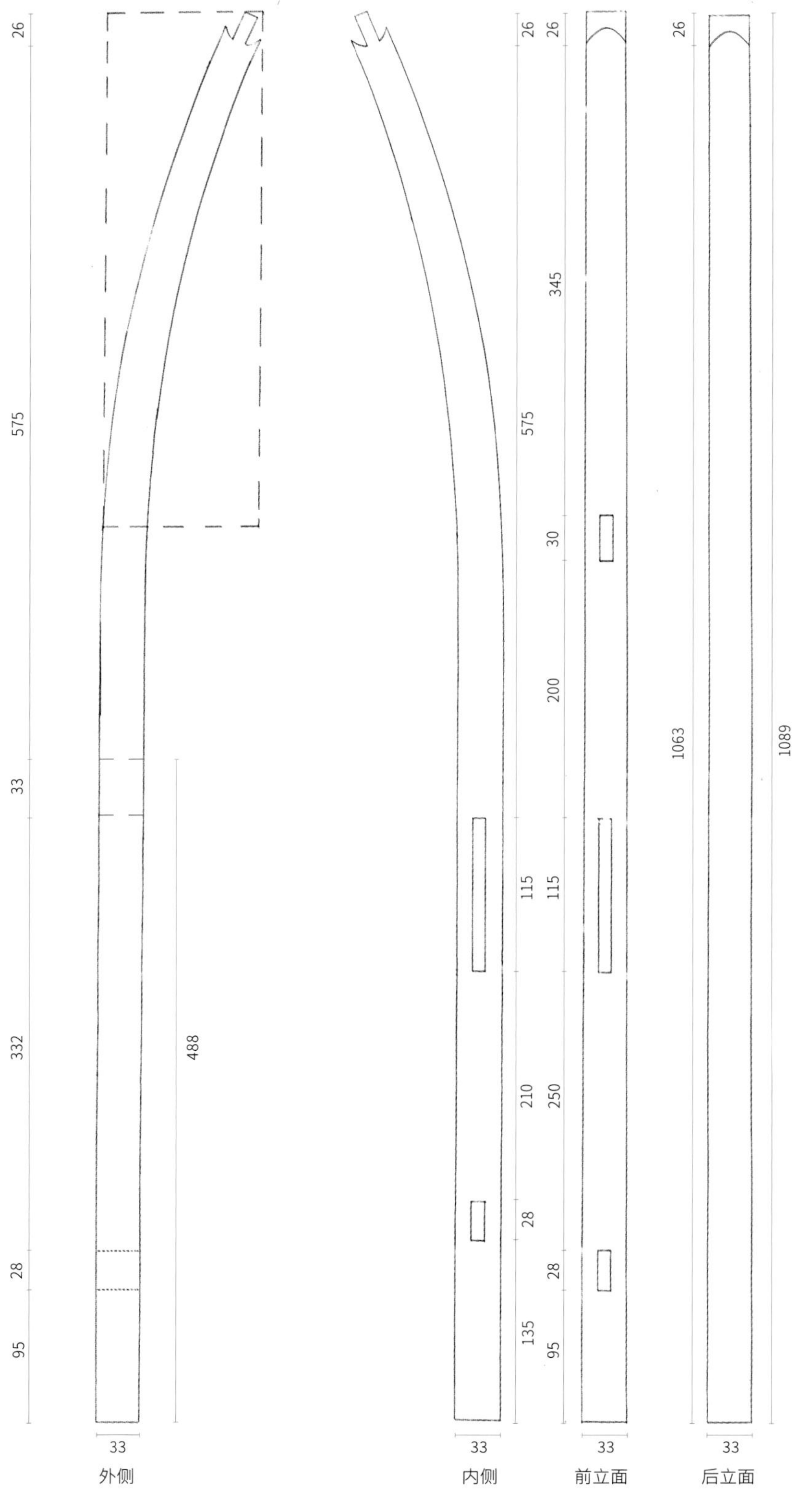

33 mm×330 mm×1 089 mm 2支

待腿足座面高度线划好后，划下侧档卯孔线。划法和划座面节点线一样。用活络尺沿记号线分别在两个大面上划线。然后用角尺沿两个大面（标准面）过线到两个小面。前腿足下端侧反面为脚踏档位置。脚踏档向下为前下牙条插榫卯孔位置。在两侧下档和踏脚档向上间隔 5 mm 划侧档卯孔位置线。在侧档向上和后档间隔 5 mm 划后下档卯孔位置线。此工艺民间叫步步高。在遗存的明式椅类家具中，也有在两侧档向下间隔 5 mm 划后下档卯孔位置线。腿足两个方向的卯孔不会贯通。从力学角度看，因为腿足断面较小，如四个下档在一个平面上，那么榫头受力的长度不足 17 mm。若用步步高工艺，榫长可达到 30 mm。榫头加长，就大大加强了榫卯结构的牢固度，从而延长了椅子的使用寿命。这种用步步高分档的下横档，也可以做成出头榫，并保证左右侧下档与后下档、踏脚档不在同一平面上。

1

1. 四出头官帽椅靠背椅后腿足

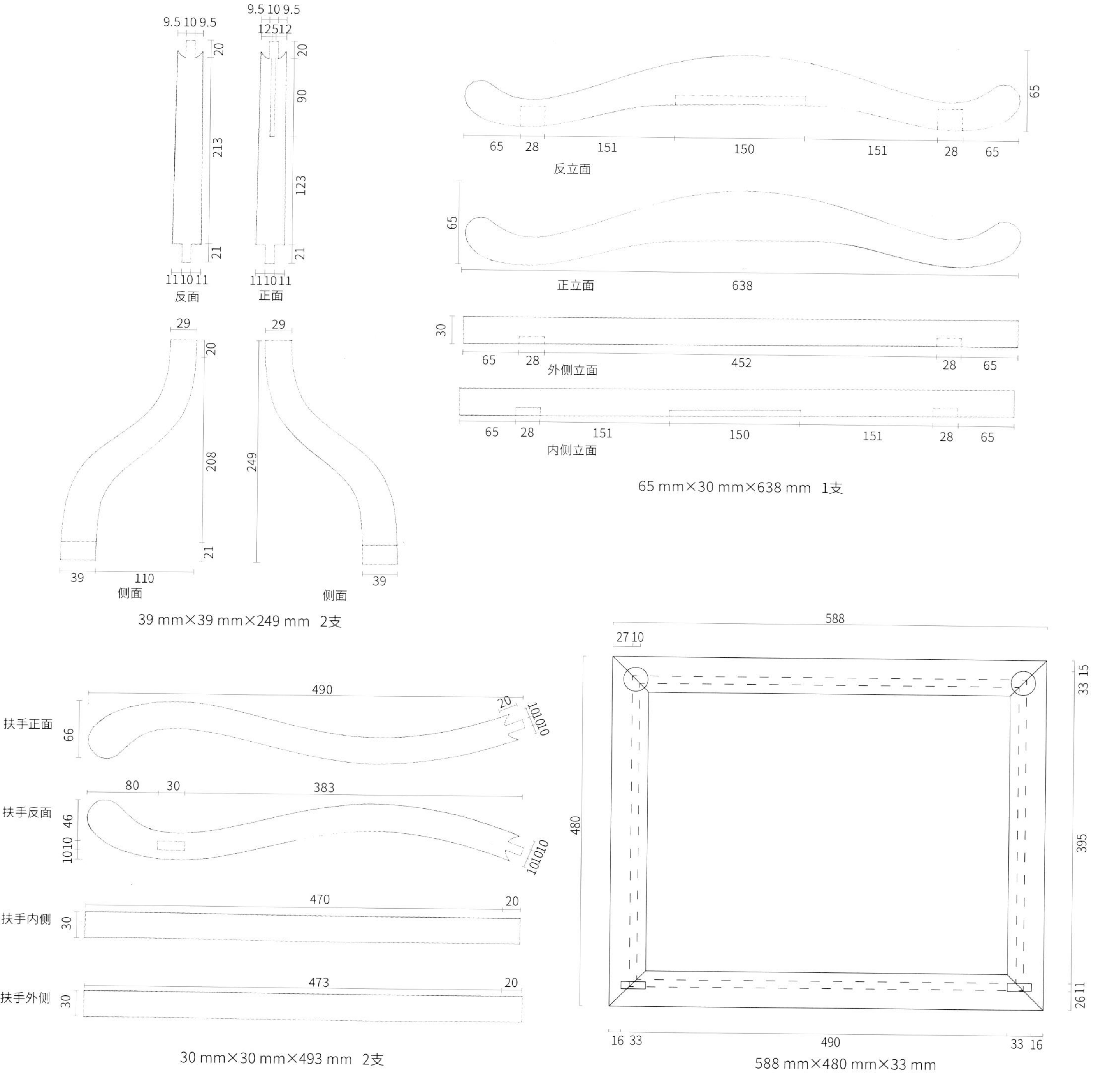

1. 鹅脖
2. 搭脑
3. 扶手
4. 座面反面划线

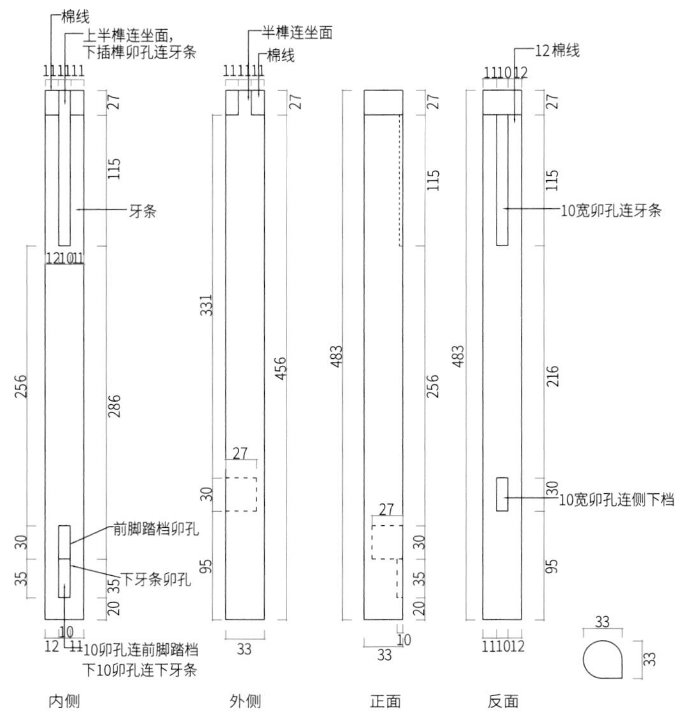

33 mm×33 mm×483 mm 4支

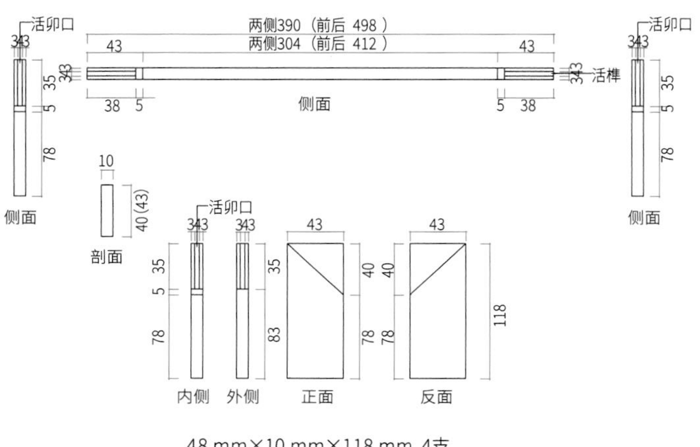

48 mm×10 mm×118 mm 4支

前牙条、侧牙条和后牙条的卯孔在座面的下部，据此划出卯孔位置。

从座面向上 190～200 mm 处为扶手卯孔位置。用角尺沿侧大面划出卯孔位置，用短小角尺沿卯孔线两边分别划出卯孔引线到两个侧大面上，划好卯孔位置线。将工件作合后划棉线及榫厚线。椅类家具卯孔基本上在工件中心位置，划线时不能偏离工件中心。

另一种工艺是用一根长 500 mm 的木条，按实图刨成上下相差 14 mm。数据是这样完成的：传统座椅腿足下端到座面约 480～490 mm 高，前后腿足和座面反面节点距离为 15～16 mm，腿足下端不超过座面，一般向内收 2 mm，椅子腿足略带斜度。划线时，前后腿足从座面向下用长度 500 mm 的尺作为水平参考面，划出腿足斜度线，并在后腿足两侧划出扶手卯孔深度的引线（木匠通常在有叉度的工件上，用虚线表示有斜度的卯孔两侧或单侧线，通作木匠称为引线），以便凿卯孔时对照斜度。

1. 前腿足划线
2. 牙条划线
3. 牙头划线

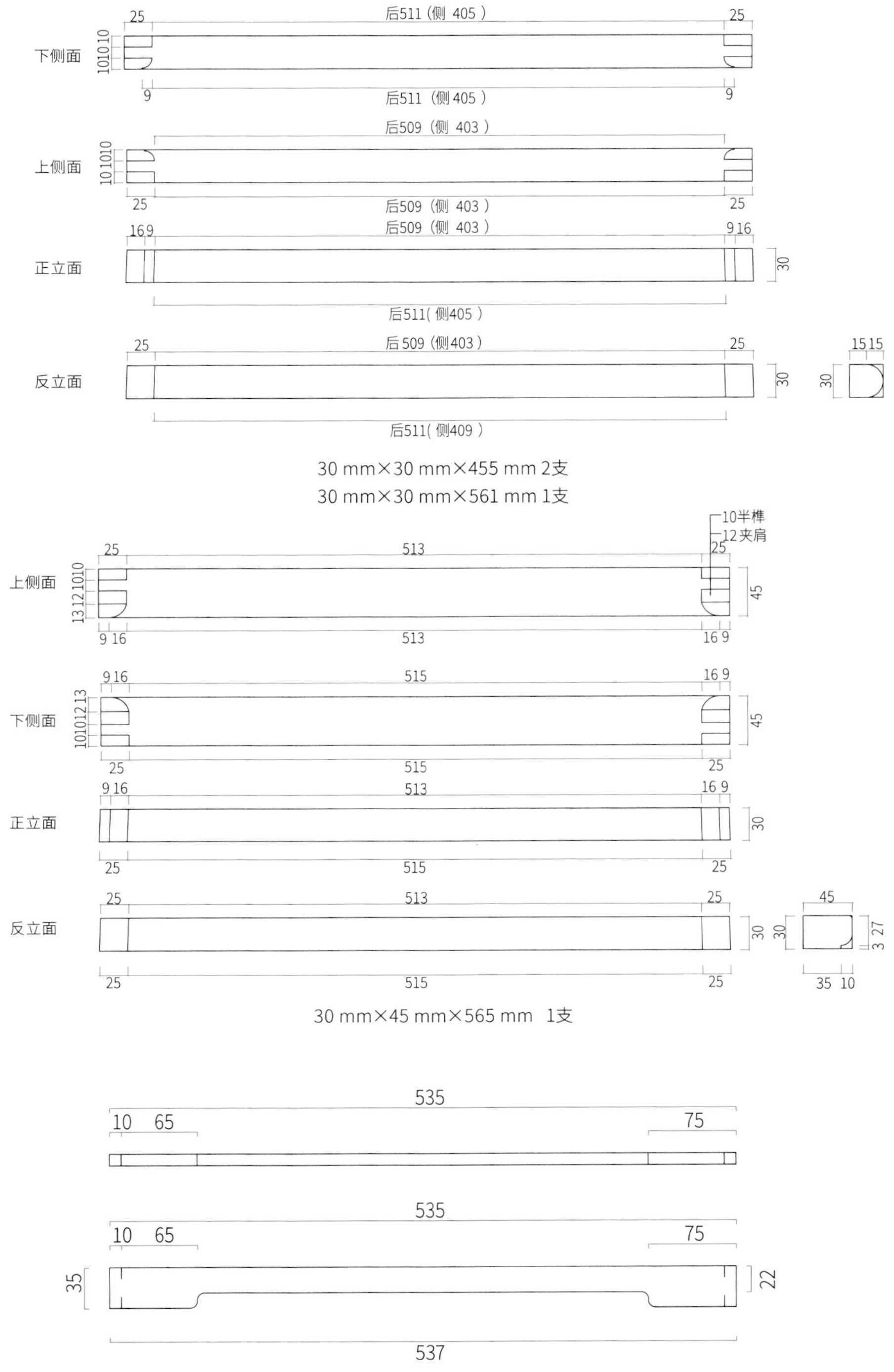

椅子组装好后，扶手长度数据才会形成。

在后腿足上端以侧面大面为标准面划出齐头线高度。齐头线向里为后腿足半榫的根子线。和扶手过线一样，用小角尺由前立面向正反侧面划出侧面齐头线，并划出和搭脑节点送肩线。后腿足上端前立面齐头线向下 25 mm 为半榫。划线时刨一根长 700 mm、宽度与厚度和前腿足一样的方料作为辅助工具，划出搭脑、扶手和腿足的榫卯节点。

搭脑两端齐头线划好后，留 50 ～ 60 mm（按椅子大小而定）作为关头。关头向里为后腿足上端半榫的卵孔位置。搭脑中心也是靠背板上端半榫的卵孔中心位置。如搭脑坯料为方料，则直接用角尺过线。如是按模板取的弧形形状的搭脑，则应同时取一根等边宽的方料作为辅助工具，划后腿足卵孔及靠背板卵孔线。然后试组装靠背板、腿足和搭脑。

1
2
3

1. 下侧档划线、下后档划线
2. 脚踏档划线
3. 下牙条划线

588 mm×480 mm×1 120 mm（座面高488 mm）
四出头官帽椅料单

部位名称	规格	数量	备注
前腿足	483 mm×33 mm×33 mm	2	
后腿足	1 089 mm×33 mm×33 mm	2	见样
大边	588 mm×67 mm×33 mm	2	
抹头	480 mm×67 mm×33 mm	2	
面心板	464 mm×356 mm×12 mm	1	
后下档	561 mm×28 mm×30 mm	1	
侧下档	455 mm×28 mm×30 mm	2	
踏脚档	565 mm×45 mm×30 mm	1	
前后牙条	498 mm×45 mm×10 mm	2	
侧牙条	390 mm×45 mm×10 mm	2	
牙头	118 mm×43 mm×10 mm	8	
下牙条	537 mm×35 mm×10 mm	1	
座面穿带	526 mm×35 mm×10 mm	1	
扶手	493 mm×66 mm×30 mm	2	见样
鹅脖	249 mm×39 mm×29 mm	2	见样
角牙	104 mm×47 mm×5 mm	2	见样
搭脑	638 mm×65 mm×30 mm	1	见样
靠背板	610 mm×160 mm×12 mm	1	见样

将前后腿足和座面下档组装后，划扶手和鹅脖卯孔、后腿足和榫线。

四出头官帽椅的搭脑出头，扶手同样出头。南官帽椅的搭脑不出头，扶手也不出头。组装好后，划出其他装饰部分的节点线。

为椅子踏脚档划线应先按实际尺寸图。以侧大面为标准面，用角尺在踏脚档平面上划好两端齐头线，并按照图纸内净尺寸划出根子线，用活络尺向两侧面过线，再用角尺由侧立面过线到踏脚档的反面。虽然踏脚档侧面叉线叉开角度不大，但划线时应用活络尺过线，然后划出棉线、夹肩及榫线，再用同样的办法划出侧、后档线。

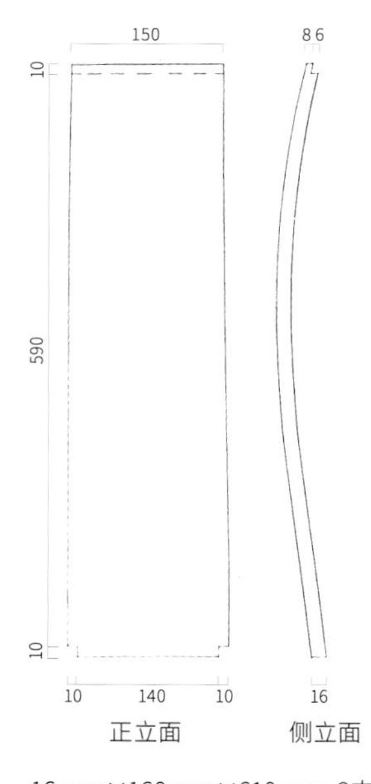

16 mm×160 mm×610 mm 2支

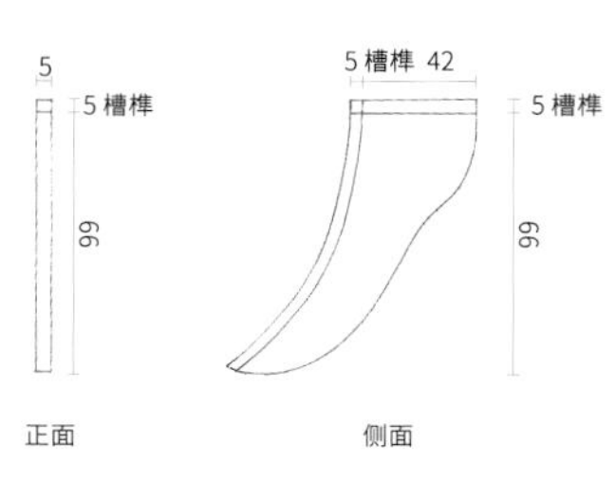

47 mm×5 mm×104 mm 2支

1 | 2 | 3

1. 四出头官帽椅
2. 靠背板
3. 角牙

（10）拐儿纹八仙桌

对于拐儿纹八仙桌，按设计要求画好实图，列出料单。其桌面划线同其他桌面划线一样。要做到外表美观而且结构牢固，就应当选用龙凤榫卯结构工艺。划好桌面尺寸线后，划腿足线。选好八仙桌每支腿足大小面（正立面为大面，外侧立面也为大面），确定木材生长方向后，做好记号。划线时，两支腿足作合（大面在外，小面在内。另两个大面在下，另两个小面在上。先把线划在两个小面上）。以大面为标准面用角尺先划腿足两端齐头线，上端齐头线向下为桌面大边厚度线，并连接锁角榫的根子线，然后划束腰、子线插榫的卯孔长度线。划好后，划出牙条子母榫的卯孔长度线及子母卯孔下端根子线。

对照图纸划出拐儿档及下横档半卯孔长度线。靠腿拐儿竖档下端向下为内翻马蹄起点斜线。腿足下端留出 45 ～ 50 mm 为马蹄足高度。将马蹄足向上的腿足内侧削掉（或锯）

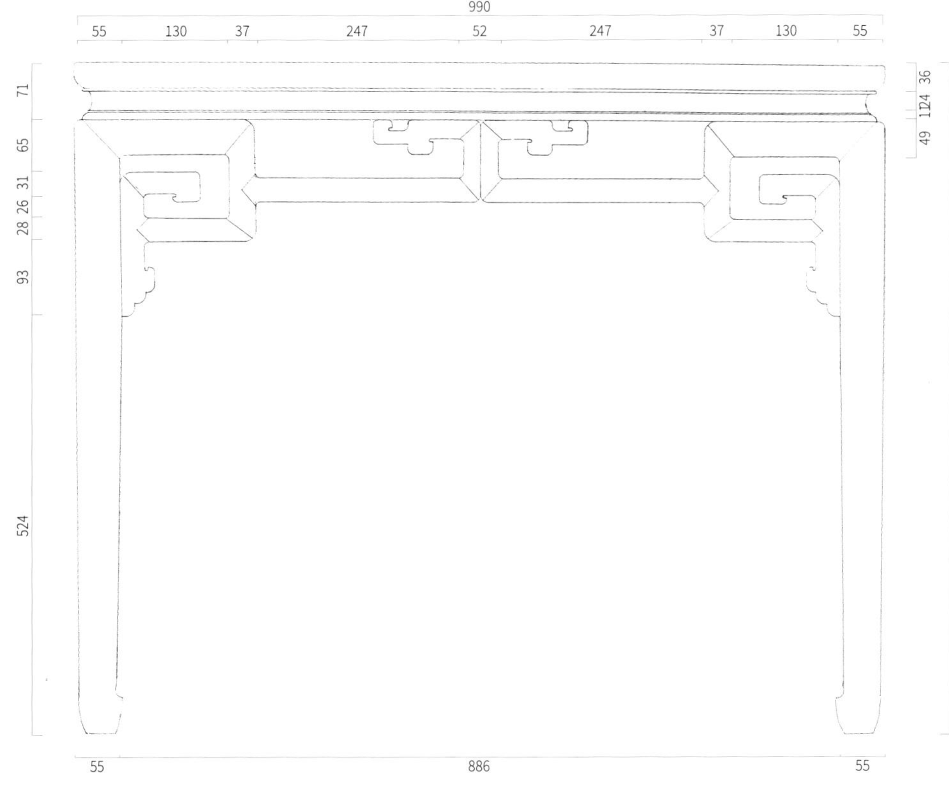

1　1. 八仙桌正立面

990 mm×990 mm×838 mm八仙桌料单

部位名称	规格	数量
大边	990 mm×86 mm×36 mm	2支
抹头	990 mm×86 mm×36 mm	2支
面心板	828 mm×828 mm×14 mm	1片
穿带	940 mm×40 mm×25 mm	3支
腿足	832 mm×55 mm×55 mm	4支
束腰	950 mm×20 mm×24 mm	4支
子线	970 mm×11 mm×30 mm	4支
牙条	212 mm×49 mm×35 mm	8支
靠腿拐儿	178 mm×41 mm×35 mm	8支
拐儿横档	129 mm×39 mm×35 mm	8支
下横档	197 mm×28 mm×35 mm	8支
竖档	207 mm×37 mm×35 mm	8支
工字竖档	155 mm×52 mm×35 mm	4支
工字上横档	260 mm×43 mm×35 mm	4支
下拉档	604 mm×39 mm×35 mm	4支

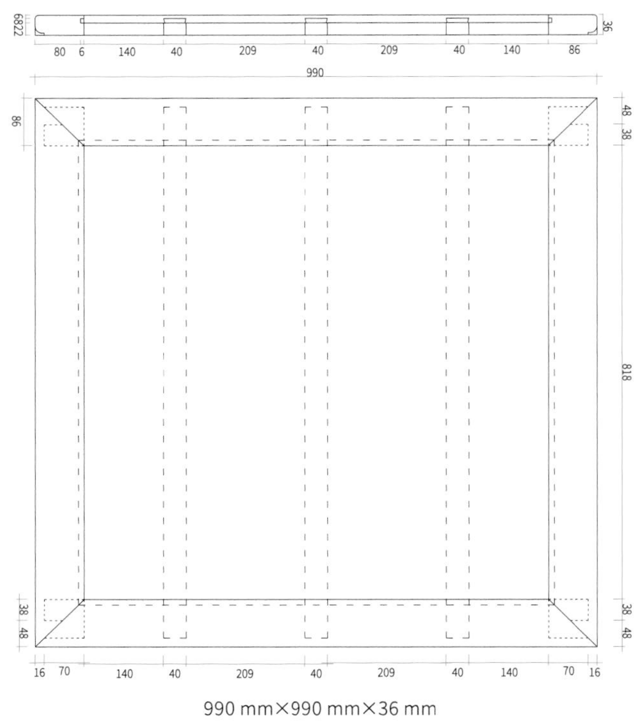

990 mm×990 mm×36 mm

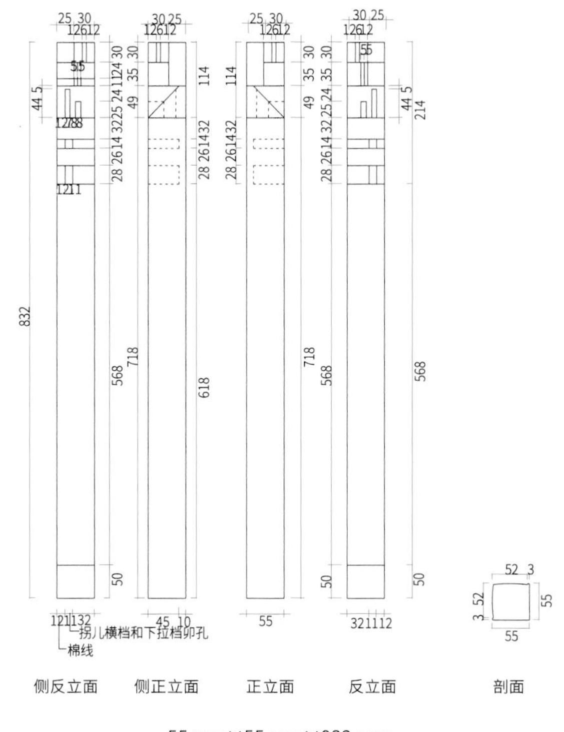

55 mm×55 mm×832 mm

8 mm，和上起点连接为内翻马蹄线。划好线后用角尺以大面为标准面，由每个节点过线到另一个侧反面，划出牙条、拐儿档、下横档棉线，以便凿卯孔。

由齐头线至牙条上端（指锁角榫、束腰、子线）三个节点部位沿正面及侧立面划 25 mm 棉线。将牙条上端平肩锯掉，因为束腰、子线通过插榫和腿足连接，并通过送肩工艺和相邻另一方向束腰、子线以 45°割角相交。利用竖档、工字档贯榫连接子线、束腰，使腿足和子线、束腰产生非常大的箍力。将正立面、侧立面 25 mm 肩锯掉后，沿正立面、侧立面划出插榫卯孔位置线。

在上端沿正立面、侧立面划出锁角榫线，待成型后和桌面连接。同时在腿足两个外立面沿牙条内侧根子线和腿足外立面外侧，留 12 mm 与牙条上部交叉点划线（通作木匠称点线割角法），然后在正面用直尺划好卯孔棉线、锁角榫棉线、榫夹线及榫厚线。

将两支腿足作合并划好线后，将另两支腿足按同样方法排放好。两支腿足的线样在两边。其他腿足必须作合摆放后打好方线，以直尺或墨斗划（弹）好每个节点线，并逐一过线到各个部位后划好棉线、榫线。

1. 桌面龙凤榫结构
2. 腿足划线

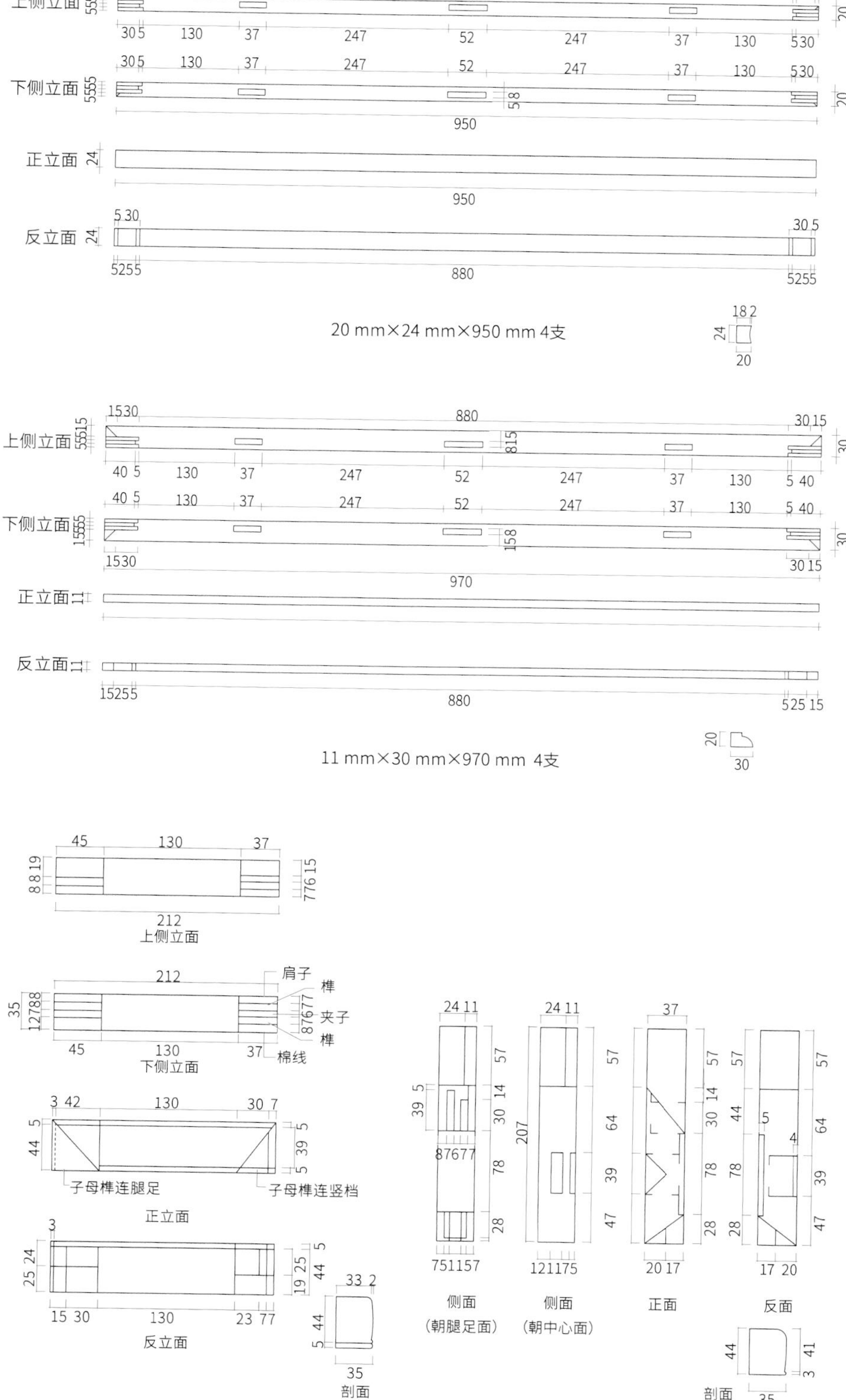

将靠腿拐儿作合摆好后，选出两支同样作合摆放。按图纸设计高度划出靠腿拐儿竖档两端齐头线（上端为拐儿档），并划好根子线。榫卯结构采用虎牙榫工艺。然后从腿足上过线，确定下横档、拐儿横档的卯孔长度和腿足卯孔长度相同，这样才能保证靠腿拐儿竖档和腿足卯孔的准确性。侧面过线划好后，用角尺由大面过线到每个节点，然后作合放好。靠腿拐儿上端和拐儿档节点根子线内侧点线割角，采用虎牙榫工艺。靠腿拐儿卯孔和下横档节点以45°人字肩贯榫结合，并沿大面划好棉线、榫厚线、卯孔棉线。

划好两支靠腿拐儿档样线后作为线样，将另外六支靠腿拐儿作合摆放好，用线样过线法，把节点线用直尺过到六支靠腿拐儿上。过好线后用角尺由标准面逐一过线。在正面划好点线割角线和人字肩割角线，在两侧面划棉线、榫夹线、榫厚线及卯孔棉线。

1. 束腰划线
2. 子线划线
3. 牙条划线
4. 竖档划线

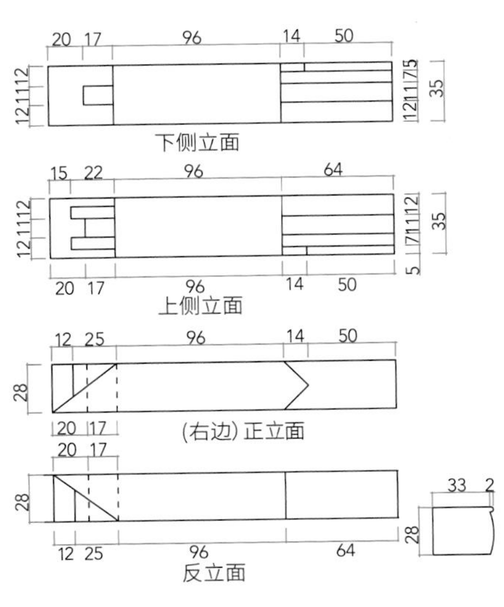

28 mm×35 mm×197 mm 4支

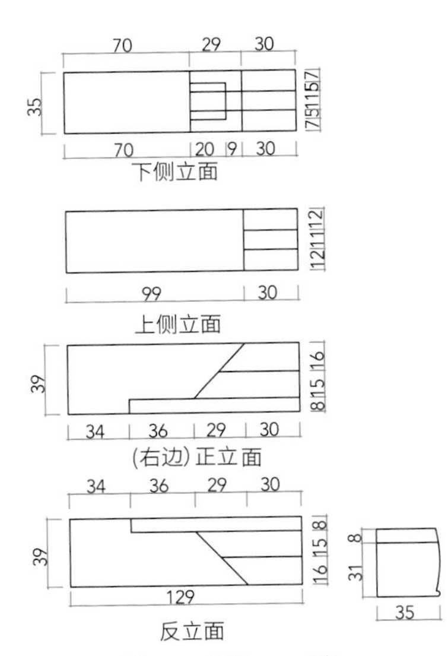

39 mm×35 mm×129 mm 4支

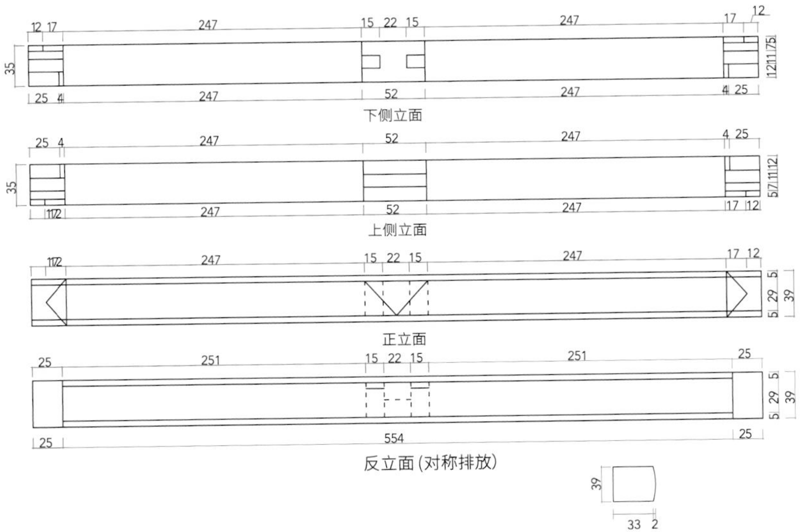

39 mm×35 mm×604 mm 4支

1. 下横档划线
2. 拐儿档划线
3. 下拉档划线

为竖档选好大小面，样线对照图纸尺寸作合后，从腿足过线，然后划桌面、束腰、子线、牙条及下拉档节点线，再过线到竖档侧面，并划好齐头线。竖档下端和下横档宽度不一样，竖档下端和下横档用点线大割角虎牙榫连接。竖档和牙条规格不一样，同样用点线割角法，从内侧节点的根子线和两端齐头线，用直尺划割角线。竖档的另一侧和下拉档用半榫连接。对照图纸确定下拉档位置后，正面采用 45°人字割肩，反面采用蒲鞋肩 5 mm 送肩工艺。牙条向上同样按照腿足卯孔线过线到竖档，和腿足牙条向上棉线一样，同为 25 mm 平肩，留出部分（如竖档厚 30 mm，那么榫厚 5 mm；如竖档厚 33 mm，那么榫厚为 8 mm）连接子线、束腰后和方桌面框反面构成半榫结构。拐儿八仙桌竖档在所有家具中比较复杂，出现六个节点。两根样线划好后，用同样的办法划出其他六支竖档线，逐一过线，在两侧划好榫棉线、榫夹肩线、榫厚线及卯孔棉线。

按设计图纸结合方桌大边，划出束腰两端齐头线。沿两端齐头线向里划腿足插榫根子线，留间距后划两端竖档卯孔线。工字竖档卯孔一般长 50 mm ，在侧立面中心位置。 在束腰中心位置划好卯孔线。划好节点线，用角尺从正面过线到四个面后，

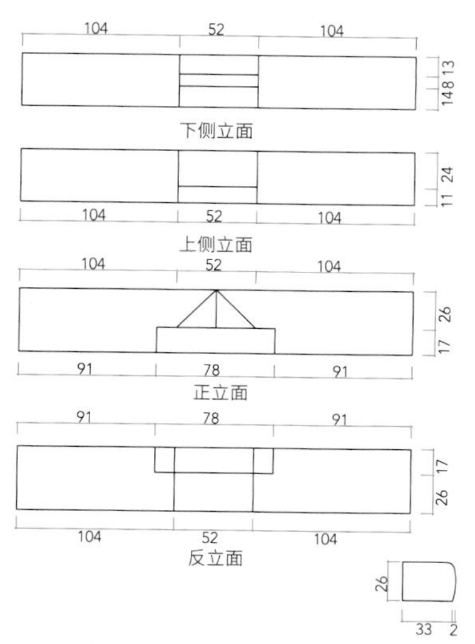

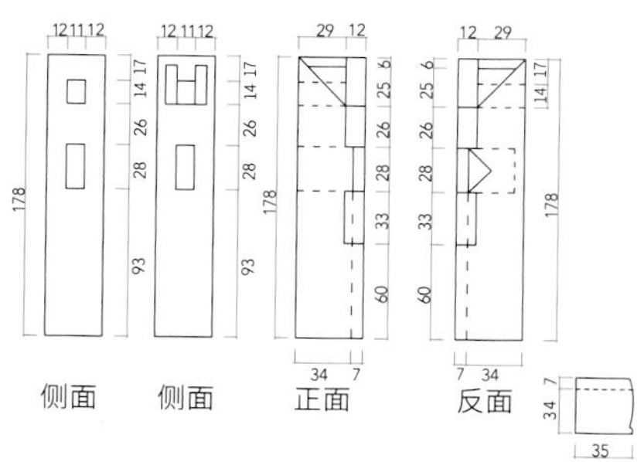

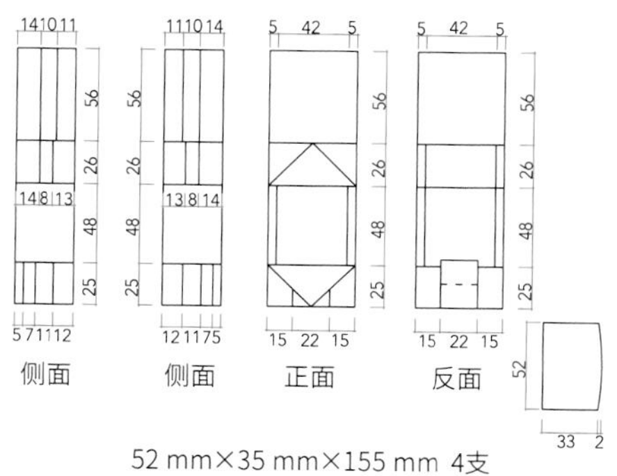

1. 工字上横档划线
2. 靠腿拐儿划线
3. 工字竖档划线

划卯孔棉线、两端送肩割角线及插榫线。划好线后，以束腰作为线样，不需要采用作合划线工艺，直接从线样过线到另外三支束腰。由束腰线样节点，划齐头线、根子线、卯孔线及插榫线。子线和束腰在八仙桌中为相邻工件。子线的划线工艺和束腰的一样，沿正面在两侧划棉线。

牙条共计八支。选好样线作合摆放，从束腰线样过线到牙条内侧，同时划好两端根子线。对照腿足，划好牙条一端的点线割角线及子母榫棉线、榫夹线、榫厚线及正面割角线，另一端也用点线割角和竖档子母榫连接，将大面作合，在两侧划出棉线、夹肩线、榫厚线及榫宽线。用线样过线法作合划出另外六个节点后，在两侧划好榫卯棉线、夹肩线及榫宽线。

下横档有八支，同样作合摆放。选两支样线从束腰上过线到下横档侧面，同时划好齐头线和根子线。下横档和竖档采用点线割角，以虎牙榫相连。另一端齐头线向内以贯榫和靠腿拐儿竖档连接后，再以半榫和腿足相接。同时在正面 45°人字肩两侧划榫棉线、榫夹线及榫厚线，用同样的办法划出其他六支下横档的线。

从竖档侧面过线到工字竖档侧面。该线为工字竖档根子线。下端和下拉档正面采用点线割角，反面采用 5 mm 蒲鞋肩送肩工艺，以双出头夹子榫和下拉档接合。拐儿横档以扣夹榫与工字竖档上端相扣。两侧和竖档一样划棉线，留榫和子线、束腰连接后，以半榫和方桌大边相连。在两侧划好榫棉线、榫夹线及榫厚线。一支样线划好后，用同样的工艺从侧面过线到其他三支工字竖档侧面。用角尺沿侧面逐一过线到每个面后，在两侧划棉线、榫夹线、榫厚线。

工字竖档上部的拐儿横档共计四支。选两支划好齐头线，在该样线中心部位划出工字竖档宽度线。此节点（拐儿横档和竖档连接处）为扣夹榫卯孔位置。在两侧划棉线及卯孔宽度线。用同样办法过线到另外两支拐儿档侧面后，划齐头线、扣夹榫卯孔棉线，正面和工字竖档采用点线割角。

下拉档共计四支。选两支样线从束腰上过线，划好工字竖档和工字竖档正面点线割角线、双出头夹子榫卯孔线和两端齐头线。半榫和竖档正面采用 45°人字肩，反面采用 5 mm 蒲鞋肩工艺。划好节点线后，在两侧划棉线、榫厚线及卯孔棉线。样线划好，为另外两支过好线后，划棉线、卯孔线、榫夹线、榫厚线。

（11）传统床类家具

通作床类家具包括罗汉床、美人床、架子床、拔步床、拔步挑檐架子床、大开门床、小开门床，以及上五下三床等。现以小架子床为例，谈谈传统床类家具的划线。

架子床由两部分组成。睡面向下为床。床腿足直接按在地面。架子床睡面一般用穿藤或面心板，也有用床楞的。睡面向上为架子构件。架子构件有前左右角柱、后左右角柱、门柱、三面围栏。床柱上部四面有箍山，上有两块顶板，门檐饰以花板。

按设计图纸开好料单，按料单规格要求刨好料。为每根料选出两个大面及确定木材生长方向，并做记号。确定木材生长方向在床类家具中尤为重要，特别是结婚新床。初加工板材和薄板时就要注明木材的生长方向，以免取料时难以辨别。木材生长方向向上，代表家庭生生不息，人财两旺。同时生长方向向上也符合人们的审美观念。将每个品种的材料分类堆放。划线应从下向上按顺序进行。

架子床床面工艺同椅面工艺基本一样，为龙凤榫结构工艺。穿藤裁口宽 20 mm、深 10 mm。传统小架子床睡面规格一般为长 2 188 mm、宽 1 188 mm。软藤睡面对大边、抹头要求较高。床越大，大边、抹头断面也越大。选材时应选用圆木靠近边材部位，因为此部位在韧性强度上都优于其他部位。软藤面依托棕绳，人的活荷载与棕绳联动，棕绳的力传动至大边、抹头。

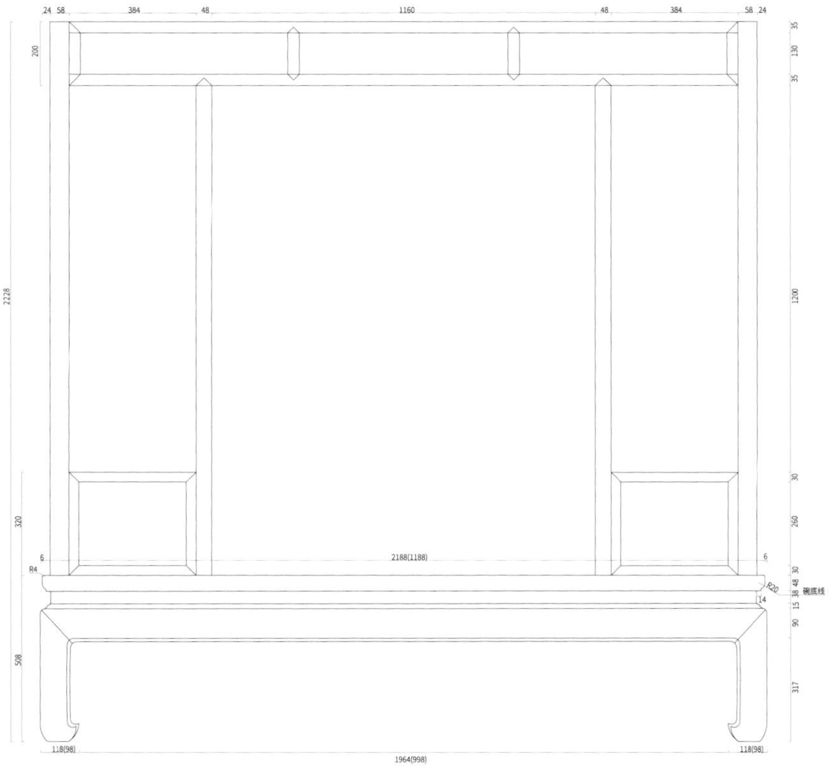

1. 床设计图
2. 床立面

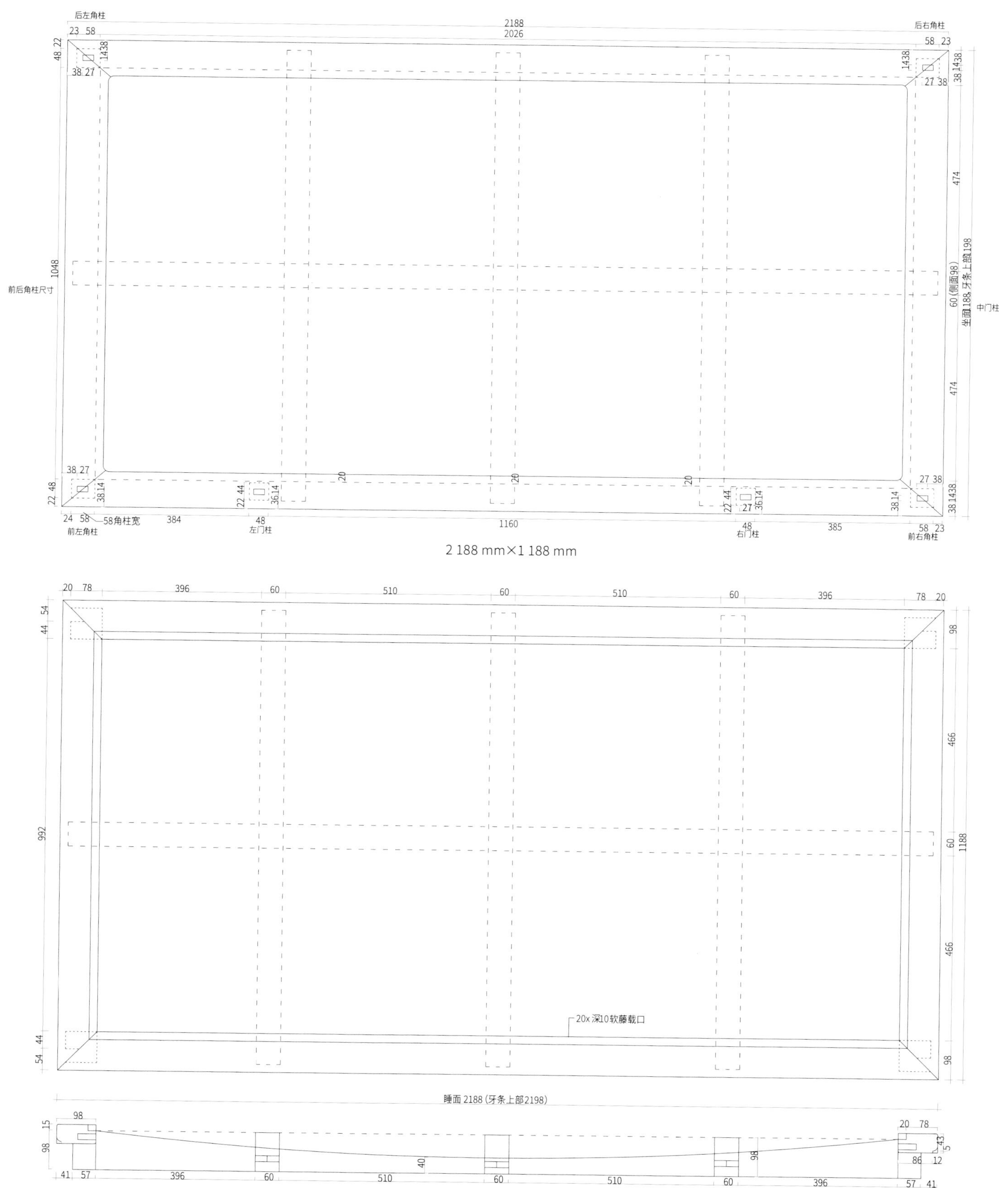

2 188 mm×1 188 mm

2 188 mm×1 188 mm

1
2

1. 小架子床床框及床柱卯孔尺寸
2. 床框龙凤榫、支撑半榫结构

2 198 mm×2 188 mm×1 188 mm架子床料单

部位名称	规格	数量
大边	2 188 mm×98 mm×48 mm	2支
抹头	1 188 mm×98 mm×48 mm	2支
支撑档	1 106 mm×60 mm×90 mm	3支
支撑档	570 mm×60 mm×90 mm	2支
支撑档	463 mm×60 mm×90 mm	2支
藤面压条	2 032 mm×23 mm×7 mm	2支
藤面压条	1 032 mm×23 mm×7 mm	2支
腿足	495 mm×118 mm×98 mm	4支
牙条	2 152 mm×90 mm×40 mm	2支
牙条	1 152 mm×90 mm×40 mm	2支
束腰	2 142 mm×20 mm×38 mm	2支
束腰	1 138 mm×20 mm×38 mm	2支
子线	2 172 mm×15 mm×35 mm	2支
子线	1 168 mm×15 mm×35 mm	2支
角柱	1 760 mm×58 mm×48 mm	4支
门柱	1 590 mm×48 mm×44 mm	2支
柱础	92 mm×78 mm×20 mm	4个
柱础	82 mm×61 mm×20 mm	2个
前箍山	2 072 mm×44 mm×35 mm	2支
前箍山	190 mm×44 mm×35 mm	2支
前箍山	200 mm×44 mm×35 mm	2支
后箍山	2 072 mm×35 mm×34 mm	2支
后箍山	190 mm×35 mm×34 mm	4支
后箍山	200 mm×35 mm×34 mm	4支
侧箍山	1 094 mm×35 mm×34 mm	4支
侧箍山	190 mm×35 mm×34 mm	2支
侧箍山	200 mm×35 mm×34 mm	2支
前花板	1 176 mm×128 mm×20 mm	1片
前花板	399 mm×128 mm×20 mm	2片
床顶板大边	2 168 mm×60 mm×34 mm	2支
床顶板抹头	1 172 mm×60 mm×34 mm	2支
床顶横档	1 132 mm×50 mm×34 mm	2支
床顶内饰	另详	
后围栏	2 024 mm×30 mm×30 mm	2支
后围栏	320 mm×30 mm×30 mm	2支
侧围栏	1 044 mm×30 mm×30 mm	4支
侧围栏	320 mm×30 mm×30 mm	4支
前围栏	384 mm×30 mm×30 mm	4支
前围栏	320 mm×30 mm×30 mm	4支
围栏纹饰	另详	

睡面反面横向用 4 支支撑档支撑两个抹头。支撑档规格为厚 60 mm、宽 90 mm，以半榫与抹头接合。但反面必须要送肩， 起支撑作用，同时起到保护大边、抹头不拐肩的作用。

纵向用 3 支支撑档连接大边，起联动受力作用。榫卯成型，试组装合格，打磨后组装。

按照设计图纸分别划出床前后左右腿足两端的齐头线（床高度为 480 ～ 498 mm 左右），高度不超过 500 mm。 南通地区民俗习惯：床类家具各节点尺寸数字都不离 8，代表吉祥如意。

床腿足与方桌腿足的划线方式相同，上端锁角榫连接大边、抹头。为了美观，牙条上部至齐头线，正面、外侧面各锯切 35 mm， 牙条、腿足在一个立面上。牙条上侧 12 mm 向里为子线、圆线，子线、圆线规格为 35 mm×15 mm，子线从束腰出线 15 mm， 而束腰送肩为 8 mm，和相邻的束腰割角交圈，所以产生 35 mm 榫肩棉线。

腿足前立面宽 93 mm（128 mm—35 mm），侧立面宽 73 mm（108 mm—35 mm），牙条上部形成 93 mm×73 mm 腿足上部尺寸。在正面、侧面划锁角榫棉线及牙条、子线、圆线、插榫棉线。

组装好后，在床睡面反面按腿足锁角榫、扒底销子榫几何数据划线， 凿卯孔。打磨后，将床体组装成型。

根据料单要求，划腿足锁角榫、子线、圆线、束腰、插榫的棉线，划牙条宽度线及里线根子线，划正、侧面点线割角线及子母榫的宽度线，划卯孔棉线、榫夹线，并划好马蹄足线。

床体也可分为两部分。睡面为一部分，包含大边、抹头、支撑档、藤面等部件。另一部分由四支腿足、四支束腰、四支子线圆线、四支牙条和十二支扒底销子组成。为了视觉美观，床体四周下部比上部睡面各增大 2 ～ 5 mm。

牙条齐头线比大边抹头长 8 mm。划好牙条齐头线后，根据腿足正面宽度和侧面宽度，划两端根子线，参照腿足卯孔棉线及卯孔宽度，将根子线划在牙条上下两侧。

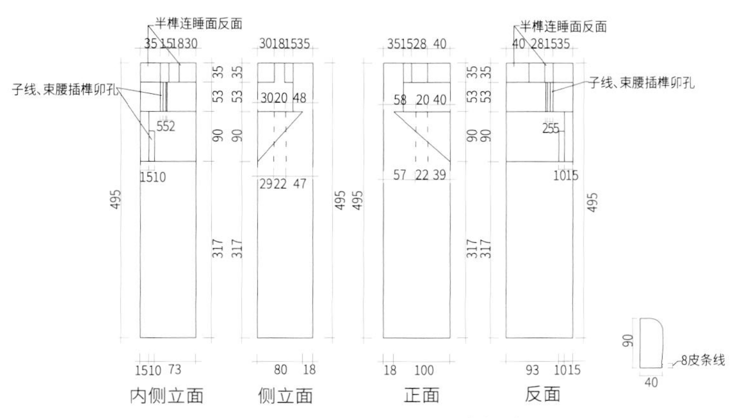

118 mm×98 mm×495 mm 左右各4支

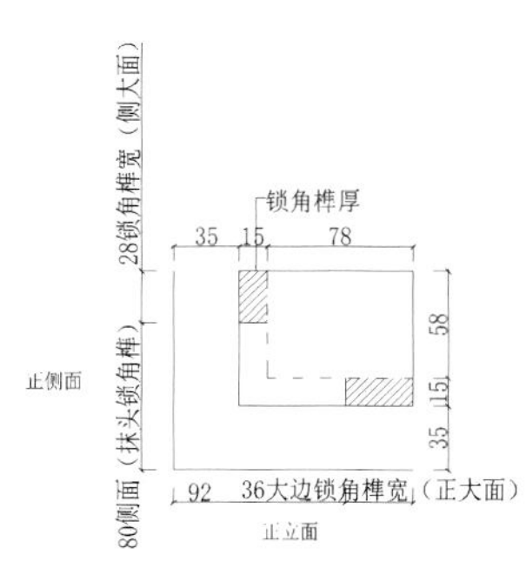

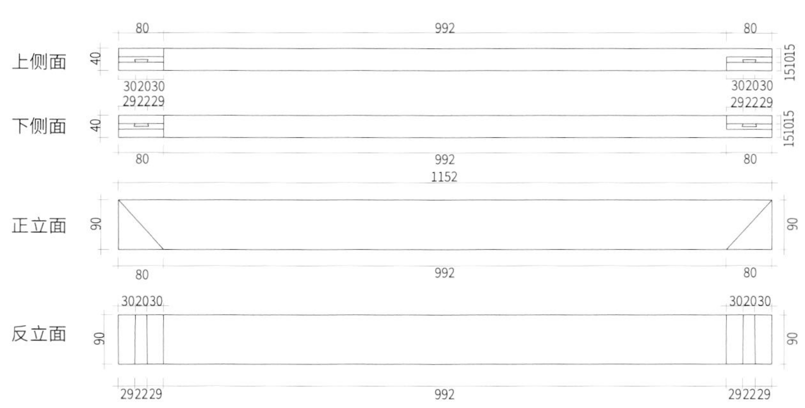

40 mm×90 mm×1 152 mm 2支

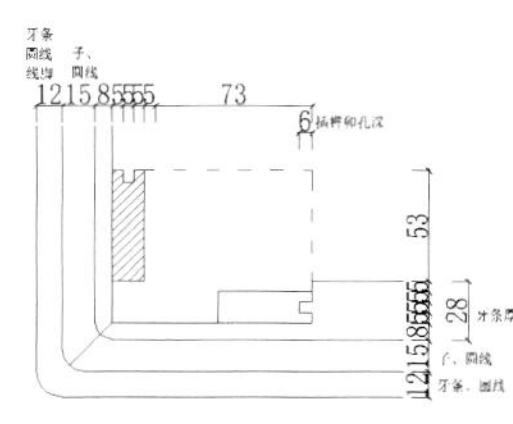

40 mm×90 mm×2 152 mm 2支

1	4
2	5
3	

1. 腿足划线
2. 牙条划线
3. 牙条划线
4. 腿足上端锁角榫示意图
5. 腿足和牙条、子线、圆线、束腰结构剖面图

将子线、圆线、束腰根子线从束腰过线，划好送肩榫夹线、榫棉线、榫厚线。

划好线，待榫卯成型后试组装。调试腿足时，前后面腿足下端各增加 4 ～ 5 mm，两侧面腿足下端各增加 2 ～ 3 mm，使腿足形成张力。试组装合格后，在牙条、子线、圆线和束腰的反面安装扒底销子，前后各四支，两侧各两支。扒底销子上端做成半榫，连接大边、抹头。刨线，打磨合格后，组装成型。

床体成型后，前后大边（抹头）两端头各留 38 mm 作为前后角柱卯孔关头。前后大边棉线同样为 38 mm。床柱和床帮采用活卯工艺（卯孔宽度为 18 mm，长度为 32 mm，深 38 mm）。门柱到前角柱净宽一般为 380 mm。

划线时需计算好数据，留足床门檐宽度，并在前床帮划好门柱卯孔线。在前后床帮座面划好角柱卯孔线，以备凿卯孔。

划好床柱的六个活卯孔线后，开始划床柱线（定床架高）。先把后左右角柱作合摆放，并让木材的生长方向朝上，再划两端齐头线。床柱高 1 760 mm，柱础高度为 20 mm，下端头齐头线向上为活榫位置。为了让活榫和卯孔配合，活榫四边要做肩。

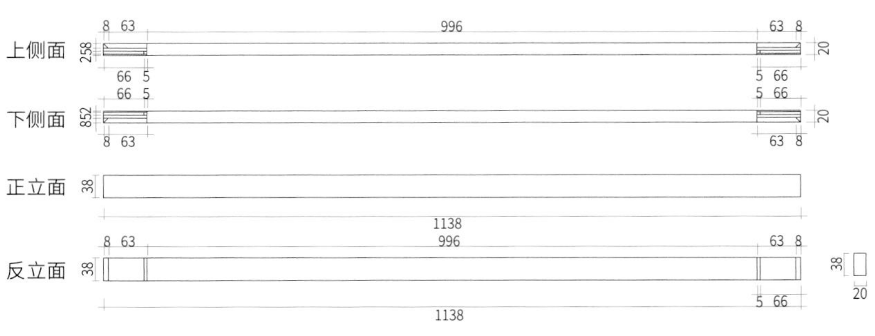

20 mm×38 mm×1 138 mm 2支

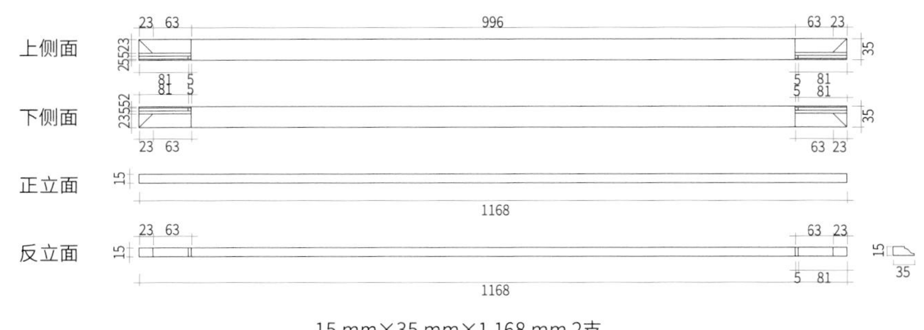

15 mm×35 mm×1 168 mm 2支

1. 侧立面束腰划线
2. 两侧立面子线、圆线划线

这样能使活榫受力均衡。后左右角柱正面和侧面的活榫根子线向上是活卯孔线。此卯孔连接侧、后围栏。

后左右角柱上齐头线向下200 mm为侧、后箍山高度。在后角柱上端划好200 mm的根子线。根子线向上为侧、后箍山上下横档卯孔长度线。齐头线向下为上横档的根子线。两个卯孔同为燕尾榫卯孔。上横档燕尾榫直接从上入燕尾卯孔。下横档燕尾榫不好直接入卯孔，那么在下横档燕尾卯孔向上按下横档宽度划好线。按下横档燕尾榫榫头（大头）尺寸，把卯孔棉线划在角柱正面和侧面。这样侧、后箍山上下横档进卯孔，向下到根子线后，后左右角柱和侧、后箍山连在一起。

划好线，侧、后箍山榫成型后，侧、后箍山上下横档走马销榫便完成了。按榫几何数据在后左右角柱上端划线，以便完成下道工艺。

前左右角柱两端齐头线以内的总高和后角柱的一样。划线时从后角柱过线到前左、右角柱。齐头线高度应减去前柱础厚度（一般为20 mm）。柱础宽度在前角柱剖面四个面各增加17 mm，例如，前角柱宽58 mm、厚48 mm，那么柱础长92 mm、宽82 mm、厚20 mm。门柱宽48 mm、厚44 mm，柱础在三个面各增宽17 mm，柱础长82 mm、宽 61 mm、厚20 mm。

门柱柱础中心部位做成活卯，其左、右、前三个面朝上一面用洼线，朝下一面用飘圆线，三个角为圆角，和两个门柱及前角柱委角线交圈。前左右角柱下端同样做成活榫，和柱础、前床帮连接。活榫根子线向上为前围栏、侧围栏活卯孔位置。

前箍山和侧、后箍山高度一样。划好上下横档燕尾卯孔线。前箍山高198 mm的根子线向下为前门檐活槽

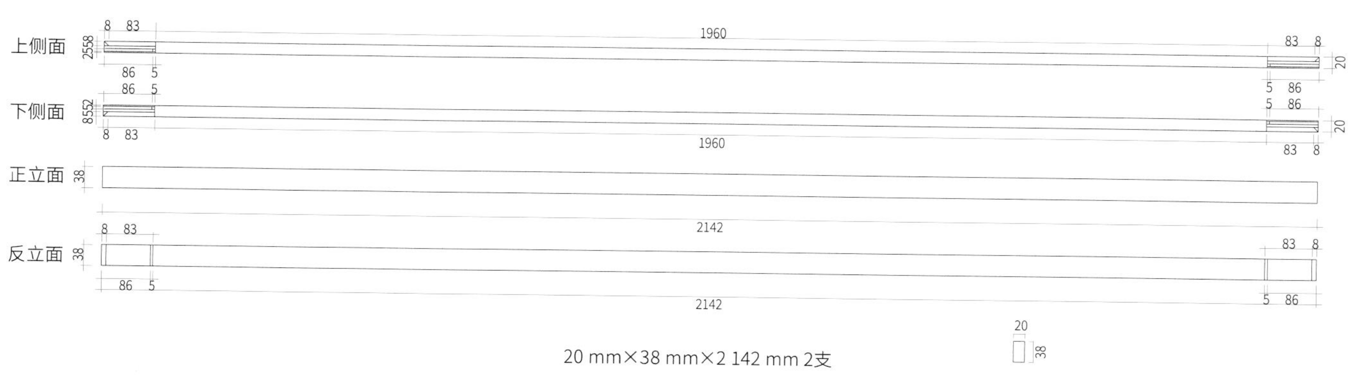

1. 前后立面束腰划线

卯线。门檐高度约为 128 mm。据此划好卯孔长度线和棉线。

角柱高度1 720 mm减去前箍山高度200 mm，等于门柱高度1 520 mm（门柱实际高度1 590 mm，减去上、下榫长70 mm，等于外视高度1520 mm；角柱实际高度 1 760 mm，减去下榫长40 mm，等于外视高度1720 mm）。门柱上端正面人字肩半榫和前箍山下横档连接后，下端同样以活榫与门柱柱础和前床帮活卯连接。侧面围栏高320 mm，前挂门檐高128 mm，二者都要划好卯孔长度线及卯孔棉线。

划好前后角柱、门柱柱础线，榫卯成型后试组装，结合图纸数据测量床前角柱与后角柱间净尺寸（侧上箍山、侧围栏长度数据）、床后左右角柱间净尺寸（后箍山、后围栏长度数据）、床前左右角柱间净尺寸（前箍山长度数据）、前角柱与门柱间净尺寸（门檐、前围栏长度数据），并做好记录。同时计算床顶数据并做好记录。整理尺寸时，前后围栏、侧围栏按实际数据划线，前后箍山按长度缩小 2 mm 划线。

在前后箍山上下横档两端划齐头线，然后留 25 mm（箍山榫的长度）。划好两端箍山榫线后，划两端关头竖档的根子线。外框竖档半榫卯孔宽 40 mm，深度≤15 mm。卯孔不宜深，半榫长度应小于上下横档宽度的一半（因为和箍山榫间距只有 20 mm）。

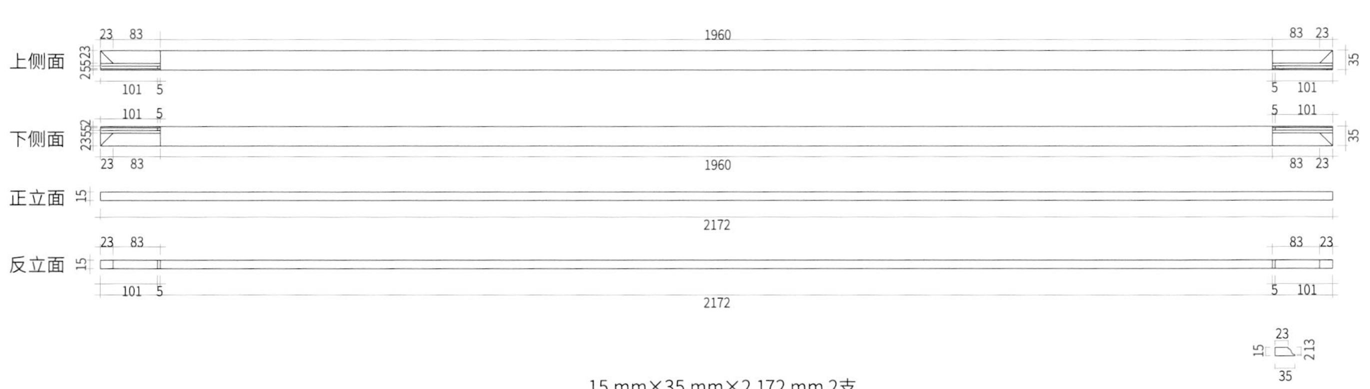

1. 前后子线、圆线划线

48 mm×44 mm×1 590 mm 2支

58 mm×48 mm×1 760 mm 2支

58 mm×48 mm×1 760 mm 2支

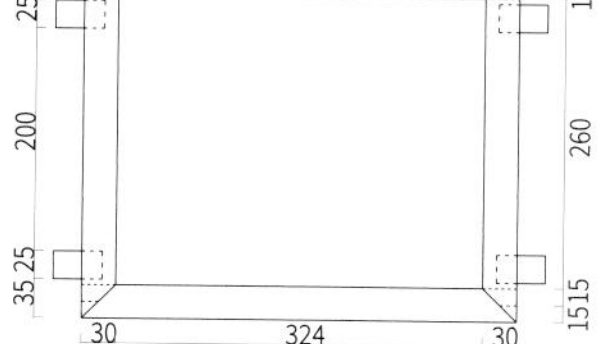

外侧立面

内侧立面

正立面

反立面

30 mm×30 mm×384 mm 4支

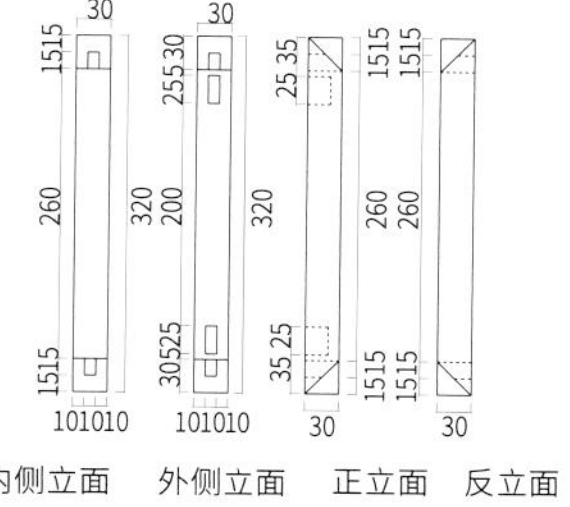

30 mm×30 mm×320 mm 10支

1	2	3
4	5	6

1. 门柱划线
2. 角柱（前右角柱）划线
3. 角柱（后右角柱）划线
4. 前围栏外框划线
5. 前围栏上下横档划线
6. 围栏外框竖档划线

关头竖档卯孔线划好后，中竖档为两支配置。将内净数均分三等份后划好两支竖档卯孔长度线。三块后夹档板和前花板长度一样。中竖档一般采用半榫结构，但卯孔深度必须是横档宽度的 4/5。制作时要根据木材气干密度，保证榫卯紧密配合。

划线时要保证半榫及卯孔几何尺寸准确。完成榫卯工艺后无须试组装，力争直接组装成型。先划外框竖档两支样线。划好齐头线后，再在两端划好榫肩线。按横档棉线尺寸划竖档棉线及榫厚线。前后箍山一般采用委角线线脚交圈。两端竖档采用 45° 挑皮割角，中竖档采用正面 45°人字肩、反面平肩工艺，据此划好棉线、榫夹线、榫厚线。

左右侧箍山划线工艺同后箍山的一样。横档两端齐头线内为箍山榫位置，然后为两端竖档半榫位置。中竖档同样采用半榫结构。据此划好竖档根子线、棉线、榫夹线、榫厚线。

按量好的尺寸划好门檐两端齐头线及槽榫的根子线、棉线、榫厚线。按量好的数据并综合人的视觉感受，床顶板四周向外各出线 15 mm。由此，床顶板数据产生。

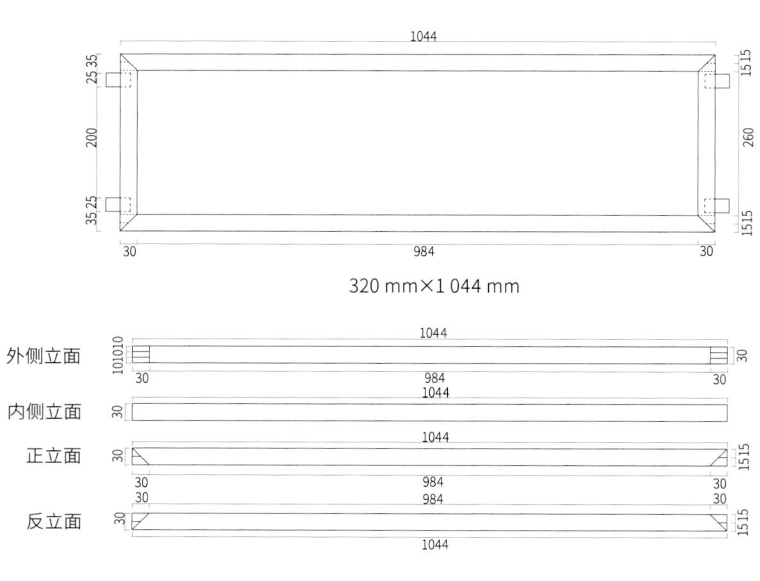

1. 侧围栏外框划线
2. 侧围栏横档划线

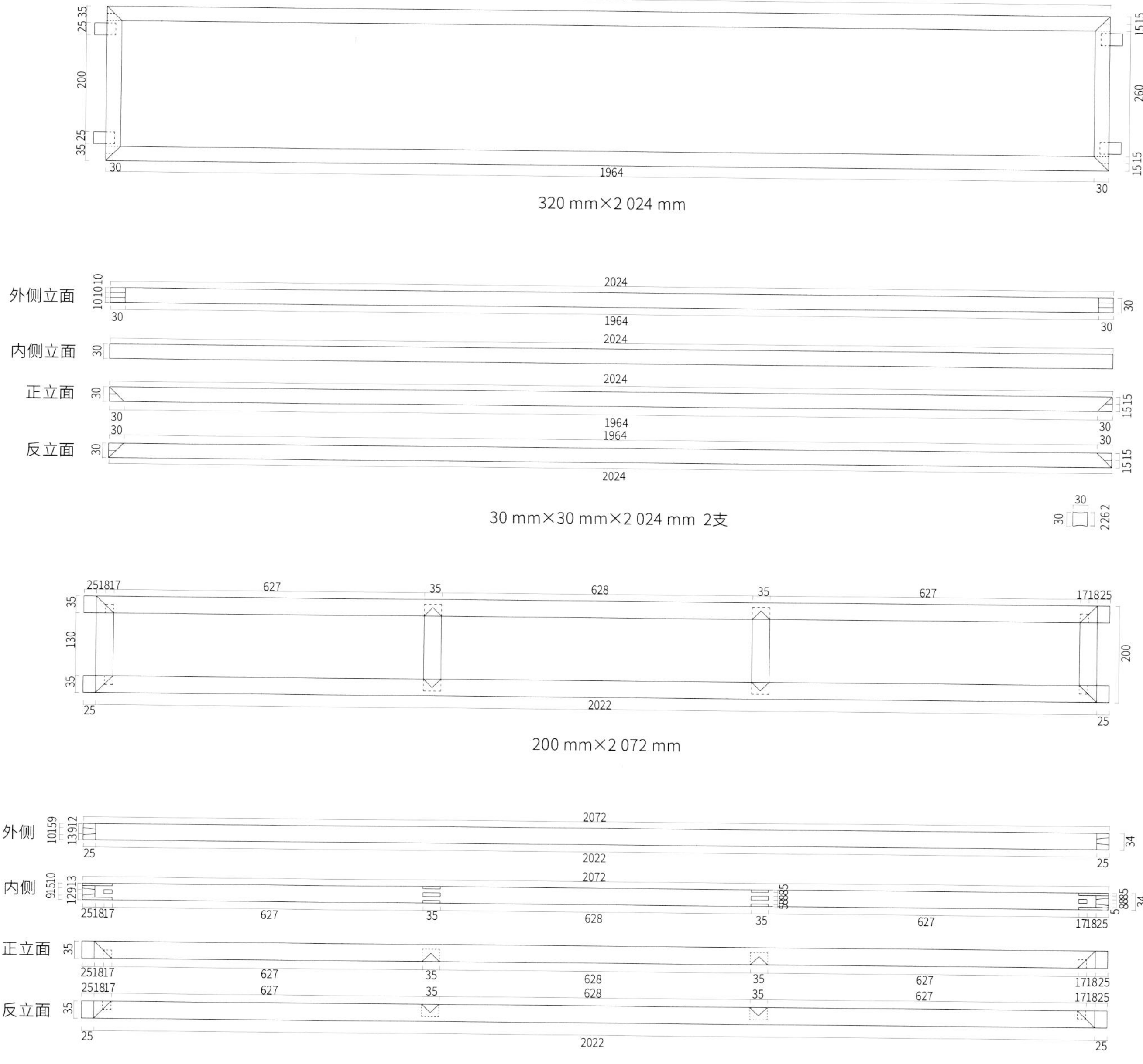

1. 后围栏外框划线
2. 后围栏上下横档划线
3. 后箍山划线
4. 后箍山下横档划线

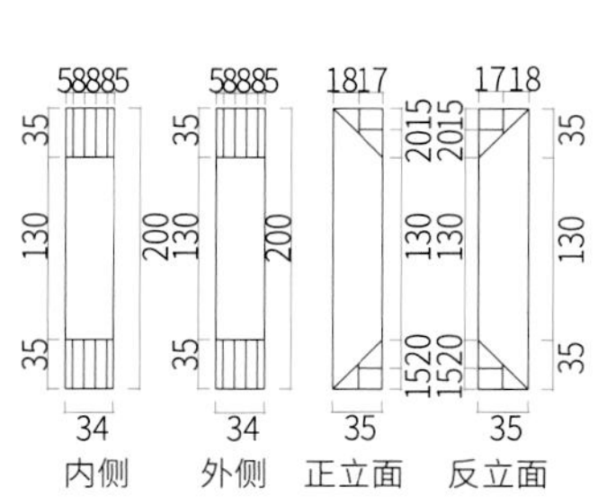

34 mm×35 mm×200 mm 上箍山两侧4支

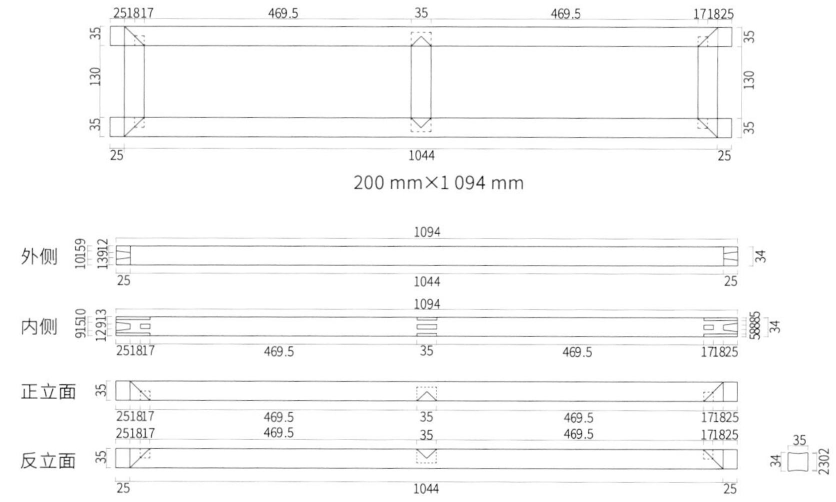

200 mm×1 094 mm

35 mm×34 mm×1 094 mm 4支

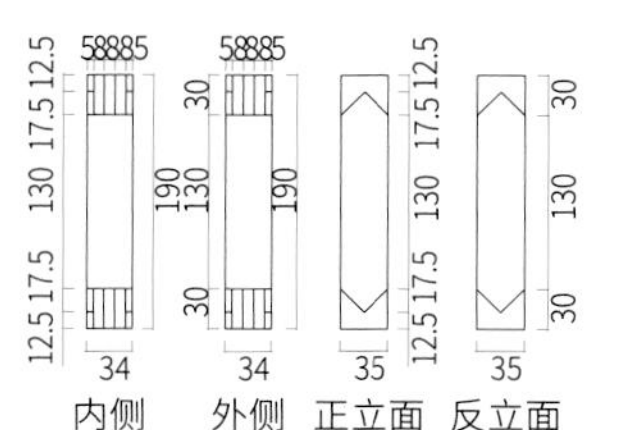

34 mm×35 mm×190 mm 上箍山两侧4支

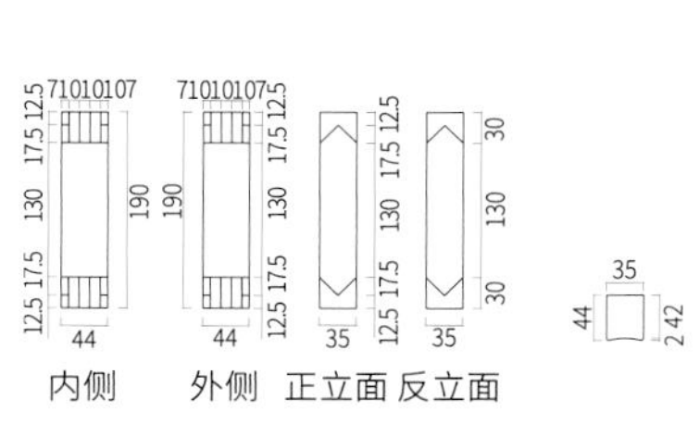

44 mm×35 mm×190 mm 2支

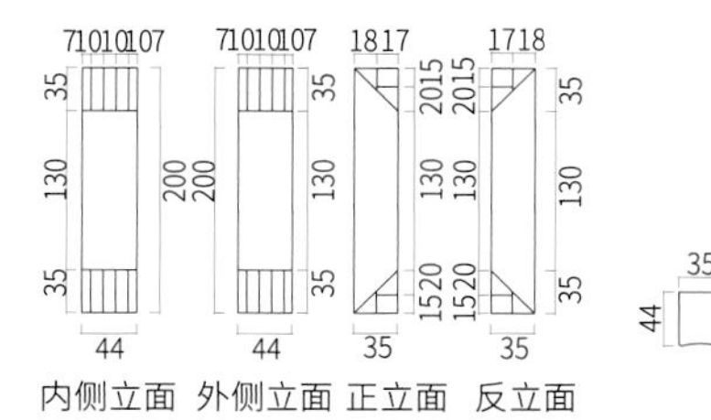

44 mm×35 mm×200 mm 2支

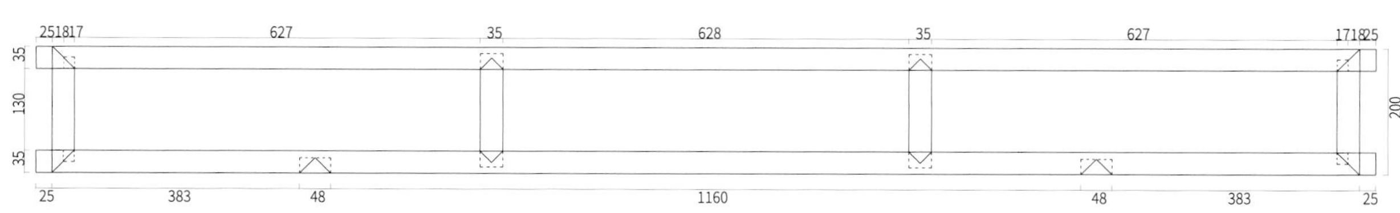

44 mm×35 mm×2 072 mm 2支

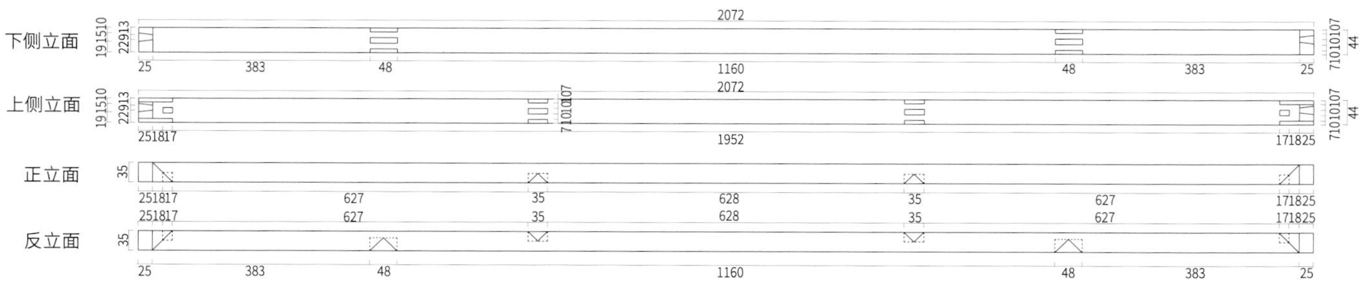

44 mm×35 mm×2 072 mm 2支

1	3
2	4
	5 6
7	
8	

1. 外框竖档划线
2. 中竖档划线
3. 侧箍山划线
4. 侧箍山上横档划线
5. 前箍山中竖档划线
6. 前箍山外框竖档划线
7. 前箍山划线
8. 前箍山下横档划线

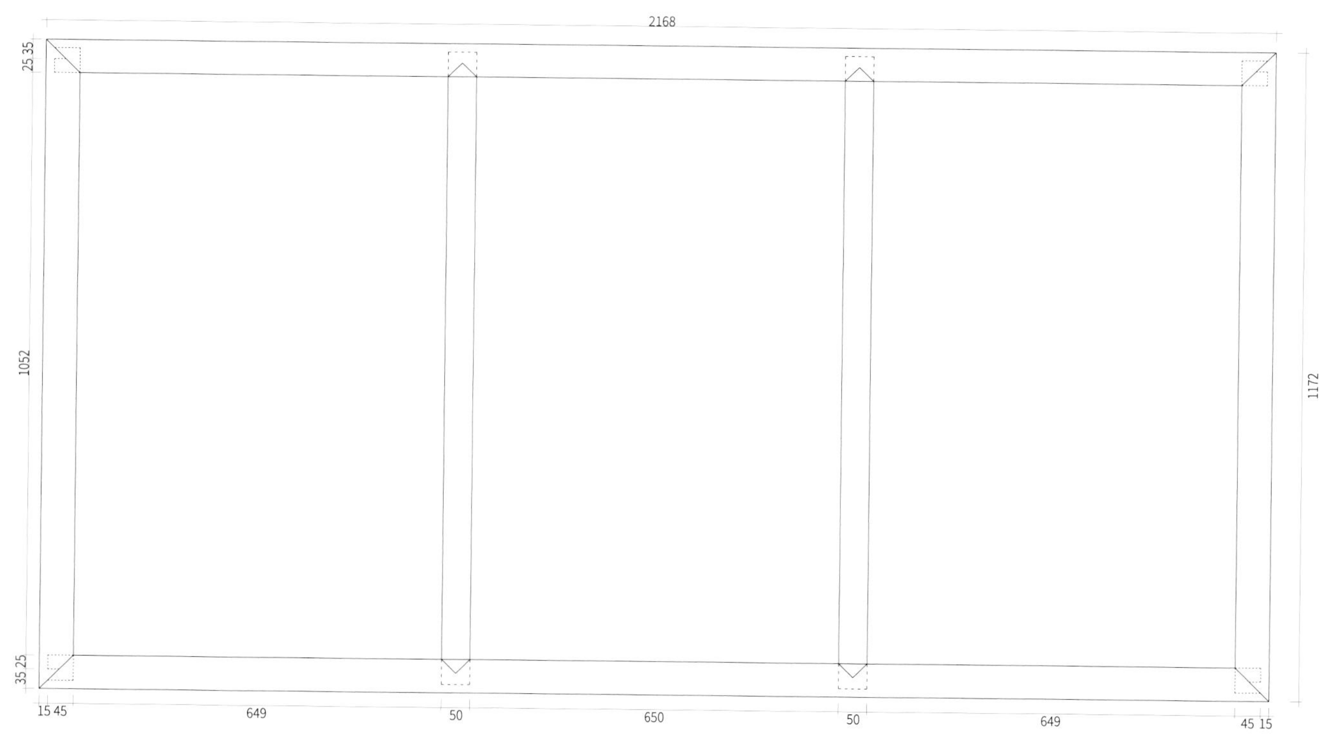

1 172 mm×2 168 mm

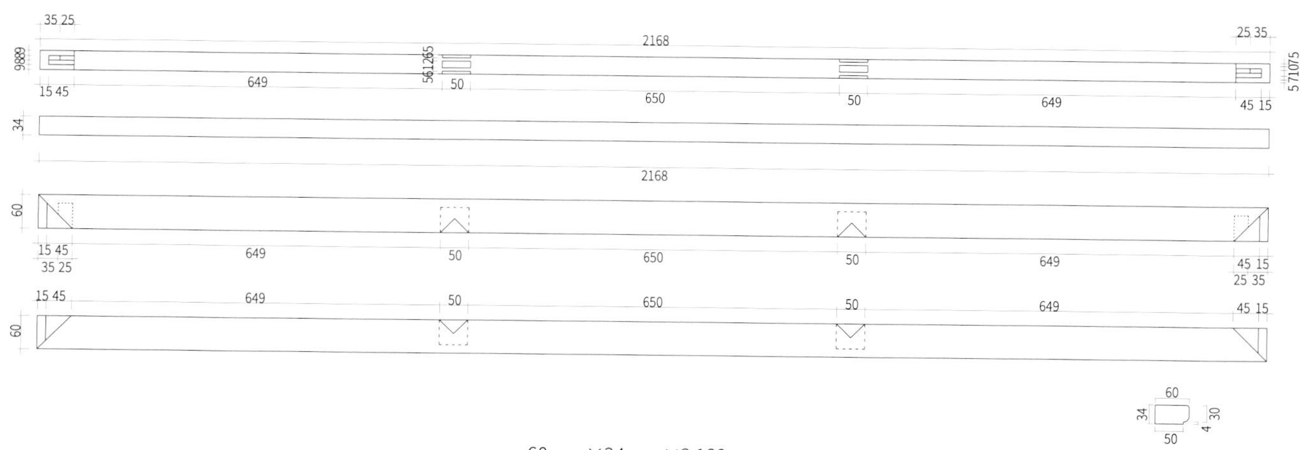

60 mm×34 mm×2 168 mm

1. 床顶板划线
2. 床顶板大边划线

床顶板大边、抹头采用龙凤榫结构（平均分三块面心板）。将两支竖档在抹头过线后，按大边卯孔棉线划好榫棉线、榫厚线。大边、抹头、竖档根子线产生后，面心板尺寸也相应地产生。记录面心板数据时，面心板四周各加大 5 mm 槽榫数据。

榫卯成型，面心板锯方后试组装。试组装合格并打磨后，将工件组装成型。

顶板大边、抹头底面与四面箍山用嫁接榫连接，前后各三个节点，侧面各两个节点。划好卯孔线后，将嫁接榫安装在箍山上横档上面，在顶板前后做好记号，以便拆后组装。

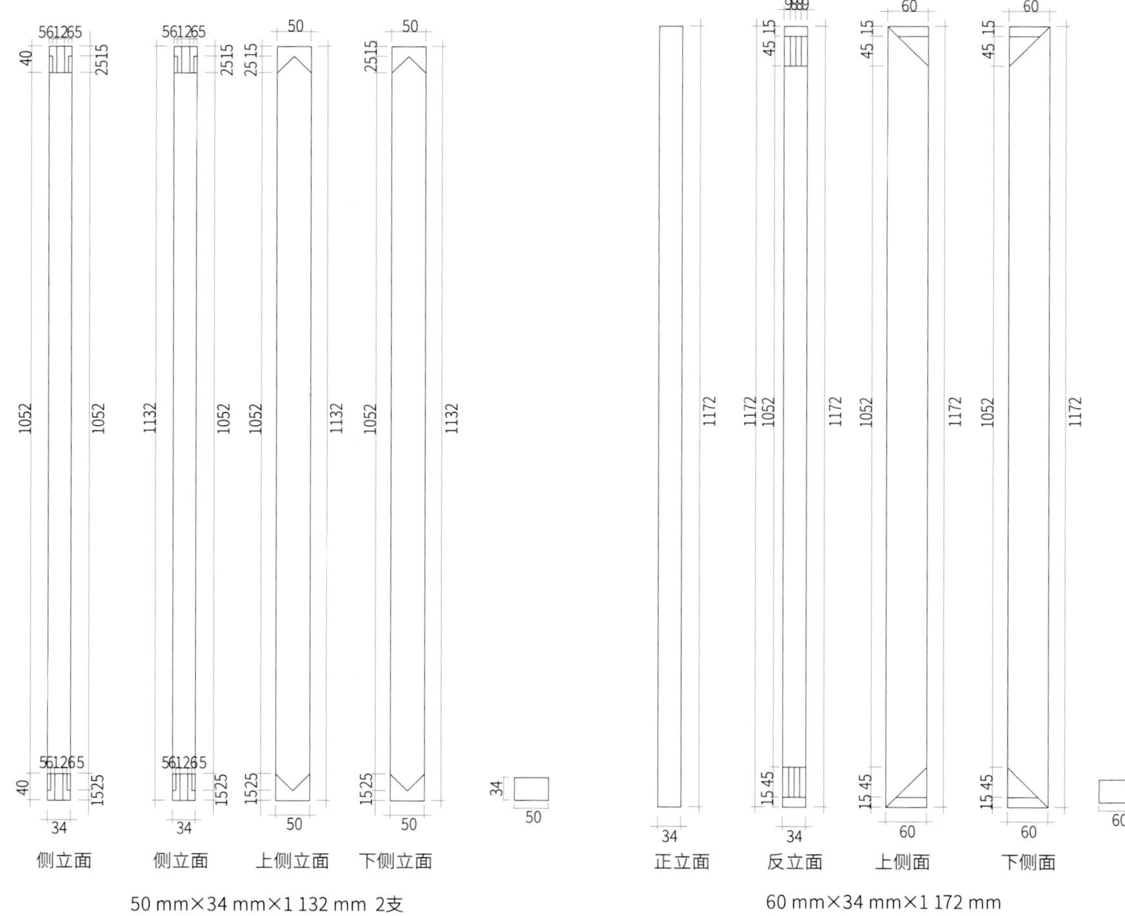

1 | 2

1. 中竖档划线
2. 床顶板抹头划线

床顶板也可以做成花格形状。先按实际尺寸，画好实图。划线时，按实图几何尺寸，竖档从抹头上按顺序过线，横档从大边上按顺序过线。同样，按顺序划好卯孔棉线、榫夹肩线、榫棉线、榫厚线。

前后围栏、侧围栏划线方法和箍山上下横档、外框竖档的一样。按记录好的长度和高度，按设计要求画好实图。在上下横档两端齐头线向里 20 mm 处划活榫位置（连接床柱），然后划两侧外框竖档宽度线。划好根子线，由两端内侧根子线向外划 45° 大割角线。对照图纸中间部分的纹饰，将竖档卯孔线划在上下横档内侧，作合划好两端棉线、榫厚线，在中间纹饰竖档上划卯孔棉线。在上下横档划好线后，内纹饰横档从上下横档上过线，实际上围栏上横档或下横档卯孔宽度线也可以作为样线。内纹饰横档在上下外框横档上过线后，将每支横档用角尺过好线并划棉线、榫夹线、榫厚线。

为横档划好线后，为外框竖档划线。划好两端齐头线后，划上下横档宽度线，对照横档划好 45°割角线和卯孔棉线，再对照实图划好内饰竖档。从外框竖档过线后，将每支竖档用角尺过好线，并划好棉线、榫厚线。

通作家具中比较难制作的为八仙桌和床类家具。八仙桌以榫卯严谨、线条简练、工艺讲究、横竖档规格多、割角变化大、内圆过渡要求高著称。

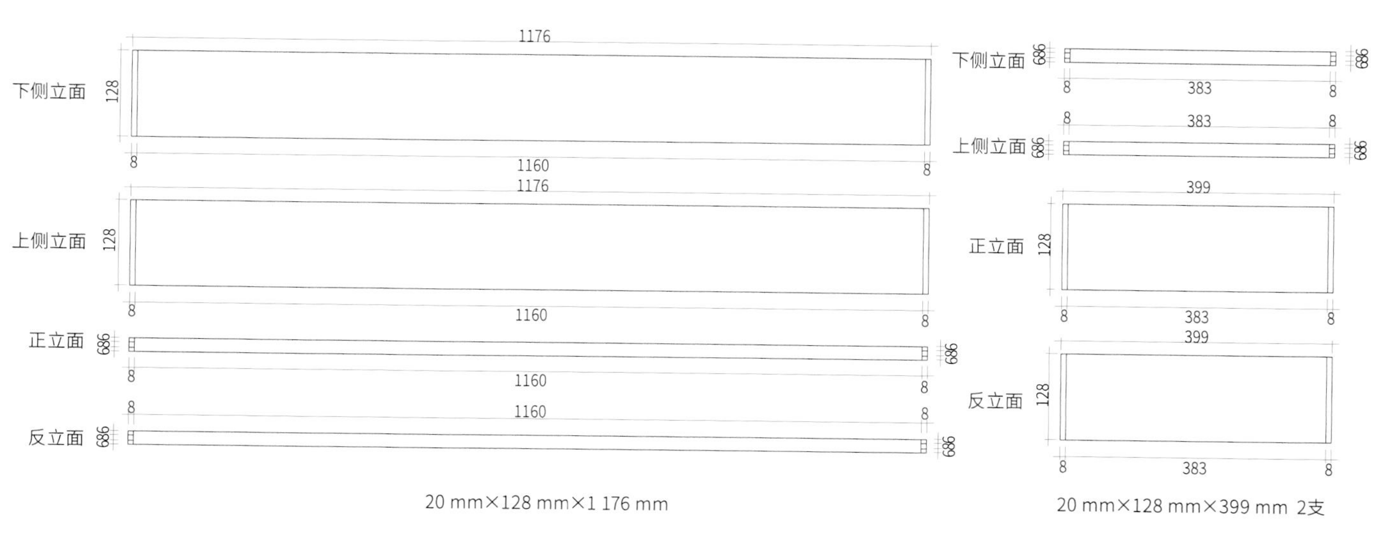

1 | 2

1. 前中花板划线
2. 前两侧花板划线

划线时，面心板、穿带、束腰、子线、圆线、下拉档、工字拐儿及工字竖档直接划线，其他零件必须严格作合划线。

一般做床类家具时，除按图纸划线外，意识中还必须有空间概念。床腿足、床帮、前牙条、扒底销子、下拉档、下箍山，要按顺序而不能间隔划线。划好线后，完成卯孔、榫后就试组装。

对照设计图数据，在床帮上划好床柱下端活卯孔位置线。床的前左右角柱和后左右角柱，左前后角柱和右前后角柱都在相互平行的直线上。床柱下端活榫及床帮、柱础活卯孔完成后，量出侧箍山数据。量好实际尺寸后，考虑到人的视觉习惯，将前后箍山长度减少 4 mm，侧箍山长度减少 2 mm，划好线。榫卯完成并试组装成功后，架子床基本完成。然后量好围栏、花板、挑檐数据等内装部件尺寸，并划好线。榫卯完成后组装成型。按大面对大面、小面对小面凿卯孔、锯榫，同样也是作合完成。

万事都有规律，划线也不例外，都是由下而上、从外框（围）入内。为外框横竖档划好线后，内饰部分横档从上下横档中过线，竖档从外框竖档中过线。万变不离其宗，只要掌握好划线规律，再复杂的工件也可完成。

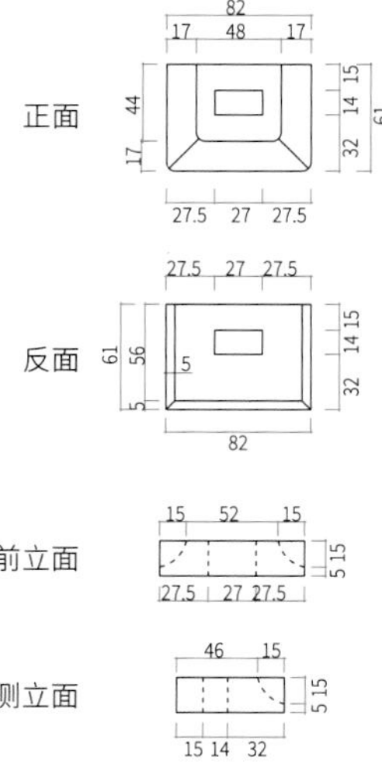

82 mm×61 mm×20 mm 2块

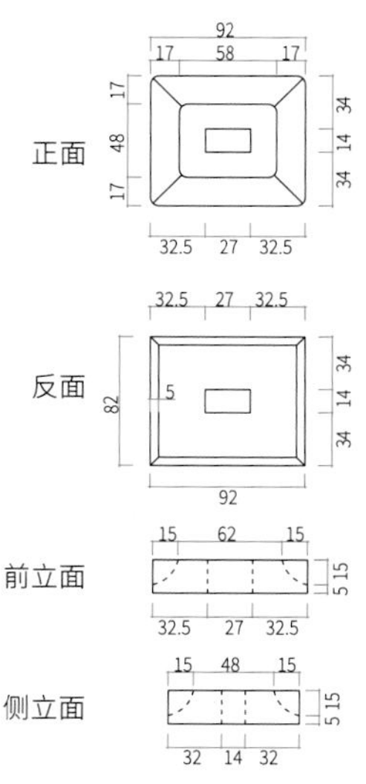

92 mm×82 mm×20 mm 4块

1 | 2

1. 门柱柱础划线
2. 角柱柱础划线

3. 拐儿纹样式和制作

中国的青铜器艺术，经历了夏、商、西周和春秋时期 1 000 多年的发展，形成了独具特色的青铜文化。商晚期和西周早期，青铜冶炼与锻造技术达到巅峰。青铜器纹饰与王权、神权的结合尤为突出，其神秘、独特、璀璨的艺术铸造了中国早期文明，也对中国文化艺术产生了深远的影响。古代青铜器的纹饰源于人们对自然界一些动物的认识，题材丰富，有夔龙纹、凤鸟纹、饕餮纹等。

拐儿纹的样式与古代青铜器的纹饰十分相似。拐儿纹工件虽小，但其结构均采用榫卯工艺。拐儿纹因样式不同而名称多样。主要有和尚头、龙头、梅花、象鼻头、工字、如意、回纹、凤头和灵芝等。龙头拐儿又有草龙和仿龙两种形式。

（1）拐儿纹分类

南通传统家具中最为普遍的是座椅、茶几和盆景架上的和尚头拐儿纹，桌子、椅子、茶几、供桌和美人榻上的草龙拐儿纹，安装在藤面太师椅上的梅花拐儿纹、灵芝拐儿纹、象鼻头拐儿纹、工字拐儿纹和回字拐儿纹等。拐儿纹样式亦可根据主人的要求和不同家具情况，灵活变化。和尚头拐儿纹，其名虽显粗俗，但如设计合理、运用得当，也别有韵味，如设计在罗汉床上作床围子纹饰就最为适宜。

传统木质家具上多用草龙的纹样。龙纹是中华民族最吉祥、最神圣的纹饰之一。 它的形象不是在青铜器发明后才出现的，远在新石器时代就已萌芽。这皆源于人类对龙图腾的强烈的崇拜。南通家具中的龙头拐儿简洁明快。扭曲的龙身常被设计成回纹，民间俗称“绞一圈”。回纹是变形龙纹的一种。这种所谓绞一圈的回纹，并非标准的“回”字，而是草龙纹饰在家具中的对称表现。八仙桌、茶几和椅子等家具中有多种草龙纹的形象，其分别被设计在桌子的腿足之间或椅子靠背上。两边龙头向内呈对称式，嘴里含有龙珠，形象生动活泼。清中期南通的一件美人榻，其内侧挡板采用的就是龙头拐儿纹，形式也属绞一圈的回纹。龙头拐儿纹的形式多样、用途广泛。

大象寓意吉祥，其鼻卷曲自如。南通家具中的拐儿纹也引入了象鼻的造型。拐儿纹顶端雕琢成象鼻的卷曲形状。鼻根上方刻有圆形象眼。 眼窝上端还有一条旋形细线 。象鼻在拐儿纹中或上翘或下垂，或左摆或右摇，全凭艺人的创意构思和娴熟的雕刻技艺。象鼻拐儿纹线条细腻，柔美相济。

梅花象征高尚洁净，被文人列为“四君子” 之首。家具中的梅花拐儿纹并不呈现完整的花朵 , 有时仅是一个个花瓣，却象征着梅花的品格。

通作家具中的拐儿纹样式丰富，工艺简洁大方。拐儿纹的设计原则是局部服从整体，必须选用同种、同色、花纹相近的木料，形式也必须符合整套家具的工艺风格。如选用了草龙拐儿纹 , 那八仙桌、供桌、书桌、条桌，以及太师椅 、大橱、花几上的拐儿纹都应是草龙这一种形式。小小拐儿纹，“四两拨千斤”，最终与大件和谐共处 , 相得益彰。强烈的视觉效果和鲜明的地域特色正是拐儿纹的艺术价值所在。

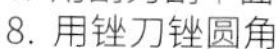

1. 模板
2. 手绘和尚头拐儿
3. 拐儿半成品
4. 和尚头工字拐儿组装件
5. 钻孔
6. 用弓锯锯余料
7. 用刮刀刮平面
8. 用锉刀锉圆角

拐儿是一种长方体小料，通过攒接成为家具的零部件。它既是家具的结构件，又是家具的装饰件，因而在通作家具中被广泛运用，以至有的家具直接以此命名，如拐儿桌子、拐儿凳等。通作家具的拐儿样式很多，丰富多彩的装饰纹样使拐儿纹成为通作家具地域性的标志符号。

① 和尚头拐儿

因拐儿件端头像和尚头，故将此工件称为和尚头拐儿。作合并划好榫、卯、肩线后，照拐儿模板在工件上划线。一组工件划完后，把工件要加工的面朝上夹在刷床上，用牵钻钻头对准拐儿钩子处，扶正钻杆，来回钻孔。椅、台、桌和凳的拐儿钩子圆

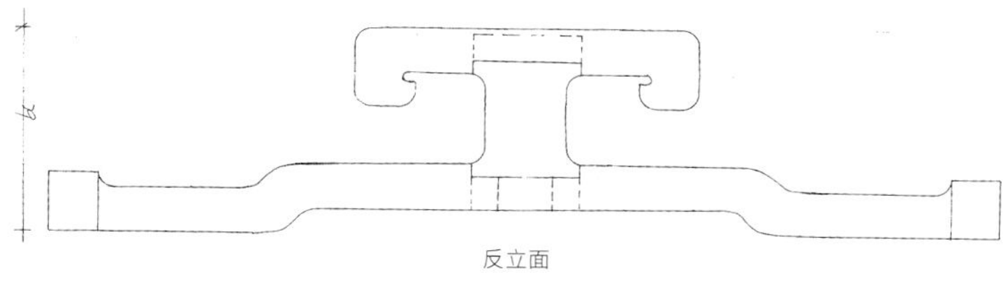

反立面

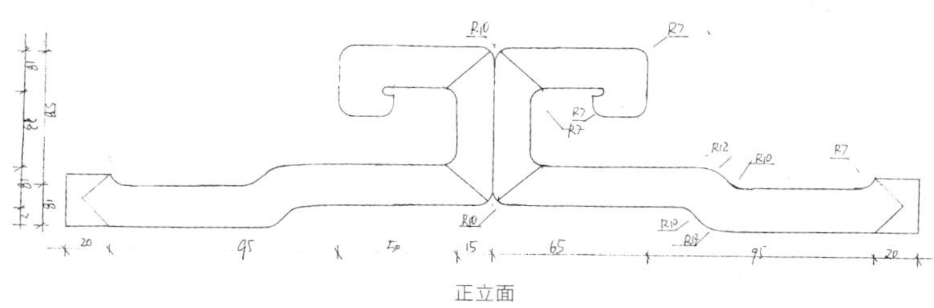

正立面

正立面

1	
2	5
3	6
4	7

1. 模板
2. 手绘如意头拐儿
3. 划好线的坯料
4. 如意头拐儿
5. 用锉刀修转角
6. 用刮刀修正
7. 用圆凿凿转珠

孔半径一般为 5 mm。横竖档增大，拐儿钩子圆孔同样增大。钻好拐儿钩子圆孔后，再加工榫卯。榫卯成型后，用细齿锯或弓锯完成初加工。初加工完成后，将同一组工件夹在刷床上，用单线刨、榜刨、平刨刨平至隐线。拐儿头用洼线刨，刨平至隐线。待到拐儿基本成型，用平锉、刮刀修平刮正后打磨。

② 如意头拐儿

如意头拐儿主要用于较大的家具，如供桌、宝座和宝座配套的茶几、罗汉床等。作合划齐头线、榫线、卯孔线及平肩线。按拐儿模板在工件正面划线。为一组工件划好线后，先加工榫卯，待其成型后用细齿窄条锯或弓锯沿线（留线）锯掉余料。把一组工件夹在刷床上，用圆线刨、洼线刨及其他相应的刨具沿线刨光滑，逐个用刮刀刮平、刮直、刮正。其圆弧部分用雕刻凿子沿转珠纹凿好后，刮磨光洁。

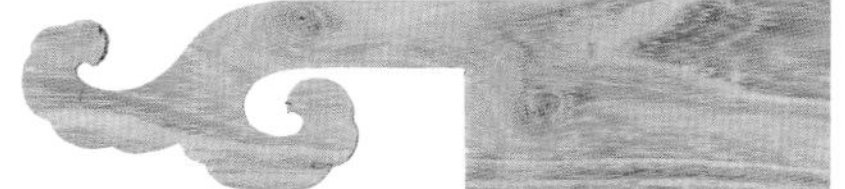

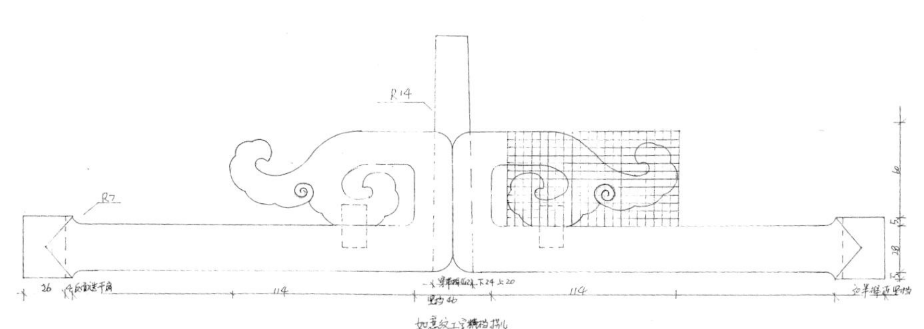

正立面

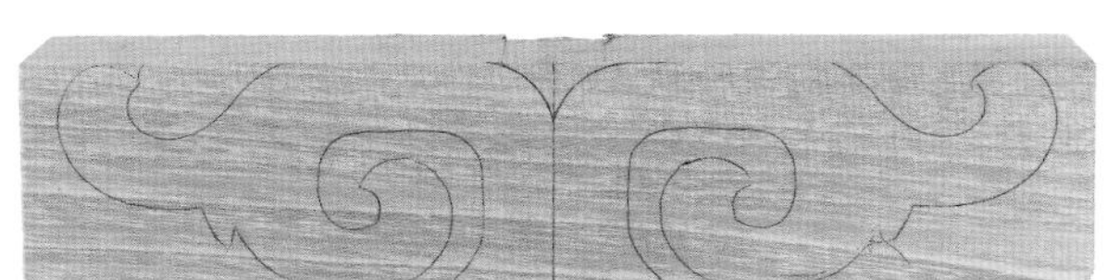

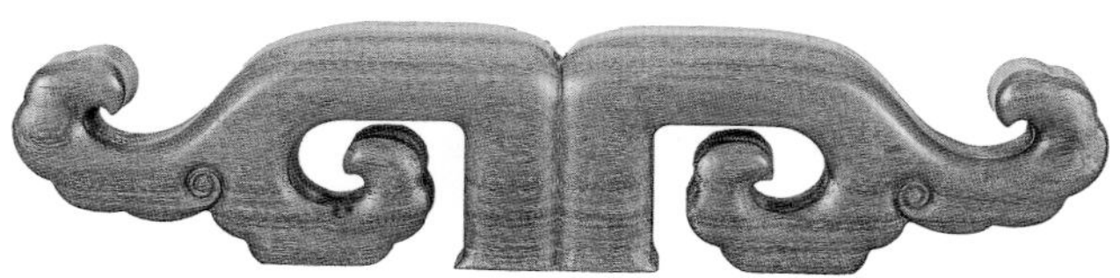
正立面

③ 龙凤拐儿

龙凤拐儿一般安装在宝座、罗汉床扶手或后立屏上。按设计图纸，把龙凤纹划在纸板上做成模板，然后做龙凤拐儿坯料，刨好后，划齐头线。齐头线的一端做成榫或卯孔，另一端用模板划好龙凤纹。榫卯成型后，用细齿窄条锯或弓锯沿线（留线）锯掉余料。无法锯的部位用板凿凿，用刮刀刮平、修正。在正立面雕出龙凤纹后，刮平，用节节草打磨光滑。

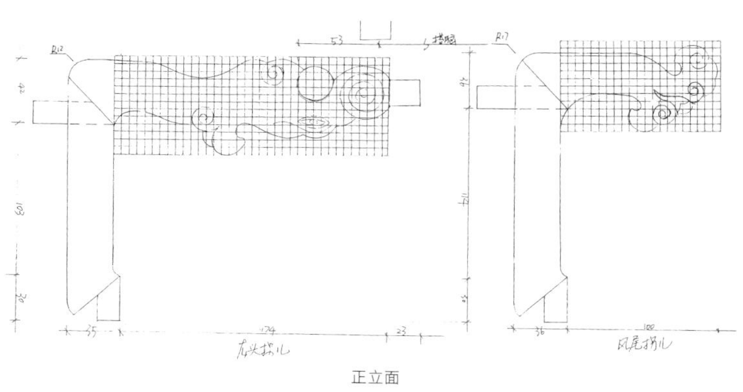

正立面

1	
2	5
3	6
4	7

1. 模板
2. 手绘龙凤拐儿
3. 划线坯料
4. 龙凤拐儿组装件
5. 修边
6. 用圆凿凿转珠
7. 用锉刀锉内圆角

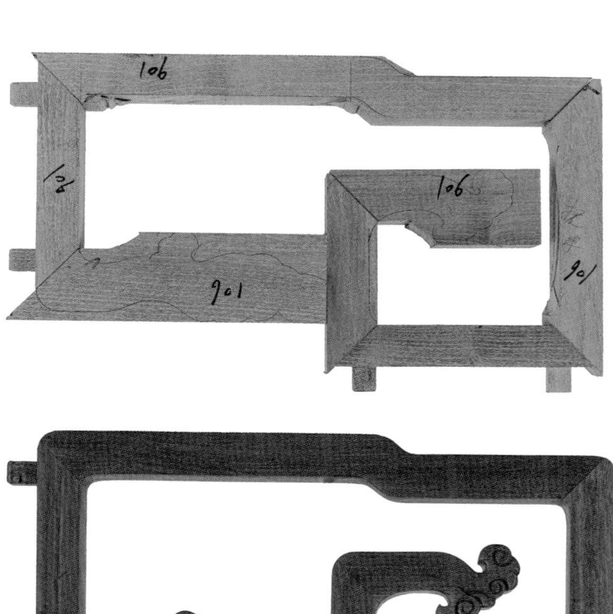

正立面

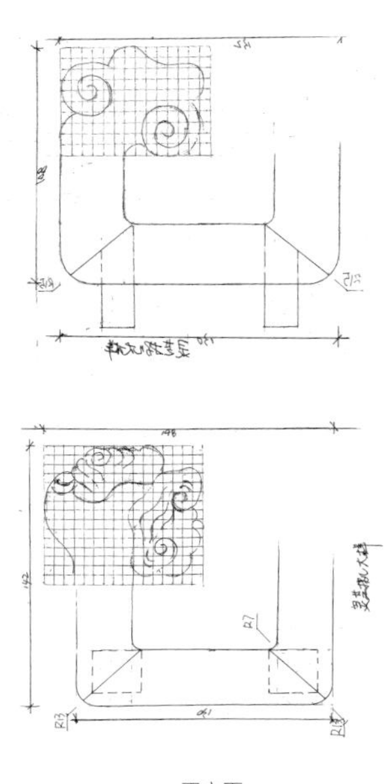

正立面

④ 灵芝拐儿

灵芝拐儿一般用于宝座、罗汉床横竖档、回字纹收尾横档等处。按设计的灵芝纹做成模板。按照图纸尺寸划好齐头线、榫线，依灵芝纹模板在工件正立面划线。榫卯成型后，用细齿锯沿划好的灵芝纹（留线）将材料锯成坯料。然后用丁字锉、刮刀修平。在正立面用雕花凿沿线雕出灵芝纹，用刮刀刮平底子及纹饰后，用节节草打磨。

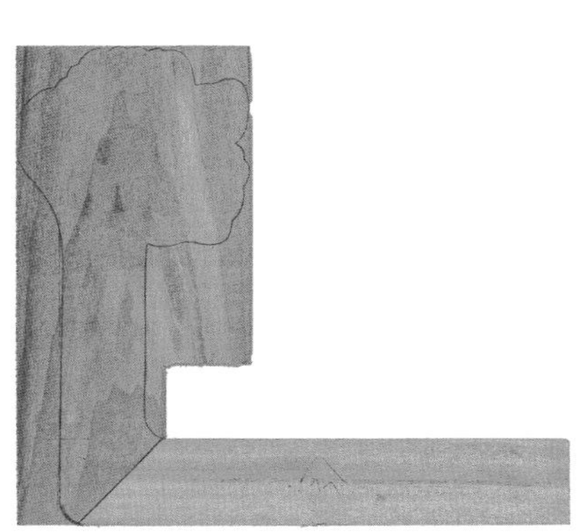

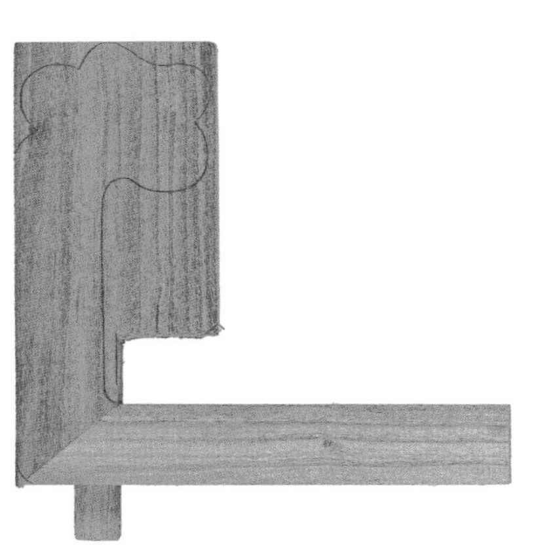

正立面

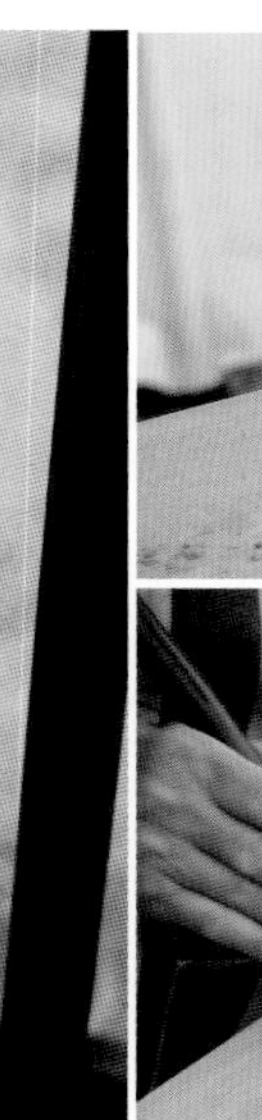

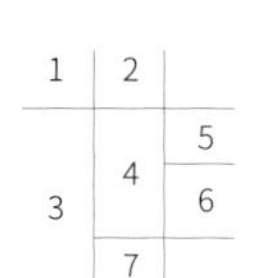

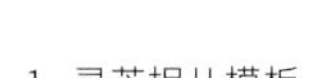

1. 灵芝拐儿模板
2. 手绘灵芝拐儿
3. 灵芝拐儿划线坯料
4. 用窄锯锯余料
5. 用圆凿凿转珠
6. 用圆凿修边
7. 灵芝拐儿组装件及工具

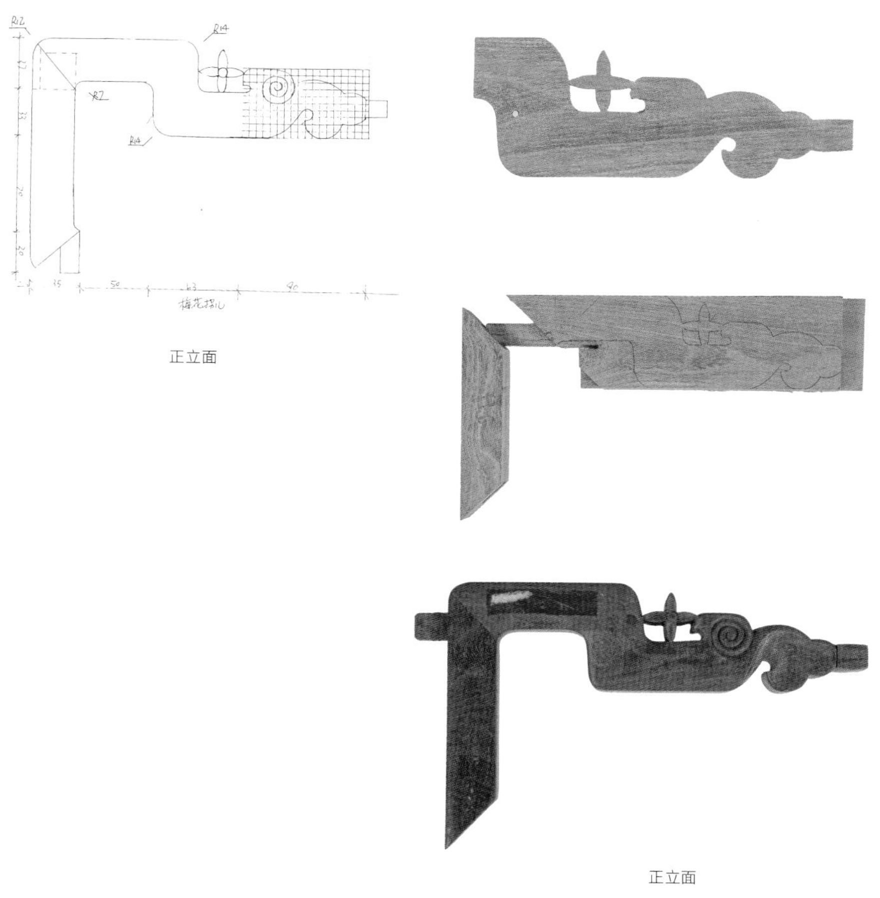
正立面

正立面

⑤ 梅花拐儿

梅花拐儿主要用于椅、台、桌、床等横竖档部位。按设计图纸确定梅花尺寸，把设计的梅花印在薄板上，做成梅花拐儿小样。划好两端齐头线后，划一端榫线、榫棉线和榫厚线。待到榫成型后，在另一端把梅花拐儿模板划在工件正立面，用细齿锯或弓锯沿线锯成拐儿坯料。梅花拐儿钩子半径一般为 5 mm。圆孔部位用木匠手钻垂直钻孔。一组工件坯料取好后，将其夹在刷床上用平刨、里线刨、裁刨、洼线刨刨平、修正。然后将每支梅花拐儿用平鎊刨刨平，用刮刀刮平、修正。用正反口圆凿沿线雕成旋涡纹形状。梅花纹饰处用雕花凿子雕成梅花形状，并刮平、修正。

1. 手绘梅花拐儿
2. 梅花拐儿模板
3. 梅花拐儿划线坯料
4. 梅花拐儿组装件
5. 刷床
6. 在刷床上用单线刨刨料
7. 粗刨刨边
8. 用圆凿凿转珠

⑥ 草龙头拐儿

草龙头拐儿常用于桌子和凳子的立面。按料单要求把草龙拐儿设计图贴在薄板上，做成模板。划好拐儿档两端齐头线后，在一端划好榫线或卯孔线，在另一端用模板划草龙拐儿线，再用窄条锯子沿线锯成坯料。把一组工件夹在刷床上，用单线刨、洼线刨、圆线刨、耪刨完成初成品，然后用刮刀刮平、修正，用耪刨将正面刨成指甲圆线，最后用刮刀接线并刮平、修正，完成整套工艺。

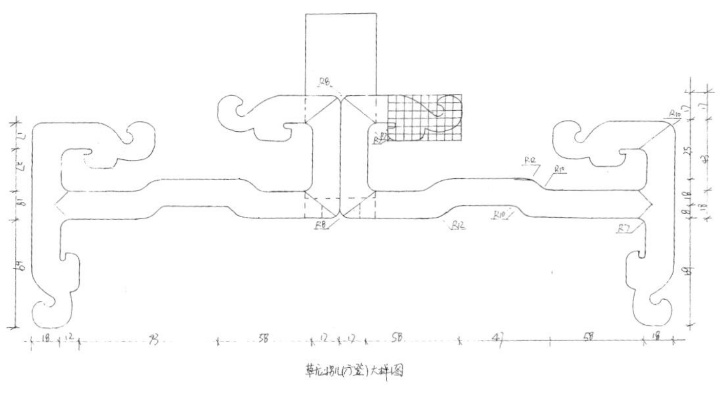

正立面

正立面

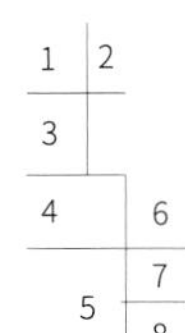

1.手绘草龙拐儿
2.草龙拐儿模板
3.草龙拐儿划线坯料
4.草龙拐儿组装件
5.用窄条锯锯余料
6.将拐儿件固定在刷床上
7.用刮刀修边
8.用锉刀修边

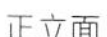

正立面

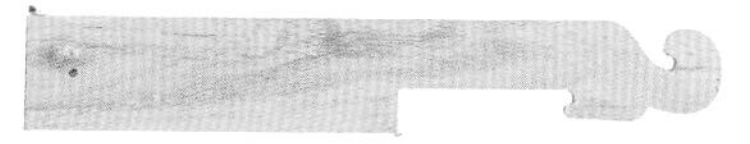

正立面

⑦ 象鼻头拐儿

象鼻头拐儿是成型比较晚的纹饰，主要用于横档、竖档装饰。按料单尺寸做好模板，划好工件两端齐头线，然后在一端划榫线或卯孔线，在另一端按照模板划拐儿形状。榫卯形成后，在拐儿钩子处用木匠手钻钻半径为 5 mm 的圆孔，再用窄条锯沿线（留线）锯好，和圆孔交圈，另一端象鼻部分也用窄条锯锯成坯料。把一组工件夹在刷床上，用单线刨粗刨，然后用平刨、洼线刨刨平刨直，侧面用刮刀刮平修正，正面用雕花凿子雕成象鼻头形状。

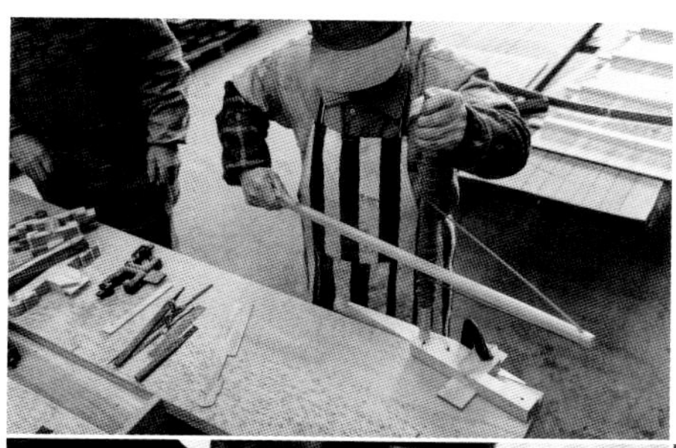

1. 手绘象鼻头拐儿
2. 象鼻头拐儿模板
3. 象鼻头拐儿半成品
4. 象鼻头拐儿组装件
5. 钻孔
6. 用窄条锯锯余料
7. 将工件固定在刷床上刨圆边
8. 用圆线刨刨凹圆
9. 用圆凿修边

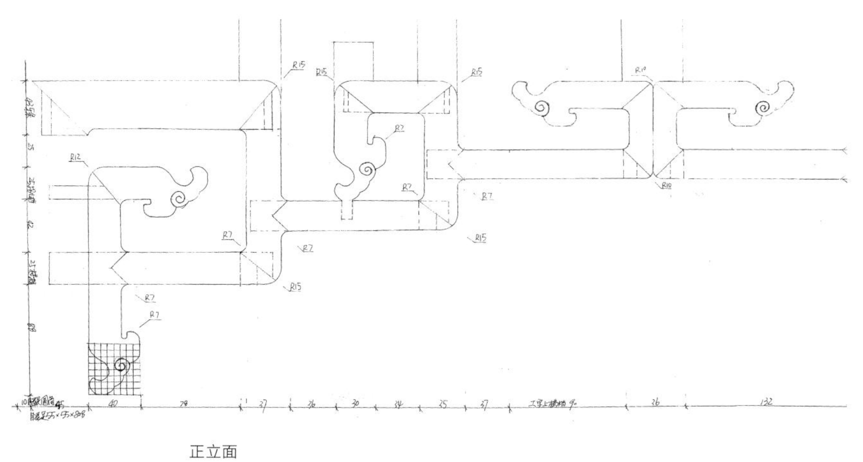

正立面

⑧ 三弯象鼻拐儿

三弯象鼻拐儿是比较形象的纹饰。完成一组坯料后，划好两端齐头线，在一端划好榫线或卯孔线，在另一端正面照拐儿模板划好线。把工件夹在刷床上，用木匠牵钻钻半径为 5 mm 的孔。榫或卯孔形成后，拐儿部分用弓锯沿线（留线）锯掉余料，然后用丁字锉或平锉对照划好的线锉平、修正。

先把一组工件夹在刷床上，将一面用洼线刨、圆线刨按划好的线刨圆。再用同样的方法把工件另一面刨好。正面先用正反口圆凿凿出卷珠纹。初步成型后用圆凿将正面雕成三弯形状。三弯形状对应位置雕成象鼻纹饰后，用刮刀刮平。

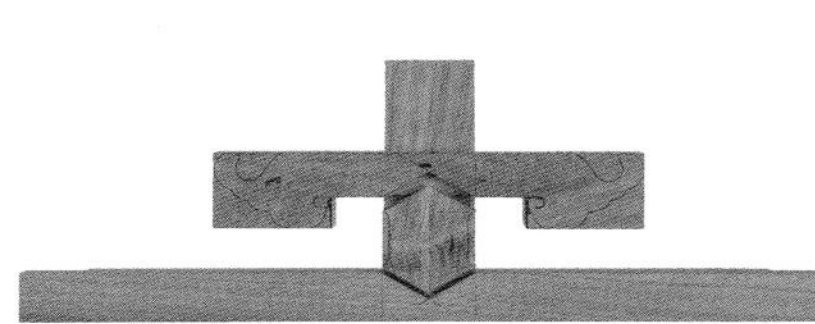

正立面

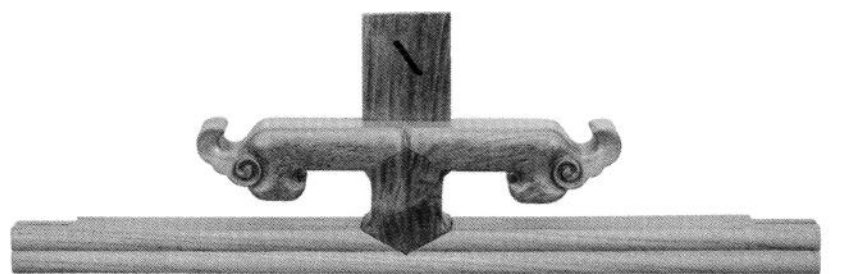

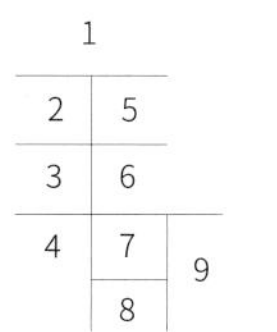

1. 手绘三弯象鼻拐儿
2. 三弯象鼻拐儿模板
3. 三弯象鼻拐儿半成品
4. 三弯象鼻拐儿划线坯料
5. 钻孔
6. 用窄条锯锯余料
7. 将工件固定在刷床上刨圆边
8. 用圆凿凿转珠
9. 三弯象鼻拐儿组装件

正立面

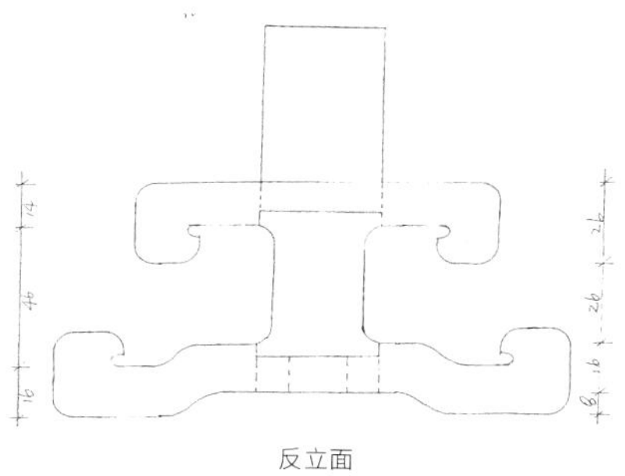

反立面

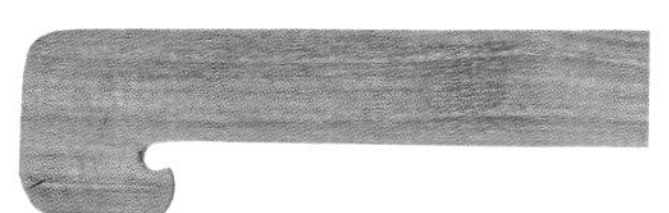

正立面

⑨ 工字拐儿

工字拐儿一般用于桌、几、凳等家具立面的中心位置。中竖档下端与下横档连接，上端上横档以扣夹榫与之相扣。

工字拐儿的竖档设计制作比较讲究。拐儿表现形式一般同于整体形制。例如，横竖档采用和尚头拐儿，工字横档也采用和尚头拐儿；横竖档采用草龙拐儿，工字横档也采用草龙拐儿；横竖档采用象鼻头拐儿，工字横档也采用象鼻头拐儿。

当然，工字横竖档拐儿和家具其他部位拐儿的表现形式也有不同。例如，横档采用和尚头拐儿，工字横档却采用如意纹拐儿。虽然形状不同，但是拐儿表现形式比较接近。

工字拐儿的做法如下：按料单将方料刨好并制作成型后，在两端划齐头线，并划好卯孔线。按设计要求做好拐儿模板，并照模板在横档两端正面划线。待到卯孔成型后，用窄条锯或弓锯沿线（留线）锯成拐儿坯料。把一组工件夹在刷床上，用平刨、单线刨、洼线刨、圆线刨刨好，用锉刀、刮刀刮平、修正，打磨后进行组装。

1		
2	5	6
3		7
4		8

1. 手绘工字拐儿
2. 工字拐儿模板
3. 工字拐儿划线坯料
4. 工字拐儿组装件
5. 将拐儿件固定在刷床上刨平面
6. 用高脚锉锉平面
7. 用刮刀刮平面
8. 用锉刀锉内圆角

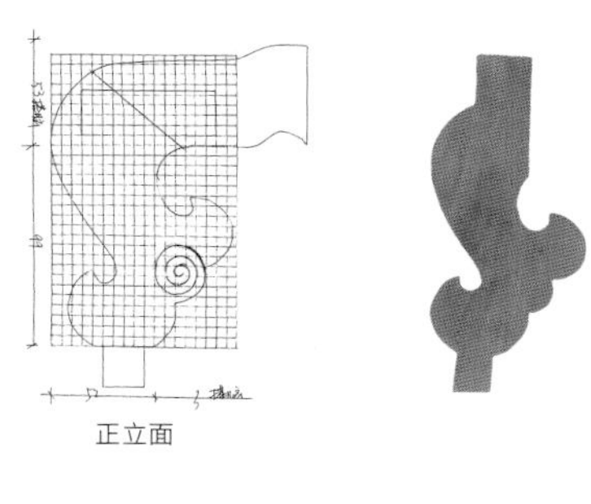

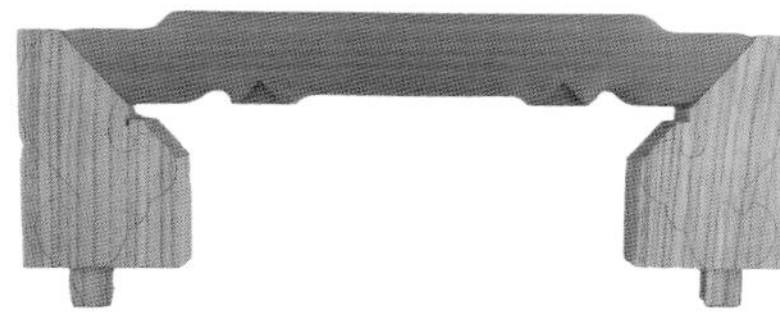

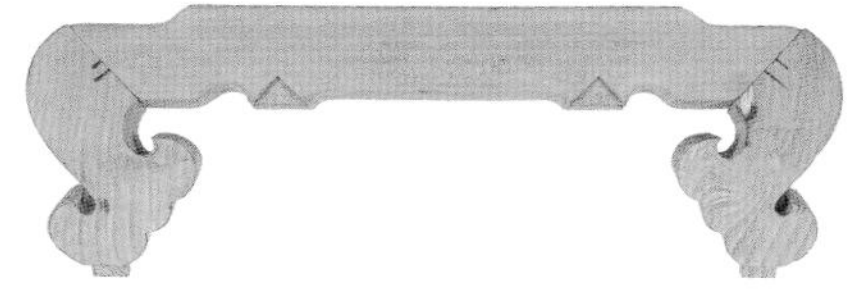

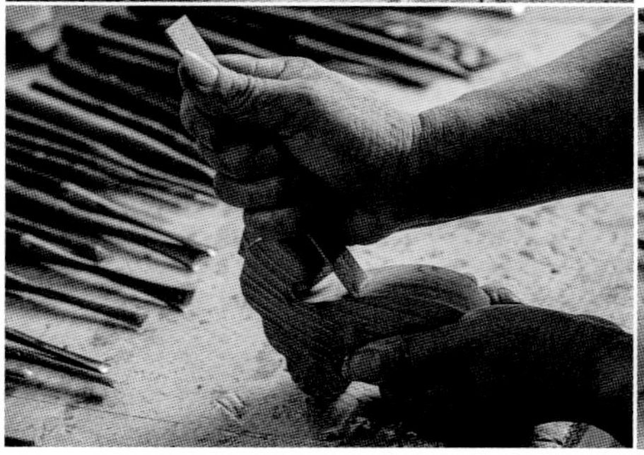

⑩ 书下卷牛头拐儿

书下卷牛头拐儿常用作通作宝座和罗汉床上连接搭脑和上横档的装饰及过渡。待两端榫卯成型后，照拐儿模板划线，用窄条锯沿线（留线）锯成坯料，和搭脑上横档试组装。组装成功后，用丁字锉按模板修正，用刮刀刮平，再雕刻卷珠纹。

1. 手绘牛头拐儿
2. 牛头拐儿模板
3. 牛头拐儿划线坯料
4. 牛头拐儿粗坯
5. 牛头拐儿成品
6. 牛头拐儿组装件（反面）
7. 侧面对照模板
8. 修正面
9. 用锉刀修正侧面
10. 用刮刀修正侧面
11. 用圆凿凿转珠

（2）拐儿纹制作

南通木匠都有“惜木如金”的传统美德。南通传统家具中的拐儿纹饰件就是明证。这些工件都是用下脚零料制成的，小巧玲珑，简约美观，经济实用。为防止部件弯曲变形，制作前要将材料进行自然干燥，以达到加工制作的要求，保证家具的质量。制作时要先按要求开料，再按模板在已成型的坯料上划线。划线时必须严格对准模板，保证每个拐儿坯样的大小和款式一致。制作好卯孔和榫，然后用线锯锯掉余料，再用刻刀刻去多余部分。用阴雕阳刻技法将拐儿雕刻成型后打磨并组装。正面为指甲圆盖面。

拐儿制作总的要求是模板要画得形象，刻得逼真。制作龙头拐儿时用刻刀将龙眼四周的一圈挖下、绞圆，龙头才会生动。手艺高超的木匠制作的拐儿，形状基本一致，外形光洁；榫卯组装结实，拼接线缝细密；弧线流畅，角度正确，平直分明；雕刻深浅基本一致，圆弧的大小、深浅适宜。

拐儿纹的制作讲究木料的粗细、长短、大小、疏密对比，力求符合视觉和韵律的要求。木匠是凭“眼力”来判断。判断标准是“四求”，即求平、求方、求圆、求省。

第一，求平。为求得家具平稳，对家具的腿足基线采用平直处理。求平的实质是加强拐儿木料间榫卯结构的连接，确保整件家具的稳定牢固。

第二，求方。拐儿纹虽是用最少的木料制成的，却是实用、美观、极富表现力的构件。拐儿纹的特征在于方，但方中寓圆，韵味含蓄，毫无单薄之感。

第三，求圆。 圆在造型艺术中意味着饱和、丰富、丰满。拐儿纹的表面为弧形光面，皆用榫卯方式以直角相接，衔接处也呈小的弧形。雕有各种图案的拐儿纹，造型圆润饱满、刚柔相济，圆内含方，线条平滑流畅、顺意自然。

第四，求省。 拐儿纹全用余料制作，简明精练，结构紧密，用料最省。

木匠收工，余下的是大漆髹饰工艺。大漆髹饰前要先将工件打磨光洁。然后再上漆，经二十多道工序，方才完工。

4. 通作特色工艺及家具

（1）桌面内圆角

方桌大边和抹头接合处一般都是直角。通作家具方桌内角都做成内圆角，同时相对应的外角也做成圆角，从而使方桌线条变得柔和、流畅和自然。这样的家具方中寓圆、圆中有方。这种圆角是按角模划圆弧精心制作而成的。

桌面大边和抹头通过 45° 大割角贯榫卯结构工艺，或者通过 45° 大割角龙凤榫结构工艺，待到榫卯成型后进行组合。在试组装合格，桌面对角线精确、达到组装要求的前提下，将节点处校正、刨平。用槽刨沿大边、抹头正面，在其内侧刨槽卯。槽卯宽度一般小于桌面心板厚度的 1/2 为宜（例如，面心板厚 10 mm，槽卯宽 4.5 mm；面心板厚 12 mm，槽卯宽 5 mm；面心板厚 15 mm，槽卯宽 6 mm）。槽卯不要太深，一般深 5 ～ 6 mm。 在内圆角的大边或抹头上刨槽卯时，深度在 5 ～ 6 mm 的基础上加 2.5 mm（内圆角刨切数据），即槽卯深 7.5 ～ 8.5 mm。四支大边、抹头槽卯刨好后，按编号组装大边和抹头，校正好对角线。在四支大边和抹头内侧正面划 2.5 mm 作为内圆角刨切线，而四个角用半径为 12 mm 的圆模板划线后和大边 2.5 mm 的刨切线交圈，形成理论上的内圆角。

1	2
3	4

1. 照角模划圆角线
2. 划好的圆角线
3. 用槽刨刨槽卯
4. 大边与抹头圆角交汇处用板凿凿至隐线

按照划好的线，用裁口刨沿大边和抹头正面，把槽卯上部正面 2.5 mm 线内多余部分刨掉。圆角部分用滚刨、板凿修正。注意不要把线刨掉，留隐线以便和面心板组装时处理。刨线完成后再试组装桌面。内圆角基本成型（最终以对角线长度一致来确认）后，用尺量好面心板数据。

面心板拼好后，将正反面刨光。确定面心板正反面后，把测量好的面心板数据写在面心板正面。均分四周加工余量后沿面心板一周划线，并做好面心板和桌大面的记号。把大边穿带卯孔线过到面心板反面。划好相应的穿带槽卯线，同样，为穿带半榫和大边结构点做好记号。

在面心板纵向面两端划宽 5 mm 的槽榫线，并把槽榫多余部分锯掉。划好槽榫厚度线，用裁刨刨好后，用单线刨修平、整理，形成纵向面槽榫。面心板横向面两端也划宽 5 mm 的槽榫线，用手锯把余量部分锯掉后，用锤子沿横向侧面敲打，露出横向面槽榫粗坯。

1	
2	3
4	5
6	7

1. 在面心板正面四角照角模划圆角线
2. 划好圆角线的桌面心板
3. 纵向面用裁口刨刨至圆角隐线
4. 横向面用手锯沿划好的线来回拉锯
5. 用手锯初步锯好后用锤子敲打露出槽榫
6. 用板凿修正横向面槽榫
7. 用单线刨刨至隐线，待和大边抹头试组装

在大边、抹头和面心板试组装过程中，如发现横向或纵向过紧，可用单线刨刨掉一部分，直至大边和面心板不松不紧。大边和抹头 45° 大割角严丝合缝后，待试组装。反面穿带槽卯同样用手锯沿划线来回锯，锯好后用斧砍，用串凿凿，再用单线刨修正。穿带和面心板经过试组装合格后再组装成型。

1	2
3	4
5	6

1. 用圆凿凿出圆角
2. 用锉刀修正圆角
3. 将面心板纵向面和大边试组装
4. 将穿带和面心板打磨好后组装
5. 先组装纵向面，后组装横向面
6. 将面心板、穿带和大边组装

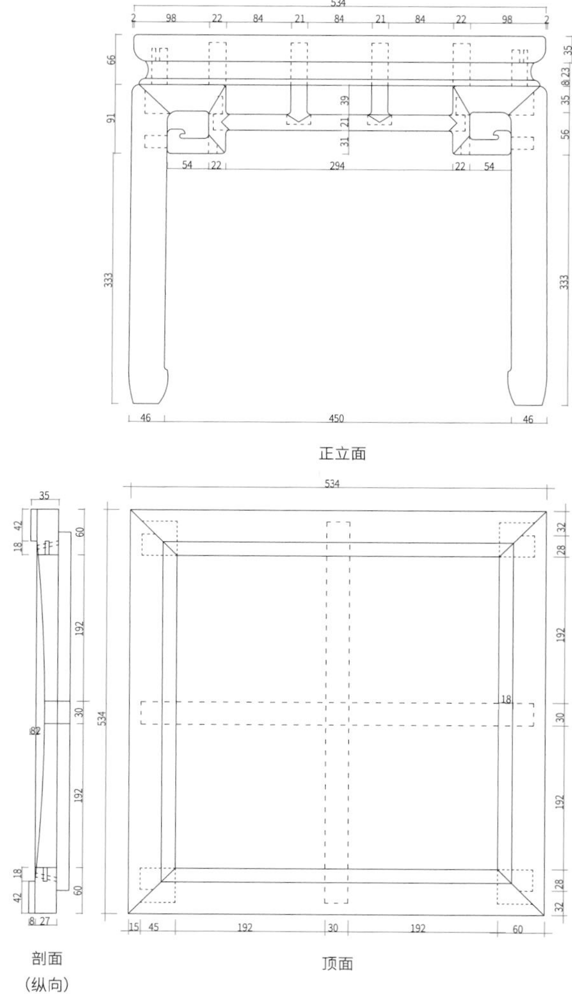

534 mm×534 mm×35 mm

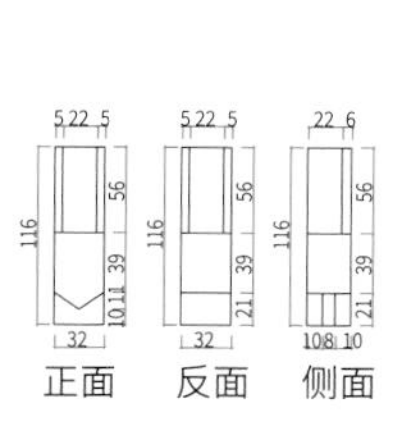

32 mm×28 mm×116 mm

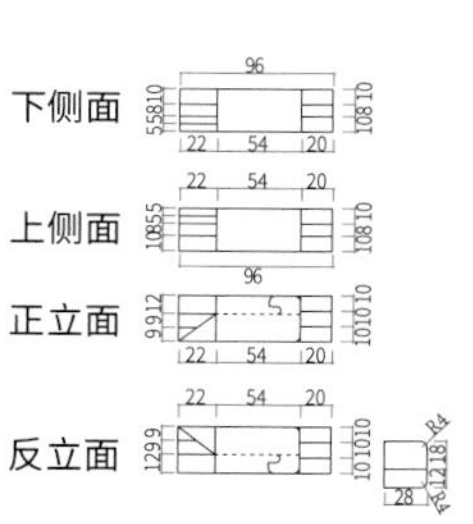

30 mm×28 mm×96 mm

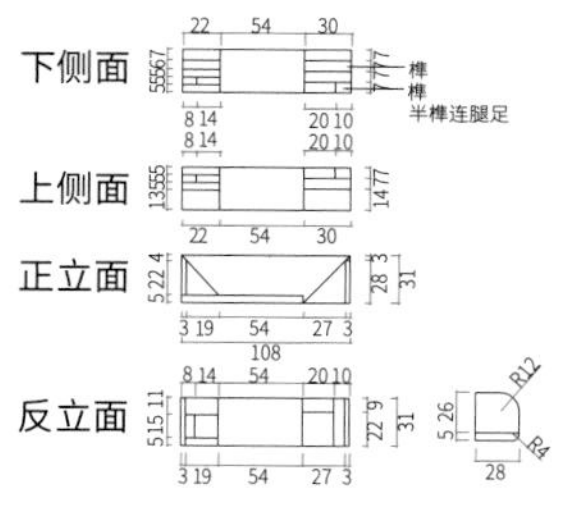

31 mm×28 mm×106 mm

1. 软藤座面龙凤榫划线
2. 矮老划线
3. 拐儿下横档划线
4. 牙条划线

(2) 富贵凳平直线

将家具横档或竖档立面的两个直角边刨切成由两个半径为5 mm左右的圆角所形成的线条，这样的线条就叫平直线。这种简练的线条突出了材料的自然美。

富贵凳一般规格为长480 mm、宽480mm、高488 mm至长560 mm、宽560 mm、高488 mm，采用板式座面或软藤座面。这里以长534 mm、宽534 mm、高490 mm的软藤座面富贵凳为例。

座面采用龙凤榫工艺，内侧宽18 mm、深8.5 mm的为软藤座面裁口。座面反面采用十字支撑档，和大边、抹头以半榫接合。腿足锁角榫连接大边、抹头。面框外侧立面采用碗底线。束腰洼线和圆线以插榫连接腿足。划线时，从牙条上部到腿足上端正立面、侧立面（大面）各锯切25 mm后，划5 mm棉线，5 mm束腰、圆线的插榫卯孔线。

牙条一端采用点线大割角后以子母榫和腿足接合，另一端同样采用点线大割角，也以子母榫和竖档连接。拐儿档一端以半榫和腿足连接，另一端采用点线大割角后，以虎牙榫和竖档相连。竖档中上部和牙条接合后，上端以贯榫穿过圆线、束腰卯孔后，以半榫

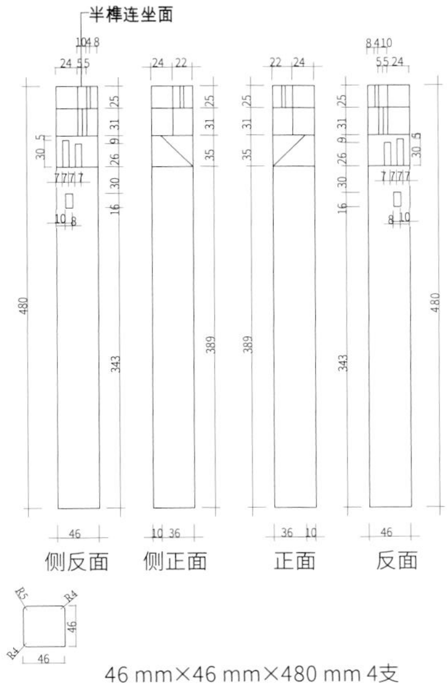

46 mm×46 mm×480 mm 4支

534 mm×534 mm×490 mm富贵凳料单

部位名称	规格	数量
大边	534 mm×60 mm×35 mm	2支
抹头	534 mm×60 mm×35 mm	2支
软面压条	450 mm×22 mm×6 mm	4支
座面撑档	490 mm×30 mm×45 mm	2支
腿足	480 mm×46 mm×46 mm	4支
束腰	500 mm×21 mm×23 mm	4支
圆线	516 mm×8 mm×29 mm	4支
牙条	106 mm×31 mm×28 mm	8支
竖档	147 mm×27 mm×28 mm	8支
矮老	116 mm×32 mm×28 mm	8支
下拉档	334 mm×19 mm×28 mm	4支
拐儿下横档	96 mm×30 mm×28 mm	8支

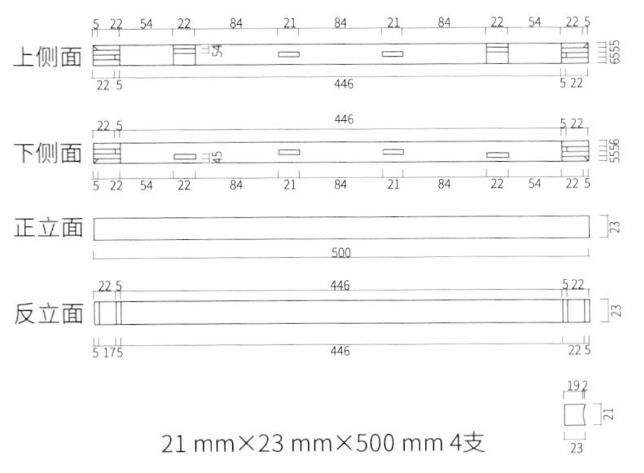

21 mm×23 mm×500 mm 4支

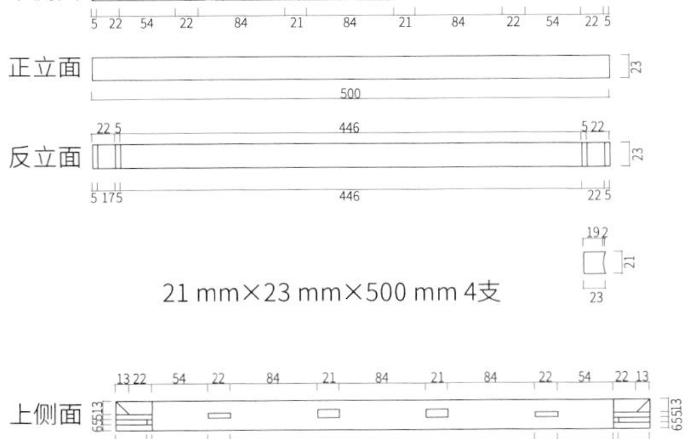

19 mm×28 mm×334 mm 4支

8 mm×29 mm×516 mm 4支

27 mm×28 mm×147 mm 4支

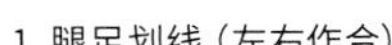

1. 腿足划线（左右作合）
2. 束腰划线
3. 子线、圆线划线
4. 下横档划线
5. 左右竖档划线
6. 富贵凳

和座面相接，侧面人字肩半榫和下拉档连合。矮老下端以人字肩半榫与下拉档结合，上端以贯榫穿过子线、束腰卯孔后，以半榫与座面卯孔构成闷榫卯结构。腿足、横竖档都采用平直线，外侧两个面以半径为5 mm的圆线收边，内圆角以半径为3 mm的圆线收边。

束腰以浅洼线表现。束腰高23 mm，面洼陷3 mm。束腰下部8 mm高圆线过渡到牙条。牙条上部是半径为17.25 mm的圆角线，侧下部以半径为5 mm的圆线和腿足圆线交圈。矮老在圆线下部节点，也以半径为17 mm的圆线收口。立面横档、竖档节点外是半径为8 mm的内圆角，而侧面以半径为5 mm的圆线收口。腿足下端为小马蹄足造型。家具整体造型简练精致，木材花纹自然。虽然每个直角部位只有半径为5 mm的圆线修饰，但手感圆润。

（3）通作凉床子线、皮条线

皮条线适用于床、椅、桌、几和案等家具的腿足、牙条、边抹等处，以及各类箱、盒、盘的口沿部位。皮条线宽度可根据家具或器物的大小按比例自由调节。皮条线在床、椅、桌、几和案上一般表现为扁方形或洼形，而在箱盒的口沿部位为扁方形。

上侧面
下侧面
正立面
反立面

20 mm×43 mm×864 mm 2支

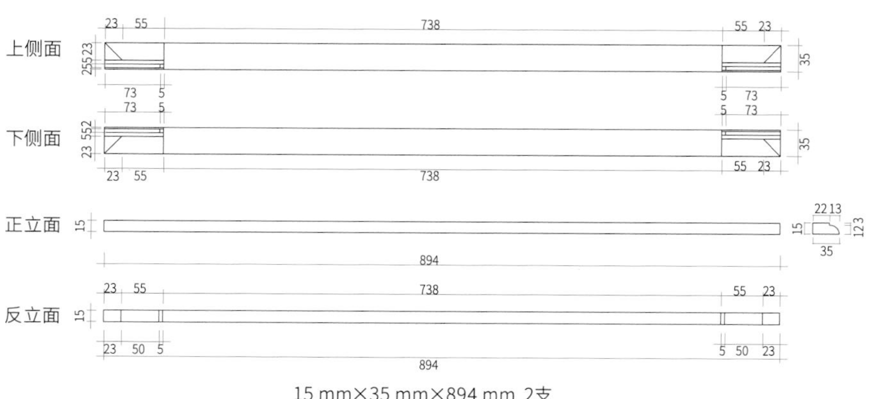

15 mm×35 mm×894 mm 2支

本例凉床腿足、牙条皮条线宽度为 8 mm，面洼陷 0.1 mm，皮条线两边为微形圆角和洼线相交，皮条线上部同时以指甲圆线收边。

凉床睡面大边与抹头采用龙凤榫结构，面心板采用落膛做法，落膛面心板和面框落差一般为 5 ～ 6 mm。凉床心板较宽大，心板和面框落差为 8 mm，从而增大槽榫结构的强度。四个角采用内圆角工艺，大边外侧立面采用碗底线做法，束腰、子线、圆线和腿足采用内侧插榫连接后通过送肩工艺和相邻的束腰、子线、圆线 45°割角相交。牙条和腿足采用抱肩榫结构，也可以用挂销抱肩榫工艺，来增加结构的强度。待到睡面以下部分试组装合格后，划睡面面框锁角卯孔线并试组装。

扒底销子与牙条、子线和束腰相连后，以半榫与睡面大边相接。

束腰（有素束腰、鱼门洞束腰、纹饰束腰）、子线和圆线要先刨成型，睡面碗底线、皮条线要试组装合格，表面要用刨子修平，基本成型，才可以刨线。

1. 凉床腿足外侧线条
2. 侧立面束腰划线
3. 侧立面子线、圆线划线

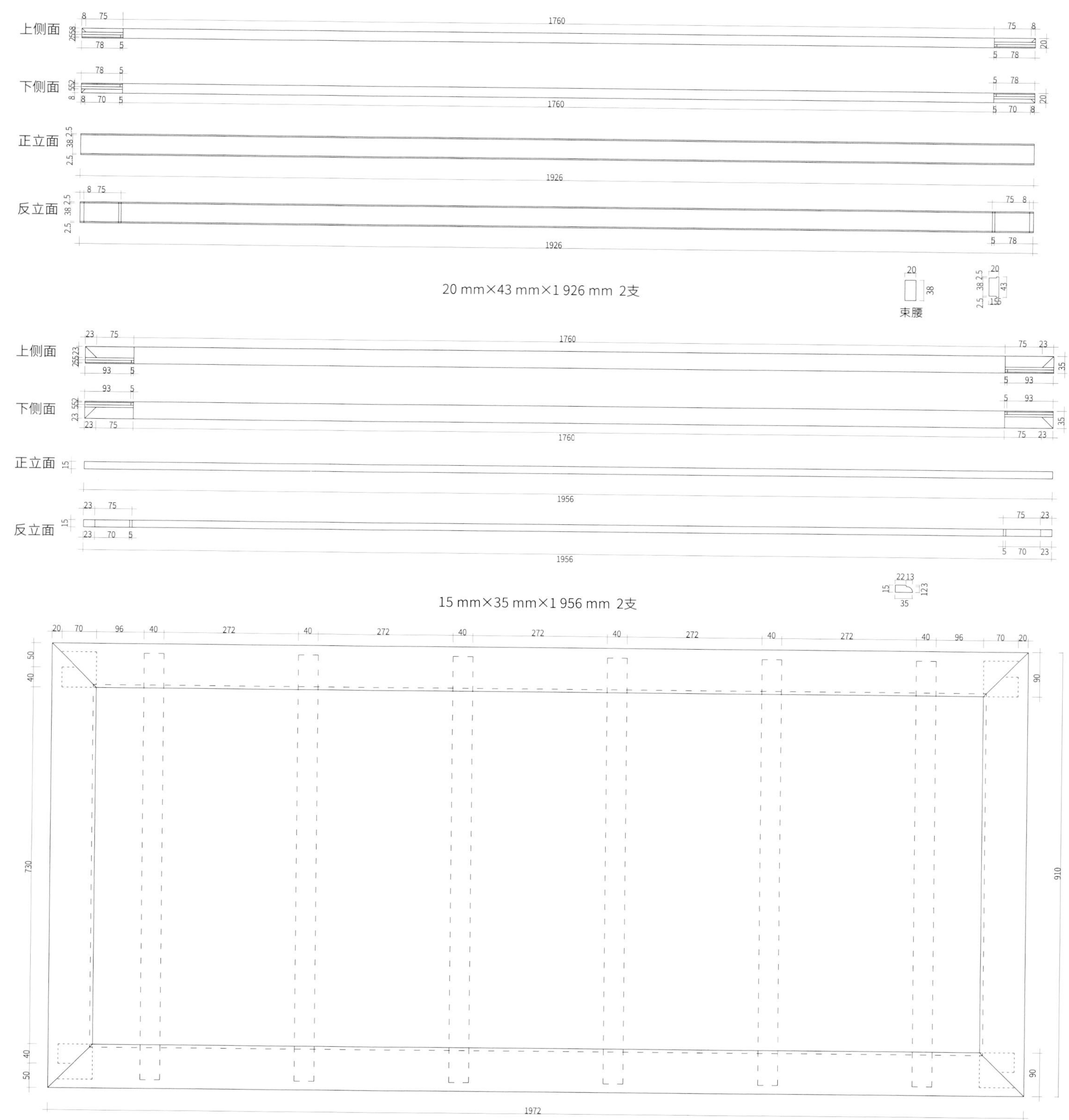

1. 前后立面束腰划线
2. 前后立面子线、圆线划线
3. 床面榫卯结构示意图

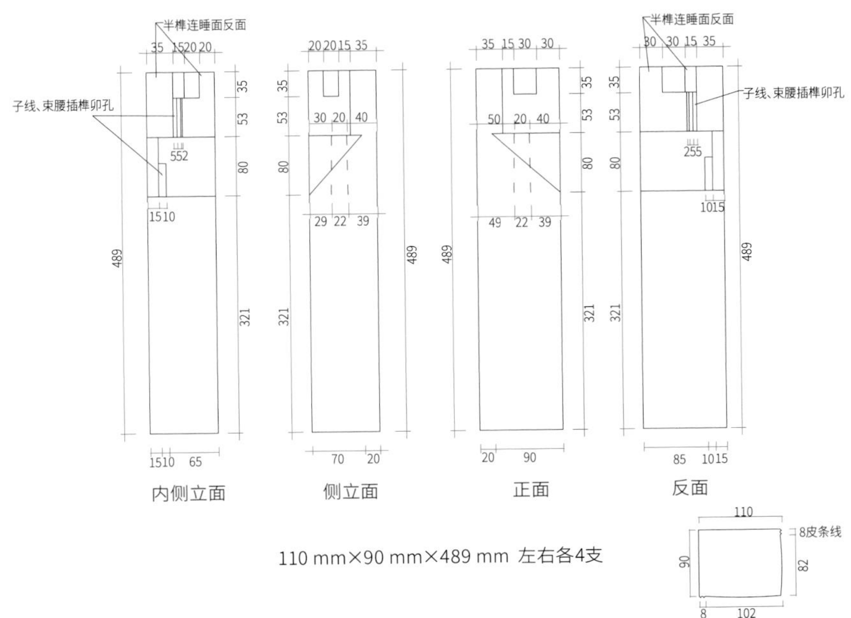

通作家具子线出现在清早期。子线为通作家具特色线条，一般应用在有马蹄腿足的器具上。束腰和牙条通过子线形成叠加线脚，更能产生错落有致、凹凸明显的艺术效果。方凳子线比较简练，给人一目了然的感觉；方桌子线，同样是圆线，比方凳子线多一个层次；半桌、案和几的子线在方凳子线的基础上增加层次感；大型家具如罗汉床、架子床，需考虑使立面更具美感。

上侧面

下侧面

正立面

反立面

40 mm×80 mm×878 mm 2支

8皮条线

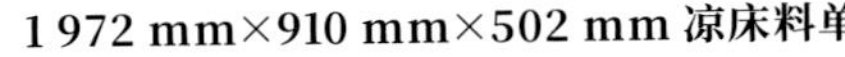

1 972 mm×910 mm×502 mm 凉床料单

部位名称	规格	数量
大边	1 972 mm×90 mm×48 mm	2 支
抹头	910 mm×90 mm×48 mm	2 支
面心板	1 802 mm×740 mm×18 mm	1 块
穿带	860 mm×40 mm×50 mm	6 支
腿足	489 mm×110 mm×90 mm	4 支
牙条	1 940 mm×40 mm×80 mm	2 支
牙条	878 mm×40 mm×80 mm	2 支
子线	1 956 mm×15 mm×35 mm	2 支
子线	894 mm×15 mm×35 mm	2 支
束腰	1 926 mm×20 mm×43 mm	2 支
束腰	864 mm×20 mm×43 mm	2 支

1 1. 腿足划线

2 2. 牙条划线

上侧面

下侧面

正立面

反立面

40 mm×80 mm×1 940 mm 2支

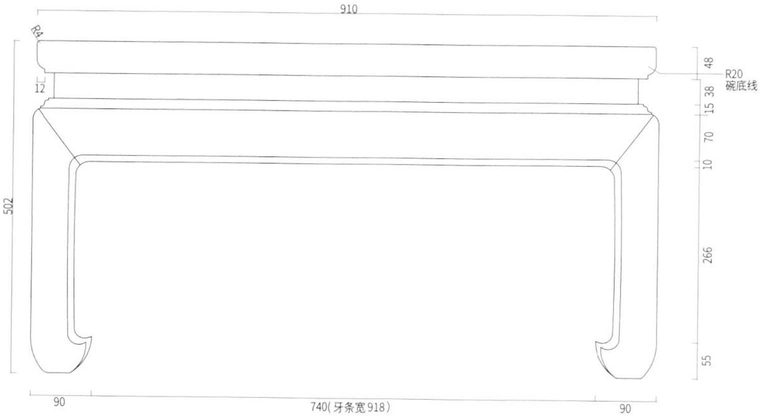

1 972 mm×910 mm×502 mm

扒底销子 13 mm×25 mm
半榫连座面

1	
2	3
4	

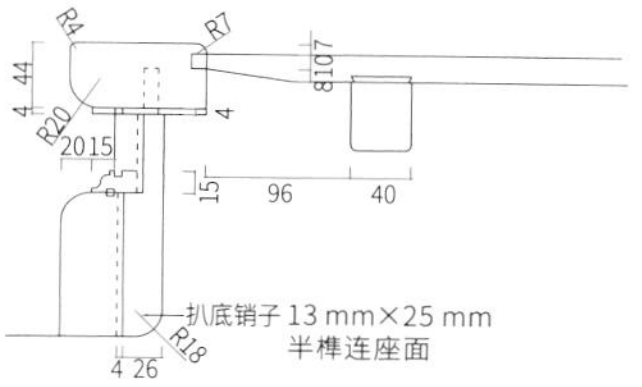

1. 牙条划线
2. 凉床侧立面
3. 抹头、腿足和睡面的榫卯结构
4. 凉床前立面

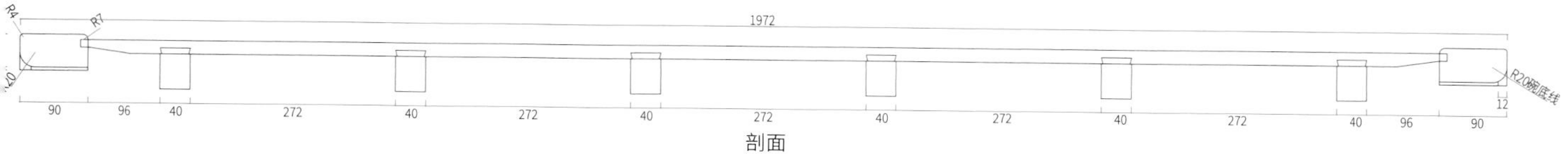

剖面

1 972 mm×910 mm×502 mm

(4) 鸟儿头翘头案和牙条

两端抹头端头以鸟儿头形状装饰的条案，称为鸟儿头翘头案，是通作家具翘头案的一种形式。

翘头案一般都陈设于客厅。案面两端微微翘起，四支腿足向八面叉开后以半榫和托泥连接。这里以长 1 818 mm、宽 516 mm、高 944 mm 的翘头案为例进行说明。

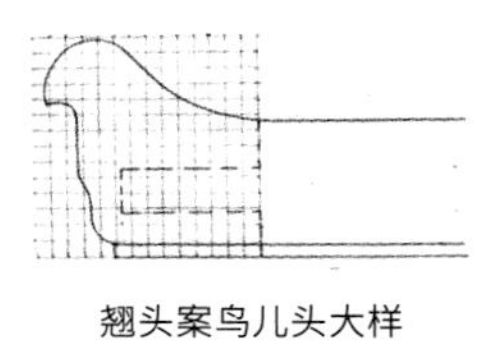

翘头案鸟儿头大样

正立面

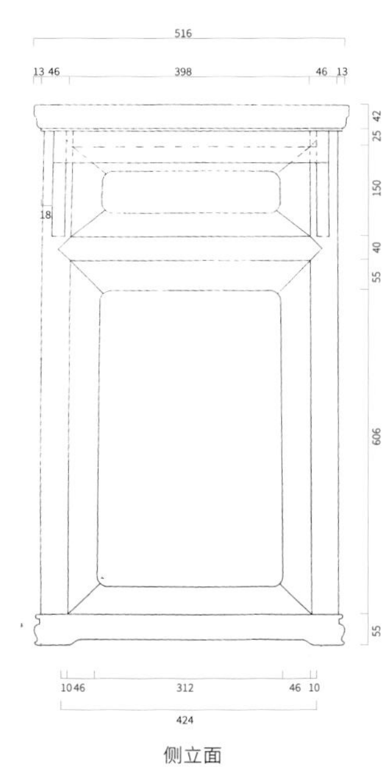

侧立面

1 | 2
3 | 4

1. 翘头案鸟儿头
2. 翘头案鸟儿头大样
3、4. 鸟儿头翘头案结构

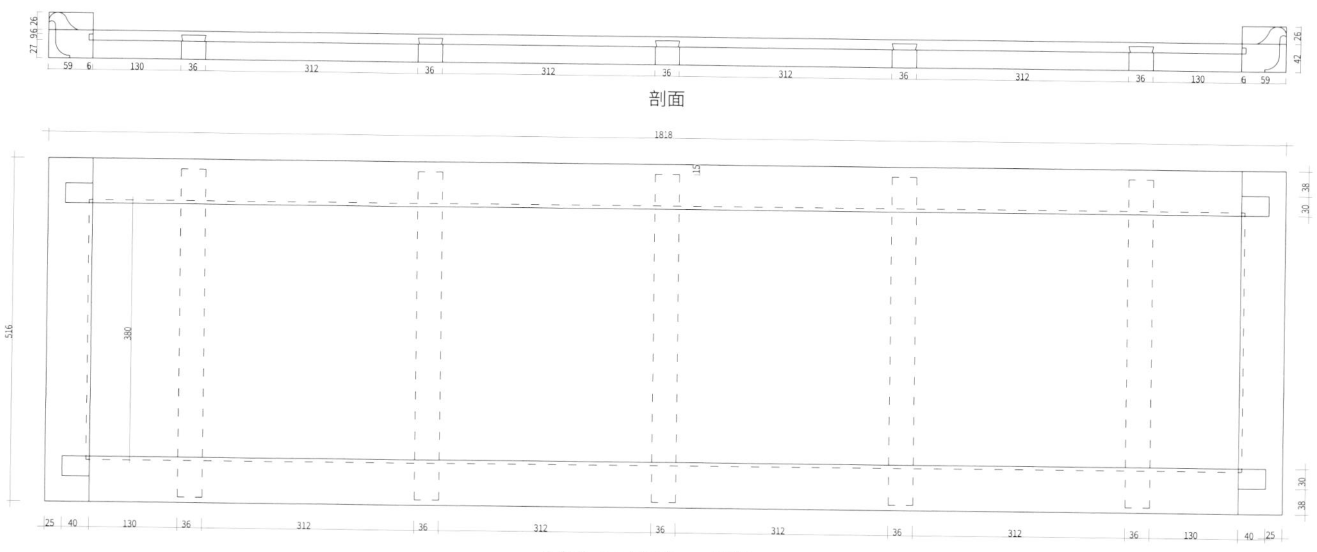

按照设计图纸划线。翘头案正立面两支腿足各向外斜 23 ～25 mm。侧立面两支腿足各向外斜 13 ～16 mm，使得两支腿足下端外侧宽度等于案面宽度。大边两侧面向里30 mm 为牙条外口边线。

案面大边和鸟儿头抹头采用半榫结构，正面采用平肩，反面采用 45°割角。大边侧面冰盘沿采用割角送肩工艺。鸟儿头抹头、大边和面心板采用槽榫卯结构连接。穿带榫和面心板接合后以半榫连接大边。案面外侧立面四周采用明式碗底线或碗底灯草线交圈。腿足正立面居中采用一炷香线脚，两侧则采用子线、灯草线或指甲圆线。

1 818 mm×516 mm×944 mm 鸟儿头翘头案料单

部位名称	规格	数量
大边	1 818 mm×68 mm×42 mm	2 支
抹头（鸟儿头）	516 mm×65 mm×68 mm	2 支
穿带	460 mm×36 mm×34 mm	5 支
面心板	1 710 mm×395 mm×16 mm	1 片
（或对称拼板）	1 710 mm×210 mm×17 mm	2 片
腿足	881 mm×68 mm×46 mm	4 支
托泥	530 mm×88 mm×55 mm	2 支
中档	460 mm×62 mm×40 mm	2 支
上档	428 mm×68 mm×25 mm	2 支
前后立面牙条	1 708 mm×20 mm×77 mm	2 支
侧立面牙条	454 mm×20 mm×52 mm	2 支
牙头	180 mm×20 mm×80 mm	8 支
圈口	612 mm×15 mm×50 mm	4 支
圈口	156 mm×15 mm×50 mm	4 支
圈口	430 mm×15 mm×50 mm	2 支
圈口	410 mm×15 mm×50 mm	2 支
圈口	410 mm×15 mm×50 mm	2 支
圈口	404 mm×15 mm×50 mm	2 支

前后腿足上部以满口吞双穿带夹子榫与牙头、牙条接合。腿足上端以单夹双半榫和案面相连后，下端以单夹双肩双半榫与托泥相接。托泥做成

1 | 1. 鸟儿头翘头案案面结构示意图

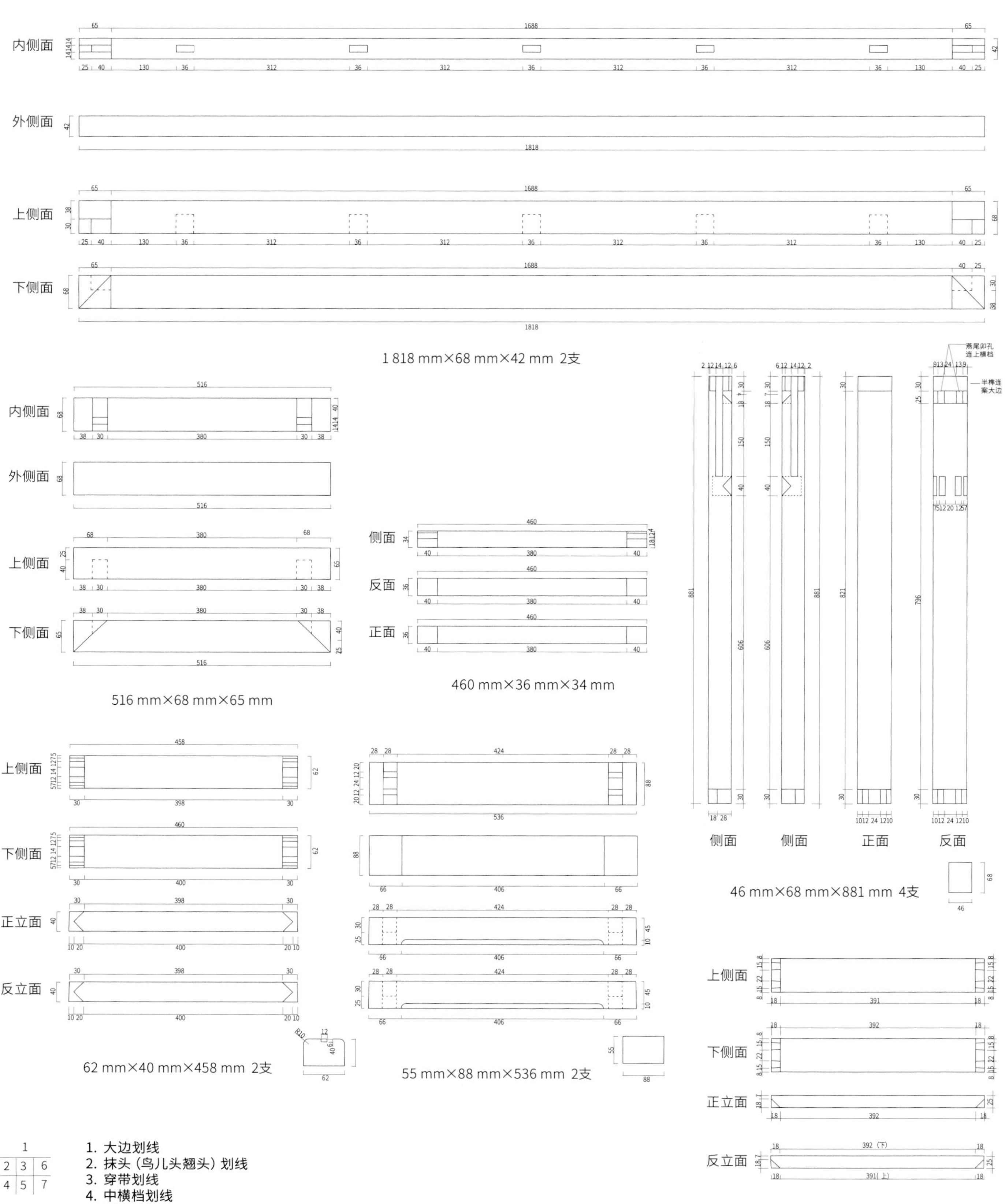

	1	
2	3	6
4	5	7

1. 大边划线
2. 抹头（鸟儿头翘头）划线
3. 穿带划线
4. 中横档划线
5. 托泥划线
6. 腿足划线
7. 侧上横档划线

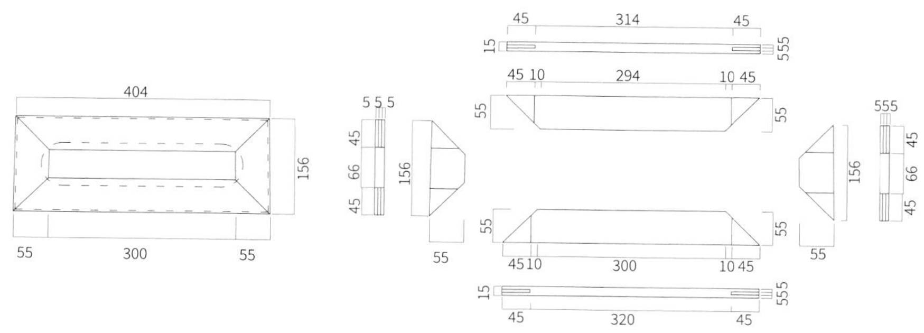

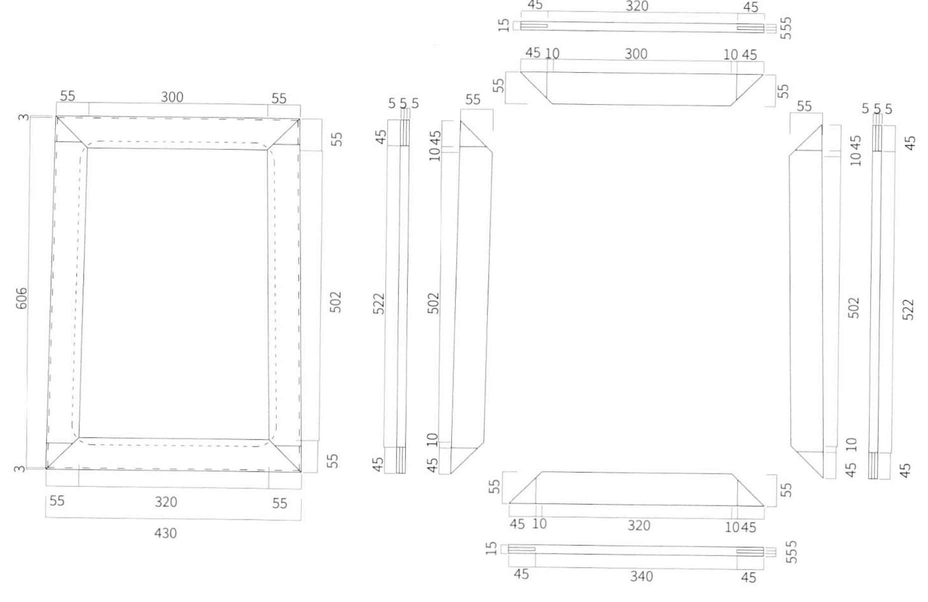

桥梁档造型，四面超出腿足，周边以10 mm 的圆角线交圈。下横档以双面人字肩半榫与前后腿足接合。上档以燕尾榫和前后腿足上端连接。圈口内侧为灯草线，横竖档交接处是半径为20 mm 的内圆角，外侧以槽榫和腿足、横档及托泥的槽卯连接。

按设计图纸在纸板上画好 1：1 大样图，做好牙条、牙头模型，照模型画好部件，完成雕刻，打磨后组装成型。

通作翘头案的牙条、牙头又称为耳子。其表现手法较多，又有别于其他地区素耳子。素耳子又分为肥耳子、瘦耳子，对工艺要求不高，但要做好不是一件容易的事。从明代的猫耳朵耳子开始，耳子演变出多种形式。

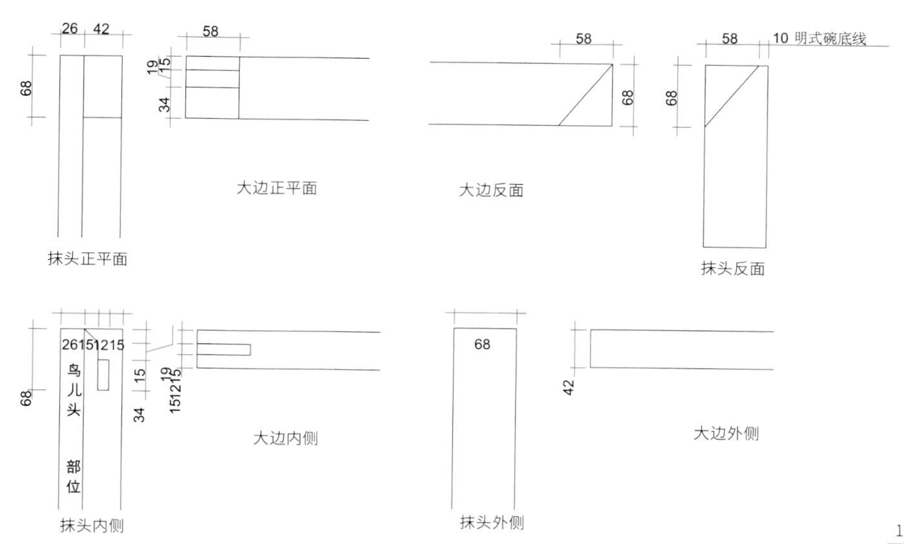

1. 上圈口插榫结构示意
2. 下圈口插榫结构示意
3. 大边和抹头结构示意

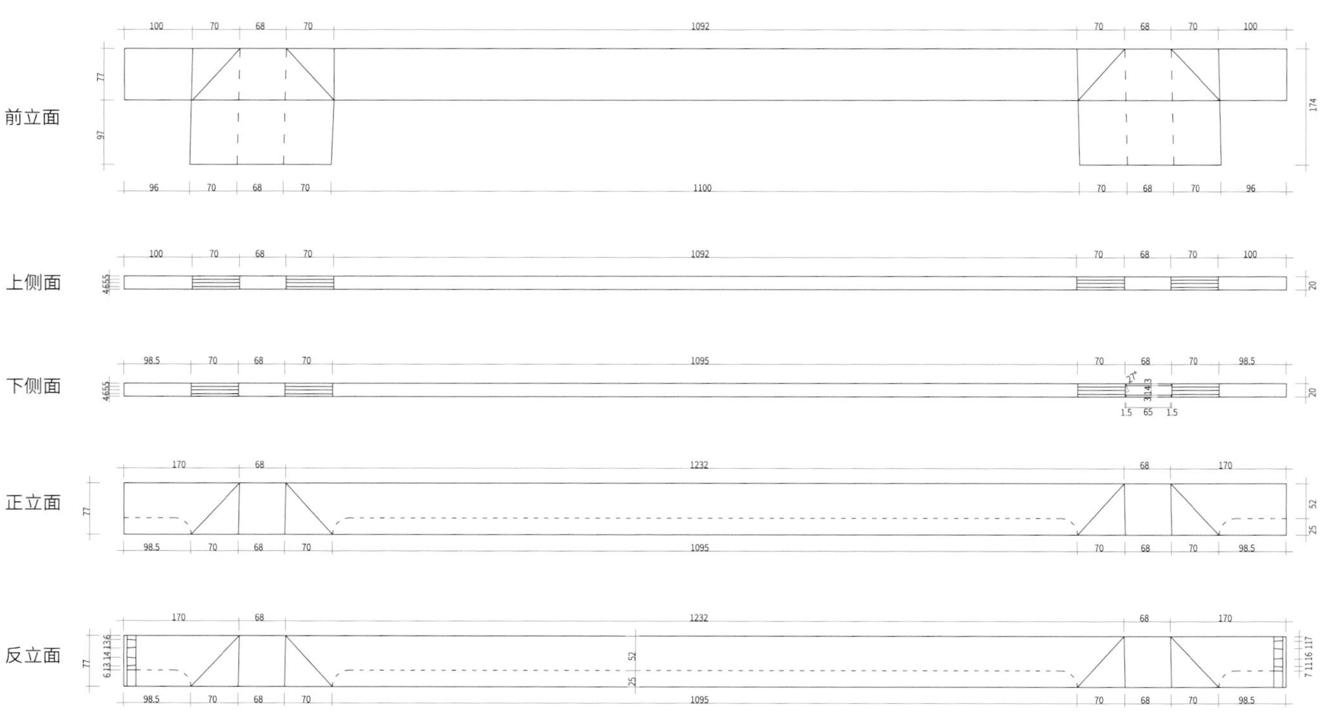

77 mm×20 mm×1 708 mm 2支

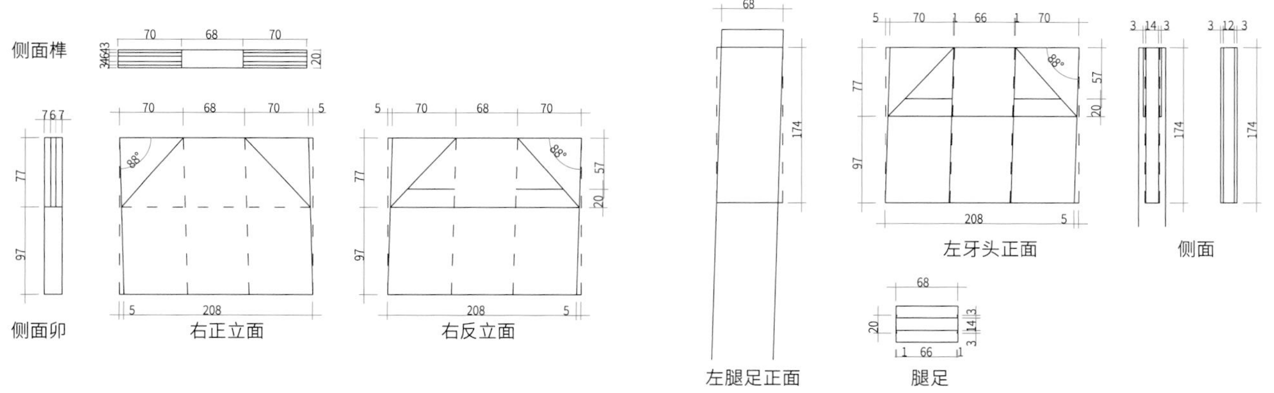

1. 前后牙条划线
2. 牙条、牙头榫卯节点示意图
3. 腿足、牙头榫卯节点示意图

(5) 撇足花几

撇足一般用于腿足足部。此造型来源于腿足托泥造型。两侧横档和腿足节点用半径为 5 mm 的圆角延伸到足底部。四支撇足别具一格。

花几一般陈设于主人的客厅、书房、居室等比较重要的地方。几面摆设花草等物。花几高度一般为 950 ～1 190 mm（以房间大小、高度来定花几高度和宽度）。花几有正方形、长方形和异形等形制，而撇足造型用于四支腿足下端。

几面四角采用龙凤榫卯结构。面心板采用四落槽榫卯工艺，用独板或采用两块板对称相拼。面心板和大边、抹头采用内圆角。穿带榫与面心板反面相连，并以半榫和大边相接。大边、抹头外侧立面采用碗底阳线。

将两支腿足作合后划齐头线。腿足上端锁角榫连接几面。腿足在牙条向上的正面、侧面各锯切 25 mm，束腰、子线插榫和腿足内侧连接正面 5 mm 送肩，和相邻的另一面束腰、子线以 45°割角相交。牙条两端和腿足采用子母榫结构。据此划好牙条子母榫卯长度线。下端齐头线向里 25 mm 为下桥梁档关头，关头向上为下桥梁档卯孔长度线。将两支腿足样线划好后，过线至另外两支腿足。划好卯孔长度线、牙条大割角线和桥梁档人字割角线，同时划好腿足下端外翻马蹄线。

396 mm×396 mm×1 087 mm

396 mm×396 mm×33 mm

1 | 2

1. 花几
2. 几面龙凤榫划线

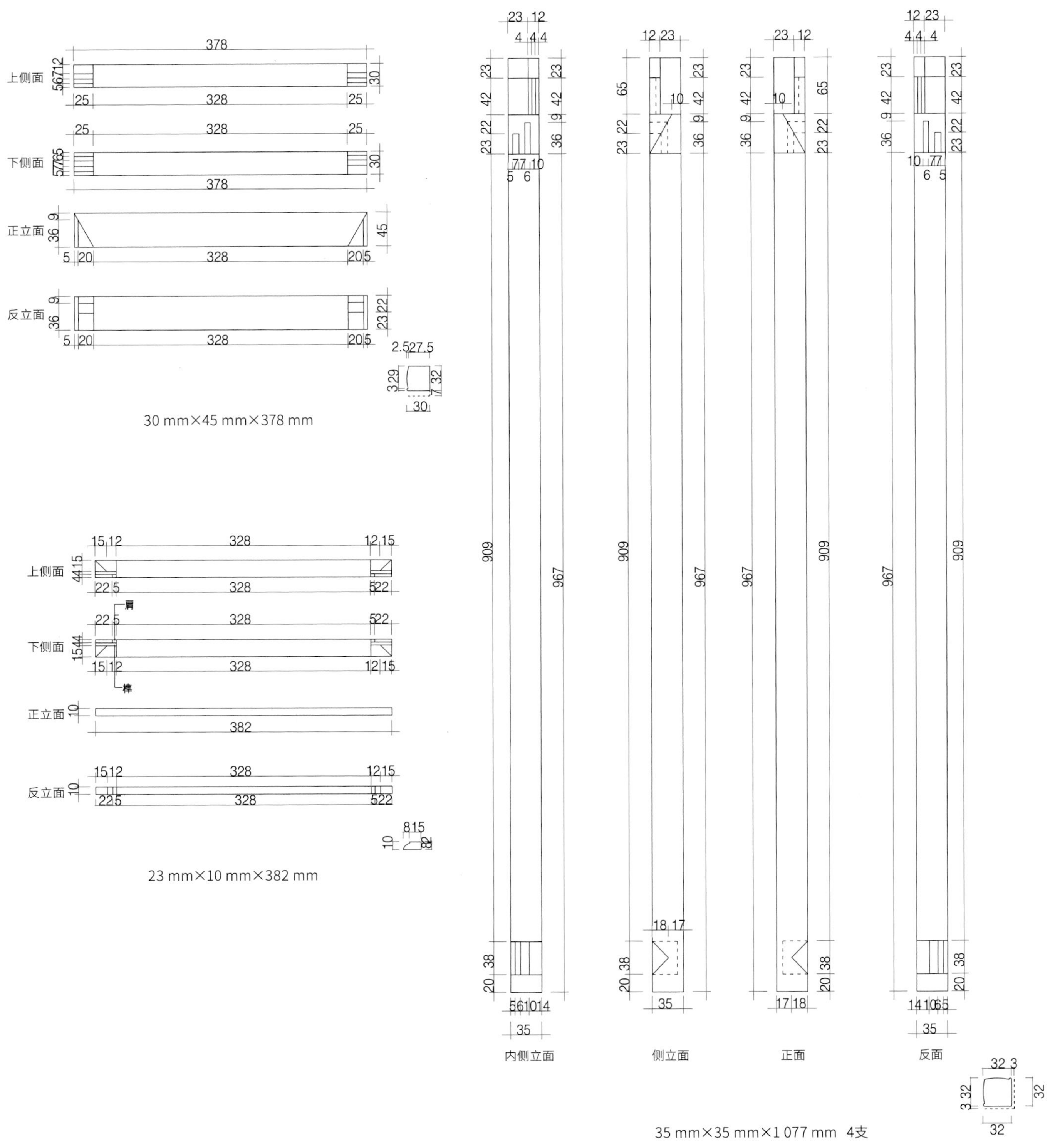

1 2 3

1. 牙条划线
2. 子线、圆线划线
3. 左腿足划线

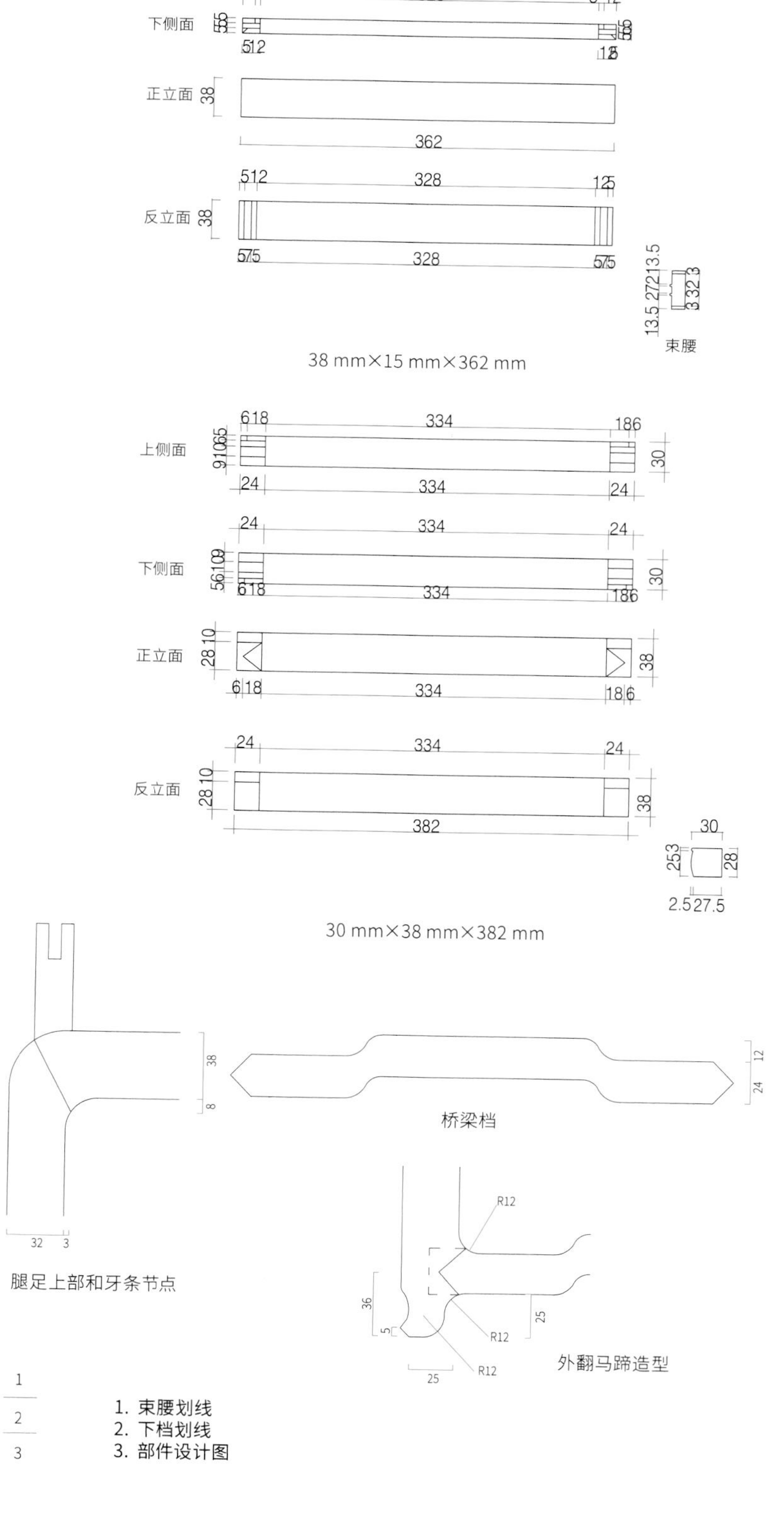

1. 束腰划线
2. 下档划线
3. 部件设计图

将束腰、子线从牙条上侧过线后，划好两端的根子线，过线后参照腿足插榫棉线后，在束腰、子线两端划好棉线、榫夹线、榫厚线，同时划好送肩 45°割角线。

下端桥梁档也是从牙条上过线，按过线的实际尺寸放长 2 mm 作为根子线。对照腿足割角线、棉线，划好桥梁档人字割角线、棉线、榫夹线和榫厚线。

榫卯成型且试组装合格后，花几的四个侧面的内侧各设扒底销子榫 1 支，连接牙条、子线和束腰后，以半榫连接几面框。

按模板做桥梁档。腿足下端为撇脚外翻马蹄。

1 087 mm×396 mm×396 mm 高束腰花几料单

部位名称	规格	数量
大边	396 mm×60 mm×33 mm	2 支
抹头	396 mm×60 mm×33 mm	2 支
面心板	300 mm×300 mm×13 mm	1 片
(或对称成拼板)	310 mm×160 mm×14 mm	2 片
穿带	360 mm×30 mm×22 mm	1 支
腿足	1 077 mm×35 mm×35 mm	4 支
下拉档	382 mm×38 mm×30 mm	4 支
牙条	378 mm×45 mm×30 mm	4 支
子线	382 mm×10 mm×23 mm	4 支
束腰	362 mm×38 mm×15 mm	4 支

腿足外立面采用 3 mm 指甲圆线。腿足和牙条、桥梁档立面内边缘采用灯草线交圈。外边以半径为 8 mm 的圆线收边，里边以半径为 5 mm 的圆线收口。牙条和腿足外立面同用指甲圆线，上侧以半径为 18 mm 的圆线收口。腿足和牙条相交内角采用半径为 18 mm 的内圆角工艺。桥梁档上下侧和腿足相交处是半径为 12 mm 的内圆角。桥梁档正面同样采用指甲圆线，其上边缘和腿足以灯草线交圈，下边以半径为 5 mm 的圆线收边，并和外翻马蹄交圈。

束腰为鱼门洞形高束腰。灯草线环绕一周。子线、圆线突出束腰后过渡至牙条。

榫卯形成，刨好线，并打磨合格后进行组装。在几反面按半榫尺寸划好卯孔线，凿好卯孔，打磨合格后完成榫卯组装。

1. 撇足花几
2. 花几撇足

(6) 高束腰画桌

在结体为方形或长方形的有束腰家具中，束腰又可分为低束腰和高束腰。高束腰的空间比低束腰更大，也为装饰提供了一个很好的平台。高束腰间可以加绦环板、抽屉或雕刻。这是高束腰独有的

1. 画桌图纸
2. 桌面剖面图
3. 桌面划线

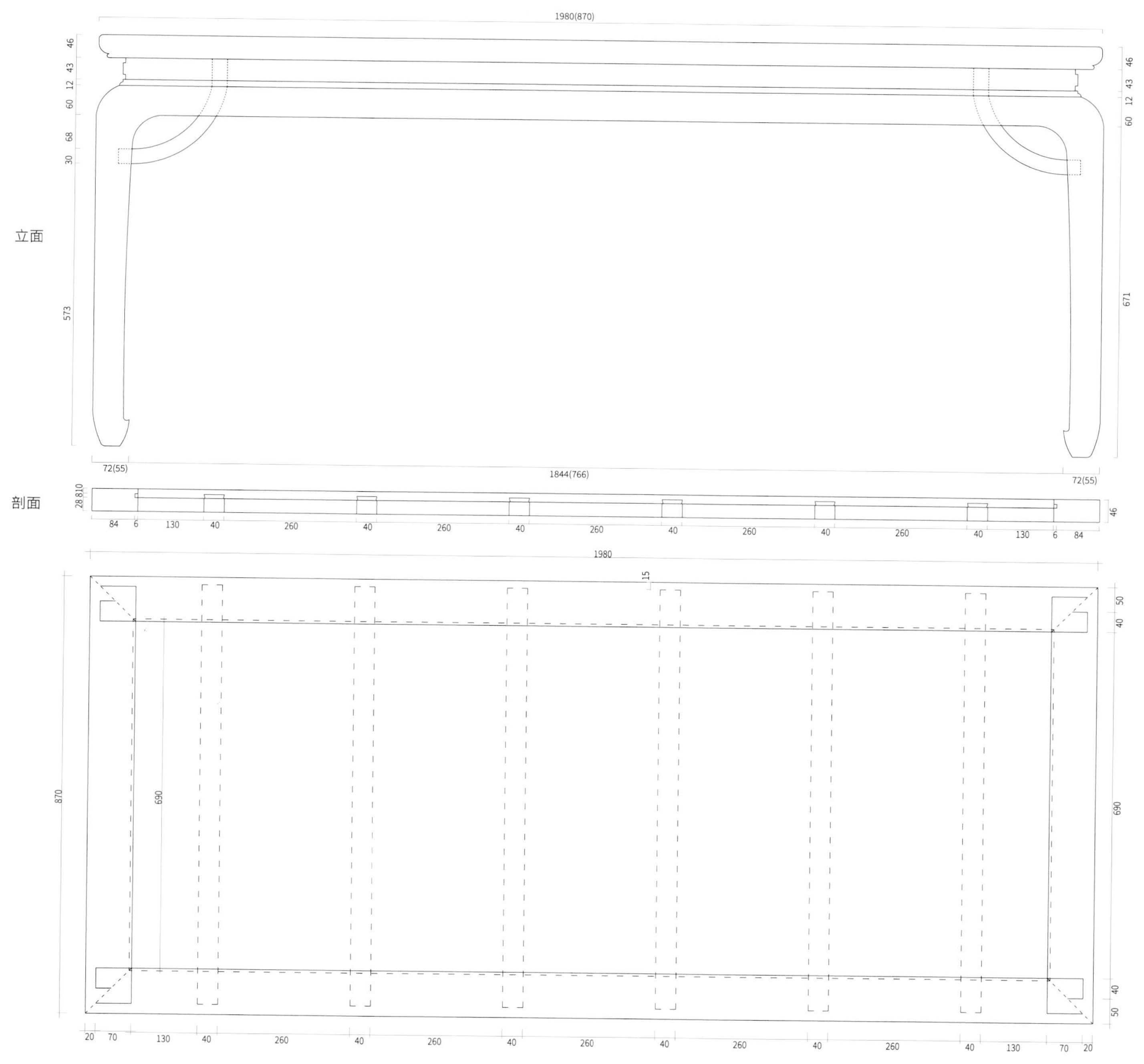

1 980 mm×870 mm×46 mm

1. 腿足划线
2. 正立面牙条划线
3. 高束腰局部

特色。这里以霸王枨高束腰画桌为例。高束腰雕刻鱼门洞，四周饰以灯草线。画桌给人以空灵轻巧、线条流畅之感。

高束腰主要运用在方桌、方凳、案和几等家具台面外下侧、牙条上侧部位。腿足一般有方形和矩形两种。这里以长 1 980 mm、宽 870 mm、高 832 mm 的画桌为例。

大边与抹头采用龙凤榫结构。穿带榫与面心板相连，面心板四周与面框以槽榫卯相接。穿带出夹肩，反面

锁角榫连桌面大边抹头

4mm棉线

4mm插榫卯孔

霸王枨卯孔

子线、束腰插榫卯孔

4mm棉线，4mm插榫卯孔

内侧　外侧　正面　反面

55 mm×72 mm×824 mm

65 mm×33 mm×1 954 mm 2支

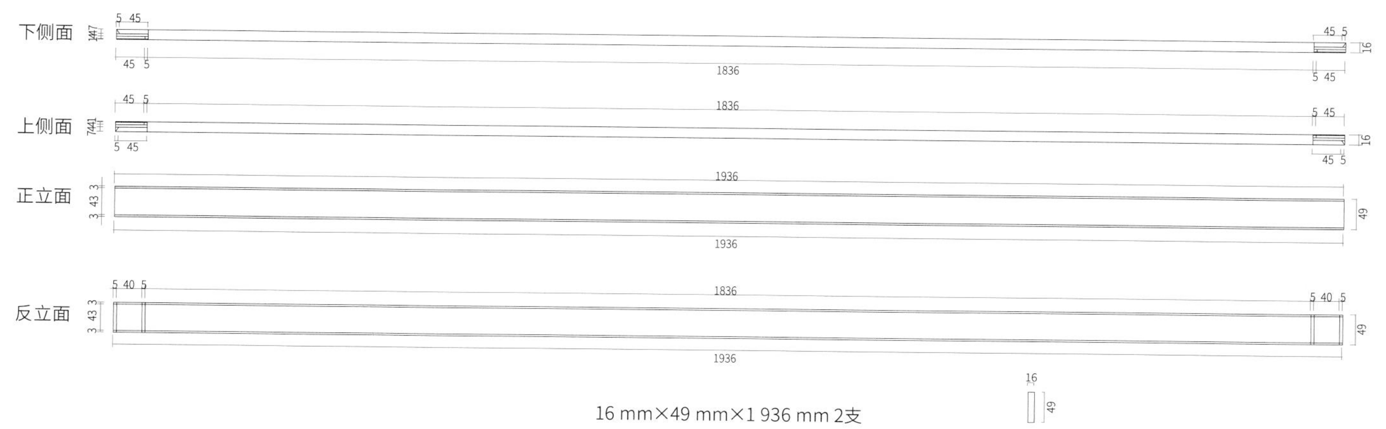

16 mm×49 mm×1 936 mm 2支

65 mm×33 mm×844 mm 2支

1. 正立面束腰划线
2. 侧立面牙条划线
3. 侧立面束腰划线

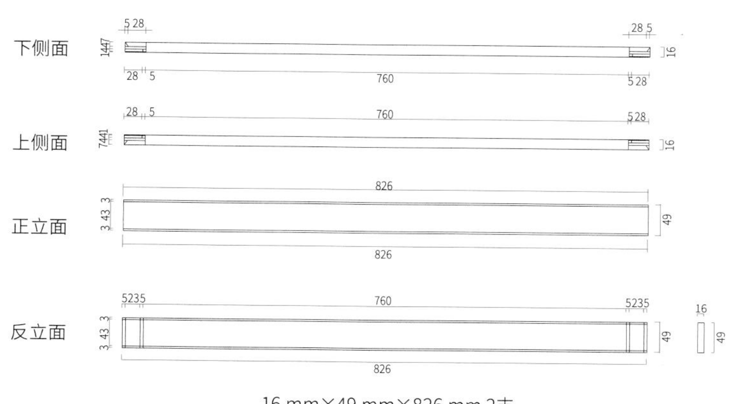

16 mm×49 mm×826 mm 2支

送肩后和大边以半榫接合。腿足锁角榫和大边、抹头连接，束腰、子线以插榫和腿足接合，扒底销子榫连接牙条、子线和束腰后以半榫和桌大边、抹头接合。霸王枨两端分别连接腿足和桌面穿带，牙条抱肩榫和腿足相扣。

画桌大边和抹头外侧立面采用碗底灯草线、鱼门洞形高束腰，洞四周采用灯草线交圈。子线延伸到圆线。束腰上边以半径为 17.25 mm 的圆线收口。牙条和腿足立面采用 3 mm 的指甲圆线。立面内边缘采用灯草线交圈工艺。腿足和牙条内圆角半径为 26 mm，腿足下部采用高马蹄造型。

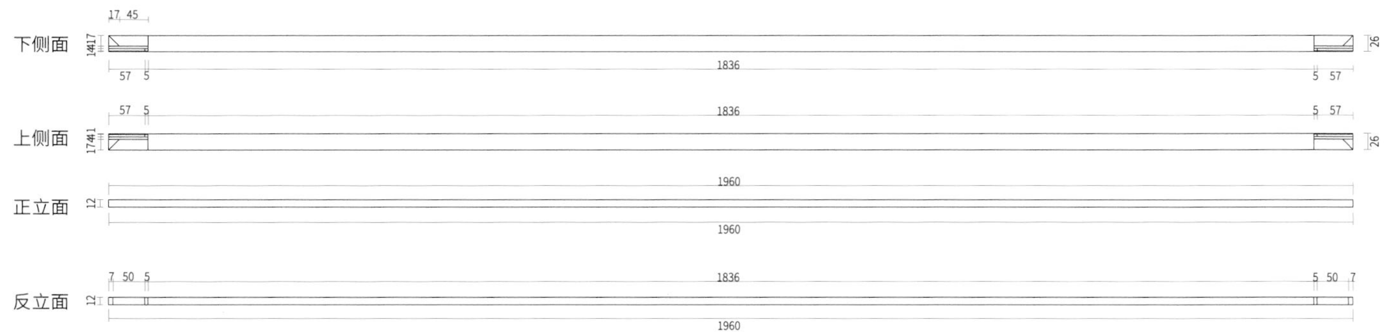

12 mm×26 mm×1 960 mm 2支

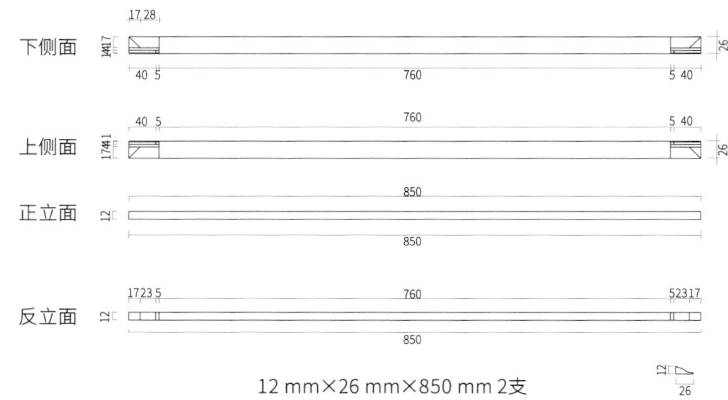

12 mm×26 mm×850 mm 2支

束腰分素束腰和工艺束腰两种。素束腰为光板，无任何装饰；工艺束腰有镂空、镶嵌、线雕等表现手法。束腰如无子线、牙条，可增加裁口代表子线。

腿足和牙条、桌面组装后，腿足内侧以霸王枨连接穿带。

1. 正立面子线、圆线划线
2. 侧立面子线、圆线划线
3. 高束腰画桌

1 980 mm×870 mm 画桌料单

部位名称	规格	数量
大边	1 980 mm×90 mm×46 mm	2支
抹头	870 mm×90 mm×46 mm	2支
面心板	1 812 mm×702 mm×18 mm	1片
穿带	840 mm×40 mm×32 mm	6支
腿足	824 mm×72 mm×55 mm	4支
牙条	1 954 mm×33 mm×65 mm	2支
牙条	844 mm×33 mm×65 mm	2支
束腰	1 936 mm×49 mm×16 mm	2支
束腰	826 mm×49 mm×16 mm	2支
子线、圆线	1 960 mm×12 mm×26 mm	2支
子线、圆线	850 mm×12 mm×26 mm	2支
霸王枨	见样	4支

(7) 指甲圆线方凳

家具表面微微隆起的如同指甲圆形状的线条，称为指甲圆线。线条在工件横（竖）档立面由中心向两边展开，在横（竖）档正面相邻的两个侧面刨 3 mm（视工件大小而定）的圆线，从而形成指甲圆线。

指甲圆线在通作家具中被广泛应用。如宝座椅、八仙桌、方桌、方凳和床围栏等上都可能有指甲圆线。

本例方凳座面大边与抹头采用龙凤榫结构。面心板四周和大边、抹头以槽榫卯相连。面心板反面采用穿带榫工艺，其穿带和大边以半榫卯接合，腿足上端以锁角榫和大边、抹头相扣，束腰、子线以插榫与腿足相接。牙条和腿足以子母榫或抱肩榫连接。扒底销子榫连接牙条、子线和束腰内侧后，并以半榫和座面相连。霸王枨以勾榫连接腿足和穿带。

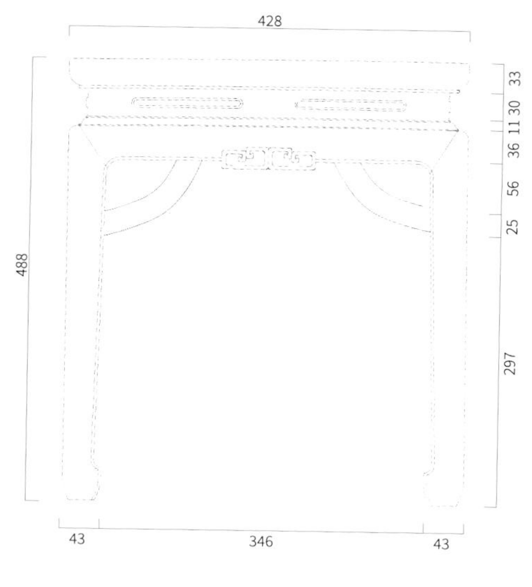

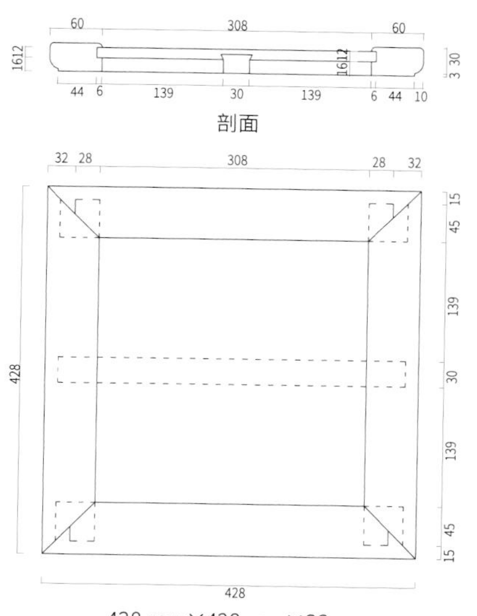

428 mm×428 mm×33 mm

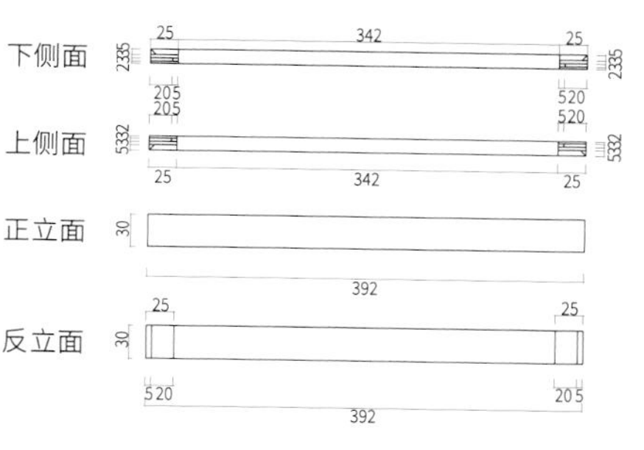

13 mm×30 mm×392 mm 4支

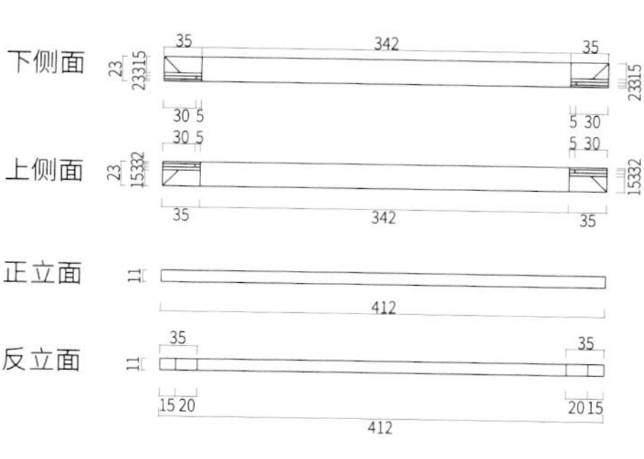

23 mm×11 mm×412 mm 4支

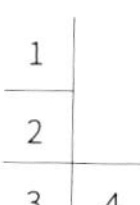

1. 方凳正立面
2. 板落堂座面龙凤榫卯划线
3. 束腰划线
4. 子线划线

座面外侧立面的碗底阳线、子线、高束腰组合后过渡到牙条，形成错落有致的线脚。腿足正面、侧面，牙条正面采用指甲圆线。不论正立面大小，立面的两边都各洼陷 3 mm（立面高于两边各 3 mm）。用各种规格的指甲圆线刨刨线，用洼形搒刨在线脚正面刨直、刨平，然后用和侧剖面外形近似的洼形刮刀刮平。

如工件表面或侧面另外还有线脚，则按线脚规格做好，用刮刀挂线，或用洼形或圆形搒刨刨直，以线型刮刀刮平，打磨合格后进行组装。

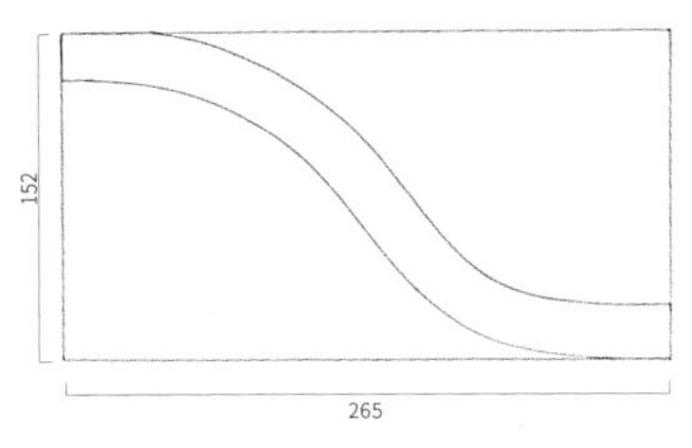

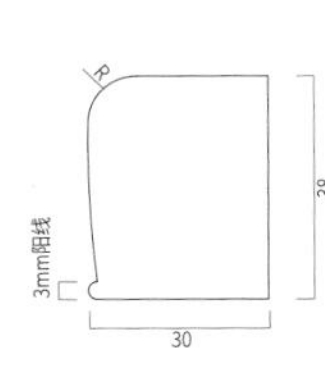

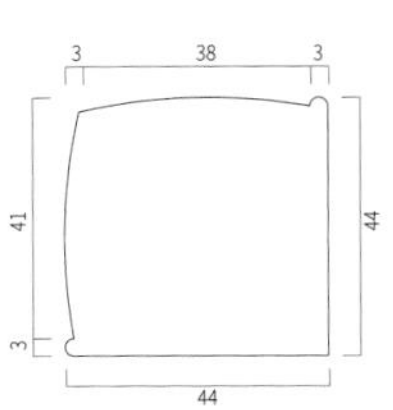

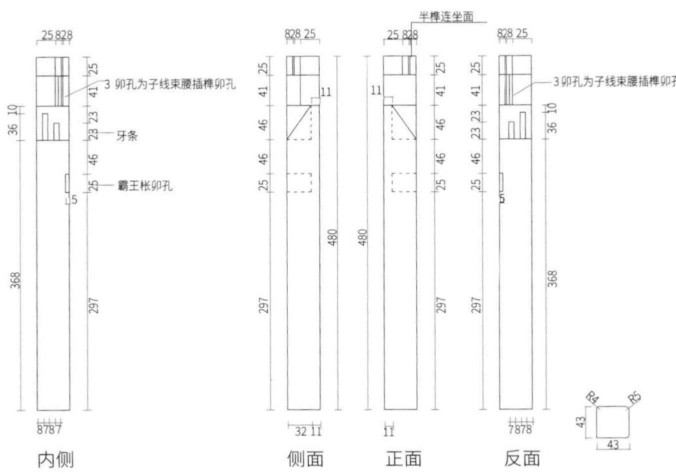

43 mm×43 mm×480 mm 左右各2支

428 mm×428m×488 mm 方凳（板落堂座面）料单

部位名称	规格	数量
大边	428 mm×60 mm×33 mm	2支
抹头	428 mm×60 mm×33 mm	2支
面心板	322 mm×322 mm×12 mm	1片
（或对称拼板）	330 mm×170 mm×13 mm	2片
穿带	390 mm×30 mm×19 mm	1支
腿足	480 mm×43 mm×43 mm	4支
牙条	406 mm×30 mm×46 mm	4支
束腰	392 mm×13 mm×30 mm	4支
子线圆线	412 mm×11 mm×23 mm	4支
霸王枨	见样	4支

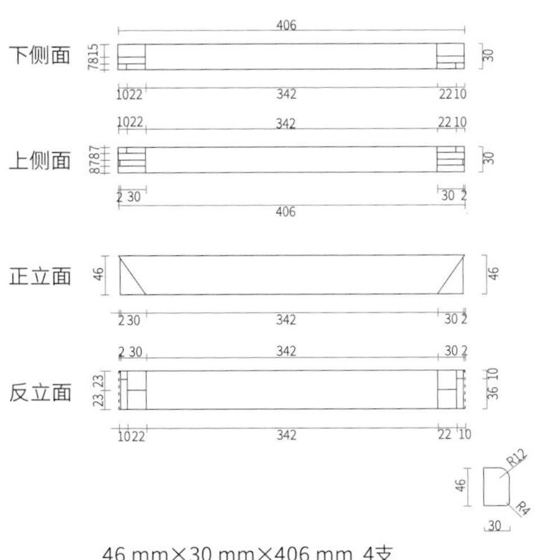

46 mm×30 mm×406 mm 4支

1. 霸王枨大样
2. 牙条线脚
3. 腿足指甲圆线
4. 腿足划线
5. 牙条划线
6. 藤面方凳

穿带 3.5 心板厚12

32.5 7 35

54 6 136 30 136 60

剖面

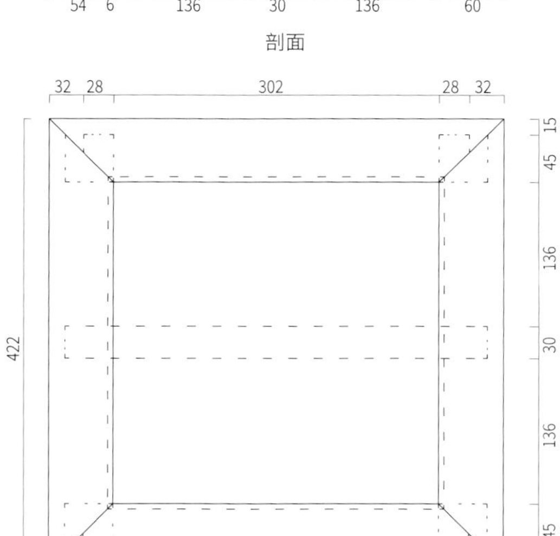

422 mm×422 mm×35 mm

1. 茶几正立面
2. 几面龙凤榫卯划线

(8) 冰裂纹茶几

像冰面破裂时形状的家具纹饰，被称为冰裂纹。该纹饰一般用于器物底部。由底部中心等腰六边形的六支主档向外延伸，其他为随意三角形或多边形，形成一组纹饰。冰裂纹采用榫卯攒接的方法进行连接。

在通作传统家具中，茶几是宝座的配套家具。一般是八椅（宝座）配四几（茶几）或四椅配二几。

对照图纸开好料单，然后按料单规格把坯料分类堆放。先划几面大边、抹头、面心板和穿带线。几面大边和抹头采用龙凤榫结构。面心板四周以槽榫与大边、抹头槽卯接合。面心板四角采用内圆角工艺。穿带和面心板接合后，以半榫连接大边。

将两支腿足作合并划好样线，在反面划齐头线，在上端分别划几面大边厚度线、束腰高度线、子线高度线。在正立面、侧立面（大面）分别划 25 mm 棉线（从子线、圆线、根子线向上，将正立面、外侧立面各裁去 25 mm，以便束腰、子线 5 mm 送肩和相邻面的束腰、子线交圈）。同时划好锁角榫及束腰、子线的插榫卯孔线。子线向下为牙条子母榫卯孔位置线和拐儿档及下横档半榫卯孔位置线。在腿足上划好榫卯孔的棉线后，

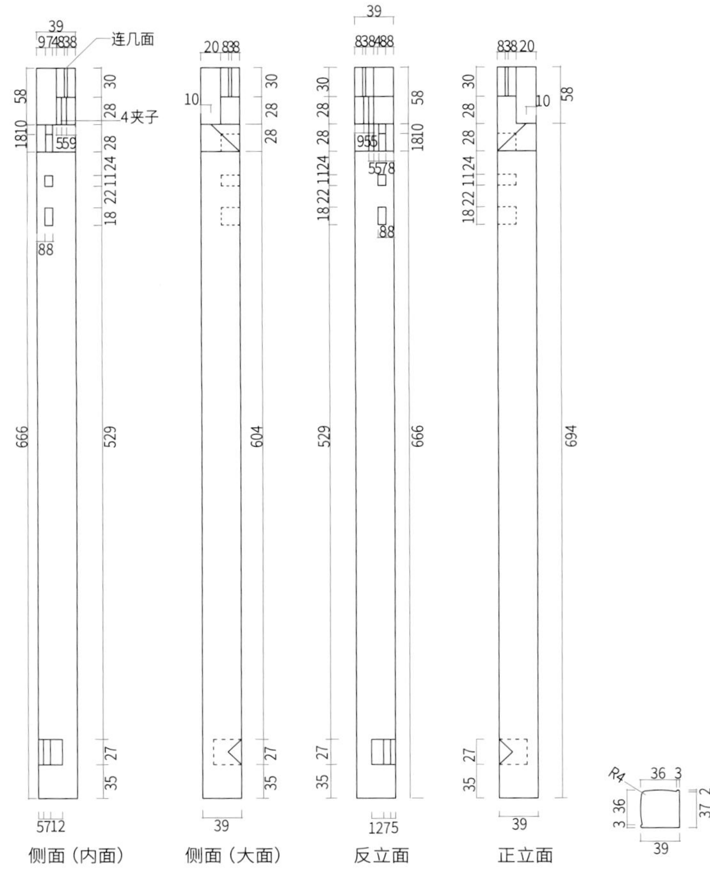

39 mm×39 mm×752 mm 4支

划腿足下端的下档半榫卯孔线。将两支样线划好后，过线到另两支或更多的待加工的腿足上，并划好棉线、割角线及上端裁口线。

对照大样图立面上的横档节点位置，先划束腰样线。牙条、下横档分别从束腰上过线。划好两端齐头线后划根子线。牙条一端以子母榫和腿足连接，另一端也以子母榫和竖档连接。下横档一端和靠腿拐儿以贯榫连接后，再以半榫与腿足相连，另一端以虎牙榫和竖档相接。同时划好割角线、棉线、榫夹线、榫厚线。靠腿拐儿在腿足侧面过线。划好两端齐头线后，上端以虎牙榫和拐儿档接合，中段以卯孔和下横档贯榫相接，并划好棉线、榫夹线、榫厚线及割角线。竖档同样从腿足上过线。划好两端齐

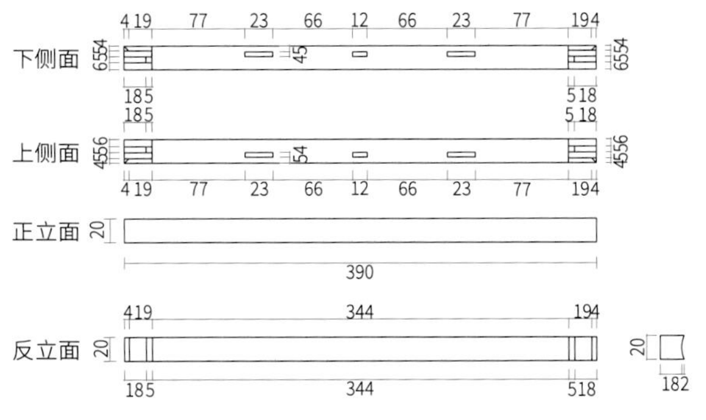

20 mm×20 mm×390 mm 4支

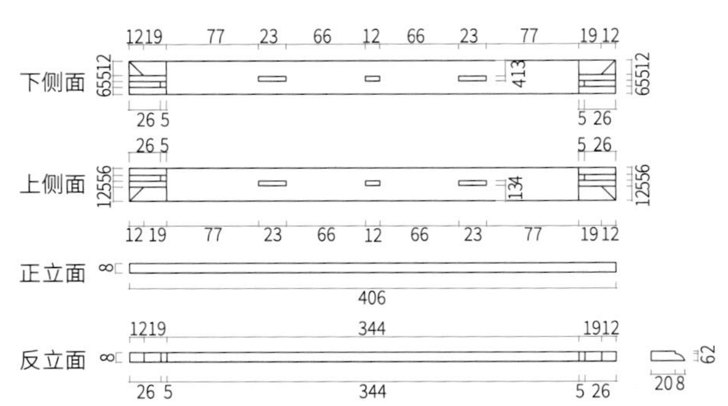

8 mm×28 mm×406 mm 4支

1. 腿足划线
2. 束腰划线
3. 子线、圆线划线

头线后，上端以贯榫穿过子线、束腰卯孔后，再以半榫和大边反面卯孔相扣。竖档侧面以半卯和工字下横档连接。划好卯孔长度线及棉线、榫夹线、榫厚线及割角线。待榫卯完成后，按模板划好拐儿头子线。

工字下横档及上横档分别从束腰过线。两端齐头线划好后，在中心位置划好和工字竖档连接的卯孔线。划好下横档和工字上横档线后，划工字竖档线。工字竖档双出头夹子榫和下横档相连，上端由上横档扣夹榫与之相扣，并以贯榫穿过子线、束腰，以半榫与大边反面卯孔连接。对照图纸分别划割角线及棉线、榫夹线、榫厚线。

同样，下档在束腰上过线。按束腰长度，将下档长度增加 2 mm 后，划齐头线、根子线，按腿足棉线尺寸划好下档两端割角线、榫夹线、榫厚线及反面平肩线。

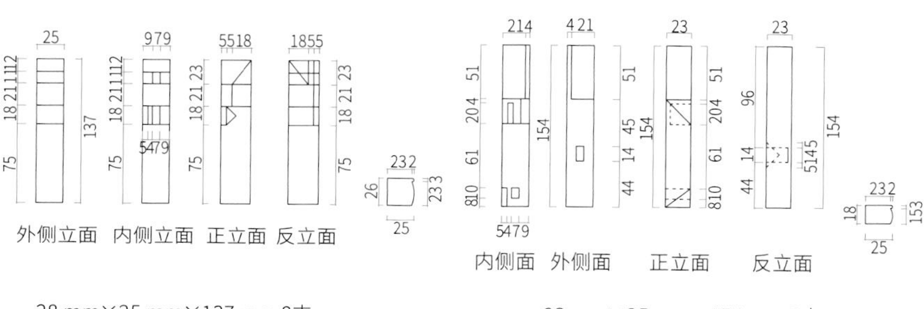

28 mm×25 mm×137 mm 8支

23 mm×25 mm×154 mm 8支

下侧面

上侧面

正立面

反立面

冰裂纹卯孔详见冰裂纹大样实图

27 mm×38 mm×394 mm 4支

1. 腿足划线
2. 冰裂纹几托
3. 靠腿拐儿划线
4. 竖档划线
5. 下档划线

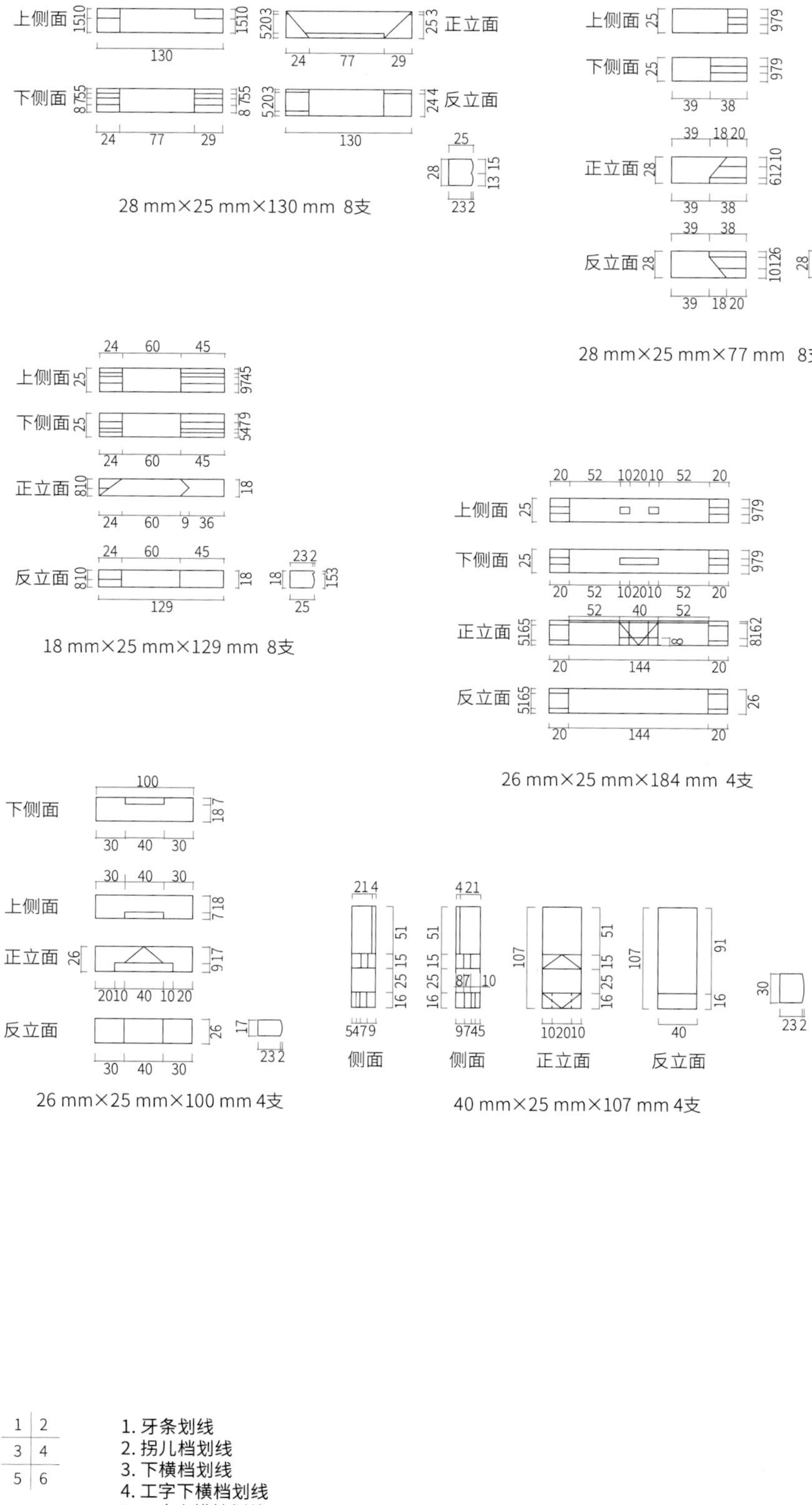

1. 牙条划线
2. 拐儿档划线
3. 下横档划线
4. 工字下横档划线
5. 工字上横档划线
6. 工字竖档划线

茶几底部为冰裂纹几托。按茶几下部尺寸以1∶1的比例划好内净尺寸，再按内净尺寸在薄板或纸张上设计冰裂纹几何图案。一般几托中心为等边六角形，其他部位为乱冰裂纹纹饰。

先画图纸，然后按图纸规格下料。坯料成型后，做好记号。待一组榫卯线划好后，为每支档划好棉线、正面送肩线、反面平肩线及榫厚线。

划好所有线后，完成榫和卯孔加工，以及肩子成型。榫卯试组装合格后，将节点刨平修正，然后将家具组装成型。

422 mm×422 mm×757 mm茶几料单

部位名称	规格	数量
大边	422 mm×60 mm×35 mm	2支
抹头	422 mm×60 mm×35 mm	2支
面心板	314 mm×310 mm×12 mm	1片
穿带	390 mm×30 mm×25 mm	1支
腿足	752 mm×39 mm×39 mm	4支
束腰	390 mm×20 mm×20 mm	4支
子线	406 mm×28 mm×8 mm	4支
下档	394 mm×27 mm×38 mm	4支
牙条	130 mm×28 mm×25 mm	8支
靠腿拐儿	137 mm×28 mm×25 mm	8支
拐儿横档	77 mm×28 mm×25 mm	8支
下横档	129 mm×18 mm×25 mm	8支
竖档	154 mm×23 mm×25 mm	8支
工字竖档	107 mm×40 mm×25 mm	4支
工字上横档	100 mm×26 mm×25 mm	4支
工字下横档	184 mm×26 mm×25 mm	4支

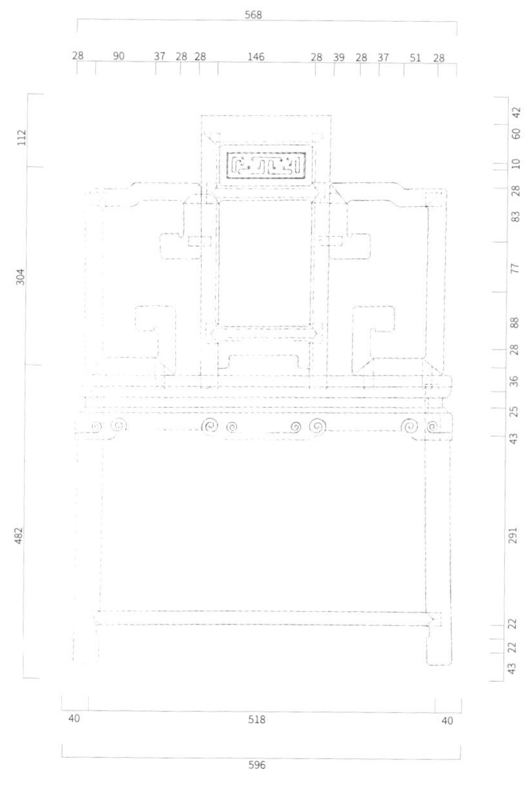

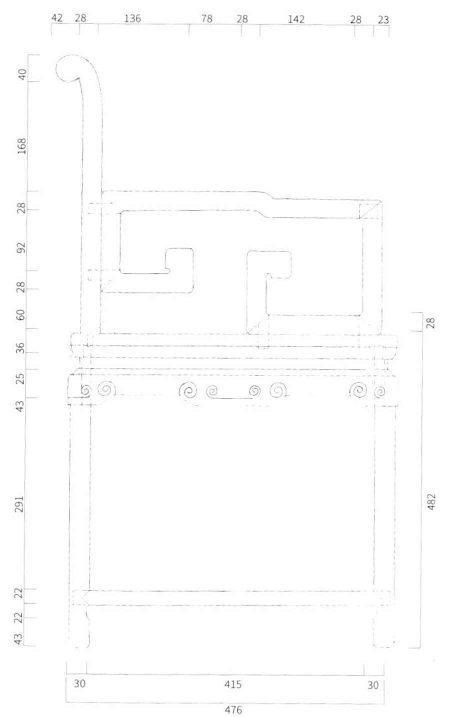

1. 宝座正立面
2. 宝座侧立面

(9) 宝座

宝座陈设于厅堂，和茶几配套使用，通常是八椅（宝座）配四几（茶几）或四椅配二几。通作宝座使用南通柞榛木居多，后背和两侧扶手均为拐儿攒接。拐儿纹是具有南通地域特色的家具符号，因而显得尤为珍贵。

南通宝座初成型时，搭脑为书卷三屏靠背，两边各设扶手。靠背板及拐儿纹纹饰，结构简练，横竖档采用平直线。清中期为宝座盛行时期。拐儿纹纹样多样化，有龙凤、草龙、如意、灵芝、梅花等。搭脑和左右围屏出现和尚头拐儿、书下卷牛头拐儿等。清晚期宝座的发展慢慢走向衰退，工艺比较粗糙，拐儿纹出现了以象鼻头拐儿为代表的纹饰。

椅座面榫卯结构工艺同于方桌。座面大边和抹头采用龙凤榫结构，反面以穿带连接面心板（藤面座面用两支弧形支撑档支撑）。腿足上端以锁角榫与座面大边和抹头卯孔相扣，束腰以插榫与腿足相连，牙条以钩角榫（或子母榫）和腿足相接，下档以半榫连接腿足下端。座面大边和抹头外侧立面采用碗底线，并过渡到束腰洼线。牙条上侧为 3 mm 子线，正面和侧面以半径为 20 mm 的圆线和座面外侧碗底线上下呼应。腿足、下横档

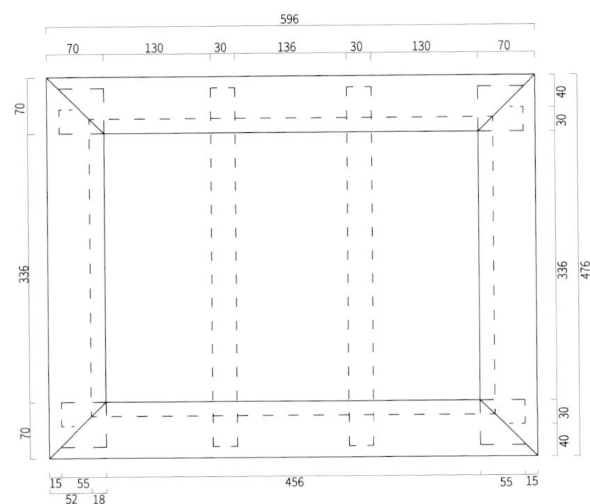

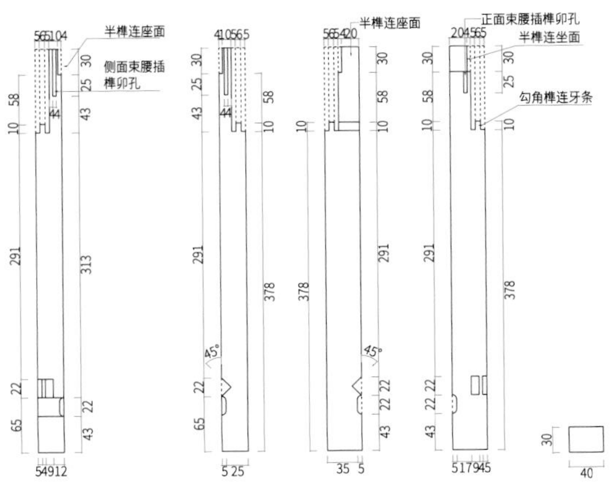

40 mm×35 mm×476 mm 4支

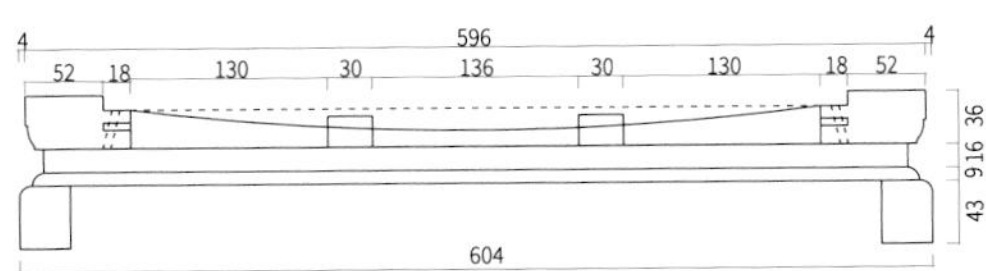

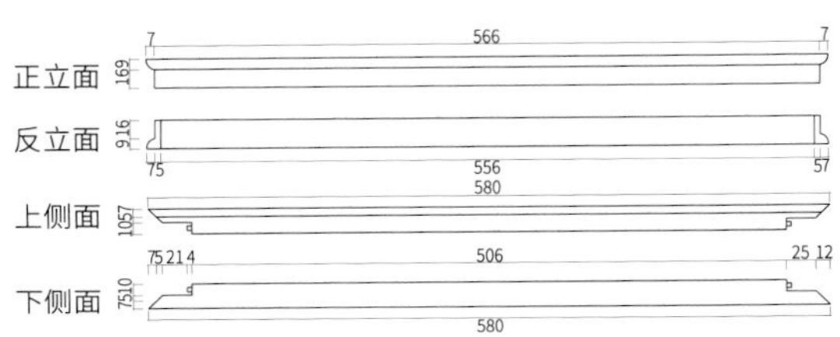

22 mm×25 mm×580 mm 2支

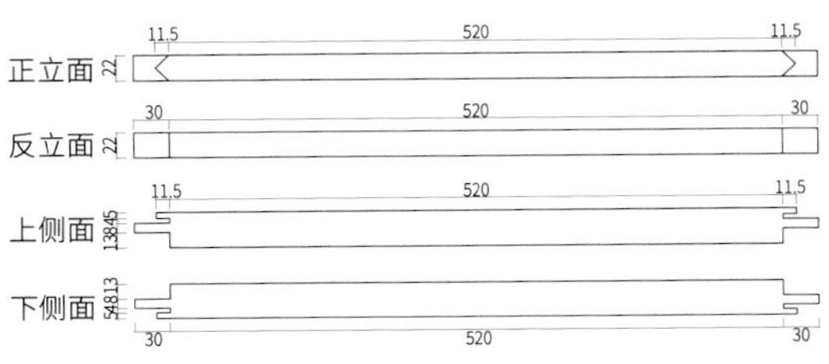

22 mm×30 mm×580 mm 2支

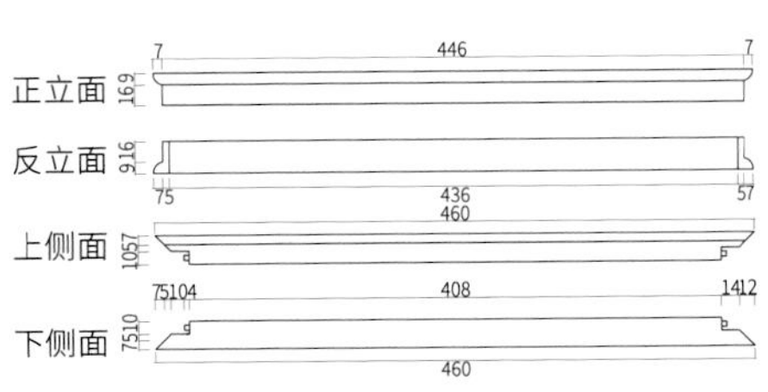

22 mm×25 mm×460 mm 2支

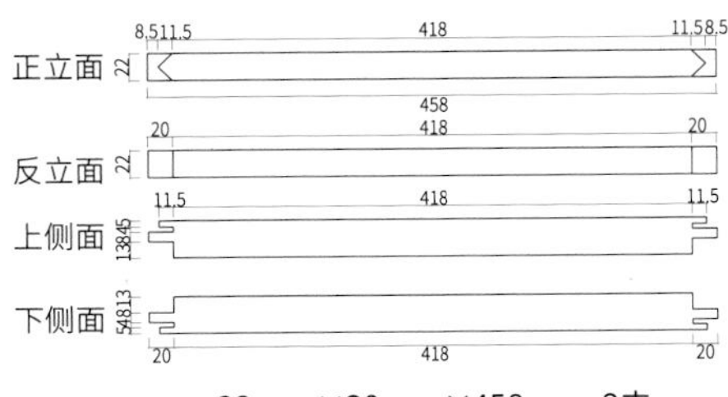

22 mm×30 mm×458 mm 2支

1	2
3	4
5	6
7	

1. 座面划线
2. 腿足划线
3. 座面剖面
4. 前后束腰子线划线
5. 前后下横档划线
6. 两侧束腰子线划线
7. 两侧下横档划线

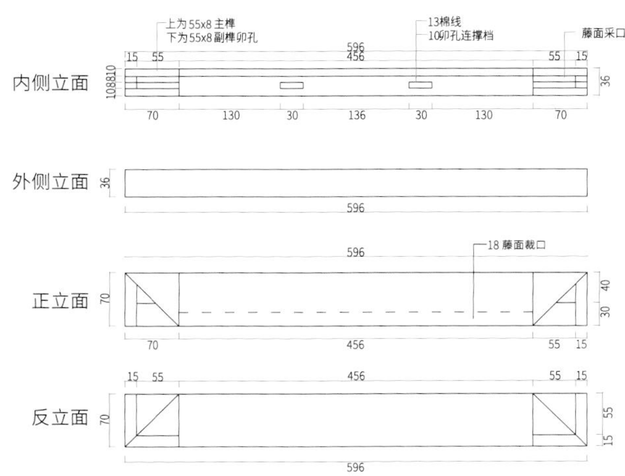

70 mm×36 mm×596 mm 2支

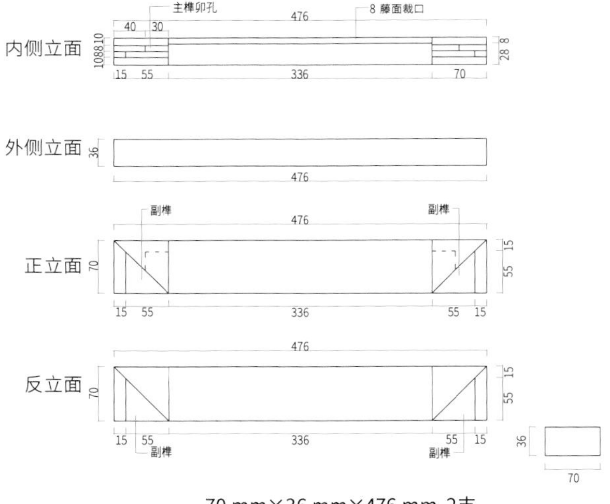

70 mm×36 mm×476 mm 2支

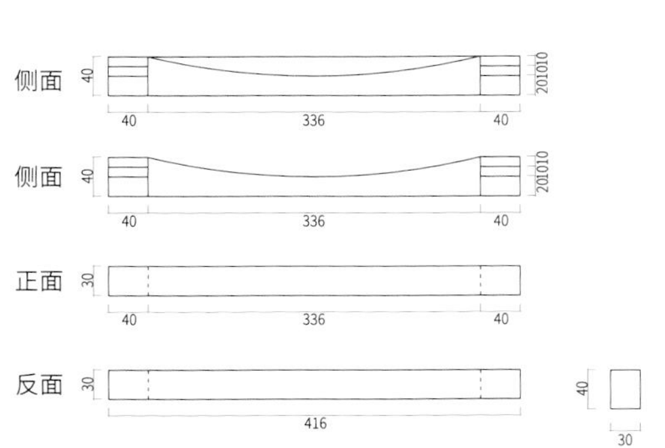

30 mm×40 mm×416 mm 2支

正面采用两侧深 3 mm 的指甲圆线。座面采用内圆角落堂面（或穿藤采用内圆角压条，用木质圆棒钉锚固）。

扶手和后竖档采用大割角贯榫相连后，以半榫和后靠背左（右）边竖档相接。扶手前端采用来往榫和前竖档上端接合。前竖档下端采用大割角贯榫和下横档前端接合后，以半榫与座面连接。拐儿竖档同样以大割角贯榫和下横档后端连接，并以半榫与座面连接。拐儿横档后端以大割角贯榫和后竖档下端接合后，以半榫和后靠背左（右）边竖档相接。横档、竖档组装后，正面采用两侧深 3 mm 的指甲圆线。横竖档节点处以半径为 6 mm 的内圆角交圈。

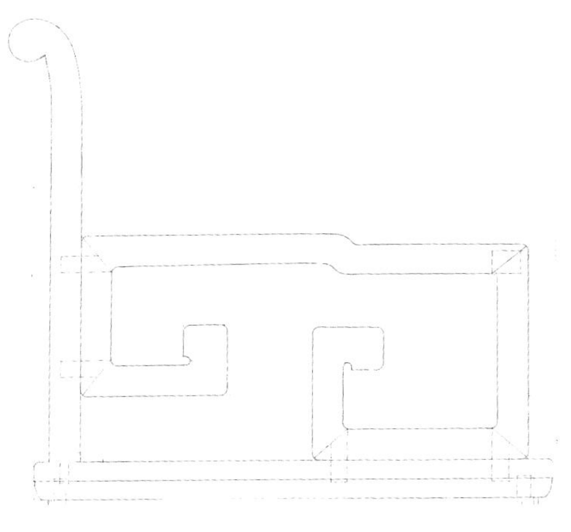

1. 前后大边划线
2. 两侧抹头划线
3. 支撑档划线
4. 扶手榫卯示意图

后围屏边竖档上端以来往榫与上桥梁横档连接，上桥梁横档另一端以大割角贯榫与上拐儿竖档上端结合后，以半榫与中竖档相连。边竖档下端以大割角贯榫与下横档接合后，以半榫和座面相接，下拐儿竖档以双面大割角贯榫和下横档接合后，以半榫和座面连接，正面采用两侧深 3 mm 的 指甲圆线。

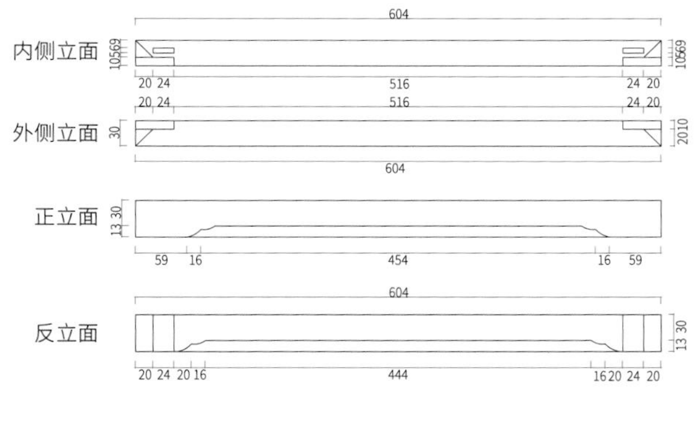

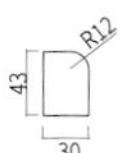

43 mm×30 mm×604 mm 1支

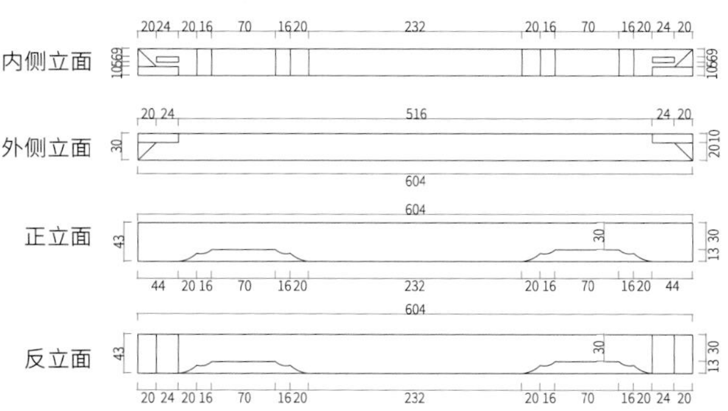

43 mm×30 mm×604 mm 1支

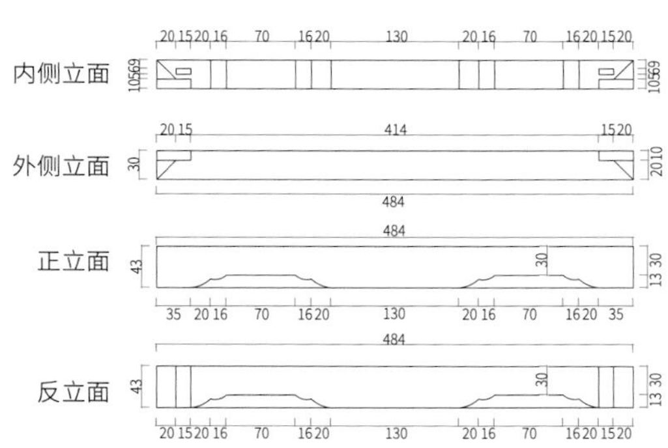

43 mm×30 mm×484 mm 2支

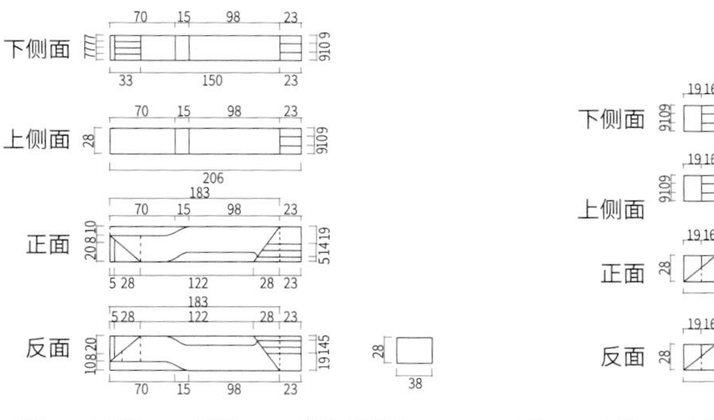

38 mm×28 mm×206 mm 左右各1支

28 mm×28 mm×144 mm 左右各1支

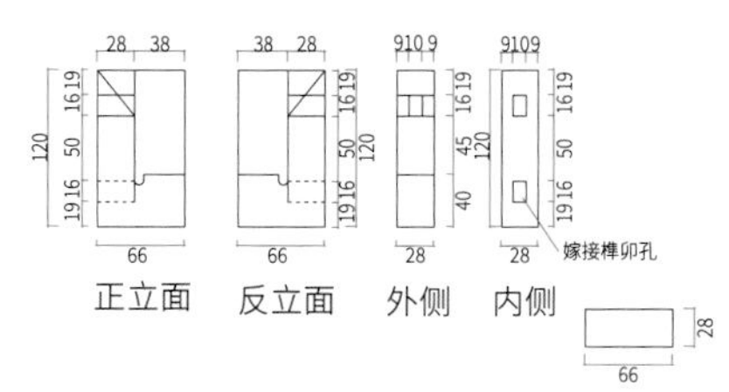

66 mm×28 mm×120 mm 左右各1支

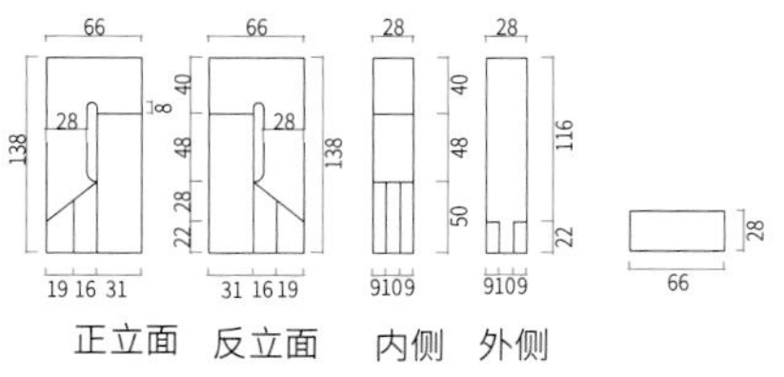

66 mm×28 mm×138 mm 左右各1支

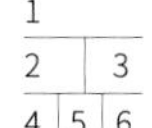

1. 后牙条划线
2. 前牙条划线
3. 后围屏上桥梁档（左）划线
4. 后围屏下横档（左）划线
5. 侧面牙条划线
6. 后围屏上拐儿竖档（左）划线
7. 后围屏下拐儿竖档（左）划线

596 mm×476 mm×898 mm通作宝座椅料单

部位名称	规格	数量
抹头	476 mm×70 mm×36 mm	2 支
大边	596 mm×70 mm×36 mm	2 支
座面支撑档	416 mm×30 mm×40 mm	2 支
腿足	476 mm×40 mm×35 mm	4 支
束腰	580 mm×25 mm×22 mm	2 支
束腰	460 mm×25 mm×22 mm	2 支
牙条	604 mm×30 mm×43 mm	2 支
牙条	484 mm×30 mm×43 mm	2 支
下档	580 mm×30 mm×22 mm	2 支
下档	458 mm×30 mm×22 mm	2 支
扶手	433 mm×38 mm×28 mm	2 支
扶手前竖档	219 mm×33 mm×28 mm	2 支
扶手前横档	198 mm×28 mm×28 mm	2 支
扶手前拐儿竖档	153 mm×65 mm×28 mm	2 支
扶手后竖档	142 mm×28 mm×28 mm	2 支
扶手后拐儿横档	185 mm×65 mm×28 mm	2 支
后围屏外侧竖档	321 mm×33 mm×28 mm	2 支
后围屏上桥梁档	206 mm×38 mm×28 mm	2 支
后围屏上拐儿竖档	120 mm×66 mm×28 mm	2 支
后围屏下横档	144 mm×28 mm×28 mm	2 支
后围屏下拐儿竖档	138 mm×66 mm×28 mm	2 支
靠背竖档（见样）	416 mm×28 mm×28 mm	2 支
靠背板横档	190 mm×33 mm×28 mm	2 支
靠背板搭脑	202 mm×66 mm×55 mm	1 支

1. 靠背板竖档（右）划线
2. 后围屏和靠背板
3. 靠背板横档划线
4. 靠背板搭脑划线

靠背板竖档下端以半榫（榫长度大于或等于座面厚度的 4/5）与座面连接，上端以人字肩半榫与搭脑相连。中屏风上下横档两端采用正面人字肩点线割角，反面以 90°平肩半榫与竖档相接。夹档板四周以槽榫和竖横档槽卯接合。夹档板下部三边以槽榫和横竖档接合后，运用壶门工艺加工。搭脑两端以点线大割角连接书下卷卯孔。书下卷半榫和左右围屏桥梁档上侧连接，正面采用两侧深 3 mm 的指甲圆线。

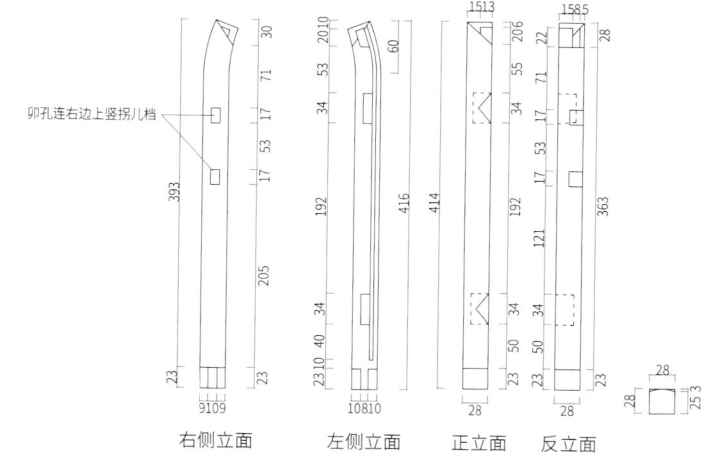

28 mm×28 mm×416 mm

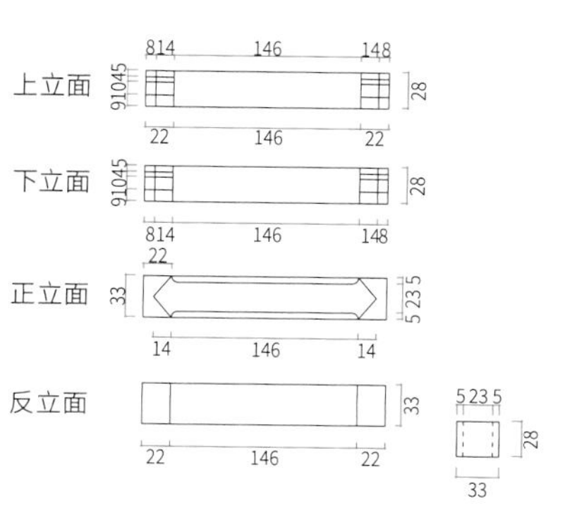

33 mm×28 mm×190 mm 2支

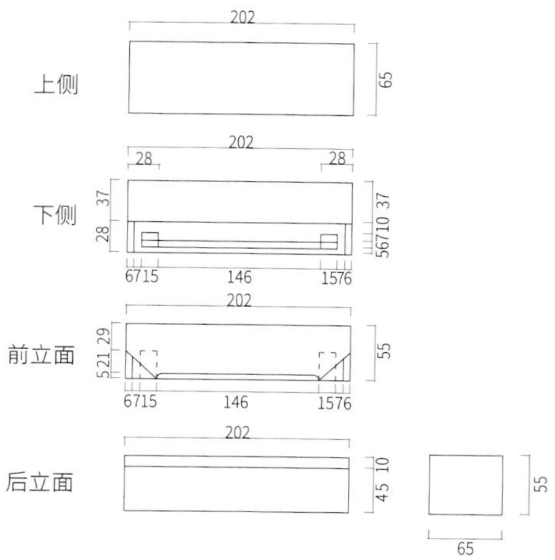

66 mm×55 mm×202 mm

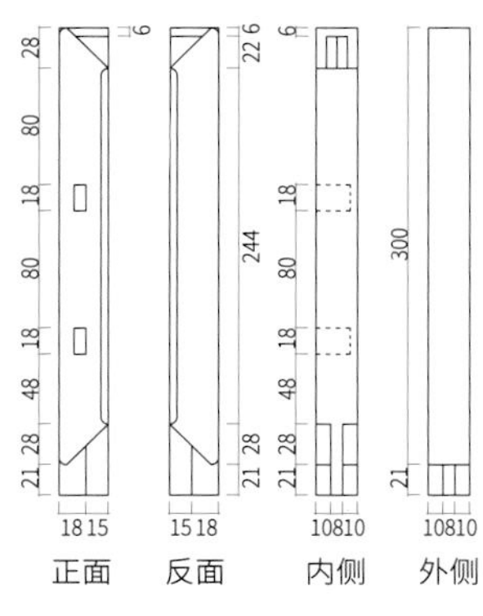

33 mm×28 mm×321 mm 2支

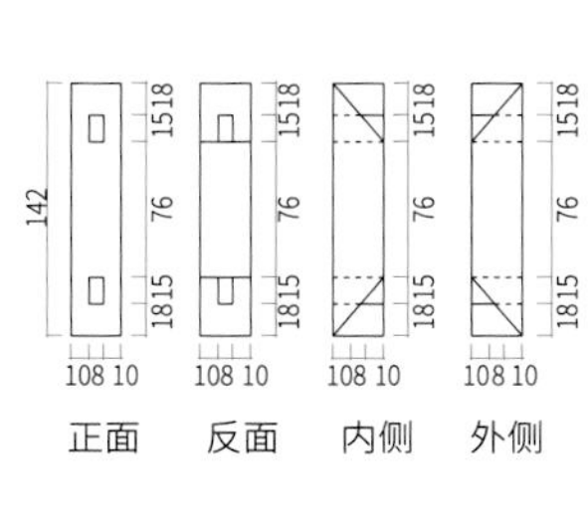

28 mm×28 mm×142 mm 2支

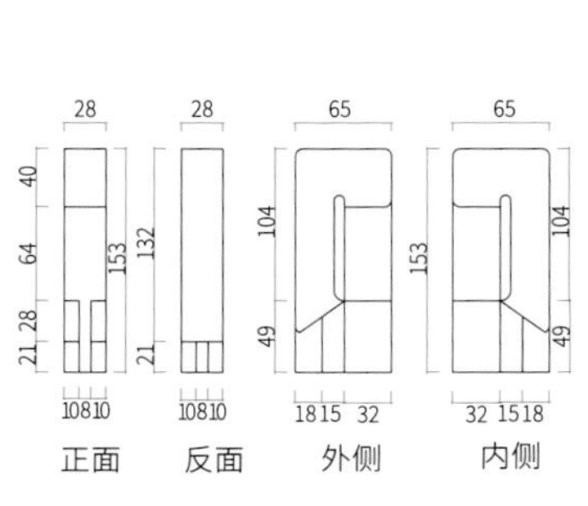

65 mm×28 mm×185 mm 2支

65 mm×28 mm×153 mm 2支

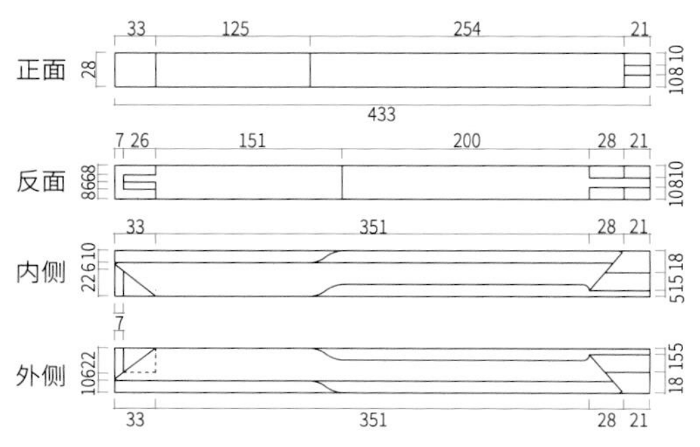

38 mm×28 mm×433 mm 2支

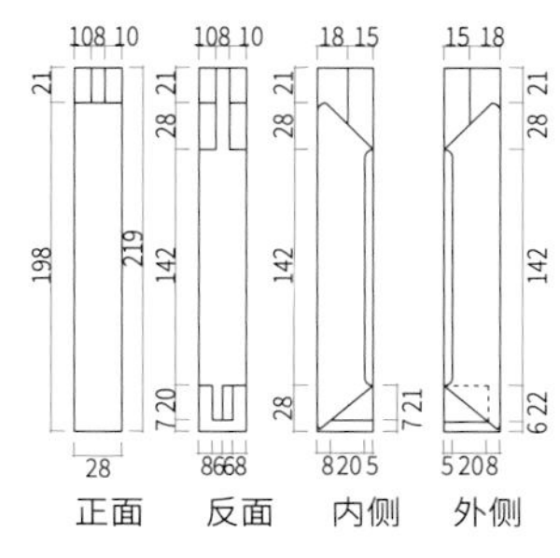

28 mm×33 mm×219 mm 2支

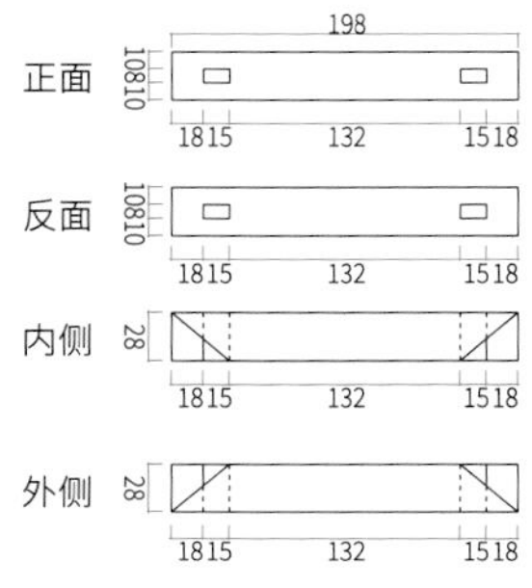

28 mm×28 mm×198 mm 2支

1	2	3	4
5	6	7	
8	9		

1. 后围屏竖档划线
2. 扶手后竖档划线
3. 扶手后拐儿横档划线
4. 扶手前拐儿竖档划线
5. 扶手划线
6. 扶手前竖档划线
7. 扶手前横档划线
8. 宝座侧立面
9. 宝座正立面

(10) 四腿八挓方桌

明清家具腿足向前左、后左、前右、后右“侧脚”称“四腿八挓 ”。这种家具源于古建筑，吸收了古建筑侧脚的特点，更加稳定、牢固。古建筑的柱子多带侧脚，下舒上敛，向内倾仄，并用横材额枋等连接。通作家具快口桌子（南通俗名）就是南通最常见的一种四腿八挓方桌，与之配套的长条凳也是这种样式。

快口桌子是一种结构比较简单的日常生活用桌，由桌面板、两根穿带、四条腿及四根（或六根）上横档组成。这是木匠应该会做的一种家具。

这里以长990 mm、宽990 mm、高828 mm的快口桌子为例。木匠先设计图纸，以 1∶1 比例画实际尺寸图。按传统的方法，腿足和横档 1 寸叉 1 分计算办法，画出实尺图纸。

方桌腿足叉线为 1 寸叉 1 分（按照清代营造尺，1 寸 = 32 mm，1 分 =1/10 寸，即 3.2 mm）。如此计算，方桌高度为 828 mm，那么垂直叉线为 82.8 mm。从遗存通作方桌获知，清中期前桌面长、宽不超过 3 尺（即 960 mm）。清中期以后，方桌的尺寸慢慢变化，到清晚期乃至民国时期，

1. 1 寸叉 1 分示意
2. 方桌条凳摆放组合

方桌长、宽不超过 3 尺 1 寸，也就是 1 000 mm 以内，980 ～ 990 mm 的尺寸比较常见。如 990 mm×990 mm 的桌面，腿足上端关头为 90 mm，按照“1 寸叉 1 分”计算方法，叉线为 82.8 mm，腿足端外侧不超过桌面。方桌穿带两端关头不超过 3 寸，一般为 90 mm，桌面板长、宽、厚分别为 990 mm、990 mm、25 mm， 高（含桌面）828 mm。两腿足上端宽度为 990 mm －(90×2) mm ＝ 810 mm。两腿足下端宽度按“1 寸叉 1 分”方法计算为 810 mm ＋ (82.8×2) mm ＝ 975.6 mm，桌面长、宽为 990 mm，腿足下端间距比桌面边缘少 14.4 mm。

南通地区自古以来有这样的习惯：吃饭的人多的时候， 方桌会摆放在客厅或厨房中心位置， 而且方桌的纵向面面对大门摆放；在祭祖时， 方桌的横向面必须面对大门摆放。 人少时方桌会靠墙摆放。 如果腿足叉开超出桌面， 那么桌面和墙体间会出现缝隙；如果腿足叉开不超出桌面， 桌面靠墙时， 与墙体之间就不会出现缝隙。

990 mm×990 mm×828 mm 快口桌子料单

部位名称	规格	数量
桌面板	990 mm×990 mm×25 mm	1 片
穿带	68 mm×45 mm×1 000 mm	2 支
腿足	(65~60)mm×(50~45) mm×850 mm	4 支
下档	33 mm×44 mm×870 mm	4 支
上档	23 mm×30 mm×770 mm	2 支

1. 方桌大面
2. 方桌小面

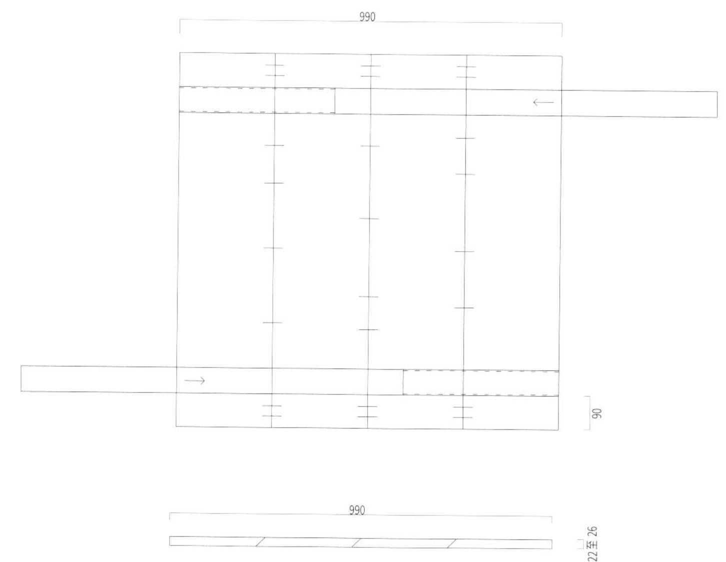

按料单下料，放足加工余量，刨好坯料后，按大面对大面、小面对小面做好记号，同时用记号注明树木生长方向。配板前用墨斗弹线后，砍去或锯掉无用边材，用粗刨直边。面心板两端不能出现大小头。将面心板正面粗刨后，用记号注明木材生长方向。配板时按对称拼法，把一块桌面配好后做好记号。拼板前划好圆棒榫线（注意，两端向里 100 mm 为宽 70 mm 的穿带卯孔位置）。对于穿带槽卯，圆棒榫卯孔要合理避让。将整个桌面板划好记号，并编好号。用手工钻按正面卯孔线位置在板侧面中心位置用深度约 50 mm、直径为 6 mm 的钻头逐一钻卯孔。

方桌面板的板与板之间拼合用斜缝拼比较科学（南通遗留家具可以佐证）。如果用裁口缝拼、企口榫拼、槽榫拼等工艺，那么缝与缝之间容易积水（因为桌面要经常擦洗），从而影响桌子寿命。如用平缝拼，气候干燥时，缝与缝之间会出现裂缝。用精细刨刨好拼缝。

用青毛竹做成圆棒榫（俗称毛竹拼钉）。用方板尺或用勾股定理方板法将面板打方。长 990 mm、宽 990 mm、厚 25 mm 的面板，反面横向距两端 90 mm 处向里为穿带榫

1. 桌面斜缝拼、圆棒榫及穿带卯孔位置示意图
2. 为桌面板刨斜缝
3. 手钻、刨子、竹拼钉
4. 拼装桌面板

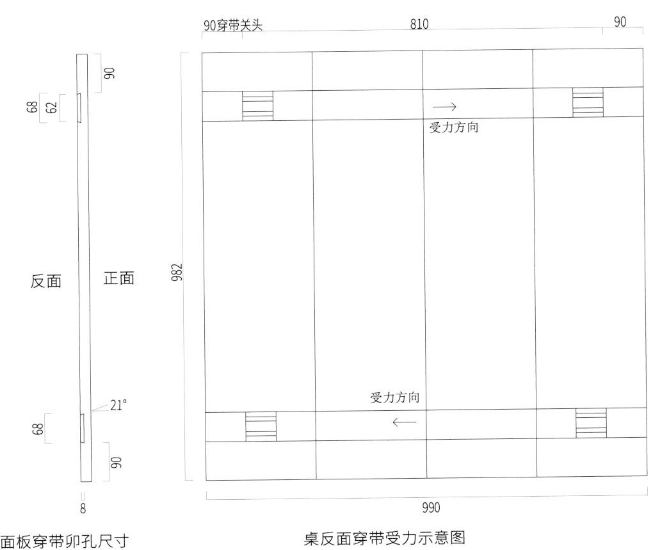

面板穿带卯孔尺寸　　桌反面穿带受力示意图

槽卯位置。在纵向面侧面划好槽卯深度线。25 mm 厚的桌面，穿带槽卯深 8 mm。在两边纵向面侧面划好线，并在桌面反面划好线。穿带槽卯按 30°划线。用手锯、斧砍、串凿、单线刨完成槽卯制作，穿带榫用相应 30°穿带刨刨切完成。穿带榫成型后和桌面板试组装。

两支腿足大面在外、小面在内，另一面侧大面朝下、侧反面朝上，作合放在工作台上。用角尺沿大面两端划齐头线，在距大边 10 mm 处划记号线（不要划在整个面上）。由上端齐头线向下划桌面穿带（厚 43 mm）里线，作为上端穿带根子线（用活络尺根据实样图量好几何角度后，用靠山和直尺固定好活络尺角度，实际上腿足的角度刻在活络尺上）。

用活络尺座子沿大面齐头线及根子线 10 mm 点线向上斜并划斜线。同样，在侧大面齐头线和根子线 10 mm 点线处也向上划斜线。反立面也用活络尺，沿正面过的 10 mm 的线向上划斜线，包括腿足下端齐头线，也是用同样的划法。在四个面（正面、反面、侧面、侧反面）划好线。

南通民间的习惯，方桌面板纵向的侧面称为大面，横向的侧面称为小面。一般来说纵向面的侧面下设两

1. 桌面板穿带卯孔示意图
2. 划腿足两端齐头线
3. 齐头线向下43 mm为穿带榫根子线
4. 用活络尺划斜线(叉线)

支横档，横向面的侧面则下设一支横档。腿足上端为单夹双平肩双榫和穿带结构，也作为横向面的侧面上的横档。整个方桌的造型，从对称艺术上来看，每个面都出现两支横档。从力学原理上看，如果腿足只有一根横档连接的一个面，会出现上端或下端摆动，唯有两个结构点才能保证腿足不会摆动。

对照图纸标明的尺寸，在腿足反面用角尺划好横向面的侧面单支横档卯孔长度线，并用活络尺过线（叉线和根子线一样）到另一面（正面），并用角尺划好卯孔长度线。对照图纸在腿足侧反面划好两支横档卯孔线，参照反面叉线角度用活络尺过线到侧大面，也用角尺划好卯孔线。两支样线划好后，另两支腿足则在两支样线上作合过线。在四个面过好线后，划卯孔棉线及上端双棉线、榫厚线、榫夹线（单夹双平肩双榫工艺）。

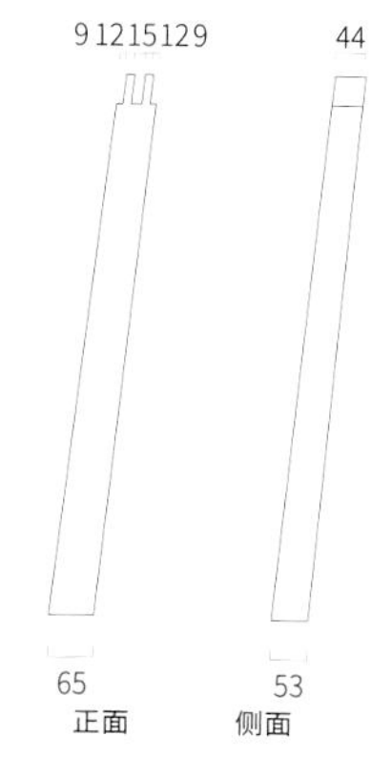

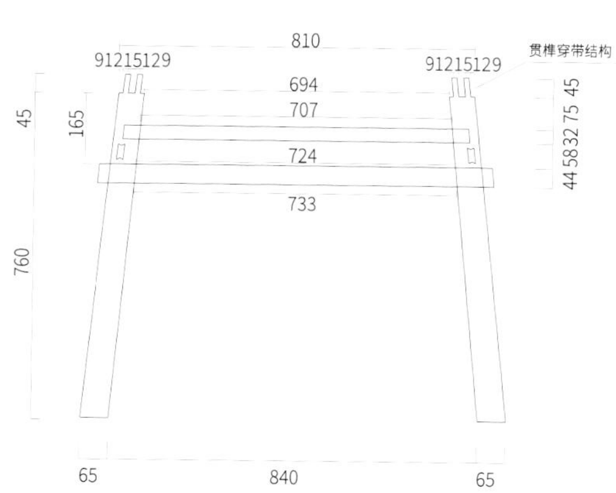

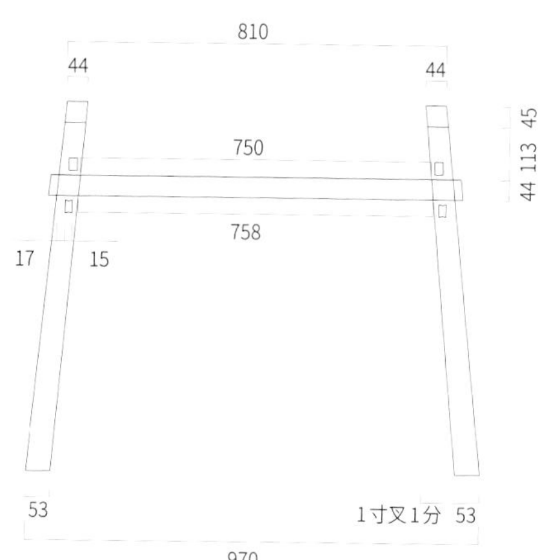

1. 对照实图划横向面横档线
2. 腿足正、侧面叉线
3. 横向面腿足和横档划线
4. 纵向面腿足和横档划线

划好腿足线后，划横向面横档榫线。按设计实样图纸尺寸，在横档两端划齐头线，并在横档上侧面划好线，在横档正面沿下侧用活络尺向上在正、反面划斜线，在上侧面划直线。对照腿足棉线同样划好榫棉线、榫厚线。

横档贯榫采用人字夹榫。榫与卯要紧密配合。不能用木楔固定出榫，

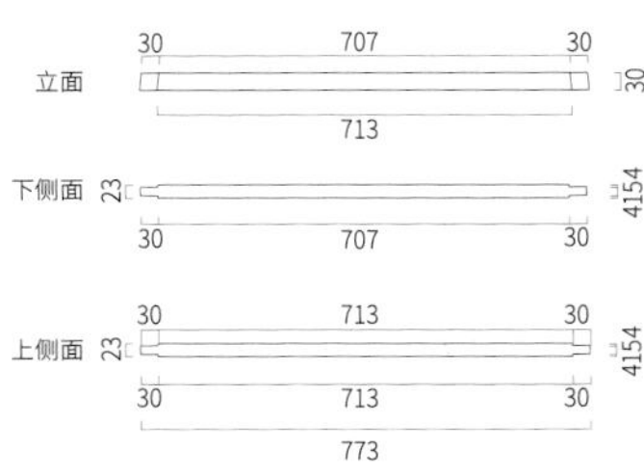

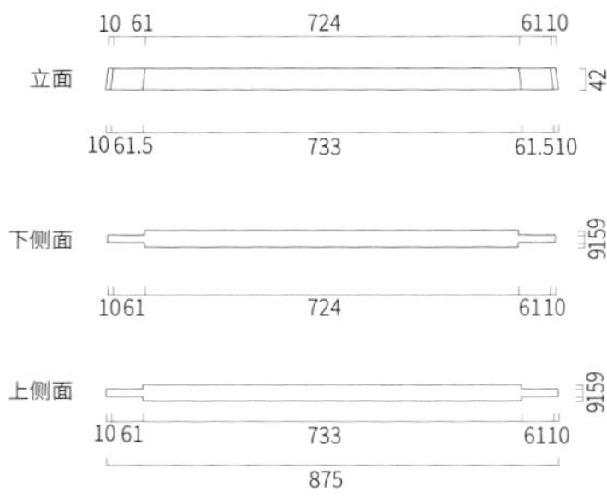

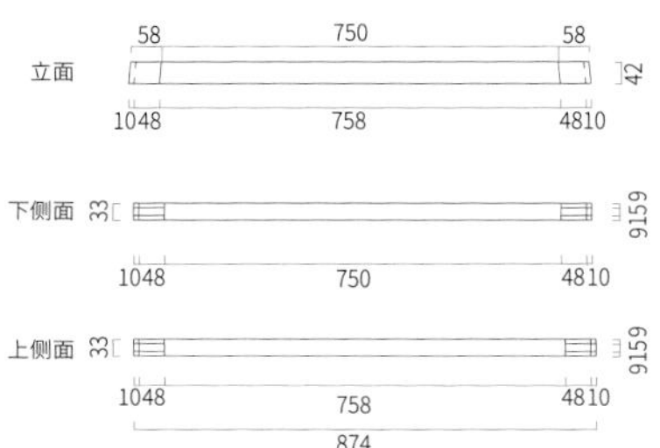

因为方桌需要经常抬、拖、扛，会导致木楔松动，而木楔一旦松动，榫和卯也会松动，从而影响方桌的使用寿命。

为了美观，上横档正面一般做半榫。因为纵向面腿足上端为单夹双平肩双榫和穿带结构，实际上腿足上下已有两个结构点，所以上横档半榫不影响结构。如腿足上端无结构，那么上横档和下横档要拉长间距。按实图尺寸在上侧两端划齐头线、根子线，用活络尺在正反面划斜线，下侧同样划直线，对照腿足棉线划好横档棉线及榫厚线。

穿带在整个方桌中起了很大作用，下连腿足，上连桌面。穿带榫从两个不同的方向入槽卯，保证桌面板不向一边滑行。先划穿带两端齐头线（和桌面等宽），两端各向里留 90 mm 为卯孔的关头，由 90 mm 向里 44 mm 划出腿足侧面宽度线作为卯孔长度线。将穿带上下卯孔沿侧面

1. 横向面上横档划线
2. 横向面下横档划线
3. 纵向面下横档划线

过好线。卯孔双面平肩正面、侧面几何角度同于腿足卯孔角度。对照腿足棉线，在穿带上划双榫棉线。划好所有的线后再完成下道工艺。

凿腿足卯孔时，两支腿足要作合摆放在工作凳上。用凿子一个边沿棉线间隔 5 mm 凿卯。卯孔表面凿好后沿卯孔斜度线凿至一半深度后，调面再凿。棉线所在的面垂直于凿。同样，凿至一半后调面用相同工艺凿卯孔。卯孔基本成型后，将卯孔端头凿成夹子形状。

榫卯成型后，用精刨刨，特别是在贯榫端头四周倒棱，刨光后打磨试组装。桌面板和穿带作为一组组装。腿足和横档组装后，和穿带以半榫组装成型。

1 2
3
4

1. 人字榫卯孔大样
2. 穿带卯孔结构示意
3. 纵向面穿带结构示意
4. 桌面板、穿带、腿足和横档组装

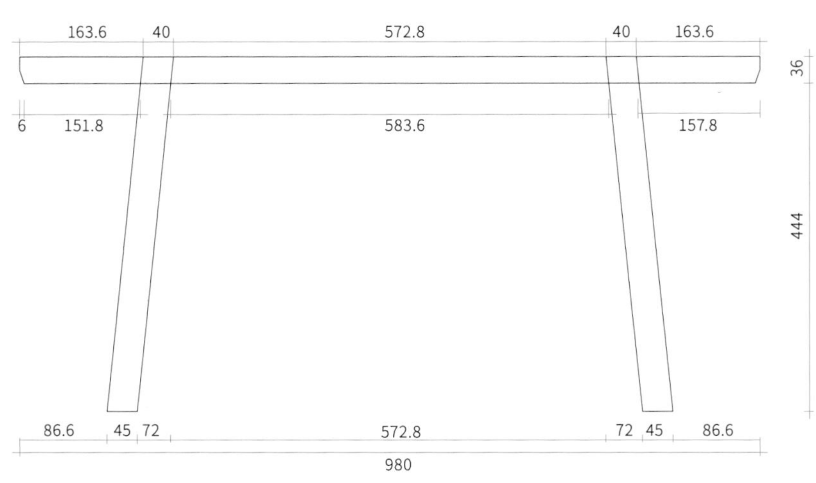

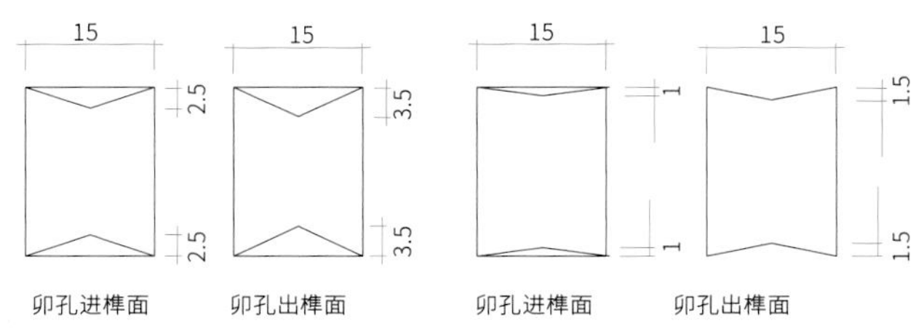

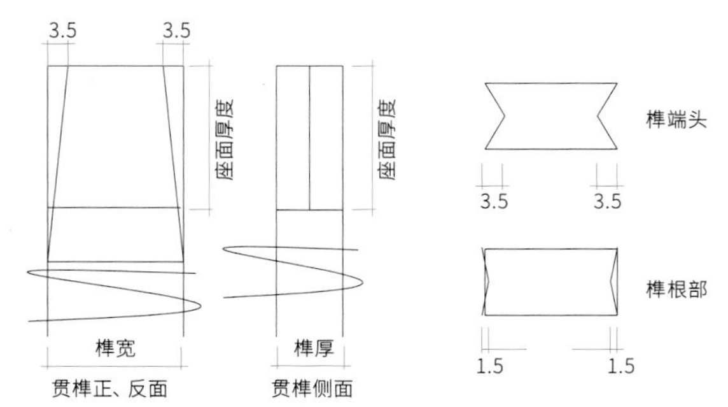

1. 条凳正立面划线
2. 座面卯孔
3. 条凳腿足人字榫示意图

(11) 四腿八挓条凳

条凳和方桌一样，是南通地区人们日常生活常用的必需品。人们一般在方桌四个面各摆放一张条凳，坐在上面吃饭、喝茶，其乐融融。

条凳还体现了一个地方的风俗，集材料学、力学、人体工程学、美学等众多文化于一体。条凳制作包括图纸设计、备料、选料、配料，刨、锯后计算几何数据，划线、钻孔、拼缝、凿卯孔、锯榫、锯肩 （革肩）组装等工艺。

制作时选气干密度在0.76 g/cm³以上的硬木，如刺槐木、枣木、柞榛木、榉木等材料，才能保证榫卯紧密配合，从而延长其使用寿命。南通条凳座面尺寸一般为长980 mm、宽160 mm、高 480～490 mm。

条凳和方桌一样，其腿足也是四腿八挓结构。在同样作合划线的情况下，垂直腿足的凳类家具用 90°角尺划线。而条凳虽然没有 45°割角工艺，但是过线用活络尺和 90°角尺配合完成，叉线用活络尺，腿足上端贯榫根子线和下端齐头线用 90°角尺划10 mm 记号线。其他四个面过线用活络尺来完成。正面、反面卯孔长度线用 90° 角尺划线，侧面卯孔叉线用活络尺来完成。

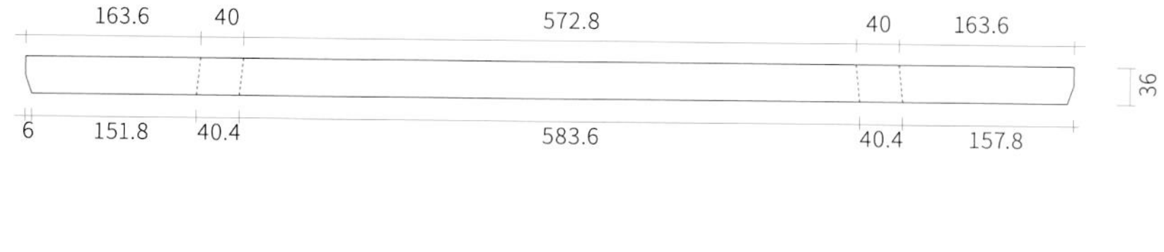

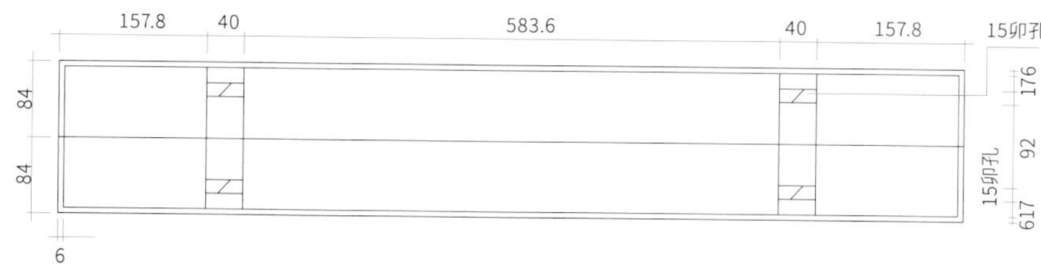

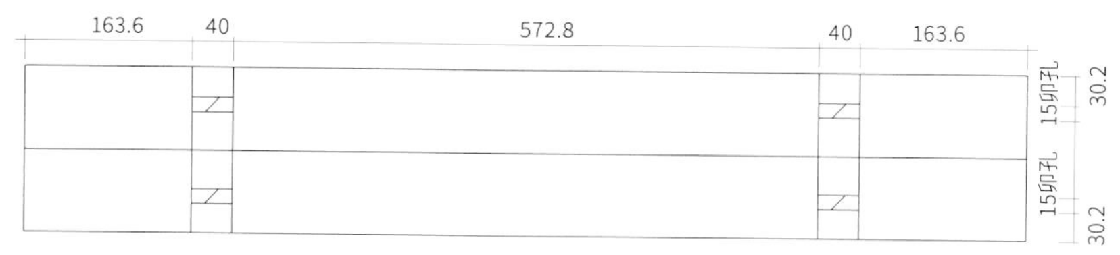

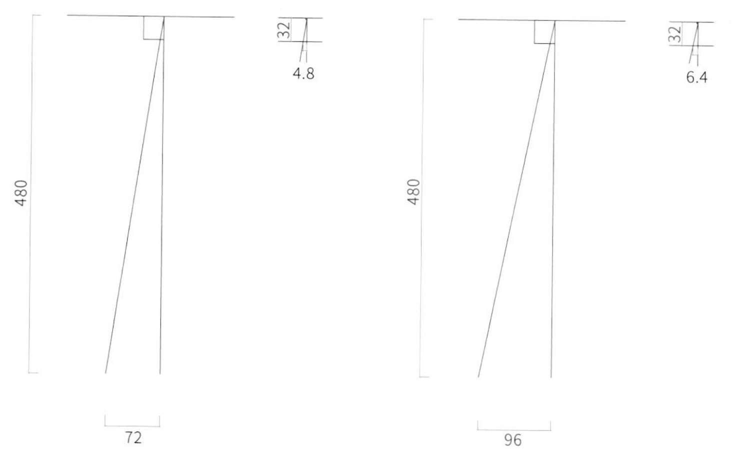

1. 正立面卯孔（剖面）叉线图
2. 反面卯孔棉线图
3. 座面正面卯孔棉线图
4. 条凳腿足和座面正立面1寸叉1.5分
5. 条凳腿足和座面侧立面1寸叉2分

将条凳腿足作合摆放在工作台上，朝下面为正面，朝上面为反面，作合面为侧反面，对外两个面为侧面（大面）。划线前要根据图纸的实际尺寸，认真计算好数据，才能确定榫肩斜度、横档斜度和卯孔斜度。

将腿足作合摆放后，对照图纸，沿侧大面划 10 mm 记号线，上端齐头线向下为座面厚度线（座面榫长在原基础上放长 10 mm，因为卯孔出现斜度）。三处记号线划好后，用活络尺沿 10 mm 记号线分别向两个下方向划斜线。按传统技艺，条凳正立面腿足数据按 1 寸叉 1.5 分计算，侧立面腿足数据按 1 寸叉 2 分计算。按图纸斜线数据把 1 寸叉 1.5 分活络尺用于正立面腿足划斜线，1 寸叉 2 分活络尺用于侧立面腿足划斜线。依照图纸上的角度，固定好活络尺的几何角度。

同样，在腿足上下端正反面用 1 寸叉 1.5 分和 1 寸叉 2 分的活络尺划斜线。将上端贯榫平肩四个面和腿足下端四个面全部过好线。

在腿足高度正面中心点划直线，向下为下横档卯孔。用 1 寸叉 2 分活络尺沿正面向反面划叉线（划四条叉线以便凿卯孔时有目标），然后以 90° 角尺沿叉线点过线到反面。反面下横档向上 1.5 寸（48 mm）为上档卯孔

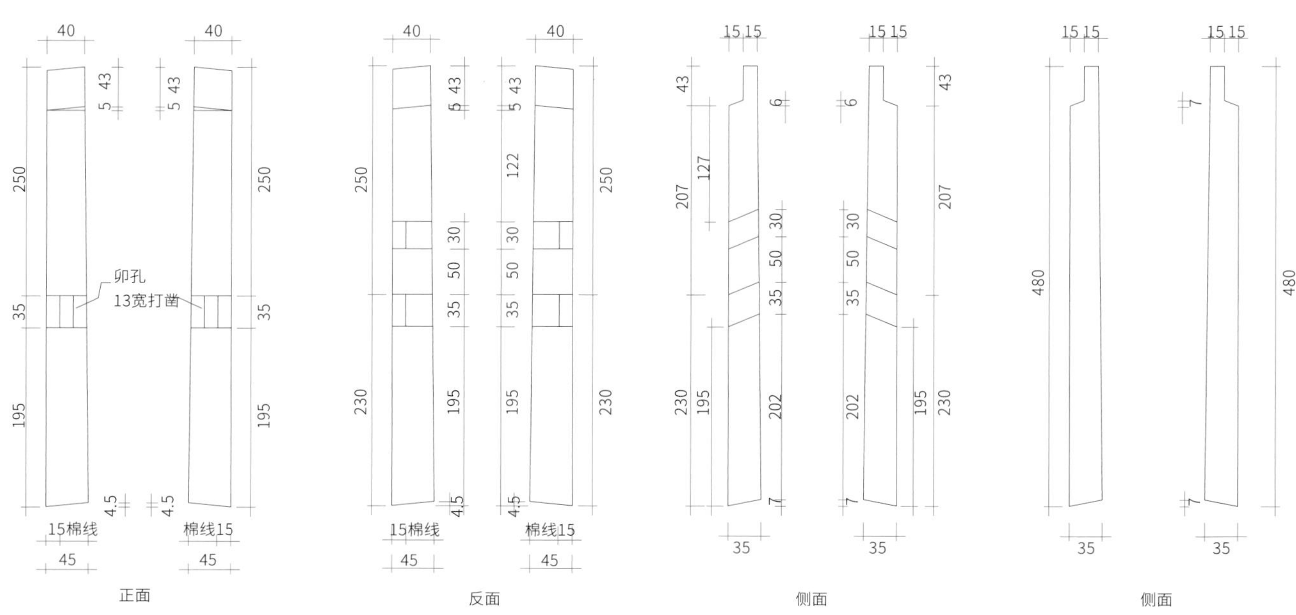

1
2 3
4 5

1. 条凳腿足划线
2. 腿足正面划线
3. 腿足反面划线
4. 腿足侧面过线
5. 腿足侧面过线

线下线，向上 30 mm 为上档卯孔长度位置线。将四支腿足作合过线后，作合划横档卯孔棉线、上横档半榫棉线。和下横档一样，正面采用单面斜平肩。

上横档厚度同于卯孔宽度，而横档宽度大于卯孔长度。为了美观，上部可做成圆形抛物线，两端直接和腿足上横档卯孔连接。

按图纸在下横档上侧以 90°角尺划线，用 1 寸叉 2 分活络尺在两个立面上过线，用 90°角尺从正面过线到下侧面。按腿足横档棉线划榫厚线。

在座面正反面纵向划中心线，在座面反面两端划齐头线。腿足关头线为 5 寸（160 mm）。腿足卯孔长度线为 40 mm，座面反面卯孔棉线按实样图划线，腿足上端贯榫棉线为座面反面棉线。也可以划好座面反面棉线后，用 1 寸叉 2 分的角度划座面卯孔棉线。

以上是按 1 寸叉 2 分计算出来的侧横档长度数据，也可以口算算出侧横档长度。侧面下横档上侧至座面反面高度乘 0.4（口算计算系数）后，加腿足上端净间距为横档上侧长度。然后用活络尺按 1 寸叉 2 分的角度在大面上过线至横档下侧。例如，[座面反面至下横档上侧高度(250 mm)－座面厚度(36 mm)]×0.4＋座面反面腿足卯孔间距(92 mm)＝85.6 mm ＋ 92 mm＝177.6 mm。这即为下横档上侧长度。由此可以看出，口算得到的 177.6 mm 和 1 寸叉 2 分计算出的 177.6 mm 的数据相符。

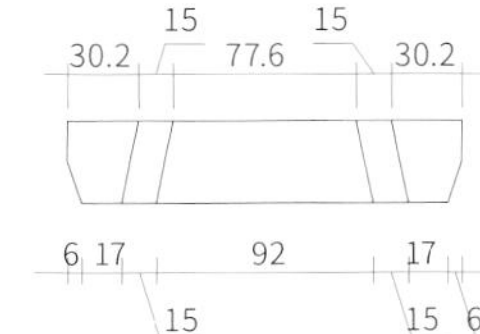

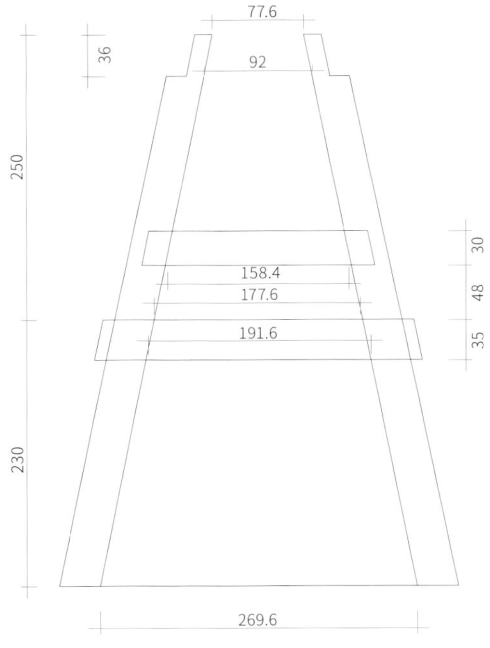

1. 条凳座面侧立面
2. 条凳腿足侧立面划线

座面和腿足采用贯榫结构连接，腿足和下横档也用贯榫结构连接。这其实是双人字贯榫。在凿卯孔时，卯孔用材气干密度在 0.76 g/cm³ 以上，卯孔出榫面两边留 2.5 mm，两边对应凿成人字形。卯孔用材气干密度在 0.76 g/cm³ 以下时，卯孔出榫面两端留 3.5 mm，出榫根部两边不超过 1.5 mm，相应地凿成人字形卯孔。

方形卯孔凿成人字形状。在组装时榫端头先进卯孔，然后用斧头用力敲打。榫卯同时受力后，更牢固。

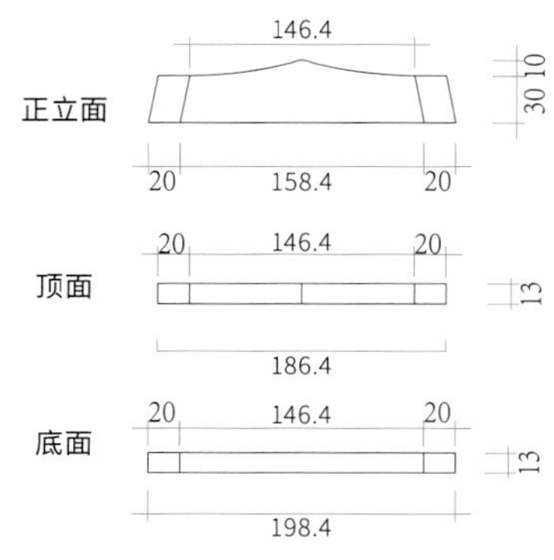

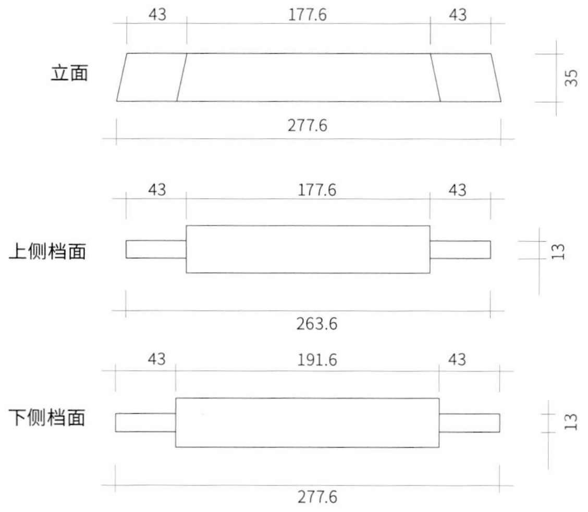

座面980 mm×160 mm、高480~490 mm条凳料单

部位名称	规格	数量
座面	980 mm×160 mm×36 mm	1
腿足上端	(30~34) mm×515 mm	2
腿足下端	(40~45) mm×515 mm	2
侧上横档	180 mm×10 mm×40(30) mm	2
侧下横档	280 mm×35 mm×27 mm	2

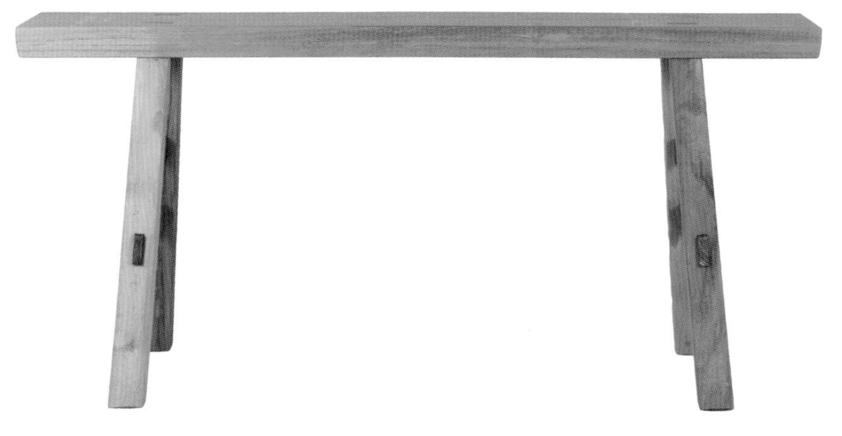

1. 侧面上横档划线
2. 侧面下横档划线
3. 条凳正立面

划好腿足两端齐头线（高度为480 mm），并用90°角尺划10 mm记号线。按大面对大面、小面对小面将腿足作合摆放在工作台上。上端30 mm（座面厚36 mm）为腿足半榫根子线。划线时用叉2分活络尺沿正面过线到反立面（线向上斜）。在相同的点用叉1分半的活络尺在正立面划线（线向下斜），并作合过线后，沿反侧面划榫厚线（一般条凳腿足和座面采用单肩单榫工艺连接）。此划线工艺可以运用到连凳做法，所不同的是，腿足和座面一般用双榫单肩半榫卯连接，座面正立面下侧用牙板，腿足和下横档同样采用贯榫和半榫结构，座面外侧立面采用灯草线，腿足正立面采用指甲圆线，两侧同样采用灯草线。

1. 连凳正立面
2. 连凳正立面牙条、牙头、腿足
3. 连凳侧立面

五、榫卯结构

1. 凿卯

为一组工件的卯孔划好线后，就开始凿卯孔。将两支工件作合后摆放在工作凳上，把要加工的面朝上，按榫厚标准选好相应宽度的木匠凿准备凿卯孔。

木匠凿传统的区分方法是按照凿口宽度区分。凿子分为1分凿、2分凿、3分凿、4分凿、5分凿、6分凿、7分凿、8分凿和9分凿。与之相对应的凿口宽度是3 mm、6 mm、9 mm、12 mm、15 mm、18 mm、21 mm、24 mm和27 mm。

侧身坐在工件上，左手拿凿，右手握斧，以棉线为标准线，用凿子在离根子线3～5 mm处开凿，用力锤打。每凿间隔约5 mm锤打凿花，并视情况，调转凿口，来回打凿。凿至超过工件一半深度时，凿口对准根子线和卯孔长度线凿穿。卯孔和工件正面成90°角时，锤打至超过工件一半深度。然后把贯卯孔的另一面调放在工作台上，按同样的方法继续锤打。在凿卯孔时，凿子移位要准确。用斧头敲打时，凿子要前后晃动。待卯孔打穿后清理凿花，检查根子线及榫宽线是否齐线。同时检查卯孔四个面是否垂直。卯孔四个面和工件要成90°，根子线和榫宽线不能越过卯孔。对于气

1	4
2	5
3	

1. 棉线、榫夹线和卯孔棉线划在待凿卯孔工件上
2. 手工凿卯孔标准坐姿：右手持斧，斧柄端头放在左腿上，左手握打凿。
3. 用斧头敲打凿柄
4. 沿卯孔棉线先从反面开始垂直凿
5. 反面卯孔初步成型

干密度小于 0.76 g/cm³ 的工件，卯孔根子线留隐线，而长度线留 25 丝左右；对于气干密度大于 0.76 g/cm³ 的工件，根子线同样留隐线，卯孔长度留 10～20 丝。气干密度越大，长度线留线越少。

凿榫夹工艺略同于凿卯工艺。选与榫夹宽度匹配的打凿，将工件作合摆放在工作凳上，然后侧身坐在工件上。第一凿离根子线 3 mm。将凿口对齐根子线用力锤打，打好后向外移动打凿继续锤打，凿至离根子线 15 mm 为止。将凿口对齐根子线（不能留线），垂直凿至工件一半后将工件调面。用同样的办法凿穿榫夹。清理榫夹后将两面凿至根子线，凿子呈 95° 左右向里锤打。将两面凿通后清理工件卯孔。

榫夹夹肩向里约斜 5°。在组装榫卯工件时，如人字肩或大割角不严密，用角锯调试后，榫夹不会被顶住，而利于两面肩子紧密。

1	3
	4
2	5

1. 按同样的方式凿正面
2. 沿卯孔宽度垂直凿穿
3. 卯孔成型
4. 先凿加工件的反面
5. 反面凿好后凿正面

2. 制榫

制榫和凿卯是两种工艺。所谓制榫，是指卯孔形成后，按卯孔大小划好线，纵向用传统木工锯锯榫，横向用角锯锯榫肩，用相应的打凿（凿子宽度略小于榫夹）凿掉榫夹而形成和卯孔相吻合的榫。

制榫也是在划线基础上进行的，需要注意的是：第一，划线要准确，不能有差错。第二，锯榫要精确，要按照划线来锯。第三，要根据材质，适当放大或减少（或相等）榫头的纵向面和横向面尺寸。第四，达到一定宽度面心板的穿带，要分大小头，两支以上的穿带要相向而行。

1. 检查榫卯划线是否对应
2. 沿划好的榫棉线、榫夹线、榫厚线锯引线
3. 锯榫标准姿势
4. 5. 上下垂直拉锯
6. 正反面锯至根子线

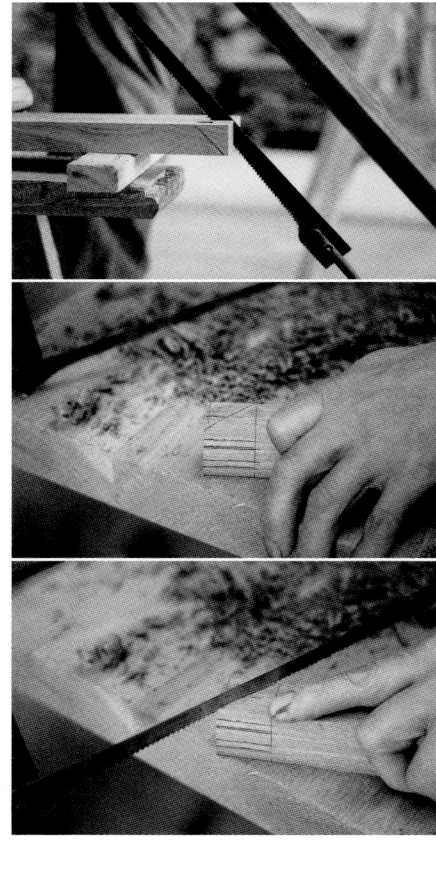

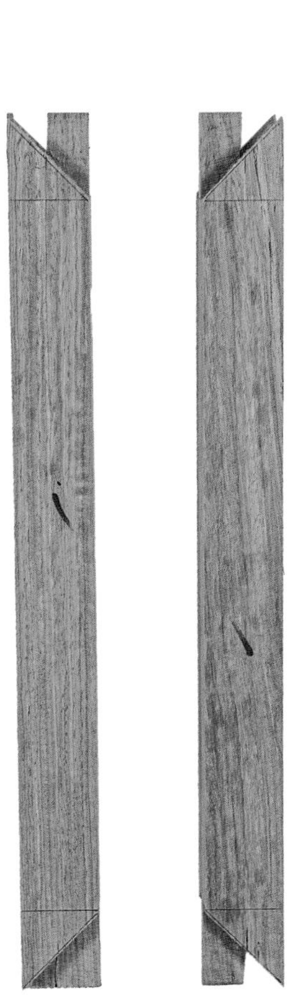

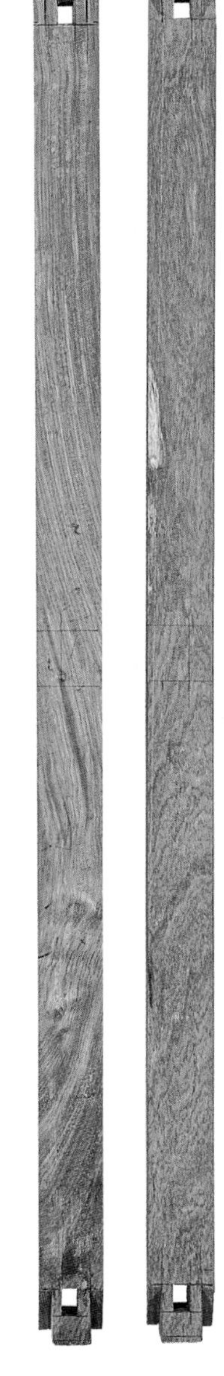

1. 沿割角线锯到根子线
2. 左手握工件，右手拿角锯
3. 沿角度线锯2 mm深（通作木匠叫应线）后，重新用角锯锯成型
4. 应好角度线
5. 将割角线锯成型
6. 割角线成型前后的对比

3. 穿带榫卯

穿带榫实际是燕尾榫的演变。 在中国传统榫卯结构中，燕尾榫起到很大的作用。

传统架子床前后箍山和床角柱，下箍山和前后床帮，侧箍山前端和挑檐，角牙和前箍山，扒底销子榫和牙条、前床帮等，这些部件的榫卯结构都是由燕尾榫演变而来的。

罗汉床腿足和牙条抱肩榫、两侧围子和正面围子箍山榫、座面面心板和穿带榫，均采用穿带榫结构。大小头衣橱的门面心板和门框竖档的接合，橱山板和腿足的连接，搁板和前后档的连接，顶底面心板和前后档的连接，后背板和腿足的连接，大小头橱骨架和全部面板的接合，也是通过穿带榫和面板连接，再以半榫与前后（左右）腿足（竖档）或前后横档联结的。如果不用穿带榫卯结构，用其他工艺都不能保证其结构牢固度。

翘头案腿足和牙条连接采用的双穿带夹子榫卯结构，前牙条和侧牙条连接采用的燕尾扣夹榫卯结构，都是穿带榫卯结构，这样才能保证家具结构牢度。穿带榫与面心板相连，再以半榫与大边卯孔相扣，也是采用穿带榫工艺。这些都是穿带榫的合理运用。

1	2
3	4
5	
6	

1. 沿锯口线砍削余料
2. 用穿带刨刨穿带榫
3. 测量榫宽度
4. 穿带榫、穿带槽卯
5. 穿带榫卯组装后端头立面
6. 穿带和面心板组装成型

面心板是硬木材质，穿带就应选用优等杉木或楠木。硬木面心板配杉木穿带，榫与卯紧密配合后，穿带将牢牢固定在面心板上。如若追求同质材料，穿带应选用紧靠芯材部位，最好是树枝或树干最上面的一段材料。假如硬木面心板配硬木穿带，榫和卯则不能紧密配合，因为如紧密配合，面心板会在卯孔位置发生弯曲。

面心板为杉木或松木木质，穿带就应选用硬质材料。松木（杉木）面心板配硬木穿带，则硬木穿带在试组装后，对结构不会造成多大损伤，穿带和面心板也能配合紧密。如要求同种材料，穿带应选用树最下段密度适当的一段材料。假如松木（杉木）面心板配松木（杉木）穿带，榫和卯只能一次性组装成功，否则榫卯就无法严密配合。

1	2
3	4
5	6
7	8

1. 计算穿带卯孔位置并划线
2. 划穿带卯孔线
3. 用手锯沿穿带锯至卯孔深
4. 用手工锯锯好后用斧砍削
5. 槽卯粗坯
6. 用串凿沿手锯卯孔线铲平
7. 用单线刨刨平卯孔
8. 用串凿校正穿带卯孔

（1）单支穿带榫

单支穿带榫一般适用于长400 mm 左右的正方形几面心板和大边、抹头的榫卯结构。在面心板反面居中划出穿带实际尺寸线，用虚线表示。穿带槽卯深度约为面心板厚度的1/3 。例如：面心板厚 10 mm，槽卯深 3.5 mm。用活络尺沿板的侧面划出 30°的槽卯线，并划好两端槽卯深度线。然后用穿带做档尺，用手锯沿槽卯线来回锯。锯时要控制好槽卯的深度。锯好后，先用斧头沿锯口方向砍至锯口深，再用串凿沿锯口铲平槽卯，最后用单线刨子把槽卯刨平。在穿带两端划棉线和榫厚线，按槽卯实际几何尺寸调试好，用线刨按穿带角度及槽卯的深度刨好穿带榫，将穿带榫两端榫头锯好。

把穿带推至槽卯长度的 2/3 时，用斧头用力敲打到位（穿带榫较短，不需要做大小头。试组装前，用穿带刨在进槽卯的一端两边各刨几下就可以了）。

1. 做穿带卯的主要工具：手锯、串凿、单线刨
2. 试组装穿带榫
3. 组装穿带榫

（2）两支穿带榫

两支穿带榫一般适用于长 500 ～ 800 mm 的椅、几、桌面心板和大边、抹头榫卯结构。大边和抹头试组装合格后，按大边上的穿带半榫卯孔长度，过线至面心板两侧面，然后从侧面过线至面心板反面，在面心板的反面按板厚 1/3 测量好槽卯深度。卯宽为穿带宽度。

如果面心板由两块板相拼，穿带榫卯位置应先预留好。划拼板圆棒榫线时，一般是在两端头到穿带之间，安排两个拼板榫卯节点。在划槽卯长度线时，槽卯分大小头。小的一头中心点在原槽卯位置，两边均分（例如，穿带宽 40 mm，设大头宽 40 mm，那么小头宽 38 mm，即小头两边各收 1 mm）。

划线时注意，面心板卯孔大小头朝两个不同的方向，即相向而行，因为来自穿带榫和面心板两个方向的力能有效阻止面心板不向一边滑行。若穿带和面心板卯孔分大小头，木匠省力。将穿带榫用力插入面心板，以超过槽卯长度 2/3 为宜，然后用斧头用力敲打，一气呵成，这样穿带松紧度适宜。

1. 穿带从两个方向受力
2. 穿带、面心板、大边和抹头组装成型

(3) 三支穿带榫

三支穿带榫适用于长 800 mm 左右的面心板和大边、抹头的榫卯结构。面心板反面两端 120 ～ 150 mm 处为穿带槽卯位置，其目的是有效地保护面心板两端不易拱起。面心板槽卯长度在 600 mm 以内，大小头宽度相差 1 ～ 1.5 mm。槽卯长度超过 600 mm 则大小头适当放大。两边穿带朝同一个方向，中间穿带朝相反方向，这样才能有效防止面心板向一个方向滑动。锯好穿带两端半榫或贯榫后，用角锯印好线。

用角锯印线时，榫两边肩子暂时不锯，因为穿带榫和面心板组装时，一端要用斧头使劲敲打。如榫卯过紧，就要用斧头在另一端敲打，使穿带退出槽卯。穿带榫经线刨修正后，进行二次试组装。敲打两端时，穿带双面肩子和榫还是一个整体，所以榫不会受影响。如果双面肩子被锯掉，那么在敲打时，榫头受力后会开裂，从而影响穿带榫质量。把穿带榫和面心板组装好后，再把两端肩子锯掉。

1. 三支穿带榫从两个方向受力
2. 穿带与面心板组装

(4) 四支穿带榫

四支穿带榫适用于长 1 000 ～ 1 200 mm 的桌、案面心板和大边、抹头的榫卯结构。在面心板反面两端留出 120 ～ 150 mm，划出穿带槽卯位置。第一支穿带榫和第三支穿带榫的大小头分别朝同一方向，另两支穿带榫的大小头朝相反方向。槽卯同样分大小头，有利于组装。因为面心板宽度超过 650 mm，穿带厚度大于大边厚度 15 ～ 20 mm 为宜。穿带两端采用送肩工艺，榫卯紧密配合后，能更有效地保护大边不轻易拐肩。同时，穿带榫加厚能使桌面更牢固。

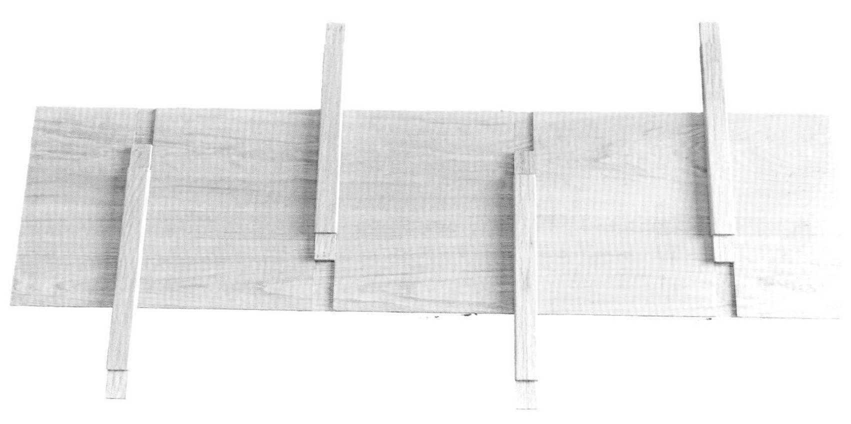

1. 用串凿凿穿带卯孔
2. 串凿
3. 用串凿整理穿带燕尾卯孔
4. 用单线刨刨平卯孔
5. 四支穿带榫从两个方向受力

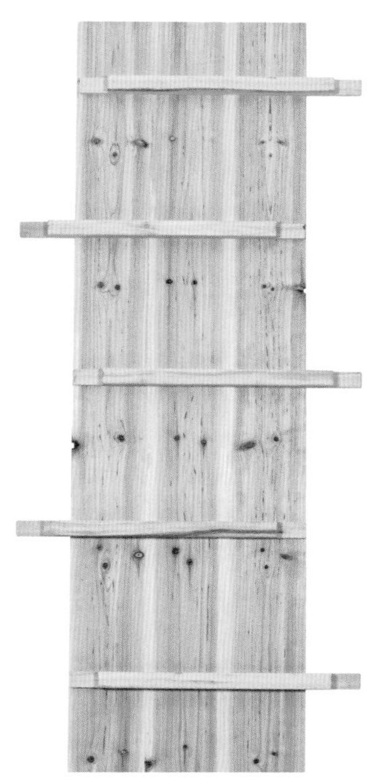

(5) 五支穿带榫

五支穿带榫适用于长度为1 300 ～ 1 700 mm 的桌、案面心板和大边、抹头的榫卯结构。面心板反面两端 120 ～ 150 mm 处为穿带槽卯位置。两端和中间穿带朝同一方向，另两支穿带朝相反方向。划好两端穿带槽卯线后，将中间三支穿带间距平均分。假设工件长度为 *L*，穿带宽度为 *D*，穿带数量为 *N*，穿带平均间距为 *d*，那么 $d=(L-D\times N)/(N+1)$。例如，工件总长1350 mm，穿带宽 40 mm，总计 3 支，那么穿带平均间距就是 (1 350 − 40×3)/4=307.5 mm。如除不尽，应该从两端向中分，多余的放在中心位置，这样作合也不会出现偏差。将面心板穿带槽卯宽度线划好并过线至大边内侧后，按面心板厚度划好棉线。

1. 五支穿带榫从两个方向受力
2. 穿带榫卯制作工具：斧、手锯、串凿、穿带榫刨、单线刨

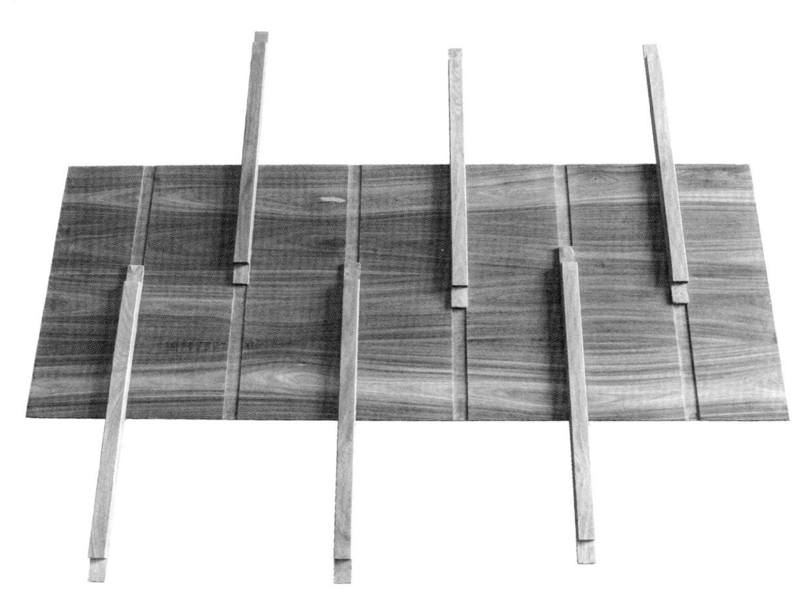

(6) 六支及以上穿带榫

在面心板反面横向两端 120 ～ 150 mm 处划出槽卯线，两端槽卯间距向里平均分成若干等份，间隔为 250 ～ 280 mm。穿带榫组装方向：奇数序列朝同一方向，偶数序列朝相反方向。这样才能有效地保护面心板不向一个方向滑动。如桌反面两端下设搁架，穿带应对齐搁架。中心部分穿带平均分档。宽 400 mm 的面心板，穿带间距为 330 mm 左右；宽 500 mm 的面心板，穿带间距为 280 mm 左右；宽 700 mm 的面心板，穿带间距为 240 mm 左右。

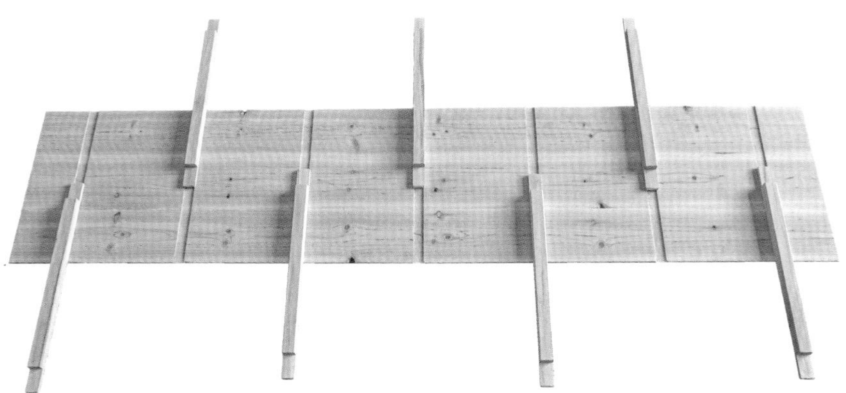

同样是超过 700 mm 宽的面心板，特别是当面心板厚度小于 12 mm 时，穿带要高于大边约 20 mm。穿带半榫和大边卯孔接合后，穿带两端做成送肩工艺。这样能预防穿带和大边拐肩，更能有效地防止面心板受潮起伏和外力对桌面的冲击。

1. 六支穿带榫和面心板组装示意
2. 七支穿带榫和面心板组装示意

4. 通作家具典型榫卯

(1) 扣夹榫卯

侧面

扣夹榫卯是通作家具特有的一种榫卯结构。

采用扣夹榫结构的工件竖档正立面割角呈人字肩，使横档卯孔与之相扣。肩上部分做成榫。横档在正立面中心处割角呈人字肩，反立面以90°切角割去榫的厚度后做成活卯。此活卯只有在扣夹榫卯结构中才可能出现。

根据结构力学原理，一般卯孔都是开在工件居中的位置，可偏里或偏外。卯孔的两边必须有肩子。在制作横档和竖档时，卯料的厚度必须增加10 mm，做成反面卯肩。在这个结构中，横档正面人字肩和反面90°切角肩子，与工字竖档割角人字肩后面的夹子紧紧相扣，从而使横档两端不会摇摆。

扣夹榫卯的力学原理是一个工件夹在另一个工件上，依靠夹子、人字肩及90°肩子三种力相互支撑，使结构更具稳定性，更牢固。扣夹榫卯一般用于通作拐儿纹八仙桌、拐儿凳等立面中心部位。

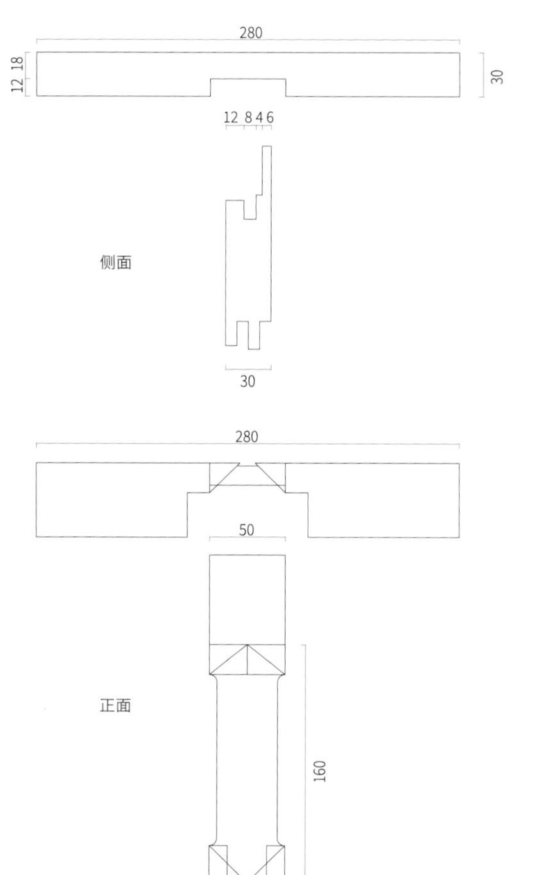

正面

1. 扣夹榫
2、3. 扣夹榫卯图纸
4. 扣夹榫卯划线坯料

1. 双燕尾榫卯结构
2. 3. 4. 5. 双燕尾榫卯结构
6、7. 利用双燕尾榫卯制作的方盘

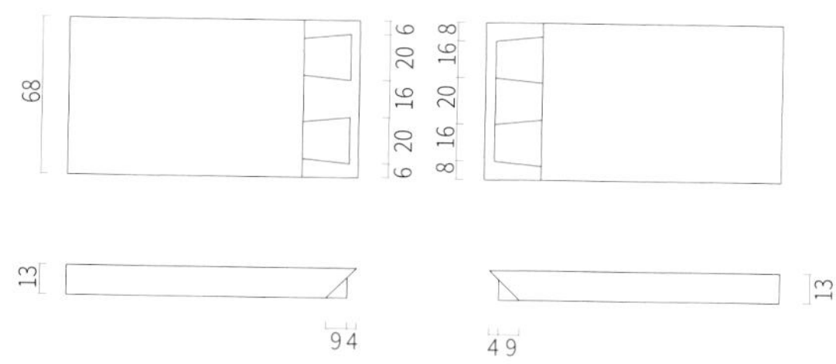

侧面

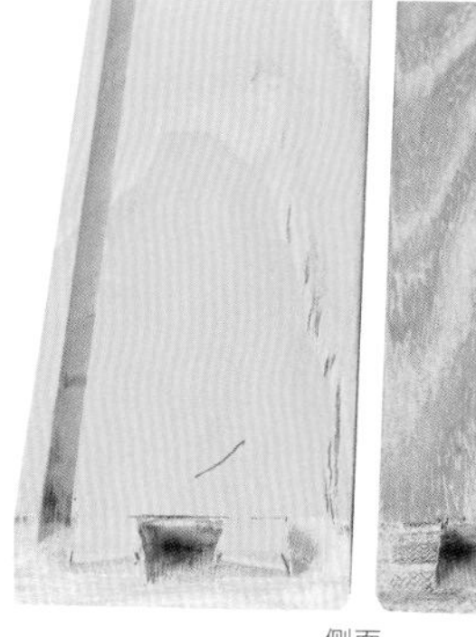

侧面

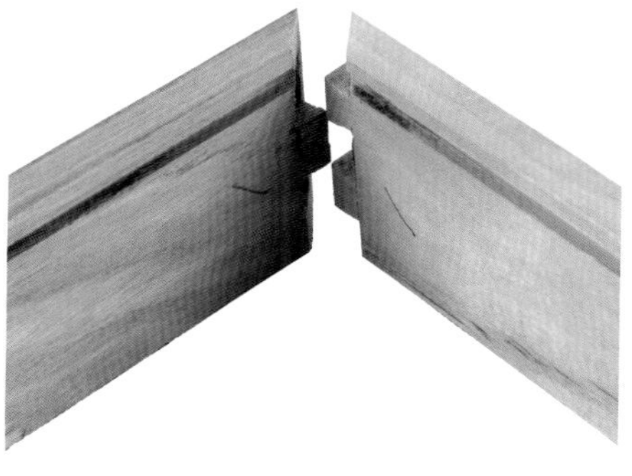
内侧面

(2) 双燕尾榫卯

燕尾扣夹榫卯主要用于案类家具牙条和牙条结构，或者提篮盒、印章盒板与板结构。

在工件两端划好齐头线和根子线，两边做45°割角留肩后，在反面平均分好燕尾卯孔线。然后用打凿按划好的线凿好卯孔。从端头过线到相邻的一个面，同样划在反面，并划好燕尾榫线和卯孔线。用打凿按所划好的线凿好卯孔。待另三个相邻的燕尾榫卯成型，试组装，调好45°割角后，打磨组装。

燕尾扣夹榫卯相邻的两个面上都有榫和卯（和抽屉燕尾榫卯结构不同的是，榫和卯在同一个工件上）产生夹力。在外观上榫卯看不见，使器物具有观赏性。

侧面

上侧

底面

(3) 锁角榫卯

锁角榫卯一般用于腿足与大边、抹头的连接，它在桌腿上端呈左右对角摆放。榫的规格按腿足大小，可以分为12 mm×14 mm×14 mm、12 mm×14 mm×22 mm。大边与抹头之间采用45°大割角工艺。锁角卯设置在边框的四角底面。组装时锁角榫卯将桌面牢牢固定住。凡用锁角榫卯固定的桌面，其大边和抹头一般采用龙凤榫工艺。

桌腿与桌面组装后，锁角榫卯会把采用 45°割角的大边和抹头牢牢锁住。拆卸大边前必须先拆腿足。如果腿足和面心板组装在一起，则无法拆开，除非将器物损坏。

锁角榫卯结构的作用：一方面使腿足和大边相连接，从而使腿足能支撑桌面；另一方面，大边与抹头在无胶水情况下会脱落，而锁角榫卯能起到使大边与抹头 45°节点角不易崩角的作用。

反面

反面

正面

1		
2		
3	4	5

1. 锁角榫卯孔结构
2. 锁角榫卯孔和锁角榫结构
3. 腿足上端锁角榫
4. 面框锁角榫卯孔
5. 腿足、牙条、子线、束腰、面框组装件

角立面

反面

角立面

(4) 虎牙榫卯

虎牙榫常用于竖档与横档榫卯连接，俗称“双肩双插过榫”或“双肩双插半榫”。一般工艺标准为正立面采用割角工艺，反面采用 90°切角，半出榫。

如果部件采用全出榫工艺，那么侧面就会露出端头，且榫卯容易偏角。从美观角度考虑，采用虎牙榫卯工艺能使器物侧面比较美观，竖档和横档正立面、侧面也同样可以交圈。

从结构上看，采用虎牙榫卯工艺时，下横档两个插榫像两颗虎牙牢牢地插入卯孔中，横档和竖档节点不会轻易松动。

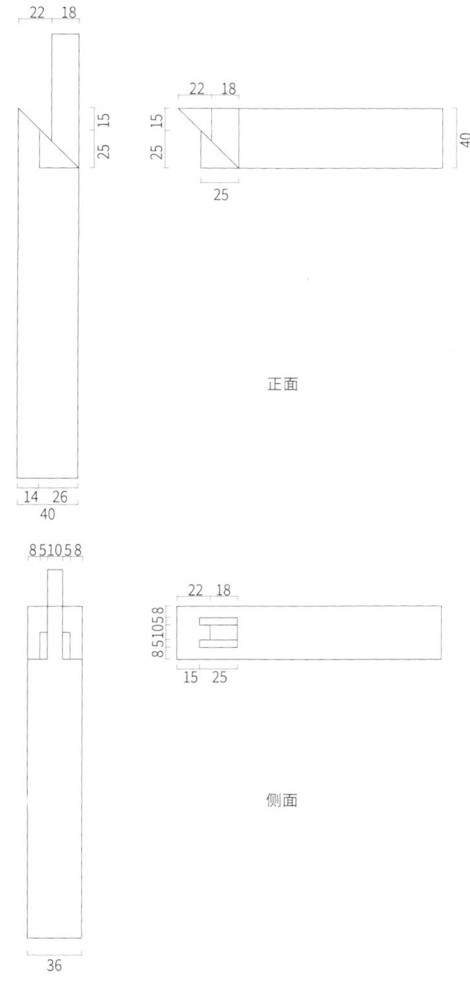

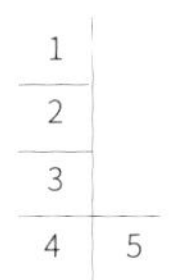

1、2、3、4. 虎牙榫卯结构
5. 虎牙榫卯组装件

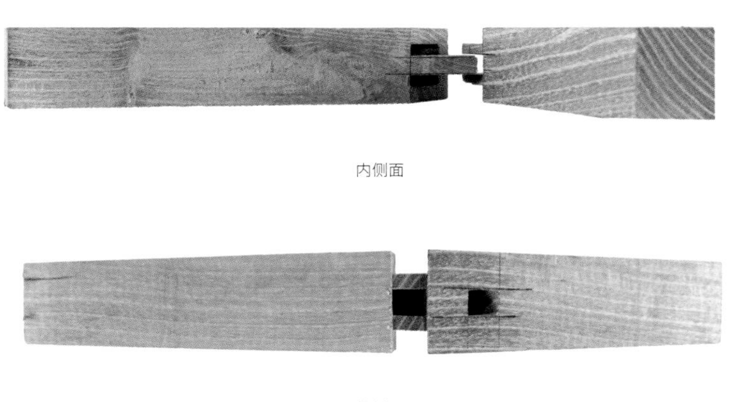

内侧面

外侧面

侧立面

(5) 双出头夹子榫卯

双出头夹子榫卯看上去比较简单，但是其立面人字肩割角、反面夹子直角送肩结构，在传世明清家具实物中很少见到。在通作拐儿纹椅、几、桌、凳等家具所采用的榫卯结构中，这种结构是比较讲究的类别。

双出头夹子榫采用了反面直角夹子送肩的方法，可以使下拉档卯孔创伤面更小。创伤面过大容易造成下拉档断裂。双出头夹子榫靠的是多面摩擦力来使家具稳固。横档与竖档交接点采用圆角则不易出现崩角。

在一般工艺中，下拉档和工字竖档接合所采用的是单榫卯结构，正立面割角呈人字肩，反面使用 90°平肩工艺。

从结构角度上考虑，反面小直角送肩 4 mm 后，可把圆角部分送肩至下拉档上，有保护竖档与下拉档圆角不掉角的作用。

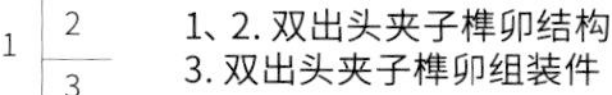

1、2. 双出头夹子榫卯结构
3. 双出头夹子榫卯组装件

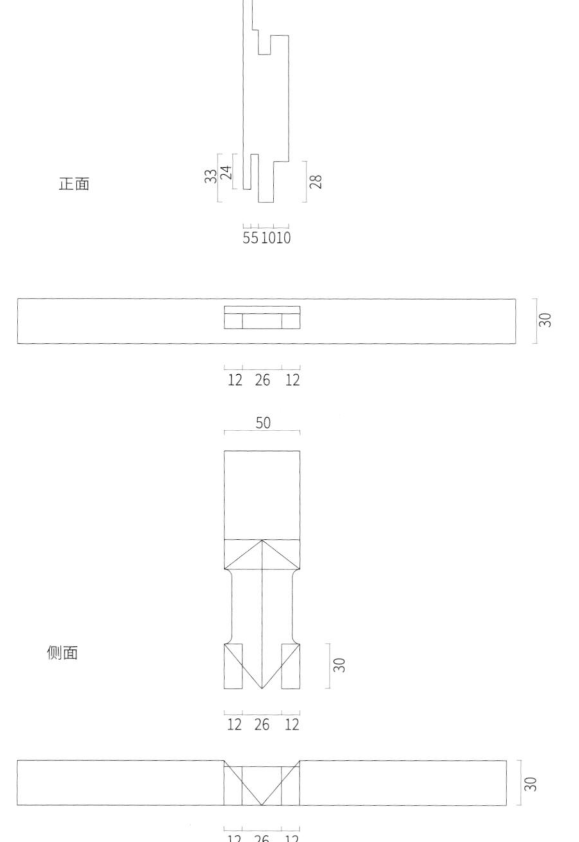

正面

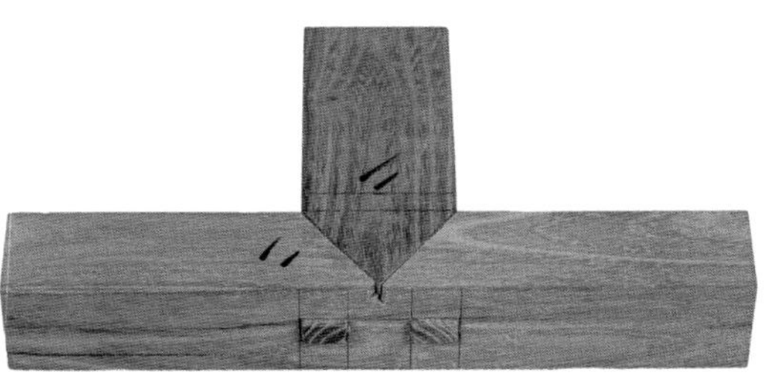

下侧面

(6) 插榫卯

插榫卯是一种比较简单的榫卯结构，多用于子线、束腰与竖档的连接。工字竖档通过榫卯与子线、束腰相连接，再通过插榫结构工艺和双肩加夹子工艺，使榫插入腿中，而正立面送肩和另一个方向的肩子通过 45°大割角工艺相连。竖档与工字竖档榫卯结构的精确性保证了子线、束腰与腿足紧紧抱合，从而使子线、束腰和四个角实现无痕迹交圈。

方桌四面的每个竖档、工字竖档贯榫都与子线、束腰相连，其插榫与每条腿足上部连接，把方桌的四个面紧紧箍住，而四条腿足又起到稳固定位的作用。

子线、束腰与竖档相连的榫卯结构看似简单，但是其作用很大。这种每面使三根竖档定位和四条腿足相连的结构能把四个面抱合得更紧，使得整个方桌更加牢固耐用，而且层次感更强。

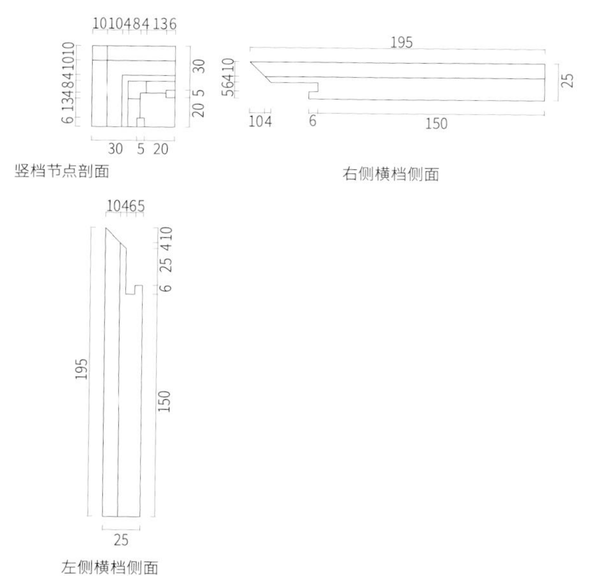

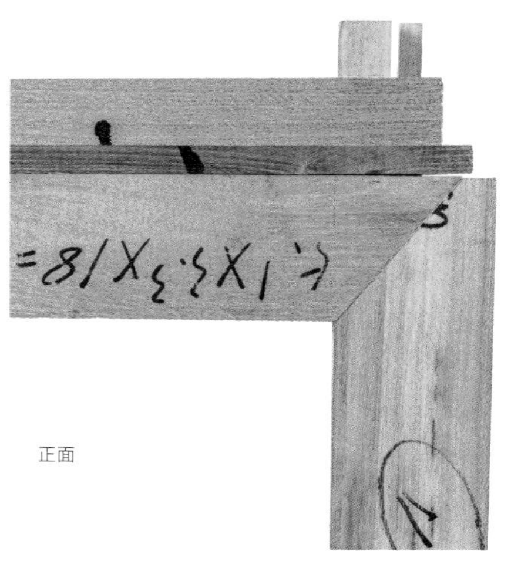

1. 子线、束腰与腿足插榫结构
2. 3. 牙条、子线、束腰与腿足榫卯组装件

(7) 双面割角榫卯

双面割角榫一般用于桌面及横竖档正反见光面。大边或横档两端齐头线向里为抹头或竖档宽度线（即根子线）。在正反面划好 45°割角线，将根子线从内侧过线到外侧，以便凿夹肩。沿内侧划好榫宽线，沿抹头或竖档两端齐头线向里划大边或横档宽度线（即根子线）。根子线向外为卯孔长度线（长度一般小于本料为宜）。将榫宽线从内侧过线到外侧，在正反面划好 45°割角线。待一组工件过好线后，划卯孔棉线及榫棉线。双面割角榫卯紧密配合不会造成拐肩。在受外力撞击时，卯孔关头对贯榫起保护作用。

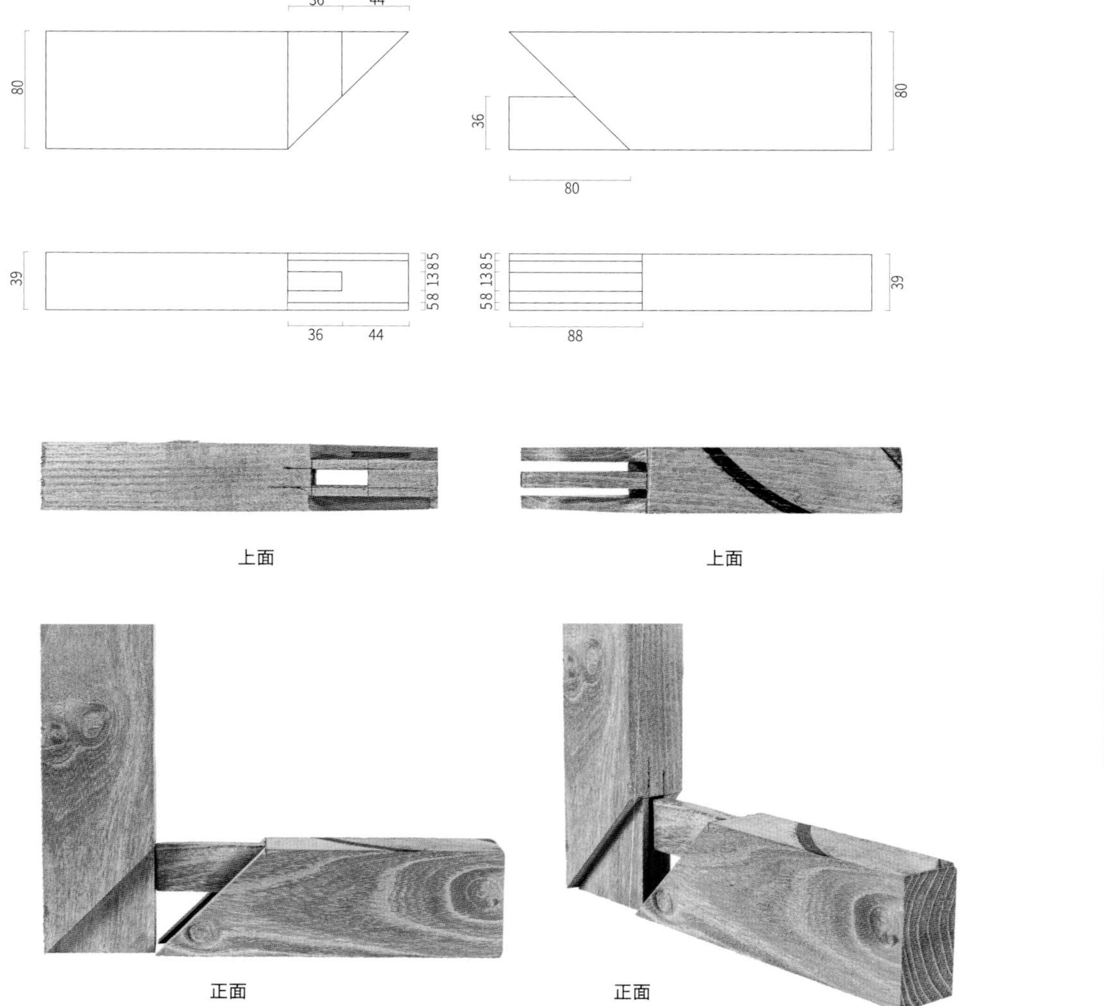

1、2、3、4、5、6. 双面割角榫榫卯结构
7. 双面割角榫榫卯组装件

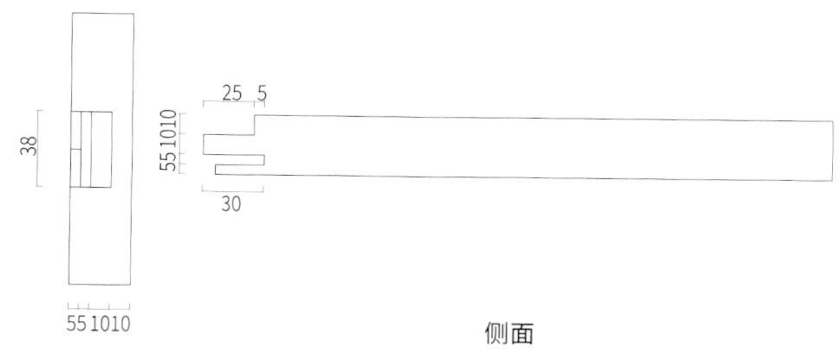

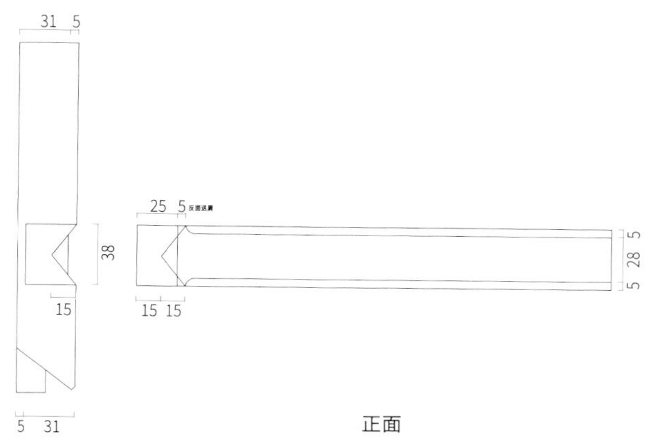

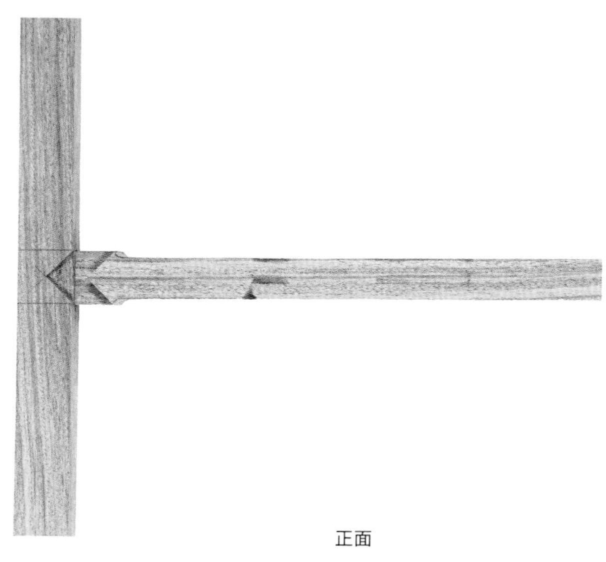

(8) 圆角送肩半榫卯

半榫卯是一种比较常见的榫卯结构。常在人字肩割角后为夹子肩采用半榫及反面 90°送肩工艺。

制作半榫时，其卯孔深度必须达到工件宽度的 4/5 左右。从力学角度看，榫越长，摩擦力就越大，家具的结构也就越牢固 。反之，榫越短，摩擦力就越小。不过，在家具制作中，为了保证美观，榫虽然需要达到一定长度，但一般不应该出头。

半榫制作一般采取正面 45°割角或拉角工艺。此工艺有两种做法：一种是采用人字肩割角，与榫做成夹子状，在榫夹之间形成卯孔。其优点是卯孔的创伤面较小，工件牢固，榫卯摩擦力更大。另一种是采用人字肩割角到卯面，此时人字肩成为装饰。其缺点是卯孔创伤面大，榫卯摩擦力小且牢固度不如前者。反面的工艺与工字竖档和下拉档的大致相同，也是直角送肩 4 mm(工件小，没有用夹子)，同样可以起到保护内圆角的作用。

1/2 1、2. 圆角送肩半榫卯结构

(9) 子母榫卯

子母榫卯常用于竖档与牙条间的连接，是通作家具中很有特色的榫卯结构。

牙条采用的工艺是立面割角，内侧开榫，中间为夹，正面斜肩角内侧为子榫，夹子里为母榫，反面开 90°肩子。 这一结构看起来很像一个部件，其实是在同一方向形成一大一小两个榫头（俗称双榫双肩单夹），就像母子一样。竖档立面割角做卯，侧面开 90°平肩并做成卯孔，形成双肩单夹结构。

如果使用现代机械加工牙条，一般采用的方法是立面割角，加插榫，开 90°平肩。其结果是榫卯靠胶水相连，无拉力。而用传统工艺手工制作的子母榫，既有拉力、摩擦力，又不崩角，同时榫与卯、榫与肩之间具有夹合力。

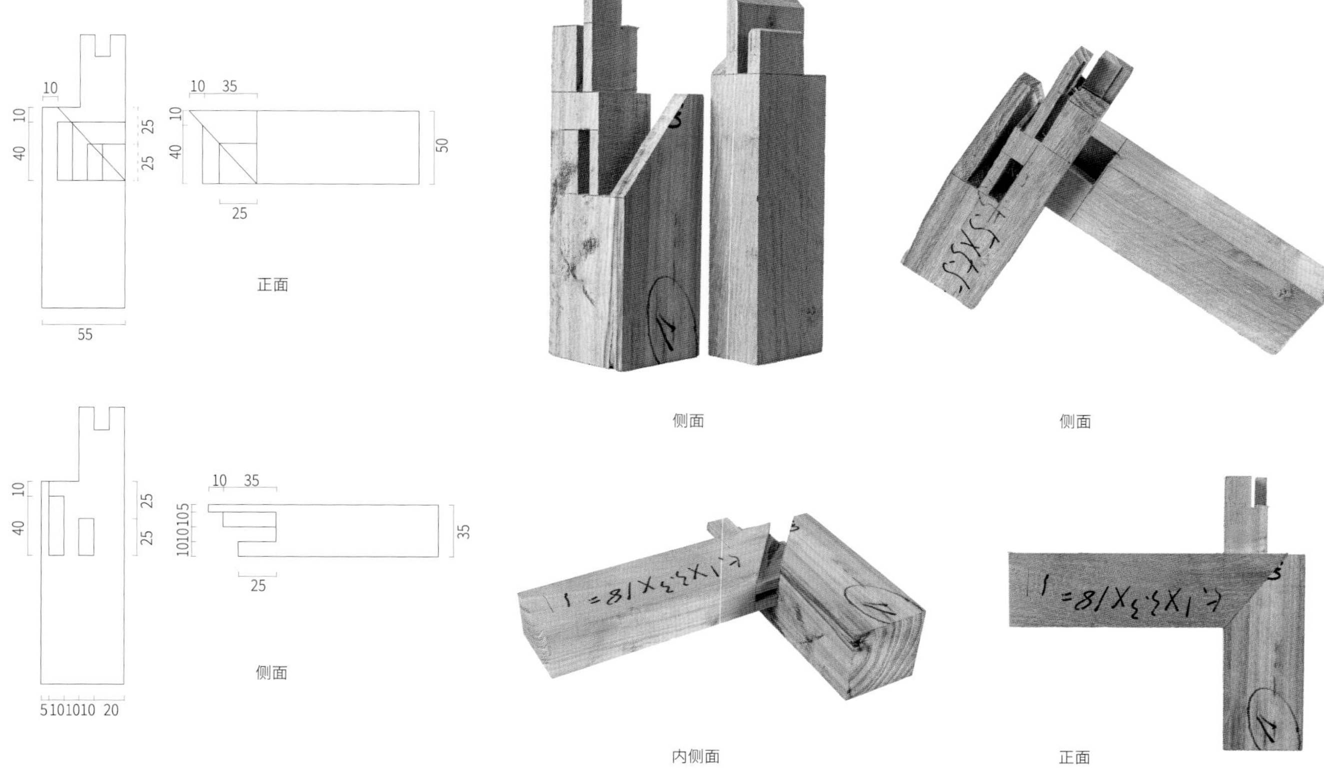

1. 竖档与牙条子母榫卯结构
2、3、4. 子母榫卯结构
5. 竖档与牙条组装件

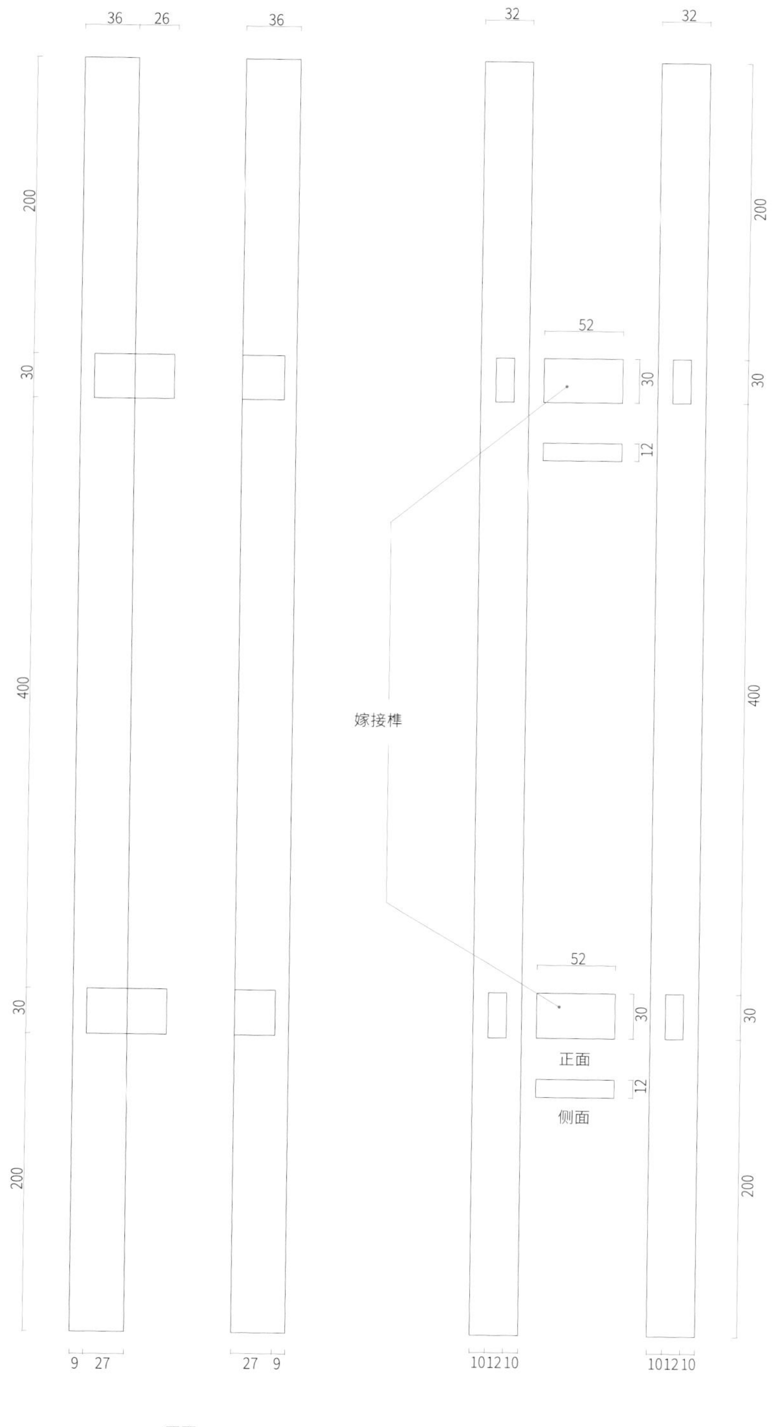

正面　　侧面

(10) 嫁接榫卯

在竖档与竖档或横档与横档之间无法形成结构时，在竖档或横档一侧纵（横）向位置做成卯孔，然后按卯孔大小做榫，将一端固定在卯孔内（榫卯要紧密配合），另一端形成的榫称为嫁接榫。

在竖档上下两端的横档有出头榫，拟和旁边的立柱固定。而在中间间距大的情况下，也可以在竖档（横档）中间部位做成卯孔，然后按卯孔大小做榫并固定在卯孔内而形成出头榫。这样三个点固定在一个面上，中间部位不会摆动。

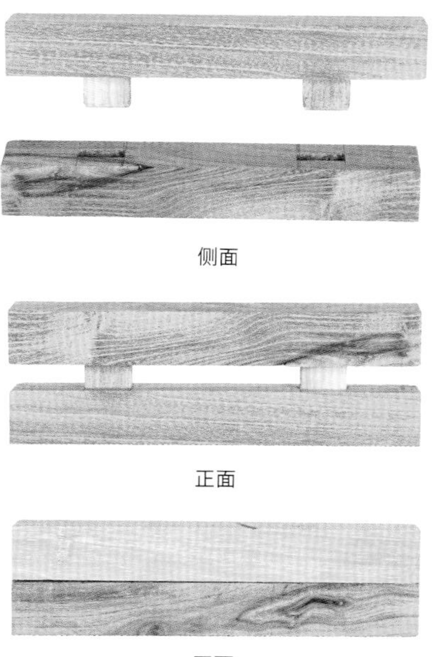

侧面

正面

正面

1. 嫁接榫卯结构
2. 横档嫁接榫卯结构
3. 横档嫁接榫卯组装示意
4. 横档与横档嫁接榫卯组装件

1. 扒底销子榫结构
2. 扒底销子卯孔结构
3. 扒底销子榫卯结构件
4. 条桌内侧的扒底销子

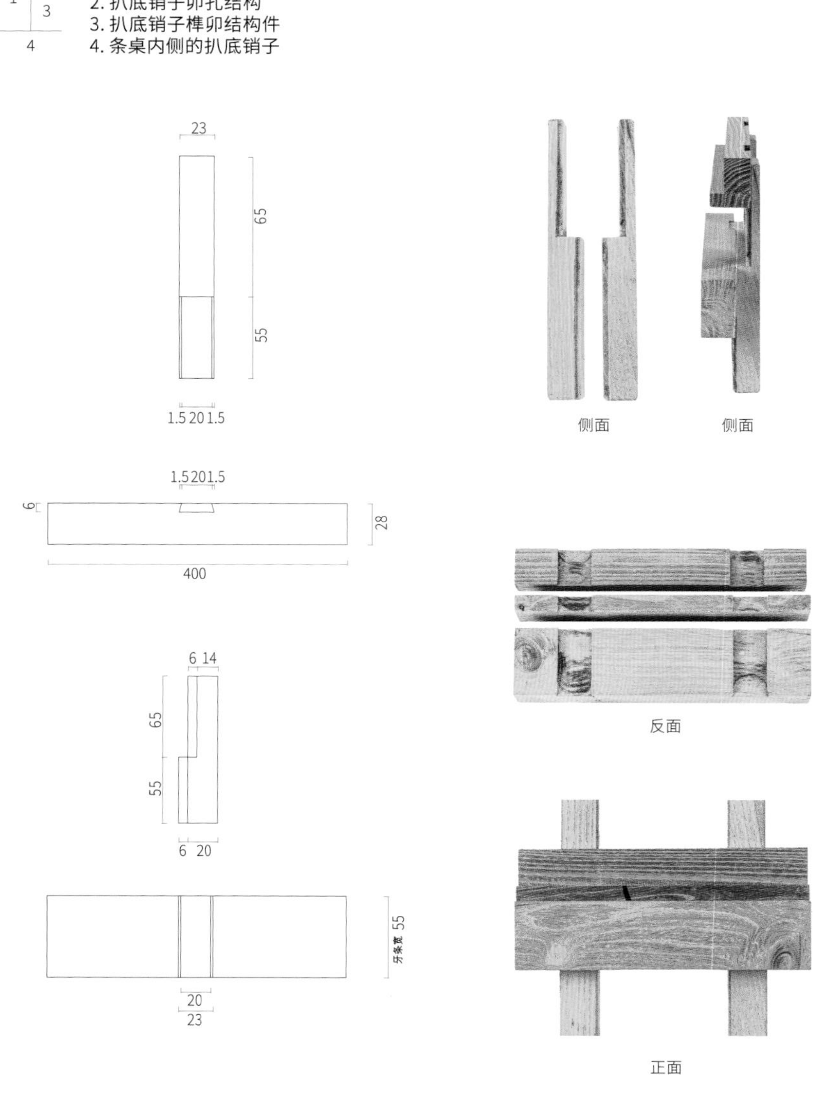

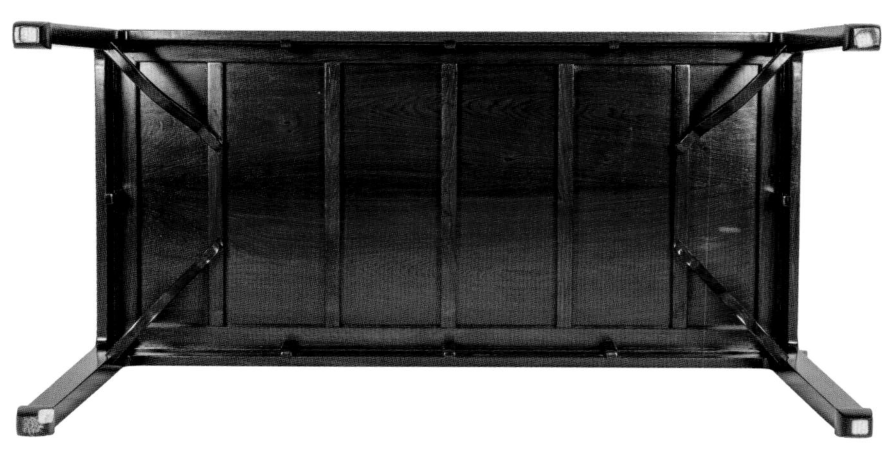

(11) 扒底销子榫卯

扒底销子榫卯用于牙条和大边或牙条、子线、束腰和大边连接。这是一种由插销和槽卯连接两个或两个以上的部件以达到加强结构目的的榫卯结构，南通木匠俗称为扒底销子。

扒底销子用于部件反面，通过燕尾状的槽卯插入另一部件的销子孔(有的牙条、束腰、子线和圆线反面不在同一个平面上，销子榫有时会做成阶梯形以强化结构)。扒底销子一般做成上小下大（相差 2～3 mm 为宜），其榫角度约为 30°。牙条反立面均分，一般间距 500 mm 为宜，按穿带榫形状，锯成上窄下宽、和扒底销子同等大小的燕尾槽。槽卯成型后将扒底销子（如穿带榫）插入牙条槽卯中。销子上端做成单肩半榫和面框大边接合。牙条上部出现子线、束腰，其反面和牙条如在一个平面上，则从牙条上过线确定卯孔宽度后开槽卯；如和牙条不在一个平面上，那么扒底销子做成台阶形状，销子和牙条相连后，穿过子线、束腰槽卯，最后，以半榫与大边接合。

一组扒底销子穿过牙条、子线、束腰连接大边。这些运用扒底销子榫卯结构相连的部件形成一个整体，不会移动。

（12）鱼尾扣榫卯

鱼尾扣榫卯主要用于横档和竖档端头接合处。其榫卯结构采用双面大割角。外侧榫割肩形成里大外小、像鱼尾形状的榫头，和结构的另一半横档（或竖档）端头按鱼尾形状做成的卯孔组装。只要轻轻一拍，横竖档的榫和卯孔就紧紧扣住，既美观、科学，又省工。

鱼尾扣里大外小榫和卯孔产生的夹力和摩擦力，使节点不轻易脱落。

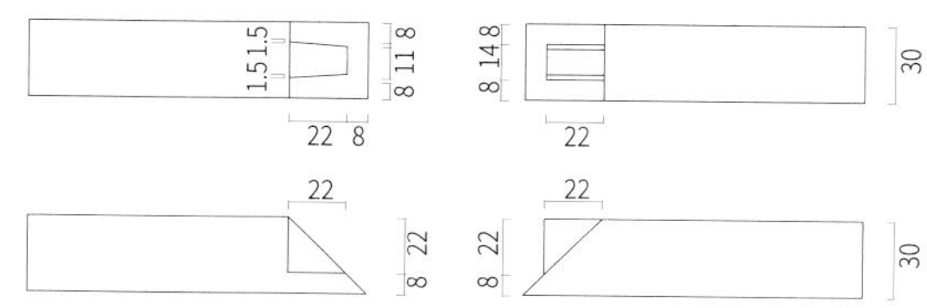

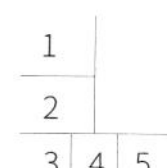

1、2、3、4. 鱼尾扣榫卯结构
5. 鱼尾扣榫卯组装件

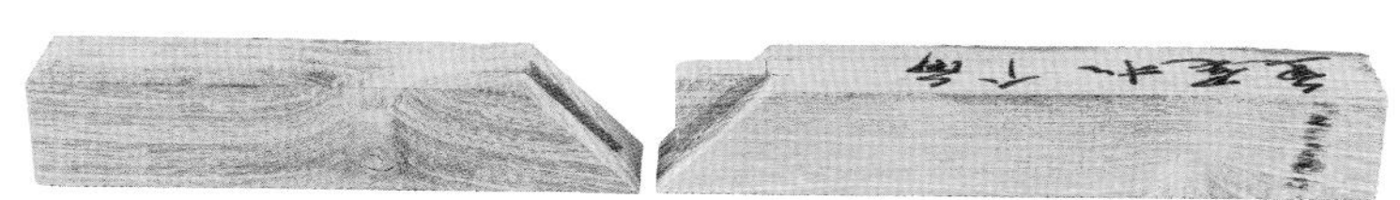

上侧面

侧面

侧面

侧面

(13) 圆棒榫卯

圆棒榫卯主要用于板与板之间的拼合，或用于档和档之间小型工件的连接。

特殊工件间无法使用其他榫卯结构连接时，可以用圆棒榫卯连接。圆棒榫卯加工方法是先把结构部件按照几何尺寸划好线，然后进行加工（注意打卯孔要精确、垂直和齐整），再用青毛竹（竹青）依照圆孔直径大小制成圆棒榫。圆棒榫很讲究气干密度。气干密度在 0.76 g/cm³ 以上的材料必须做成圆形；气干密度在 0.76 g/cm³ 以下的材料可做成三角形。硬木与硬木用圆形圆棒榫与卯孔连接。圆棒榫与卯孔紧密接合，其结构就比较理想。如用松木这样气干密度较低的材料做家具，可用青毛竹（竹青）做榫。榫做成三角形形状，略大于卯孔尺寸，组装时越装越牢固。因为三角形圆棒榫就像三把刀一样深入卯孔内。工件之间靠三角形毛竹圆棒榫和卯孔的摩擦力紧扣，不会松动。圆形圆棒榫与卯孔的摩擦力要小于三角形圆棒榫与卯孔的摩擦力。还有一点是，做圆形圆棒榫费力费时，做三角形圆棒榫则相对地省力省时。

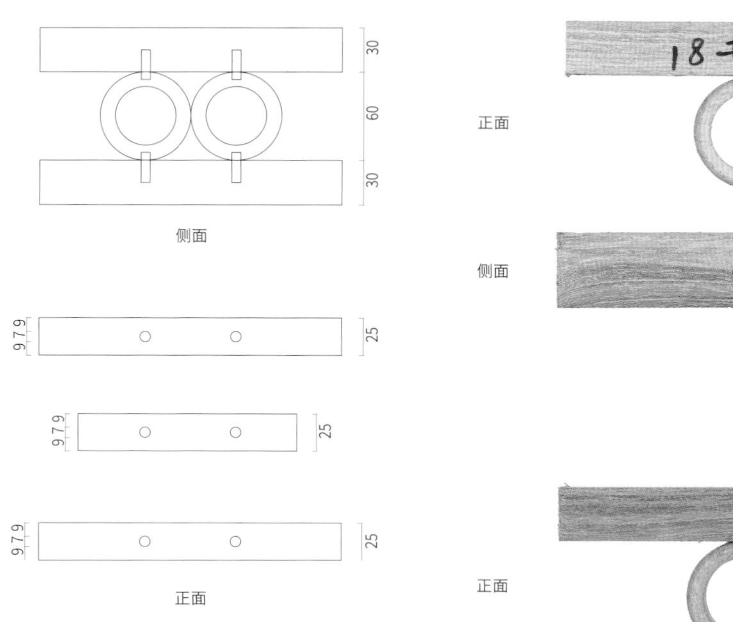

1. 圆棒榫卯结构示意
2. 圆棒榫卯结构
3. 圆棒榫卯组装件

(14) 满口吞夹子榫卯

满口吞夹子榫卯(床侧箍山和前角柱榫卯结构)和夹头榫卯一样,都来源于古代建筑结构。夹头榫是明清桌案中常用的榫种。腿足上端的夹子夹住牙头和牙条。腿足上端榫头与桌案大边接合后起支撑作用。通作家具的满口吞夹子榫,将夹子作为架子床挑檐的主要支撑部件,按前角柱厚度来定榫长度。此榫种采用双面平肩,中心为榫。

夹头榫和满口吞夹子榫都有夹子,但其结构和作用区别较大。明清家具桌案的夹子所夹的牙条主要起支撑和装饰作用。通作挑檐架子床的夹子既是结构巧妙、紧密、牢固的榫卯节点,又是侧箍山的杠杆支点,使侧箍山把前挂檐轻轻挑起,高高悬挂在床顶前面。

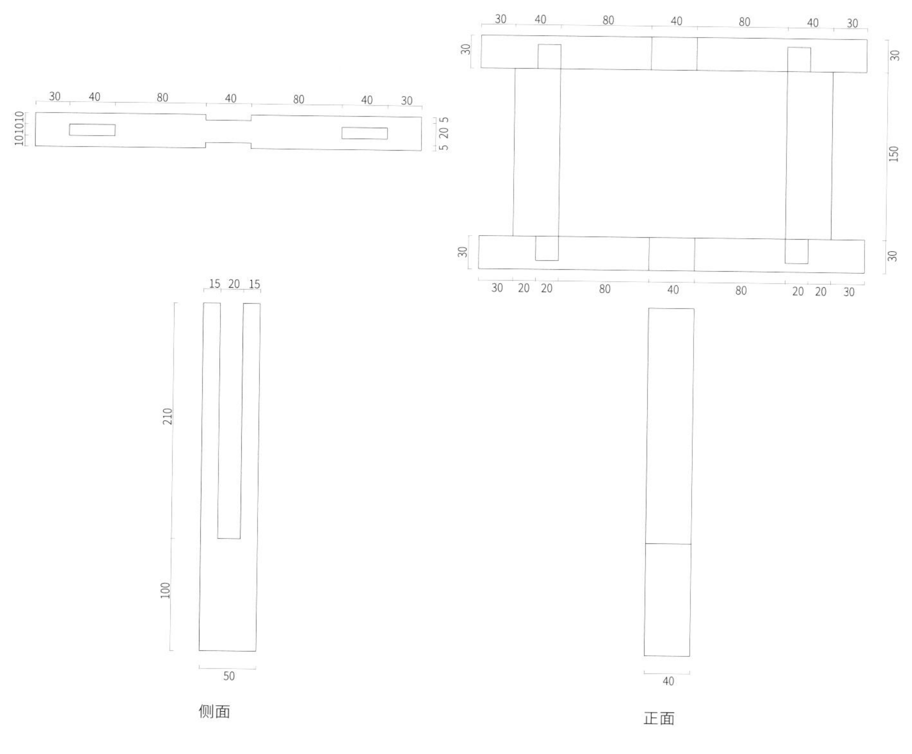

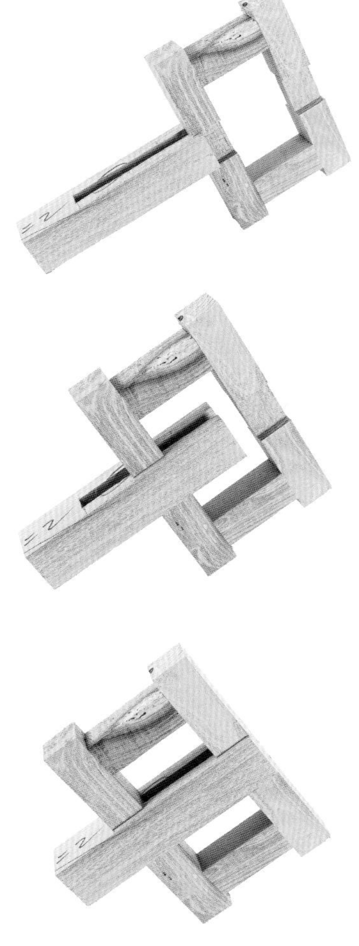
正面

1 | 2 | 3 | 4

1. 满口吞夹子榫卯图纸
2、3.满口吞夹子榫卯结构示意
4. 满口吞夹子榫卯组装件

(15) 走马销榫卯

走马销榫是从燕尾榫演变而来的。其榫头从侧面看如同燕尾，是一个上大下小或前大后小的，并可以左右或上下移动的榫。

走马销卯孔是根据部件的功能和榫头的上下移动方向而定的。主要有以下几种形式：前面是大口，后面是小口；上面是大口，下面是小口；或反之。当走马销榫头从大口移动到小口被卡住时，实际上走马销榫卯已完成了组装。其力学原理：走马销榫头大尾小或上大下小，而卯孔凿成里大外小或上小下大形状，组装部件时，榫卯一旦受力，榫头正好卡在卯孔内，榫的两侧摩擦力增大。

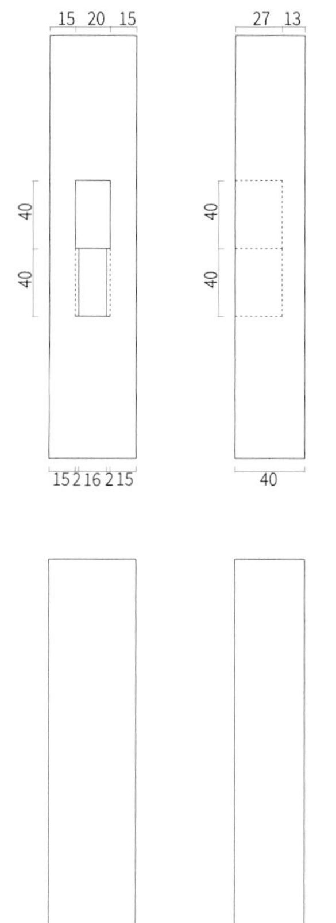

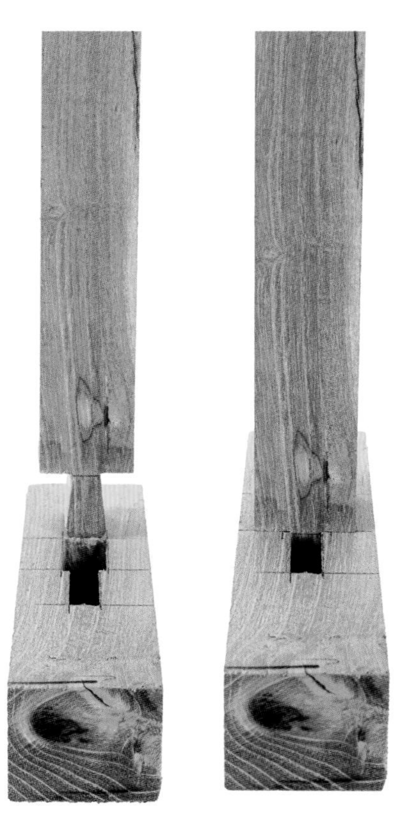

1 | 2 | 3

1、2. 走马销榫卯结构
3. 走马销榫卯组装件

(16) 挑皮割角榫卯

挑皮割角榫卯和割角榫卯力学原理相近，靠榫卯的紧密配合和半榫（挑皮）的长度来增加榫卯的摩擦力。

一般的 45°人字割角采用 5 mm 送肩，而挑皮割角在人字肩端头采用 2 mm 送肩，根子线部位不变。此工艺能有效地使卯孔部位创伤面变小，使得节点结构牢固度增大。

30
10 10 8 2
30
2
28
2 8 10 10
30
27
45°
5 5 10 10

侧面　　正面

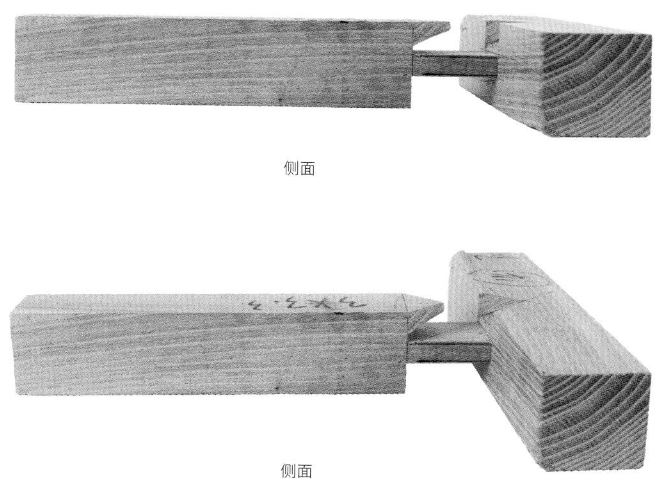

侧面

侧面

正面

1
2 | 3

1、2. 挑皮割角榫卯结构
3. 挑皮割角榫卯组装件

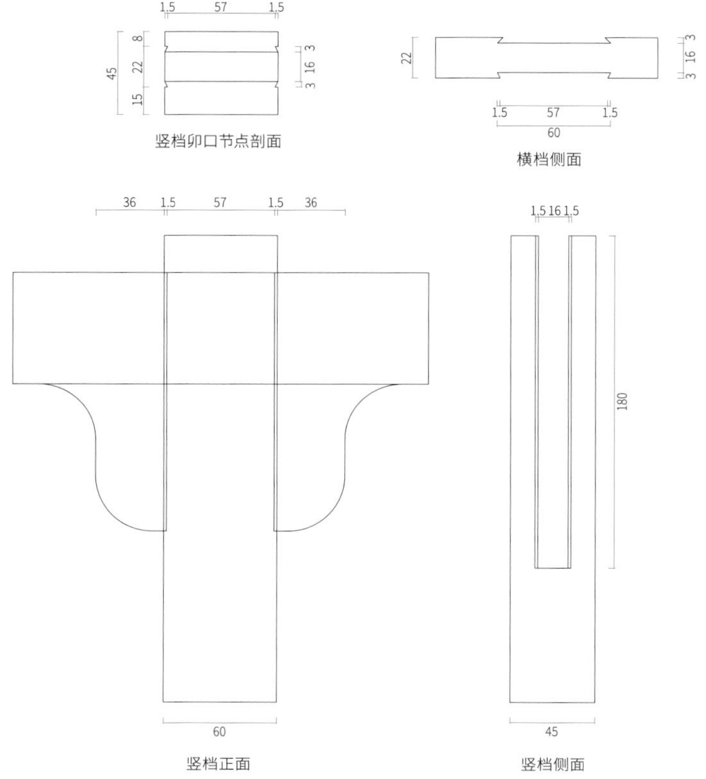

(17) 双穿带夹子榫卯

双穿带夹子榫是从燕尾榫演变而来的。该榫用于翘头案、平头案牙条和腿足节点连接。传统工艺是腿足和牙条以90°角连接。优点是工艺简单、省工省事。缺点是结构配合不够紧密。

牙条和腿足四个主要节点采用半燕尾榫卯结构。牙条和腿足通过双面燕尾榫卯工艺，大大提高了结构强度，延长了家具使用寿命。

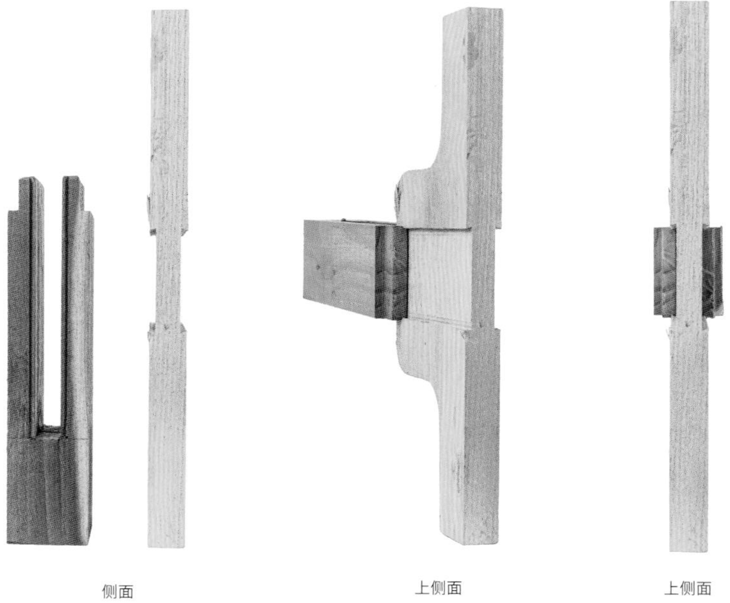

1
2 3 4 5

1、2. 双穿带夹子榫卯结构
3、4. 双穿带夹子榫卯组装
5. 双穿带夹子榫卯组装件

（18）十字榫卯

横档和竖档呈十字相交的榫为十字榫。一般工艺是在一个部件按相邻的横档或竖档宽度在侧面、反面割去一半，再将另一部件侧面、正面割去一半后组装成型。

十字榫工艺每个节点割角角度都不一样。木匠需要凭借审美能力，利用榫卯的结构力学来决定。竖档正面在横档节点外划线，在四个方向做割角，且角度大小取决于横竖档断面大小。其主要目的是使割角和线脚交圈。反面采用90°平肩，侧面去掉一半。横档正面同样在四个方向做割角，侧面去掉一半，反面保持不变。

需要注意的是，木材含水率要控制好，横档、竖档要方正，割角及榫卯结构要紧密配合。榫卯配合过紧的话，工件可能会直接裂开，受力大的一面还可能会弯曲。返工拆卸时，不注意也会导致工件裂开。无论横档还是竖档，一旦裂开，就只能换料，重新做榫卯后组装。榫卯配合过松的话，质量也会打折扣。因此榫卯配合要恰当，才能保证家具的使用寿命。

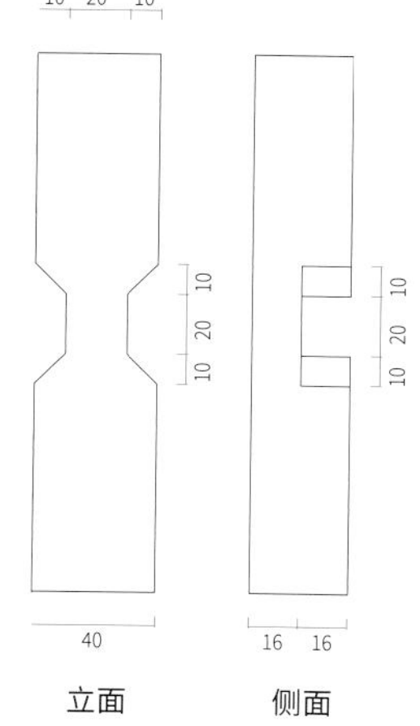

侧面

侧面

正面

1、2. 十字榫卯结构
3. 横竖档十字榫卯组装示意
4. 横竖档十字榫卯组装件

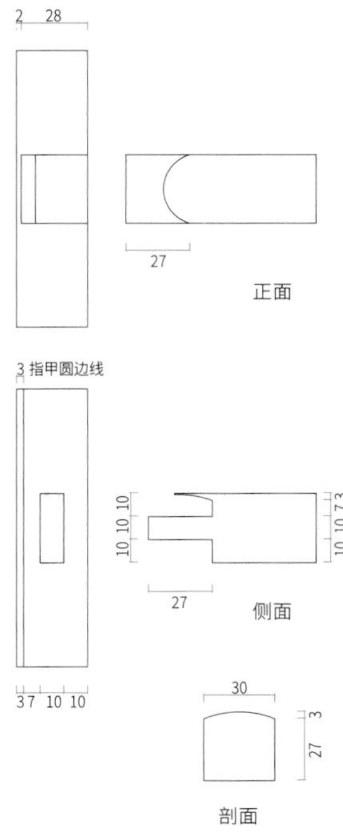

(19) 帮肩半榫卯

帮肩工艺在现代家具中很少看见了，在传统明清家具中也不多见。此工艺难点在竖档卯孔的一面采用指甲圆线。按传统工艺，正面采用人字割角、出夹子肩后做榫或卯，费工费时，而对卯孔的创伤会影响结构牢度。帮肩半榫对两端的帮肩工艺要求极高，送帮肩的内圆要和指甲圆相吻合。帮肩如有间隙，将严重影响美观和结构牢度，即使借助现代工具也较难解决，只能靠手工锯、凿、刮后，再慢慢修正。

侧面　　正面

1
2 | 3

1. 帮肩半榫卯结构
2. 帮肩半榫卯组装示意
3. 帮肩半榫卯组装件

(20) 钩角榫卯

钩角榫卯一般用于桌、椅的牙条和腿足节点处。牙条穿过腿足和相邻的牙条线脚交圈，可以用钩角榫卯工艺来完成。

腿足上端齐头线向里做成锁角榫，与大边接合。根子线向内为牙条位置，根据腿足、牙条根子线割平肩后，在腿足内侧做榫。牙条两端齐头线向里为相邻的牙条割角根子线。在腿足宽度（或深度）线位置、牙条下侧按榫棉线做和榫相对应的卯孔。卯孔成型后与榫试组装。

钩角榫卯的力学原理：一般将横档两端做成半榫，与工件接合后，榫卯摩擦力较小。将竖档做榫，把相邻的两支牙条紧紧连在一起，不会松动。钩角榫结构靠的是一种箍力，把横竖档牢牢地箍在一起。

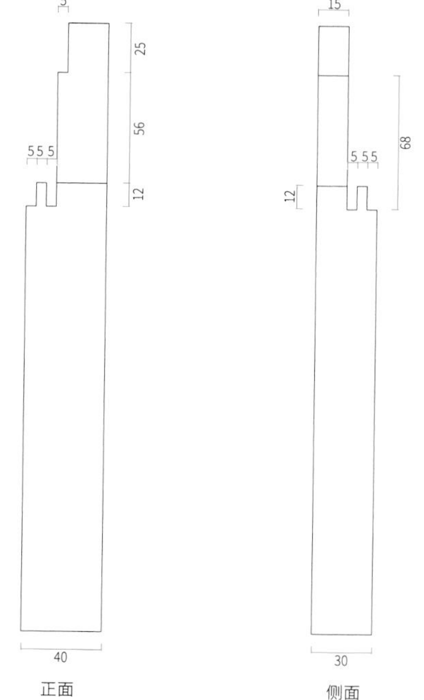

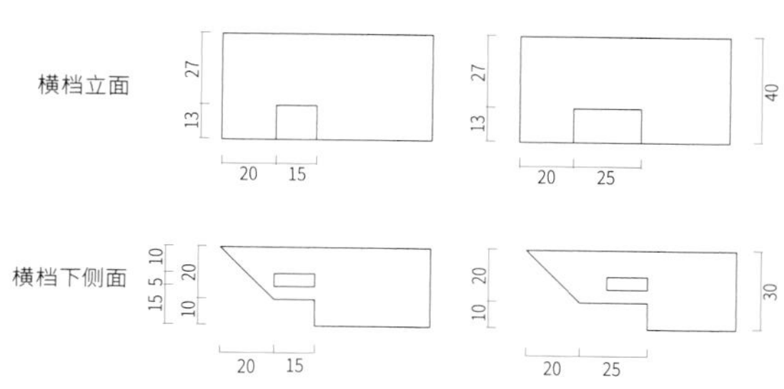

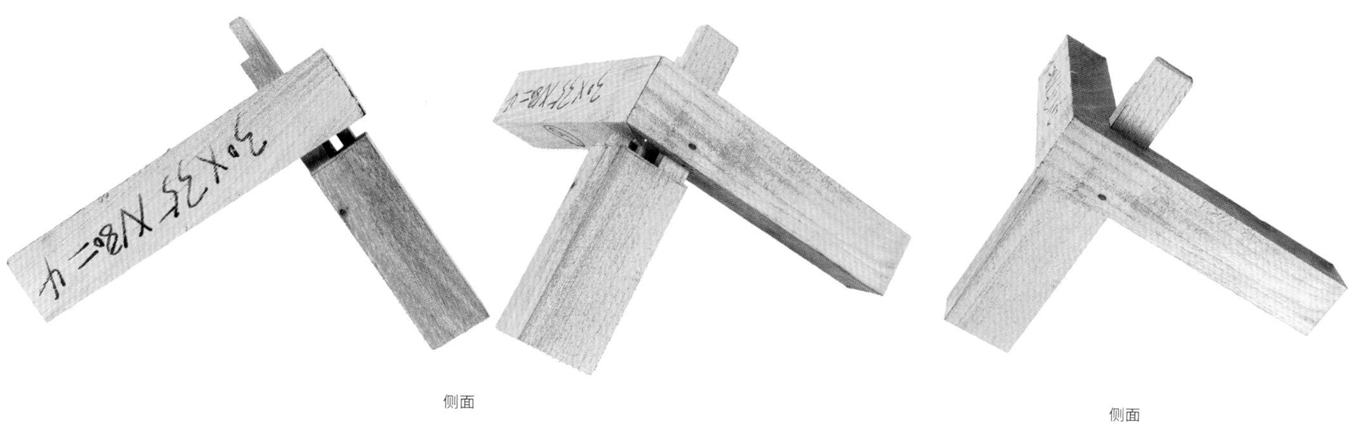

侧面

侧面

1. 钩角榫结构
2、3. 钩角榫卯试组装
4. 钩角榫卯组装件

（21）双人字肩夹榫卯

双人字肩夹榫卯结构用于方桌、条凳等经常移动的家具。

对于一般家具来讲，贯榫结构工艺已能满足工件的结构要求。但是，对于经常移动或震动大的器具，一般榫卯结构就达不到要求。因此，结构更牢固的双人字肩夹榫就应运而生了。为工件划好线后凿卯孔。对于气干密度在 0.76 g/cm³ 以下的材料，线内留 3 mm 左右；对于气干密度在 0.76 g/cm³ 以上的硬木，线内留 2 mm 左右。凿穿卯孔后，卯孔两端做成人字形状。

卯孔成型，对照卯孔宽度锯榫、去肩后，在榫端头削成卯孔人字形状。榫人字几何尺寸略大于卯孔人字几何尺寸。组装前，榫端头用板凿倒棱（贯榫必做的工艺）。榫卯一次性组装成型。

双人字肩夹榫卯用于震动大或经常移动的器具上。依靠贯榫卯紧密配合和两侧人字肩的夹力，才能保证器具的牢固性。

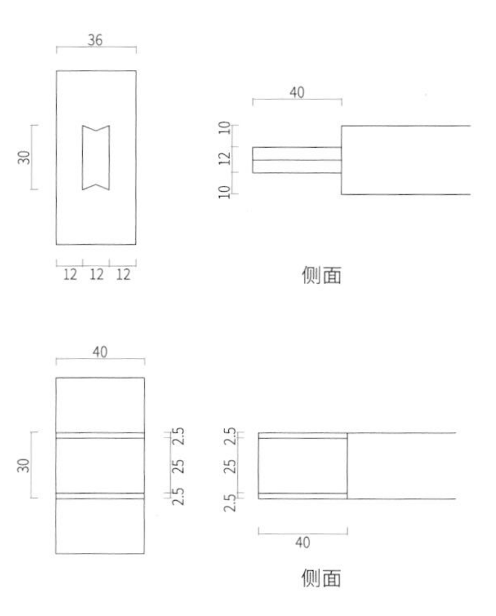

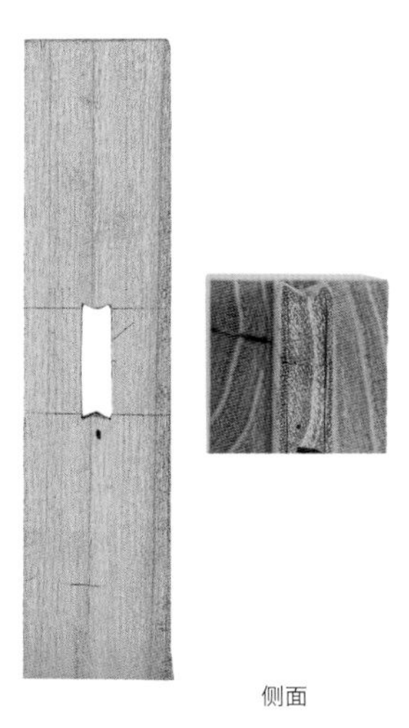

1 | 2 | 3

1、2. 双人字肩夹榫榫卯结构
3. 双人字肩夹榫组装件

（22）燕尾扣榫卯

燕尾扣榫卯主要用于抽面和侧面抽帮的榫卯结构。抽屉在一个固定的空间内来回拉动。在抽面的两个侧面做暗燕尾卯孔，按抽面的暗燕尾卯孔几何数据将侧面端头做成榫，形成燕尾榫卯结构。

抽屉在一个空间内拉动，而侧面要挡住竖档，必须用燕尾扣榫卯工艺。先在抽侧帮端头做成燕尾榫。将抽面反面齐头线划好，留立面竖档间距为侧面卯孔位置。按侧面燕尾榫几何数据，在抽面反面和上侧划线，用角锯沿线锯，用打凿凿成燕尾卯孔，从上侧向下试组装榫卯，最后打磨。

燕尾扣榫卯结构工艺是，扣榫里大外小，扣榫卯孔形成双侧夹力。其力学强度比一般半榫卯结构的大。

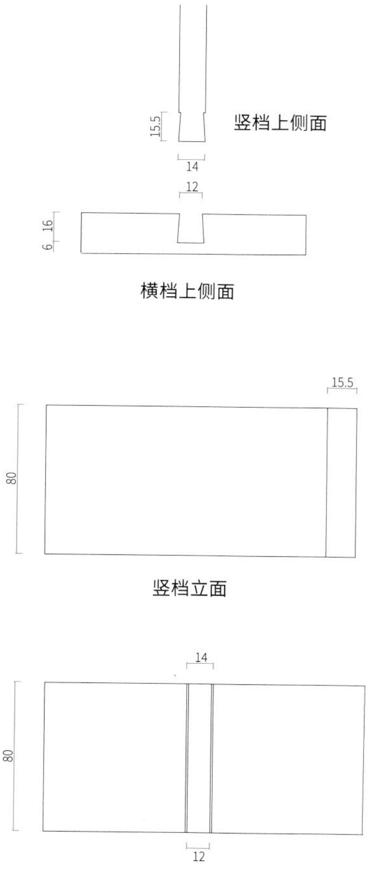

15.5
竖档上侧面
14
12
6 16
横档上侧面

内侧面

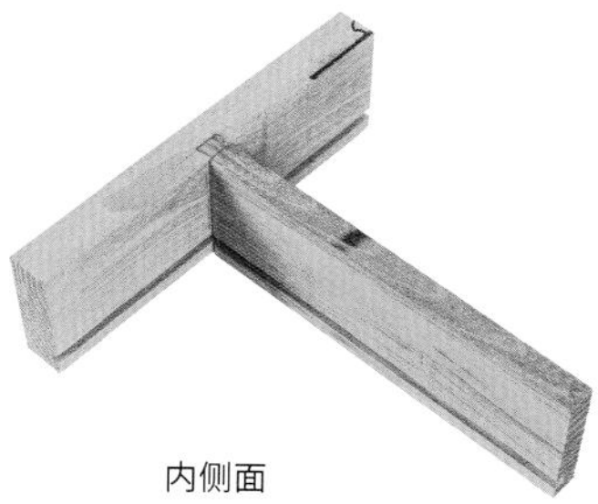

15.5
80
竖档立面

内侧面

14
80
12
横档立面

内侧面

1 | 2 | 3 | 4

1. 燕尾扣榫卯结构
2、3. 燕尾扣榫卯试组装
4. 燕尾扣榫卯组装件

(23) 抱肩挂销榫卯

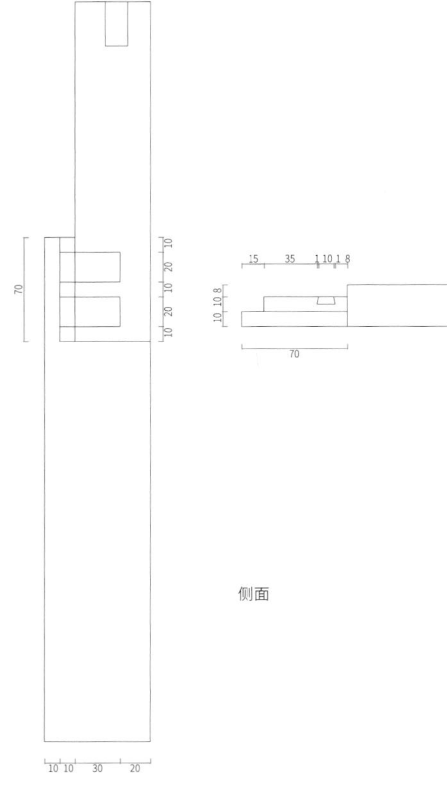

抱肩挂销榫卯适用于较大的腿足和牙条榫卯结构，如罗汉床及较长的桌案、架子床等家具的腿足和牙条榫卯结构。

在腿足上端的正面、侧面（大面），即牙条上侧向上各锯切 30 mm 后形成阶梯形状，一边子线、圆线、束腰和相邻的一边子线、圆线、束腰做 45°割角交圈。正立面、侧立面根子线向上（腿足正、侧立面外角保留 20 mm）为点线割角线，在两侧面划 10 mm 棉线。长 63 mm、厚 10 mm 的插榫和牙条连接。

牙条齐头线向里为腿足宽度线(即根子线)。从内侧过线至外侧和反立面肩子线，在两端对应腿足划点线割角线。按照腿足数据划好榫棉线、榫厚线，然后锯榫头、凿卯孔。榫卯成型后进行试组装。组装合格后，再在腿足正立面、侧立面划嫁接榫卯孔长度线，凿好卯孔，安装嫁接榫，并在腿足嫁接榫与牙条反立面对应的部位划好卯孔线。凿好卯孔，打磨后将榫卯一次性组装成功。

抱肩挂销榫卯结构与抱肩榫卯结构类似。不同之处在于抱肩挂销榫和牙条卯孔，是腿足和牙条调试好后，在腿足上端做好嫁接榫，榫和卯完全能做到紧密配合。抱肩榫在腿足上直接完成。腿足和牙条正反面肩子要反复调试。抱肩榫牙条和腿足卯孔紧密配合比较难控制。

牙条从上向下通过燕尾扣榫，特别是断面嫁接榫，和腿足牢牢地连接在一起。抱肩挂销榫卯随手卸掉也不会影响榫卯的紧密配合。

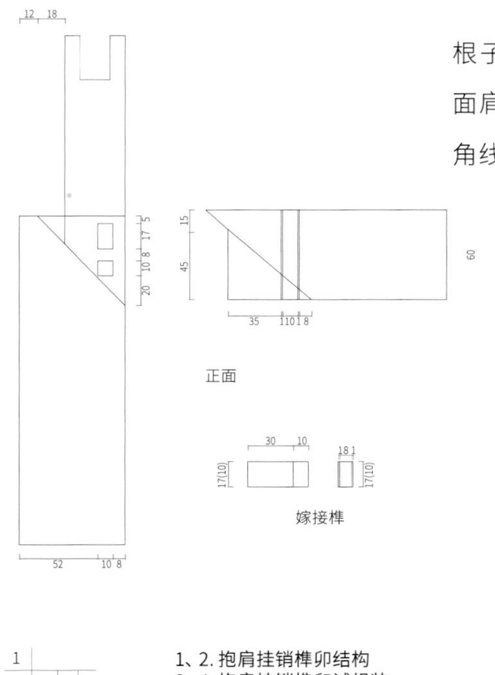

侧面　　侧面

正面

1、2. 抱肩挂销榫卯结构
3、4. 抱肩挂销榫卯试组装
5. 抱肩挂销榫卯组装件

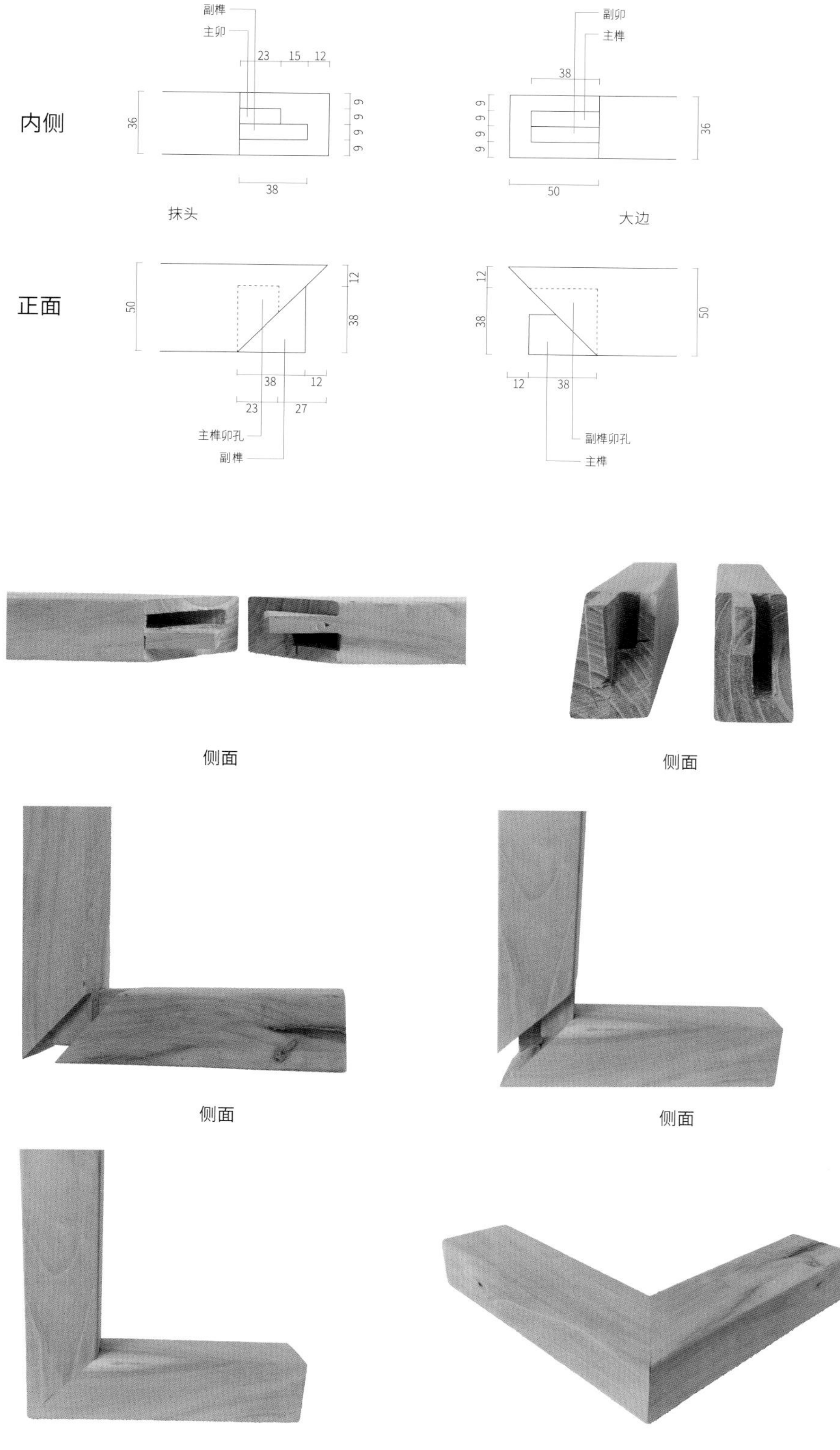

(24) 龙凤榫卯

龙凤榫和来往榫的主要区别：龙凤榫主榫在大边两端靠正面一边，主榫宽度小于大边宽度 1/2，大于大边宽度 1/3。主卯孔在抹头两端同样靠正面，出现关头形状，而来往榫没有关头。

来往榫的主、副榫宽度一样，完成后为插榫结构。龙凤榫卯力学原理是主、副榫卯组装后产生多面摩擦力，能有效阻止桌、案、几面心板在空气湿度大的情况下向两边涨开。

1	2
3	4
5	6
7	8

1、2. 主榫副卯，副榫主卯
3、4、5、6. 榫卯组装
7、8. 组装件

六、圆角和线脚工艺

1. 圆角制作

利用专门制作的圆角模板，在横竖档坯料的内直角划圆弧，从而在节点处形成内圆角。采用内圆角工艺，可以加大节点处榫头的宽度，从而增大榫头的摩擦力，增大榫卯结构的牢固度。同时，各个节点处变成了圆角，使线条变得柔和、流畅和美观。

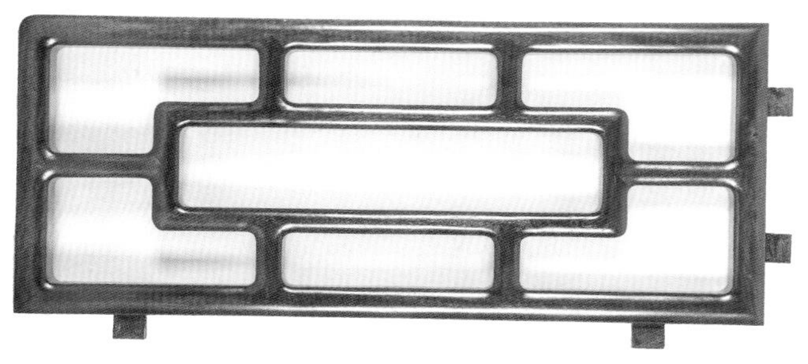

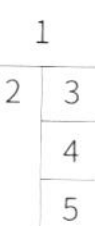

1. 围栏扶手
2. 内圆角做在榫的工件上
3. 用锉子修平工件
4. 将工件固定在刷床上，用线刨修正圆角
5. 刮平工件

（1）横竖档内圆角

横竖档内圆角是指在横档、竖档本料（原始料）榫卯结构形成 90°角后，通过划线、锯、凿、锉、刨、刮、打磨而形成的内圆角。内圆角大部分做在榫的工件上。在榫的根子线向外划线成内圆。

椅、桌、凳横档的内圆角模板可用薄板制成，其圆角半径为 6 mm。在工件正立面划好圆线。在相邻的横档（或竖档）正面划 5 mm 线，其内侧和内圆线交圈。划线后，待加工的 5 mm 线外部分用细齿锯子锯好。靠近圆角留 10 mm 以便组装后接线。锯中间部分时留线。将相同规格的一组工件锯好后夹在刷床上刨至隐约看到线为止（圆角部分也可以用半径为 5 mm 的圆线刨，也可以不刨，待接线时一同处理）。长直线的工件用短平刨刨至隐约看到线为止。内圆半径为 5 mm 的工件，在圆角线外部分锯、刨、刮、磨基本完成后，组装成型，用内圆角角模重新划线。用相对应的钉齿锉锉圆线外部分，锉圆后用刮刀刮平、修正。

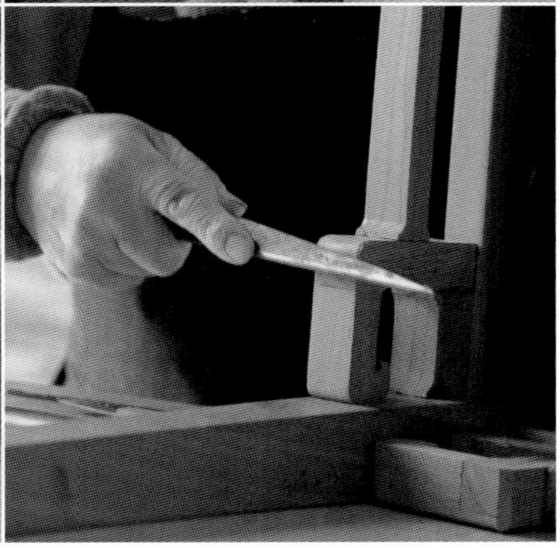

与内圆角相对应的外圆角的半径为 17～22 mm（以器物大小而定）。用角模板中心线对齐 45°割角线或点线割角线划好外圆角，用窄条细齿锯沿线（留线）锯掉线外部分。同样，用钉齿锉、平锉锉平修正。圆角成型后，为内圆角沿侧面划相对应的线脚。贯通后，用雕刻凿凿线，和横竖方向线脚接好线，刮平、修正后完成下道工艺。

1	4	
2	5	
3	6	7

1. 圆角制作工具
2. 照角模划线
3. 圆角线划毕
4. 用圆凿修形
5. 用锉刀修正内圆角
6. 用锉刀修正外圆角
7. 内外圆角初步成型

(2) 落堂座面大边和抹头内圆角

落堂面内圆角工艺一般用于椅、凳座面等部位。座面心板低于大边面框 5 ～ 6 mm。在大边、抹头榫卯结构试组装合格，检查对角线确定无误后，用半径为 6 mm 的角模对准大边和抹头相交的 90° 角划圆角线，沿大边和抹头内侧划 2.5 mm 线连接圆角。四周线划好后，形成理论上的内圆角。

将大边、抹头拆解后（沿大边、抹头在内侧划 5 ～ 6 mm 槽卯棉线），用槽刨沿座面大边、抹头正面棉线刨槽卯，卯孔深度为 6 ～ 6.5 mm。槽卯宽度取决于面心板厚度（如面心板厚 12 mm，则槽卯宽 6 mm）。反面四周倒边后，面心板榫头厚度控制在 5.5 ～ 6 mm，在理论上比槽卯宽度小 0.5 mm。如面心板厚 15 mm，槽榫宽 8 mm，反面四周倒 25 mm 边，榫头端头厚 7.5 mm，槽榫根部厚 8 mm。也可以面心板满口吞榫入槽卯，但槽卯深度不宜深，一般为 4 ～ 5 mm。面心板厚度也就是槽卯宽度。槽卯成型后，用裁刨沿座面正面刨至 2.5 mm 隐线为止（同时留两端圆角）。两端圆角用锉刀、刮刀修平。

将面心板和座面大边、抹头组装成型，再用圆角模板检验后重新划线，修正好内圆角，用内圆角角模板验收合格后，打磨并组装。组装好后，重新用圆角模板校对圆角。如出现偏差，则用刮刀刮平、用锉刀修正后打磨。

1. 测量对角线
2. 照角模划线
3. 圆角线划毕
4. 在大边、抹头内侧刨槽卯
5. 在大边、抹头正面内侧刨线
6. 座面组装成型

另一种工艺：大边、抹头榫卯连接后，面心板低于大边、抹头 10 mm 处为槽卯棉线，槽卯宽 5 ～ 6 mm，面心板正面四周宽 25 mm。侧边留 2 mm 子线，面心板四周侧面沿反面划槽卯相对应的榫厚线。例如：座面心板厚 10 mm，大边、抹头内侧槽卯宽 5 mm。面心板反面为标准面，沿反面在面心板侧面划 5 mm 槽榫棉线。此线也是槽榫厚度线。用裁刨以面心板四周侧面为靠山，在面心板四周斜刨 25 mm 宽。正面留 2 mm 子线，反面留 4.5 mm 为榫厚，四周形成斜面。四周倒边成型后，用平刮刀刮平、修正裁口部位，再打磨板面待组装。

1	
2	5
3	6
4	7

1. 面框榫卯结构成型
2. 面心板正面四周用裁刨倒边
3. 用槽刨刨槽卯
4. 用线刨刨线
5. 用𥔲刨刨子线
6. 面心板四周裁边
7. 面框组装成型

1. 藤座面成型
2. 用斧头沿大边、抹头裁口位置用力敲打藤边
3. 压条排放
4. 裁口上的压条采用45°割角相接
5. 照角模划圆弧
6. 将压条安装在裁口位置
7. 钻孔后，用圆钉锚固压条

（3）藤面压条内圆角

软藤面用于座面、睡面等家具部位。把大边、抹头榫卯线划好。例如，长400 mm、宽400 mm的方凳穿藤，裁口宽16 mm、深8 mm。椅类家具穿藤裁口宽18 mm、深8 mm。罗汉床等面积较大的藤面，穿藤裁口宽20 mm、深10 mm。家具穿藤和穿棕往往配合使用。椅、凳藤座面用单层棕绳，上面采用软藤。成型后座面藤面和大边落差为5 mm。较大座具座面用双层棕绳及软藤。成型后座面和大边落差为6 mm。

穿藤工艺成型后，要取压条封盖裁口。压条料要求较高，而且纹理要顺直。宽16 mm、深8 mm的裁口，取料宽19 mm、厚5.5 mm；宽18 mm、深8 mm的裁口，取料宽21 mm、厚5.5 mm；宽20 mm、深10 mm的裁口，取料宽23 mm、厚6.5 mm。每组待安装的工件，都按照大边、抹头的木色、木纹，配以4支压条。按裁口内净长度，由两端齐头线向里划45°割角线。四支做45°割角的压条成型后，摆放在裁口内。用半径为6 mm的圆角模板划内圆角线。每支压条内侧以2.5 mm直线连接两边内圆角线。在理论上圆角线已初步成型。

加工内圆角用裁刨、板凿等工具。将压条正面以半径为20 mm的洼圆线刨刨成圆边形状后，将每支压条安在座面裁口内，用木匠钻按间距200 mm钻直径为4 mm、深25 mm的圆孔。四个面的卯孔间距要平均。把和压条质地、木纹、木色相同的材料用平刨、线刨、榜刨刨成直径为4 mm的圆棒，锯成长35 mm，做成木钉形状，作为压条钉。用钻压条的钻头在和压条质地相同的材料上钻孔。先把待成品的圆棒和圆卯孔进行试组装。试组装合格后（在不紧不松的情况下）正式组装。

以压条钉把压条锚固在大边、抹头的裁口内。待四支压条锚固后，用刮刀、锉刀刮平、锉正内圆角，并用刮刀把大边、抹头刮平后打磨光滑。

(4) 腿足和牙条内圆角

桌、椅类家具的腿足和牙条连接处可采用内圆角工艺。在桌面或座面侧面齐边（或少部分家具大边出现喷面及缩面），牙条下部无装饰的情况下，腿足和牙条内圆角工艺尤为重要。

腿足和牙条榫卯成型并试组装完成后，用圆角模板在腿足和牙条相交处正面划半径为 3 mm 的圆角线（内圆角半径大小以工件整个造型而定），多余部分划在牙条立面两端。在牙条正面划直线和内圆角交圈。在腿足上划半径为 3 mm 的圆角线，主要是为了让腿足和牙条的连接自然。

腿足和牙条的节点处划好圆角后，拆散部件，在圆角节点向下划 3 mm 直线和腿足下端马蹄足内侧圆角处连接。在腿足圆角向下有结构件的情况下，将 3 mm 直线划至结构件下后，划斜线连接马蹄足上端圆角。例如，腿足上端有 300 mm 结构件，则将 3 mm 直线划至 300 mm 处，然后向下划斜线连接马蹄足上端圆角。加工时，在腿足牙条圆角节点处留 5 mm，待组装后接线。用细齿木匠锯沿划的直线（留线）从腿足内圆角锯至马蹄足处。用相同的工艺，将腿足另一个侧面也锯成半成品。将一组工件锯好后，固定在刷床上，用圆

1	3
2	4

1. 腿足牙条组装完毕
2. 照角模划圆弧
3. 划好的圆角线
4. 用钉子锉锉圆角

线刨刨马蹄足内侧圆角，将直线部分用平刨刨平、刨直至隐线为止。然后将每条腿足内侧用耪刨、平刮、圆线刨刨好。如腿足正面有线脚，则用线刨沿内侧刨线，并用平锉、刮刀修正线脚。

牙条两端内圆角用直线连接后，两端各留 15 mm 左右（以备和腿足内圆角接线），用细齿锯（留线）将线外部分锯掉。500 mm 以内的牙条可上刷床，500 mm 以上的牙条只能用平刨、耪刨刨平并刮正。牙条正面有线脚，则直线部分用线刨刨至成型。圆角成型后，用平锉、刮刀修平线脚。

部件组装后，重新用圆角模板划圆角，用钉齿锉、平锉锉平，用刮刀修正好圆角。正面线脚沿内圆角重新划线，用花凿接线，用锉刀、刮刀刮平、修正后打磨。

1	3
2	4
5	

1. 用钉齿锉修圆角
2. 用圆角模验收
3. 重新校正
4. 角模工艺所用的工具
5. 方凳牙条腿足内圆角

正立面

反立面

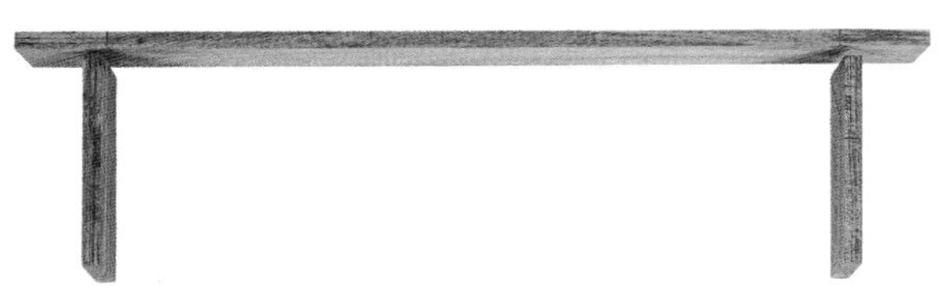

侧立面

1. 牙条、牙头正面划线
2. 牙条、牙头反面划线
3. 牙条、牙头侧面划线

(5) 券口、牙条内圆角

券口竖档上端齐头线向下为上横档宽度线。在卯孔根子线向上 6 mm 划卯孔线并用角尺过线到外侧面。在横竖档一样宽度的前提下，沿侧面根子线向外划 45°割角线（卯孔在竖档中间），并划好卯孔棉线和宽度线。在横竖档宽度不一样的情况下，应用点线割角法划大割角线。

券口横档两端齐头线向里为竖档宽度线，也是横档根子线。沿根子线内侧向外划割角线。如横竖档等宽，就划 45°割角线；如横竖档不等宽，则对应竖档划点线大割角线。对照竖档划好榫棉线、榫厚线。插榫完成后，由内侧向上对照竖档卯孔锯 6 mm 肩。榫卯完成，试组装合格后，照内圆角角模划好圆弧。内圆角半径按工件形制而定。在竖档内圆角交叉处一般锯掉 4 ～ 6 mm 和内圆连接，多余部分在牙条下侧（例如半径为 30 mm，竖档内侧划 4 mm 线然后锯掉，横档划 10 mm 的内圆线，同样锯掉，然后才能形成半径为 30 mm 的内圆角）。

划好线后，用角锯沿线（留线）锯，圆角处用窄条锯完成。然后用平刨、平刮、榜刨、刮刀等工具完成加工。正面如有线，则沿内侧划线，用线刨刨线，再用雕花凿子接线，然后用锉刀锉、刮刀刮，修平线脚，打磨合格后组装。

另一种工艺是牙条为直线，而圆角在竖档内侧成型。在牙条两端齐头线向内划竖档宽度线，即牙条根子线，并划点线割角线。由根子线向外划竖档卯孔宽度线（卯孔居中）。竖档上端齐头线向下为横档宽度线，也是竖档根子线。沿内侧向外划点线割角线。按牙条棉线、卯孔宽度数据，划好竖档棉线、榫厚线。榫卯成型后试组装。照圆角模板划圆弧，直线延伸至竖档下端。同样，下端按内圆角大小划圆弧。待全部线划好后，用锯、刨使圆角初步形成后，锉平、刮直、磨光。

正立面

反立面

1	5
2	6
3	7
4	8

1. 牙条和牙头榫卯结构
2. 榫卯试组装
3. 组装后用刮刀刮平
4. 用高脚锉锉圆角
5. 锯榫
6. 榫卯试组装
7. 用高脚锉锉圆角
8. 牙条、牙头组装件

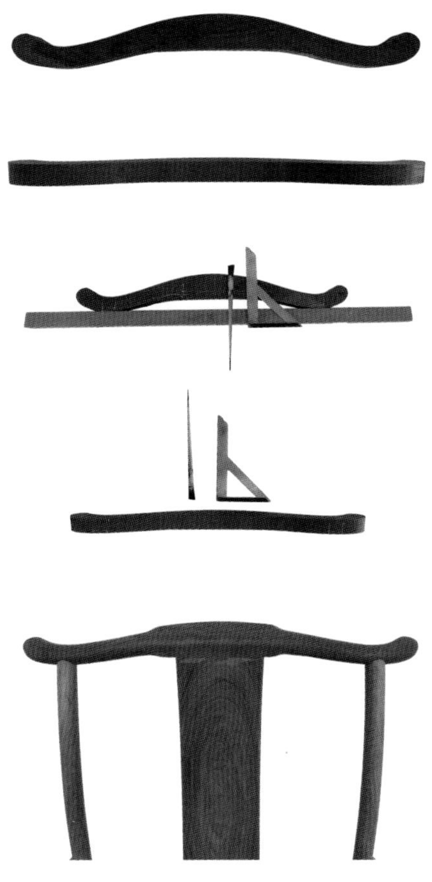

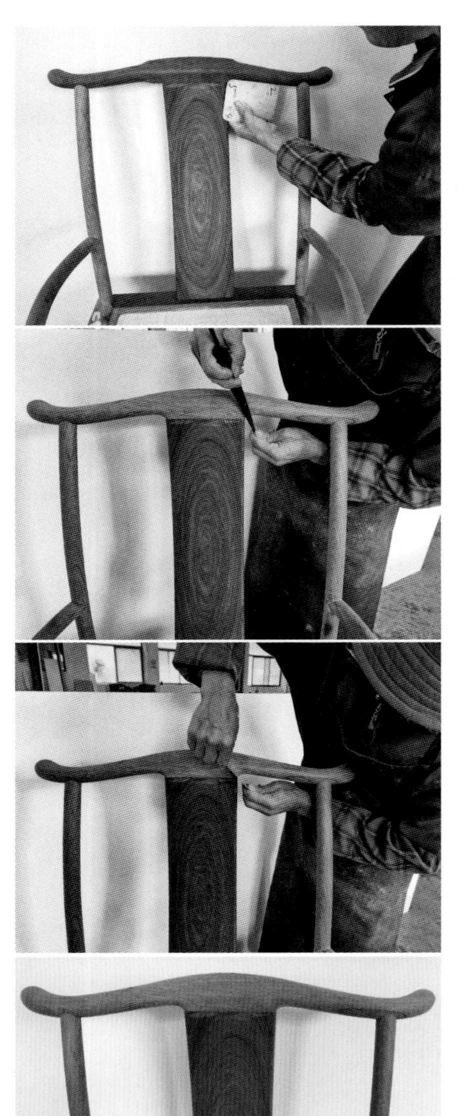

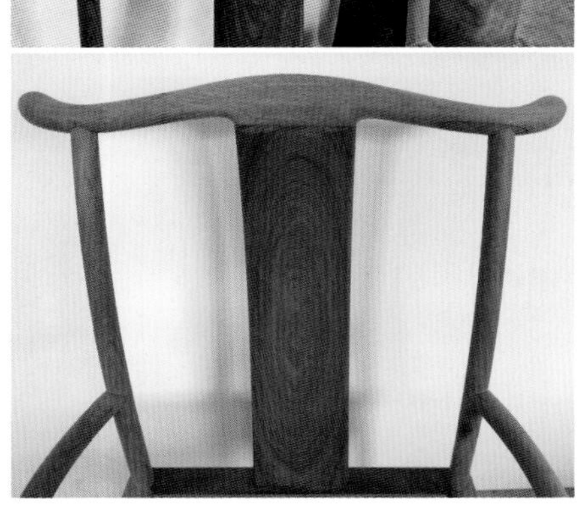

(6) 椅类家具搭脑和靠背板内圆角

按搭脑模板在待加工的材料板面上划线，同时在与靠背板连接处标注记号。用窄条锯子沿线（留线）把搭脑零料锯下。初加工后，靠背板在搭脑居中位置，依照靠背板尺寸，划好卯孔宽度线及棉线并凿卯孔。卯孔凿好后试组装。

在靠背板两端划长度齐头线。上端按搭脑卯孔棉线，划好半榫棉线及榫厚线。半榫成型后和搭脑试组装。划好下端根子线后，划棉线、榫厚线和座面半榫，待半榫成型后试组装。榫卯完成，试组装合格后，把角模放在靠背板和搭脑榫卯节点处的左右两侧划好内圆角线（内圆角一般做在搭脑上。圆角半径为 12 ～ 14 mm，按椅靠背板宽度定），然后用锉刀、钉齿锉锉平、修正，打磨后组装。

1	6
2	7
3	
4	8
5	
	9

1. 搭脑初加工（正面）
2. 搭脑初加工（侧面）
3. 划正面线
4. 划侧面线
5. 试组装
6. 照角模划圆弧
7. 用锉刀修形
8. 用刮刀修形
9. 初步成型

（7）椅子前腿足和扶手、后腿足和搭脑内圆角

内圆角工艺还运用于椅类家具前腿足和扶手、后腿足和搭脑之间的节点处。扶手、搭脑取料时应留足加工余量。把扶手、搭脑模板划在相应板材上，初步加工成型。待椅子组装后，综合组装尺寸，在搭脑、扶手数据产生后划好两端齐头线，同时对照腿足榫棉线、卯孔棉线，划好相应的榫棉线、榫厚线及卯孔棉线。榫卯成型和相对应的节点试组装合格后，把内圆角角模放在相对应的节点划好内圆角线。划好线后用钉齿锉、平锉沿线锉平、锉正、锉圆。初步成型后用刮刀刮平、修正，打磨成型。

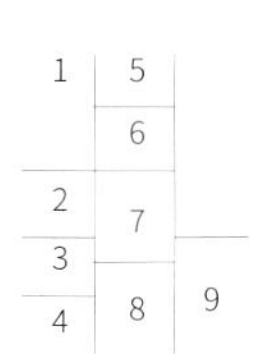

1. 组装椅子
2. 试组装扶手和前腿足
3. 试组装扶手和后腿足
4. 划联邦棍下端和抹头节点线
5. 划联邦棍上端和扶手节点线
6. 座面抹头垂直过线至扶手下侧
7. 试组装搭脑和后腿足
8. 划椅子搭脑与靠背板上端卯孔线
9. 组装成型

2. 刨线

家具线条是用线刨刨成的，因此线条的制作称为刨线。相应的各种各样的线刨就有一百多种，名称繁多，丰富多彩。

线条在家具立面起装饰作用。最简单、最原始的表现手法为方直线。方直线靠四个直角、四个平面来表现。木匠用平刨、精细木匠刨、平榜刨、平刮刀处理四个平面后，美丽的花纹就会呈现在人们的眼前。线型设计不当，对器物表面会造成很大影响。好的线型，如果刨线不当，也会影响整个家具的美观。

随着时代的变化、社会的进步，人们的审美观念发生了变化，木匠工具也在实践中不断改进和完善。木匠在实践中发明了各种各样的线脚刨子，从而制作出各式各样的美丽线条。

设计家具时，线脚设计必不可少。把线条剖面按 1：1 的比例画在图纸上。接着把设计的线型复制在薄板上，做成线型模具，并划在备用刀片上，然后磨成线样（如：线型为洼形，则把刀具磨成凸形；若线型为凸形，则把刀具磨成洼形），再磨成线型，最后反复对照图纸修正好线脚。同样，把线脚几何尺寸划在线刨刨刀上，磨好线型。

把线刨刨床底面刨、凿、挖成线刨刨刀形状，凿好线刨刨膛，修饰线刨刨面。然后按要加工的材料气干密度，确定千斤钉角度，安好千斤钉。将线刨成型后，调试好盖铁，用非成品料试刨线型。另外，准备相应的刮刀、刨刀，半径相同的圆形、洼形锉刀及圆形、洼形榜刨，以便在修理线条时使用。

1. 线刨刨刀模子
2. 木楔、盖铁、刨刀
3. 线刨底面
4. 线刨

把要加工的工件固定在工作台上，调好靠山，左手在前握住线刨，右手在后握压住线刨。初刨时，将线刨从前端向后倒退刨线。确定线型在工件上的位置后，从前端开始一段一段地向后移动刨切，每次刨光厚度为5～10丝。刨后检查线脚是否连贯，用线刨、刮刀从后向前来回刨刮。如发现雀丝或异形部位线脚，可用圆形、洼形耪刨刨，或用圆形、洼形锉刀锉，修正平面部位，用平耪刨或用平锉刀锉平。线条流畅后，用毯棒压住节节草来回摩擦。

正面　　侧面

1	6
2	7
3	
4	8
5	

1. 带把手的线刨
2. 不带把手的线刨
3. 用线刨刨好后用和线型吻合的耪刨刨
4. 用和线型吻合的刮刀修面
5. 用高脚锉刀修面
6. 带把手线刨、高脚锉、圆线耪刨、洼线耪刨、把手线刨、无把手线刨、洼线刮刀
7. 用节节草打磨线脚
8. 工件刨线成型

七、家具雕刻

南通雕刻艺术，除了在床类家具的花板上被大面积运用外，还在一般家具，如衣箱底座、宝座的靠背板，以及椅、台、桌和几的牙条等部位上作为装饰。材料选用榉木、楠木、柞榛木、柏木等硬木材料。

花板用料要在圆木加工前进行挑选。选弦切纹最好部位加工成薄板。架子床前箍山面心板及其他部件板厚 15 mm；前挑檐花板厚 30 mm；宝座靠背板厚 15～20 mm。这些圆木加工后的板材用同厚度搁条码好、阴干 2 年（其间需多次翻堆），取料后再阴干半年才能使用。

南通的雕刻技法有线雕、浅浮雕、圆雕和镂雕等，尤以线雕和浅浮雕著称。

南通的雕刻工具有别于其他地区。不同规格的雕花凿有 80 多种。雕花凿的铁刃口采用镶嵌钢工艺，保证刃口锋利。凿柄用优等柞榛木制作，尾端不装铁箍。大槌同样用柞榛木制作。

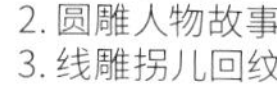

1. 浅浮雕花卉
2. 圆雕人物故事
3. 线雕拐儿回纹

1. 线雕

画匠通过线雕图案，运用线条来表达个人思想、乡土人情、风俗习惯等。例如，宝座椅子后背板上部蝌蚪纹线雕。蝌蚪纹来源于古代佩玉和青铜器上的螭龙纹。把设计好的纹样画在纸上，然后用糨糊贴在背板正面。待糨糊干后按设计好的蝌蚪纹纹路用板凿一一印线，再用相对应的大小圆凿和板凿凿好后，先用小平凿凿底（深度不超过 1.5 mm），再用铲凿铲平、修正。将底子铲平后用相应的刮刀刮平，用圆形刮刀修正好线条，用圆凿雕刻旋涡纹和蝌蚪纹交圈，刮磨后用毯棒压住节节草打磨，最后进行组装。

设计牙条上的线雕时，先设计立面的旋涡纹，然后把旋涡纹用直线连接。划好线后，用正、反口圆凿沿纹路印线，用铲凿铲平底子，再用刮刀刮平底子后和旋涡纹线条交圈。雕刻罗汉床牙条上的回纹时，一般将纹样画在纸上，将图纸翻身镜像贴在要雕刻的工件上，形成对称图样。用雕刻圆凿、打凿等工具把设计好的纹饰沿线用板凿印线，用圆凿、洼凿沿线铲底子（深 1～2 mm）。可以用圆线刨刨线条，调试好靠山刨直线条。雕好线条后，用刮刀刮平底子及线条，修平理正后打磨成型待组装。

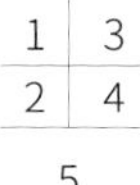

1. 雕刻
2. 刮底子
3. 锉边
4. 用节节草打磨
5. 成型

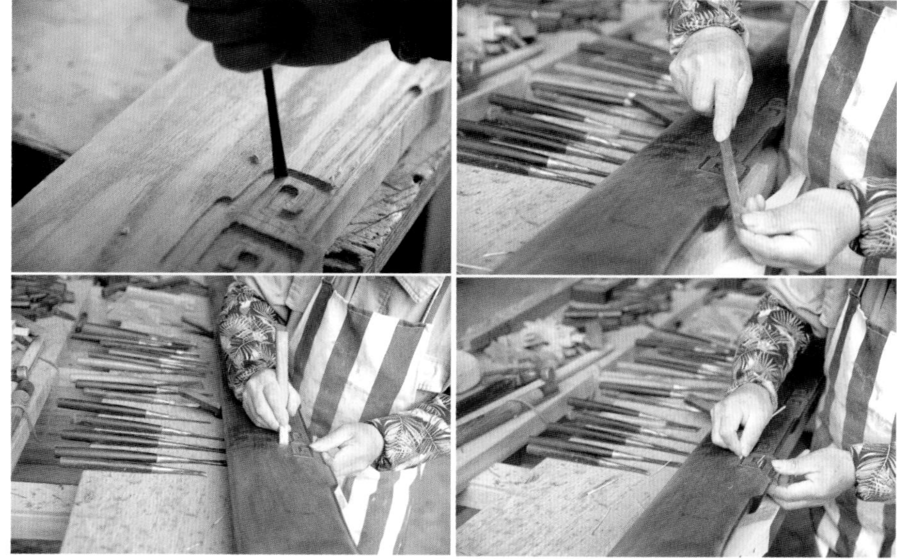

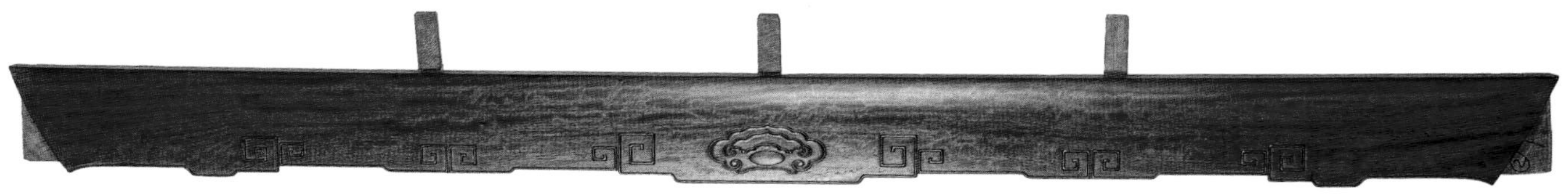

2. 浅浮雕

浅浮雕是南通雕刻的特色工艺。画匠把人物、山水、花鸟、祥云等传统题材表现在家具上。设计好画稿后，用糨糊将其贴在加工件上。先用雕刻打凿沿线凿透后用铲凿铲平底子。将底子铲平后按设计画面打粗坯，从上到下，从前到后，从表面到深层。粗坯成型后，精雕，按各种材料的特性以刀代笔，以木为纸，把花鸟、人物、山水等雕刻到清晰流畅，再通过刮磨工艺形成雕刻艺术。

1	6
2	
3	7
4	
5	

1. 设计画稿
2. 将画稿粘贴在工件上
3. 凿线
4. 铲底子
5. 锉边
6. 锉平、修正
7. 成型

3. 圆雕

圆雕又称立体雕，一般以生肖、人物、花鸟、草虫为题材。画匠根据工件大小设计好画稿，然后用糨糊贴在工件上，用木槌敲打，用凿刀把画稿轮廓以外多余的部分凿掉（工艺上叫凿粗坯）。凿粗坯时，可用绳将工件捆在工作台上，也可席地而坐，用双脚夹住工件，较小的工件则可用刷床固定。凿粗坯可用板凿、反口凿、圆凿交替进行。粗坯初步成型后，用较小的平凿及正、反口圆凿等工具在粗坯上进一步细加工。先用平凿、圆凿，后用铲凿把各个部位的造型和留白部位处理干净，然后把设计的题材，特别是形态雕刻下来。雕刻刀法要圆熟流畅。

圆雕造型初步成型后开始修光，用细凿、刮刀修正，将刀痕刮平后用节节草打磨光滑。

1	4
2	5
3	
	6

1. 由中心向两边雕凿
2. 凿空子
3. 凿画面
4. 用刮刀修面
5. 用锉刀修正
6. 圆雕成型

4. 透雕

透雕工艺一般表现在家具花板上，主要是以虚来托实，图案以花、鸟、草等吉祥物为多。画匠在纸上描绘图案，用糨糊将画稿贴在工件上。如画案使用对称工艺，则把相同题材的画稿设计两份后对称贴在工件上。待画稿阴干后，用木钻在每个空子(用于突出立体造型，是没有画面的镂空部分）钻孔后，穿好钢丝锯（用毛竹劈好后做的一种木匠工具），然后沿画稿线垂直上下拉动锯切。一组工件锯好后，用凿刀沿空子线修正锯路，用锉刀、刮刀把空子侧面锉平、刮滑。用各种花凿雕出花、鸟、草等形态，用刮刀刮平、刮正后，用节节草打磨光滑。

1. 用弓锯沿线锯空子
2. 凿出空子
3. 用反口圆凿雕画
4. 用锉刀修侧面
5. 用刮刀刮画面
6. 成型

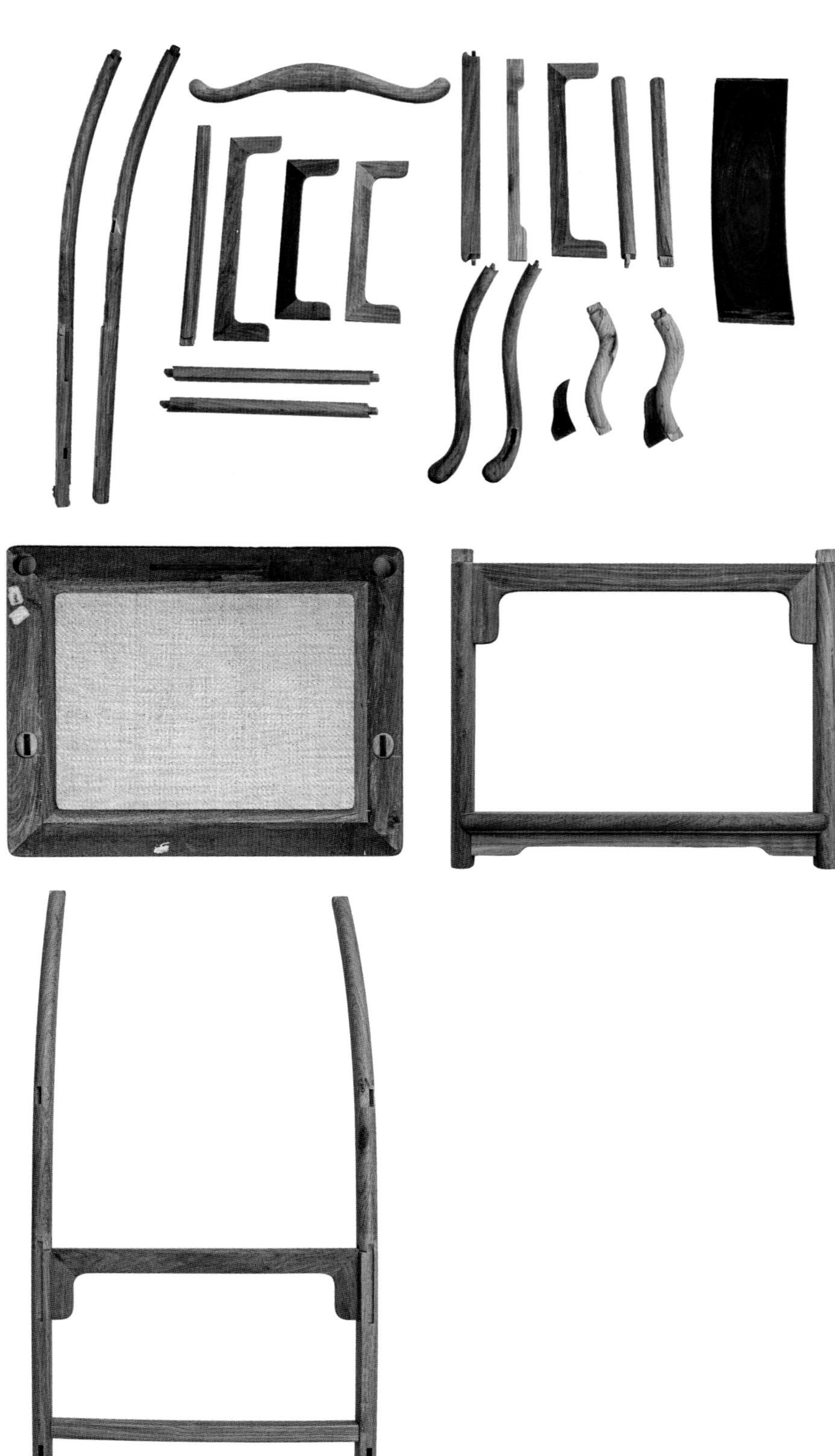

八、组装和打磨

1. 椅子

组装圆脚、圆档椅子时，先把座面组装成型，把后左右腿足从上向下，穿过座面后左右腿足圆柱形卯孔（注意座面圆卯孔和后腿足斜度的匹配度，先调试后组装）。腿足为外圆内方，里侧方身正好托住座面。

组装方腿足和座面时，在方腿足和座面结合处，各切割 5 mm 宽、长度同座面厚度的孔。后腿足连同座面组装。组装好后左右腿足和座面后，以半榫组装牙条、下横档和后左右腿足。用同样的方法组装前腿足和座面，并组装牙条、前脚档和下牙条，以及侧牙条、侧下档，和前后腿足同时组装到位。将椅子下部组装好后，组装扶手部位等配件，最后组装搭脑、靠背板。

组装时注意受力点要用垫木垫好再进行敲打，防止榫卯组装时受力，导致工件表面创伤。穿带一面受力时，垫木应该垫在平肩部位，榫头表面可直接用木槌敲打。组装贯榫时，除榫头四周用板凿放棱外，卯孔两边要同时垫好垫木。在组装半榫时，要垂直敲打榫档，使榫和卯孔一直处于垂直状态。

1	
2	3
4	

1. 椅子零部件
2. 椅子座面组装成型
3. 椅子前立面组装
4. 椅子后立面组装

1	2	3
4	5	6

1. 前后侧下档牙条组装
2. 座面从上向下组装
3. 组装扶手
4. 组装搭脑、靠背板
5. 椅子正面
6. 椅子侧面

2. 橱

橱的每个零部件的榫卯、线脚成型，试组装完成后，将主要部件的反面、侧反面的两个小面，以及零部件的四个面先收线，后打磨，最后组装成型。

气干密度小于 0.76 g/cm³ 的材料，采用刨底面和刨刀刃口成 47°～48°夹角、刨长 460 mm、刨刀宽 44 mm 的精细刨刨光收线。气干密度大于 0.76 g/cm³ 的硬木，采用刨底面和刨刀刃口成 49°～ 51°夹角、刨长 460 mm、刨刀宽 44 mm 的精细木匠刨顺木纹刨平、刨光。气干密度大于 1.1 g/cm³ 的硬木材料，用耪刨沿表面顺木纹方向刨平、刨光，然后用刮刀刮平、刮滑。反面、反侧面 90°角处露在外立面且手经常触摸的地方，用半径为 3 mm 的圆线刨刨成圆线。其他部位用精细刨或耪刨刨去角（通作木匠称放重棱）。完成后，用节节草打磨光滑。

1	
2	5
3	6
4	7

1. 零部件榫卯成型后，收线打磨待试组装
2. 试组装
3. 用刨子收线
4. 用耪刨收线
5. 用刮刀收线
6. 7. 耪刨槽卯收棱

线脚部位用毯棒压住节节草来回摩擦至光滑。装饰线脚如券口、牙条等部件，其正立面、反立面及外侧面，用以上相同的办法刨平、打磨光滑待组装。线脚部位用与线型相对应的刮刀刮平后，用节节草来回打磨光滑。

将门面心板、橱山板、搁板、后背板（所有落堂板）等工件刨光后，用平刮刀顺木纹方向刮平。裁口部位也要顺木纹刮平、刮正。然后在板的两个面用节节草来回摩擦多次，至光滑为止。

打磨好的零部件要分类堆放。凡是要组装的工件榫头四面必须用板凿削棱。板槽卯两面用耪刨倒棱。特别是贯榫，除榫四周放棱外，组装时，必须在卯孔出榫处垫好垫木，以防贯榫组装时卯孔出现拔底。将零部件打磨光滑后擦两遍大漆。橱类家具组装后，手工无法擦漆的部位应先擦漆，擦完漆后再组装。

1	5
2	6
3	
4	

1. 用圆线刨反面放圆棱
2. 用耪刨放棱
3. 手工放棱
4. 用节节草打磨
5. 用毯棒打磨线脚
6. 收线打磨初步成型后组装搁板

组装橱类家具时，先组装外山。后腿足正面朝下、反面向上（卯孔向上）横档由上向下按记号依次就位后，用木槌敲打。用硬性材料做垫木，垫在榫的平肩并用力敲打。待两面肩基本紧密后，组装橱山板。按记号组装时，没有记号的工件，遵循木纹生长方向朝上组装。待橱山板装配到位后，组装另一支腿足。在榫卯对齐的前提下，用垫木垫在后腿足反立面榫卯节点处用力敲打，直至横档正反面肩和腿足严密接合为止。前后腿足和横档组装好，翻身用垫木垫好后，敲打后腿足正立面，至横档正反面肩和前腿足严密接合为止。然后将工件组装成型，校正好对角线。

1	5	
2	6	
3	7	
4	8	9

1. 给外山面心板擦大漆
2. 给横竖档擦大漆
3. 组装搁板
4. 组装橱外山板
5. 组装前腿足
6. 垫好垫木后用力敲打
7. 校正对角线
8. 组装搁板
9. 外山板组装完成

组装搁板时，将面心板穿带卯孔朝上，平放在工作台上。待穿带榫进入卯孔后用垫木垫在穿带节点处用力敲打。先用角锯给较宽的面心板穿带两端平肩或割角肩应线后收线，刮平、修正，打磨成半成品后，组装穿带榫和面心板，再重新用角锯把应好线的肩角锯好。穿带和面心板组装好后，组装前后横档。同样，将垫木垫在工件正面后敲打，至穿带平肩和前后横档严密接合为止。若发现穿带高出前后横档，应该及时刨平、打磨光滑。

1	5
2	6
3	7
4	8
9	
10	

1. 穿带用角锯应线
2. 应好线的穿带
3. 面心板和穿带试组装后，为穿带割肩
4. 将大边卯孔面朝上，依次组装穿带
5. 一边装好后安装另一边
6. 用刨子刨平
7. 刨高出大边的穿带
8. 用刮刀修平
9. 面心板穿带组装
10. 初步成型

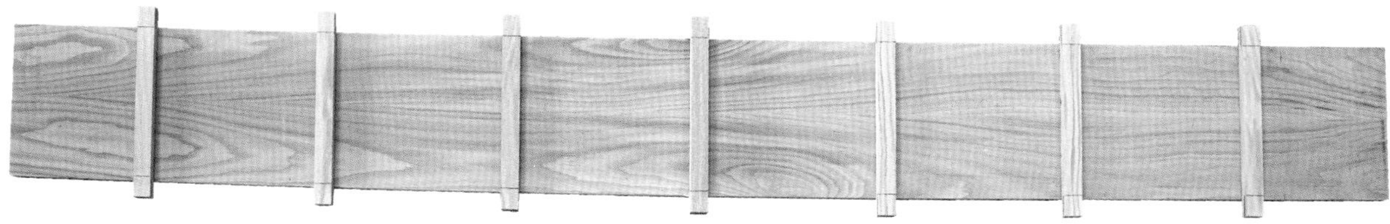

待左右外山、橱顶板、橱底板、搁板单片组装成型后，组装橱后背板。把橱后背板、后横档、中竖档从上向下摆放在工作台上。组装时，先将上横档一端和中竖档组装，再组装上横档另一端和第二支横档，按次序安装至下端横档。横竖档组装好后，同样，从上向下安装后背板，并注意木纹生长方向。后背板装好后，和一侧外山板后腿足组装。组装时将榫和卯孔对齐，垫好垫木用锤敲打，再连同前后牙条组装。用同样的办法组装另一侧橱山板。前后横档正面人字肩或割角肩、反面平肩组装严密后，才算完成组装。

物件成型后，线型、横竖档节点不可避免地会出现一些不平整的地方。这些高低不平的地方应用精细刨处理。气干密度小于 0.76 g/cm^3 的材料，选用刨底面和刨刀刃口成 45°～47°、刨长 440 mm、刨刃宽 44 mm 的刨刨平。在刨平过程中，应顺着木材生长方向刨切。刨切时刨花厚度小于 5 丝。待表面刨平、修正好后，用耪刨把整个面重新刨一遍，直至表面没有刀痕、接头、雀丝为止。

1. 后横档卯孔朝上，穿带和面心板依次组装
2. 垫好垫木后，敲击组装面心板
3. 组装前横档
4. 试组装侧档
5. 测量对角线

1. 先组装橱顶
2. 装好橱顶后装上后背板
3. 依次组装搁板
4. 组装后竖档
5. 组装下牙条
6. 组装另一组外山板
7. 书橱组装完毕

在横竖档节点内圆、外圆处，对照角模重新划线，用丁字锉、平锉、刮刀等工具锉平、刮正，严格保持线条笔直。如横竖档表面线脚出现高低不平，则以线脚较长的侧面为标准面，在正面划线，对应线脚规格后，用打凿凿线、铲底，然后再按线型凿线，用与线型相应的刮刀刮直、刮平、修正。复杂的线型除用雕花凿凿线外，还应用榜刨刨平、理正线脚。线脚交圈后，用相同线型刮刀沿线脚重新刮一遍并打磨。

工件横竖档组装后，如节点线脚出现少量偏位，可用长度不短于节点横竖档长度的直尺重新按线型划直线。然后沿直线用线刨刨，或用相应的雕花凿凿线，也可用与线脚相应的刮刀刮正，用圆形或洼形榜刨刨平。线脚表面用刮刀重新刮多遍。刨刀刨花厚度为 2 ～ 3 丝。再用毯棒压住节节草，来回摩擦至光滑为止。

1	6
2	7
3	8
4	9
5	10
	11

1. 用精刨刨平横竖档表面
2. 用榜刨修正
3. 用刮刀刮平
4. 照角模划线
5. 用锉刀沿线锉成圆角
6. 平面落差
7. 用榜刨刨平
8. 用刮刀刮平
9. 刮线
10. 线脚错位
11. 照圆角模划线后用锉刀校正

3. 表面

处理座面、桌案面框外角时，将节点刨平、线脚修正后，用洼形线刨在工件外侧刨半径为3 mm的圆线脚，用相应的刮刀、榜刨刮平、修正。

工件横竖档内圆、外圆节点处成型，线脚交圈，用榜刨刨平后，用晾干的节节草捆绑平面、侧平面、反面等部位后顺木纹来回摩擦至表面光滑为止。横竖档间距小的部位以及线脚部位用毯棒压住节节草来回摩擦至表面光滑为止。

1	3
2	4
	5

1. 表面出现落差后重新划线，以便接线
2. 用高脚锉修面
3. 用刮刀刮平面
4. 用刮刀刮线脚
5. 用平锉修平

1	2
3	4
5	6
7	8

1. 用凿子接线
2. 用锉刀修正
3. 用节节草打磨线脚
4. 线脚落差
5. 用雕花凿接线
6. 接好线后刮平
7. 打磨修正
8. 平刮刀、刮刀、线型刮刀、锉刀、琰棒、节节草

九、大漆和五金

1. 刮灰

(1) 刮底灰

南方多雨，湿度大。为了防潮、防虫，延长家具的使用寿命，古人发明了刮灰和油漆工艺。在为家具髹饰大漆前，要认真检查整个家具正面、侧面、反面、横档和竖档节点，工件平肩、人字肩、45° 割角节点，以及面心板和每个卯孔节点是否严密。如发现缝隙，就用大漆调砖瓦灰（用锤子反复敲打旧砖瓦，将所掉之物筛去粗砾，沉于清水后用细布过滤得到）填补缝隙。这种薄薄的像稀饭状的调和物称为生漆灰，也叫大漆灰。

用牛角刮灰刀刮生漆灰补缝主要用于家具的底面和反面。待生漆灰阴干后，用刮刀轻轻刮去浮灰，用毯棒压住节节草打磨光滑。磨平工件正面、反面和侧面后，再用牛角刮刀满刮生漆灰。刮灰的目的是填补木材表面管孔，起防水、防潮作用。待生漆灰阴干后，用节节草打磨。如木材管孔粗，就要刮第二遍生漆灰。阴干后，再用节节草来回打磨平面、阴阳角、线脚等部位，用毯棒压住节节草来回摩擦。将里外、侧面打磨光滑后，用粗棉布在工件表面来回擦，把浮灰擦干净。

1	6
2	7
3	8
4	9
5	

1. 打碎旧砖瓦
2. 用筛子筛去粗砾
3. 筛过的细砖瓦灰
4. 砖瓦灰在清水里沉淀过滤
5. 用大漆调灰
6. 批灰
7. 满批灰
8. 用刮刀刮掉浮灰
9. 用节节草打磨平面

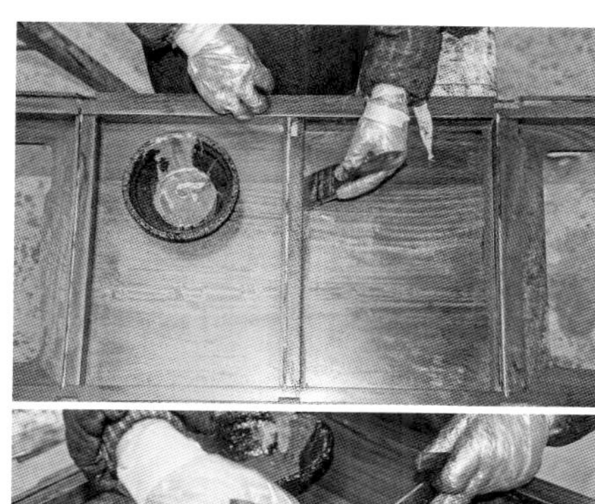

(2) 贴夏布

为了预防家具受潮而被虫蛀、干燥导致材料收缩，需要在工件阴角、板缝反面粘贴夏布（将经纬间隔 1 mm 的布剪成 30 mm 宽的布条，通作木匠也称之为漆布）。打磨后，再上大漆，可达到保护家具、延长家具使用寿命的目的。

1. 贴好漆布待阴干的书橱山板
2. 贴好漆布的书橱山板
3. 在阴角处贴漆布
4. 贴漆布

具体方法是，把大漆和少量的砖瓦灰调成糨糊状，用小型牛角刮灰刀将夏布贴在阴角处和板缝反面。待漆布阴干后，用毯棒压住节节草在漆布上轻轻来回摩擦。用粗布把整个器物的里外都重新擦干净。然后用节节草打磨光滑，用宽牛角刀直接在器物上刮大漆。待大漆阴干后，用平刮刀轻轻地把大漆浮灰刮掉，再用节节草打磨。待材料表面管孔基本密封后，用节节草来回重新打磨，准备擦第二遍大漆。

1. 阴干后再用节节草打磨平面
2. 用粗棉纱收灰
3. 用毯棒压住节节草打磨阴角
4. 用节节草打磨

（3）批麻挂灰

批麻挂灰是为了使家具面板不开裂，增强面板的稳定性。也可让木材免受潮湿侵害，延长其使用寿命。将工件刮平、打磨光滑后，进行批麻挂灰。把砖瓦灰用大漆调成糨糊状，再把生漆灰和细麻丝（收割植物麻并阴干，用斧头敲打麻后产生的碎麻丝）调和，得到生漆麻丝灰。

用牛角刮刀将生漆麻丝灰刮在器物反面或底面，灰厚度一般为1～1.5 mm（在阴角及板缝处先贴漆布再刮灰）。待生漆麻丝灰阴干后，先用平刮刀轻轻刮一遍。再轻轻地用牛角灰刀满刮生漆灰，生漆灰厚度为0.4～0.5 mm丝为好。待生漆灰阴干后，用刮刀轻轻刮一遍，除去浮灰，用节节草打磨，用粗布擦干净后就可以擦漆。

1. 敲碎白麻
2. 准备调灰
3. 将大漆、砖瓦灰与麻丝调和成生漆麻丝灰
4. 将生漆麻丝灰批在工件上
5. 阴干后用刮刀刮去浮灰
6. 刮刀

(4) 表面刮灰

家具表面刮灰不同于反面刮灰工艺。反面刮灰是密封处理，看不见木纹，只看到生漆灰。表面刮灰是填木材导管，木材的自然纹理还是很清晰的。表面处理光滑后，用生漆灰轻轻地刮一遍，阴干后用节节草来回打磨。打磨干净后，用粗棉布清理干净，再擦底漆。

1	3
2	4
	5

1. 调灰
2. 用牛角刮刀批灰
3. 用刮刀刮去浮灰
4. 用节节草打磨
5. 用粗棉布清理灰尘

2. 擦漆

把器物反面、侧反面生漆灰刮好、磨平，并用粗布擦去表面灰尘，就可开始擦大漆。先擦器物反面，然后擦正面。

1. 在底面擦漆
2. 调灰
3. 用桑叶水磨
4. 刷大漆
5. 用旧棉絮擦漆

把陈旧棉絮（棉絮越旧越好。棉絮越旧，纤维越短。棉絮越新，纤维越长。用新棉絮擦大漆时，会有棉丝粘在器物表面。用旧棉絮擦大漆时不会出现棉丝）剪成约 70 mm×70 mm 的方块，把大漆（0.5 kg 为宜）倒入小木桶内。用小猪鬃刷子在小木桶内沾好大漆，在器物面上顺木纹来回刷。刷好一个面后，用干净的旧棉絮来回擦，把表面的浮漆擦干净。把器物里外擦好，待收漆干净后放到阴干房自然阴干。表面有雕花的工件，特别是横切面更要认真刮磨，用毯棒压住节节草来回摩擦，等到表面光滑后才可擦大漆。表面擦好大漆后，用擦大漆的粗猪鬃刷在花板上用力擦干净。线脚、阴角处先用小猪鬃刷子蘸大漆刷，再用毯棒压住棉絮来回擦干净，不能让残余大漆留在表面。阴干后，用同样的办法擦第二遍大漆。

第一、 第二遍大漆用棉絮收漆时，家具表面不能多留漆膜。待第二遍大漆完全阴干后，用桑叶（桑叶采集后阴干储存，用时泡在水桶里）在家具表面顺木纹带水磨，在阴角、

线脚处，用竹毯棒压住桑叶来回摩擦，再用粗棉布清理表面漆灰。用同样的方法擦第三、第四遍大漆。用棉絮将残留大漆收干净。阴干后，用桑叶毯棒带水磨后擦干净。用同样的工艺，擦第五、第六遍大漆。用棉絮收残留大漆时要慢慢用力收干净（通作木匠称放松），家具表层要擦干净。用桑叶带水磨光滑后，擦第七、第八遍大漆，再用同样的方法擦第九、第十遍大漆。一般家具大约要擦十遍以上大漆，在表面出现光泽时才能算基本完工。

擦大漆时，一定要收干净，不能留漆。如不用力擦，表面会出现轻微痕迹。最后几遍用棉絮擦漆时，表面要适当留漆，这样才会出现漆膜。

1	2
3	4
5	6

1. 干桑叶
2. 将干桑叶浸在水盆中
3. 用桑叶带水磨
4. 用粗布顺木纹来回摩擦
5. 用猪鬃刷子刷漆
6. 用老棉絮收漆

3. 五金

五金配件是家具不可缺少的部分。五金配件不仅为使用者带来便利，还对家具具有装饰作用。

把铜拉手按 1∶1 比例做成模板。将模板放在浇制好的铜板上，先划齐头线，在齐头线内照模板划线，再用钢锯把线外部分锯掉。然后用平锉、圆锉对照模板磨平、磨正。表面用磨刀石磨平、磨正。

制作铜合页时用平锉将铸铜板纵向面锉直、锉平后，沿直线在平面上用角尺划齐头线确定工件长度。照合页模板在铸铜板上划好线，再裁掉线外部分。然后将铜板夹在台虎钳上，照模板样敲打成铰链轴管。用铜棒做成合页转轴，装入铰链轴管内，用锉刀及磨刀石磨平。

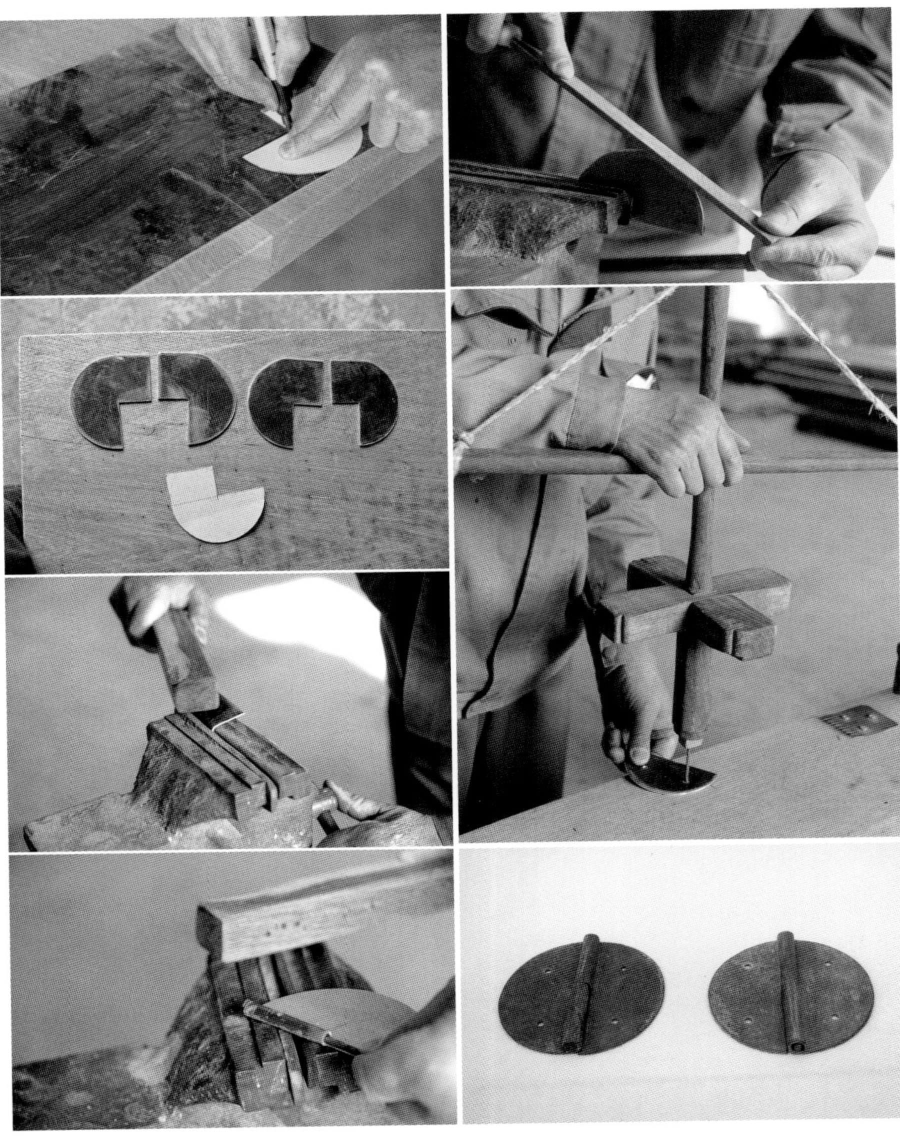

1	5
2	6
3	
4	7

1. 照模板在铜板上画样
2. 切割成半成品
3. 敲打掰成直角
4. 敲打掰成圆柱状
5. 用锉刀修平整
6. 打孔
7. 成型

4. 五金安装

五金件制作完成后，就开始安装。抽屉拉手一般安装在抽面中间偏上的位置。划好线后，用手钻按拉手转杆直径（大于 2 mm 为宜）钻孔。将拉手转杆装入圆孔后，在抽面反面用老虎钳把转杆折弯固定。

单扇橱门或上橱门拉手一般安装在橱门高度一半偏上的位置，下橱门拉手一般也安装在橱门高度一半偏上的位置。这是橱门拉手装配的一般方法。安装时还要看橱门大小、拉手使用是否方便等。在确定好拉手圆孔位置后就划线钻孔。钻好圆孔后，从反面锚固。

铰链安装位置根据橱门高度的 10% 定。例如，橱门高 1200 mm，在竖档上下端各留 120 mm 后，中间即为铰链安装位置（有的还得按橱高度定）。划好铰链位置，并按铰链固定孔划好打孔线。钻好孔后，在正面用铜钉锚固，也可以在橱里侧锚固。

其他五金安装工艺同门拉手一样。按实样划好线，钻好孔后用铜钉锚固。五金安装位置不仅要方便使用，还要讲究美观。

1. 划拉手位置线
2. 钻孔装拉手
3. 将转杆穿过抽面并折弯
4. 确定拉手铜板条位置
5. 用铜钉固定铜板条
6. 拉手装配完毕
7. 装好铜饰件的衣橱
8. 装好铜饰件的四门橱
9. 装好铜饰件的箱、橱

附一：南通木匠工具和配件制作

1. 木匠尺

木匠尺是木匠测量坯料、计算尺寸必不可少的用具，也是木匠选用材料、划线配料的工具。因此，木匠尺往往是由木匠自己选材制作的。木匠尺分为角尺、活络尺及其他木匠尺。

(1) 角尺

角尺形状实际上是一个等腰直角三角形。根据使用的需要，其中的一条直角边延长了一倍多的长度。90°角尺可用于划线时过线，45°角尺可用于45°人字肩、45°大割角划线。

角尺由三条长度不等的边组成。最短的一条边为角尺座子，其规格大约为长 150 mm，宽 20 mm，厚 12 mm；直尺规格约为长 316 mm，宽 36 mm，厚 4 mm；45°斜尺规格为长 200 mm、宽 41 mm，厚 4 mm。制作角尺不仅要选用硬质、不易变形、四面见线、基本无缺陷的优质材料，而且要选用径切纹材料。节点做成榫卯，斜边和直角边连接处做成半榫，90°、45°内角做成圆角，直尺尾部采用如意纹饰。

1 | 2 3 4

1. 角尺
2、3、4. 角尺部件结构

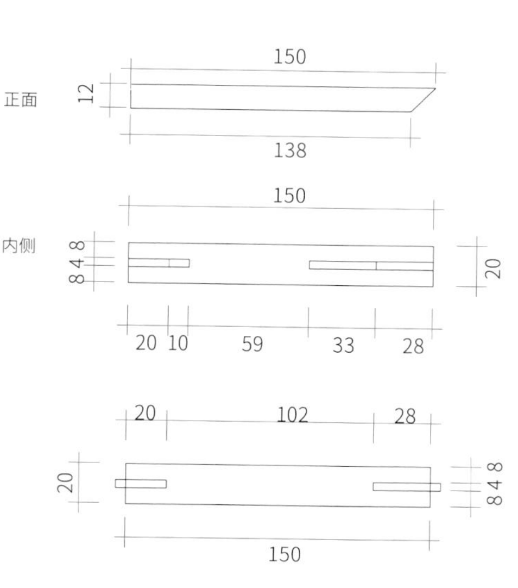

座子

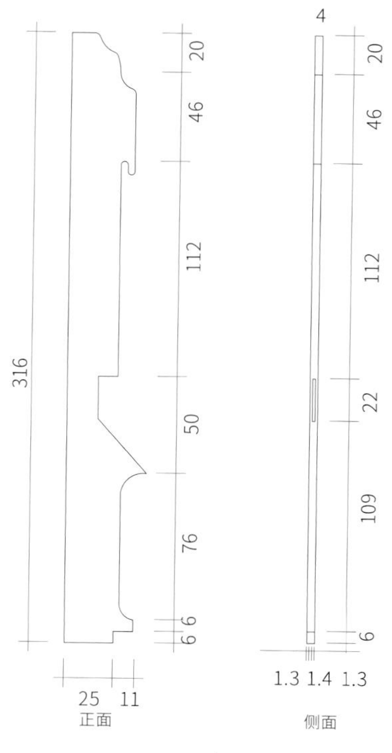

直尺

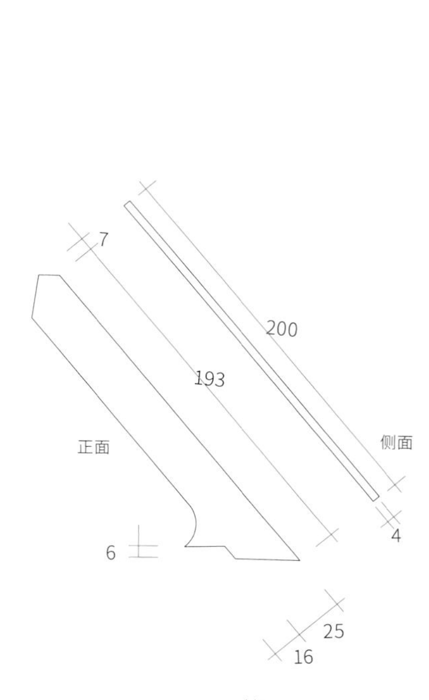

斜尺

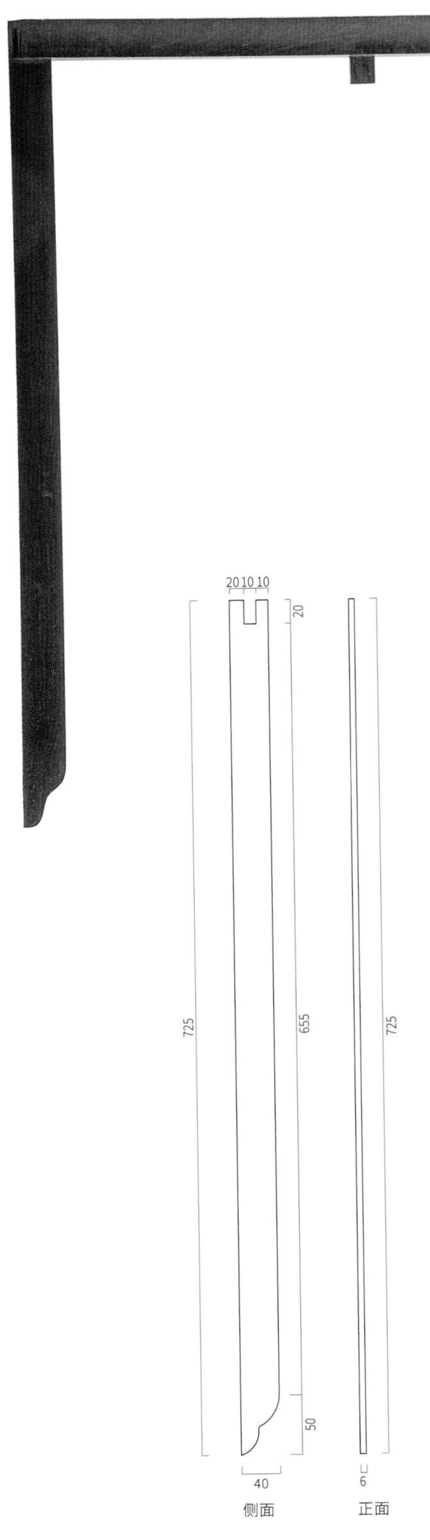

(2) 方板尺

方板尺用于取方板划线、样线过线，是打方必不可少的工具。其形状像反“7”字。取基本无缺陷、有径切纹、四面见线的硬木作为方板尺材料。尺座规格为长488 mm、宽26 mm、厚18 mm，直尺规格为长725 mm、宽40 mm、厚6 mm。

刨好料后，分别在直尺条和座子两端划齐头线，将直尺做成长20 mm、宽10 mm、厚6 mm的半榫。座子一端做成长10 mm、宽6 mm、深20 mm的卯孔。在座子另一端的四分之一处的侧面（与直尺同一个面）划长20 mm、宽6 mm、深20 mm的卯孔。做嫁接榫（该榫支托角尺座子与尺条在同一平面），以便方板尺的使用。

使用方板尺时，板的纵向面直边后作为标准面，在形成方线的情况下，在板的一端先划方线，在另一端划直线时量好板的长度。同样，划直线确定板长度后，依标准面划出板的宽度。同时检验对角线是否等长，如不等长就要进行校正。也可以用勾股定理划方线。

同样以板的纵向面（直边后）作为标准面，在形成方线的情况下划出虚直线，然后用勾股定理确定方线，依标准面划出板的宽度和长度线。最后，采用对角线对板进行校正。如发现偏差，则在纵向面左右调整方线。

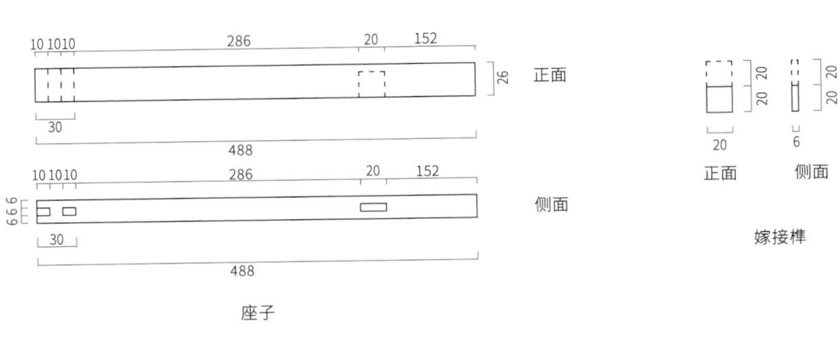

1. 方板尺
2、3、4. 方板尺部件结构

（3）活络尺

活络尺制作比较简单。取长220 mm、宽 25 mm、厚 18 mm的四面见线、纹理顺直的硬木作为活络尺座子；取表面有顺直纹，长275 mm、宽 26 mm、厚 4 mm 的硬木作为直尺。在直尺侧面中间位置做≥4 mm（直尺厚度）的卯孔。在座子一端做长55 mm、宽5 mm、深18 mm的槽卯。槽卯以形如夹子、直尺插入好活动为宜，座子用螺丝固定。活络尺主要用于异形节点划线，以及大小头橱、椅类、条凳、方桌等的非 90°角节点处过线、划线。

18 4 220 正面
10 5 10 4 55 220 25 侧面

座子

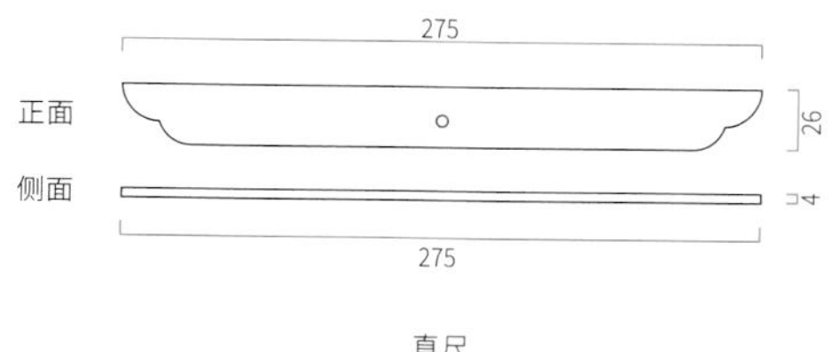

直尺

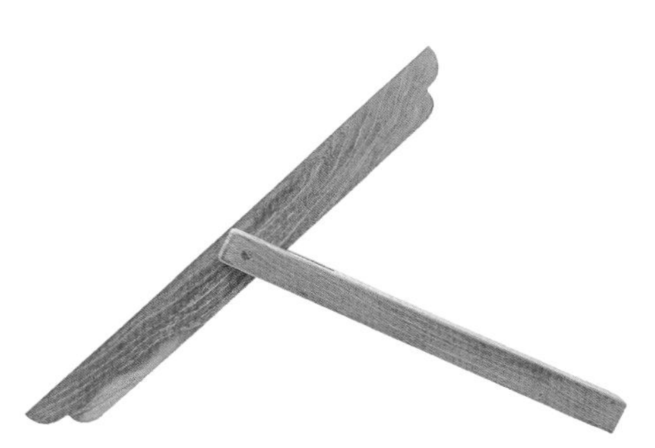

1
2 | 3

1、2. 活络尺部件结构
3. 活络尺

2. 锯子木配件

锯子是分解材料的工具。其类别可分为伐树、断木的龙锯，加工大圆木板材的川锯（通作木匠称川锯，北方木匠称两人抬大锯），初加工锯料的粗齿锯，锯榫和方板等的细齿锯，加工异形工件的窄条锯，锯肩、校正割角的角锯等。

锯子由锯把手、锯钮、螺丝、垫片螺母、锯梁、锯绳、锯绞手、锯条组成。

取两支长 330 mm、宽 48 mm、厚 22 mm 的木纹顺直的硬木材料做粗齿锯锯把手。划好两端齐头线后，在装锯条的一端向里 30 mm 左右（按习惯而定）分别垂直钻直径为 12 mm 的圆孔。将上锯把手上部原直径为 12 mm 的圆孔扩成直径为 18 mm、深 8 mm 的圆孔，以备安装上帽。下锯把手的锯钮圆孔不变。在上下把手内面中心偏锯绳一侧约 30 mm 的位置，凿长 28 mm、宽 8 mm、深 10 mm 的卯孔，以备安装锯梁。装锯绳一边削掉宽 30 mm、深 5 mm 的部分定位锯绳。

上锯钮长 133 mm、宽 18 mm、厚 18 mm，下锯钮长 158 mm、宽 22 mm、厚 22 mm。在锯钮四周分别划棉线。上锯钮顶端做直径为 18 mm、高 25 mm 的锯钮帽。下锯钮下端做成长 22 mm、宽 22 mm、高 22 mm 的正方体，并削成六角形锯钮帽。锯钮杆做成直径为 12 mm 的圆柱体后，在锯钮杆中间锯 50 mm 长的缝装锯条。锯钮做好后装入锯把手，以用力时好活动为宜。锯条装好后用螺丝连接。确定锯把手两端长度一样后，量好锯梁长度。锯梁选用杉木。做好两端活榫后组装，然后用锯绳连接上下锯把手，最后用锯铰固定。

细齿锯锯条的规格为长 600 mm、宽 30 mm、厚 0.5 mm。锯齿角度为 55°～57°的细齿锯，可锯气干密度为 0.7～0.8 g/cm³ 的材料；锯齿角度为 60°～62°的细锯齿，可锯气干密度在 1.0 g/cm³ 以上的材料。锯齿要锋利，可用三角锉刀来锉磨。

锯路的宽窄是靠给锯齿左右拨料来控制的。给锯齿拨料时两端各留 10 个齿不拨料，然后向右拨一个齿，中间齿不动，再向左拨一个齿，依此类推。如掰料到锯齿根部，就容易导致跑线而影响加工质量。左右掰料是为了在锯切木材时减少锯齿和被加工面的摩擦力。掰料时，锯路过大会浪费木材，且费时费力，而锯路过小，产生的摩擦力较大，会导致锯路跑偏。一般掰料时，料齿向外斜的距离不能超过锯条厚度（新伐树木因为木材含

1 | 1. 锯子

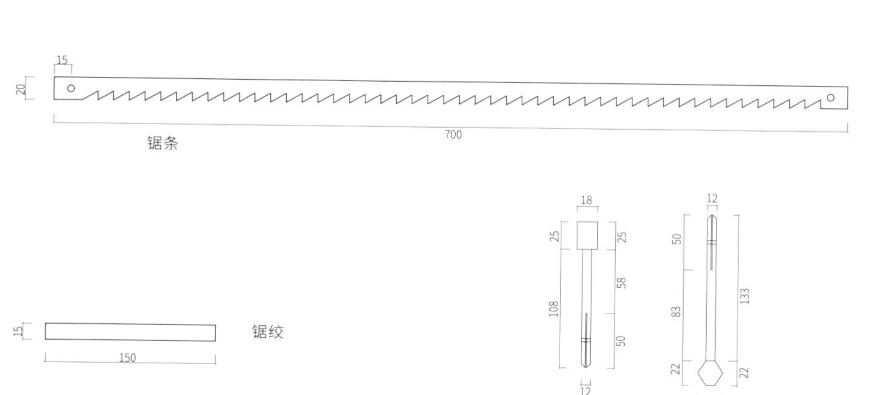

水率相对较大，锯齿外斜角度可适当偏大），这样加工省时省力。

拨料器可用碳素工具钢来制作（用一把旧平锉制作也可以），规格为长 50 mm、宽 35 mm、厚 3 mm。一端为木柄，两边各用钢锯锯三路，宽度则分 0.4 mm、0.6 mm、0.8 mm 三种，深度控制在 5 ～ 7 mm，另一端可锯成宽 10 mm、12 mm、14 mm，深度控制在 8 ～ 10 mm。

锯条锉磨同样很有讲究。锉刀和锯齿角度要把握好，不能随意改变。锯齿要重锉轻磨，锉磨出来的锯齿要大小均匀，高低一致。先掰齿后锉磨，这样，才能保证锯齿锋利。

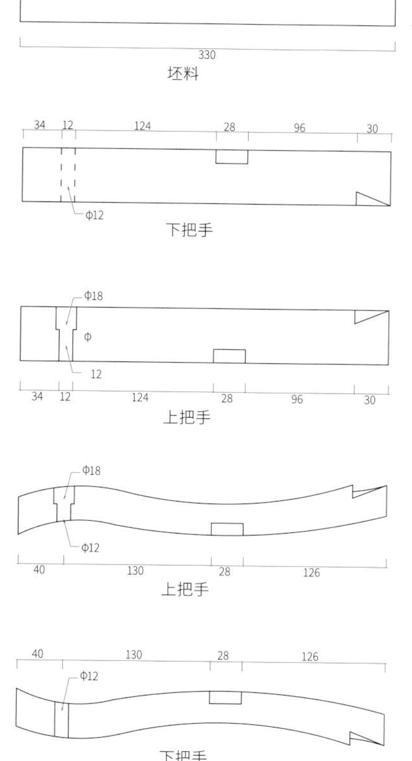

1. 锯梁
2. 锯条
3. 锯绞
4. 锯钮
5. 锯把
6. 组装好锯钮
7. 组装好锯梁、锯绳
8. 掰锯齿

3. 墨斗

墨斗是木匠最基本的工具之一。它由把手、线轮、摇把手、墨线、墨仓和班母六个部分组成。

圆木初加工靠墨斗弹线定直线，而直线引到另一面，同样靠墨斗两头挂垂直线后弹直线。依圆木中心线及垂直线向两边分别计算出薄板尺寸后弹上下直线，以便川锯两面都能依直线上下拉锯。锯好薄板后，靠墨斗直毛边弹线。锯直边时以线为依据。方板靠墨斗弹直线定标准面，从而确定几何尺寸。划线时，墨仓墨提供给划子划线，从而完成二次设计。在厚板上分解骨架料时，首先计算尺寸，放足加工余量，进行分线后，用墨斗弹线。用大锯锯料，同样依靠墨斗线来确定几何数据尺寸，以便完成下道工艺。

墨斗制作方法：先做墨仓。取油性足的硬木材料（主要预防材料腐烂和材料变形），做成长 40 mm、宽 50 mm、高 60 mm 的方料，将中心部分凿空，割角留盖子位置。然后做墨仓盖，放吸水材料后盖好。在墨仓侧面做燕尾卯孔，在墨斗把手前端头内侧做暗燕尾榫和墨仓连接。取长 50 mm、宽 50 mm、厚 10 mm 的方料两块，做成直径为 50 mm、厚 10 mm 的圆轮。用直径为 3.5 mm 的圆棒榫连接，在圆轮中心位置钻直径为 4.5 mm 孔，用直径为 4 mm 的圆棒榫连接把手（或与螺母螺帽连接）。在线轮外侧钻直径为 4 mm 的卯孔，锚固直径为 4 mm、长 20 mm 的圆棒榫为把手。在毛竹竹节处取长 20 mm、宽 10 mm、厚 10 mm 的方料，做成班母。在墨仓前后钻直径为 2 mm 的卯孔（墨仓中心向上位置）穿墨斗线，倒墨后即可弹线使用。

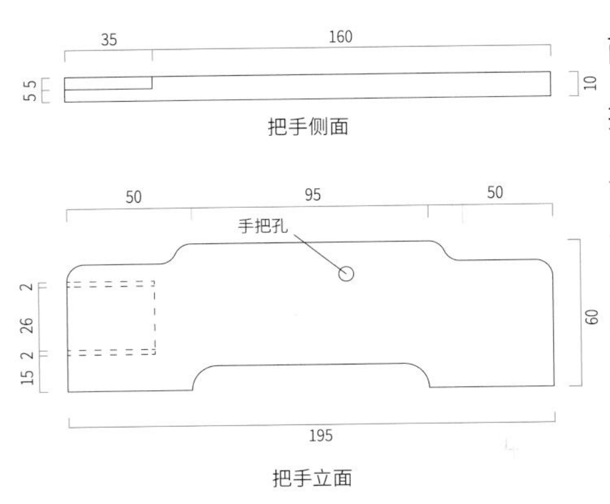

把手侧面

把手立面

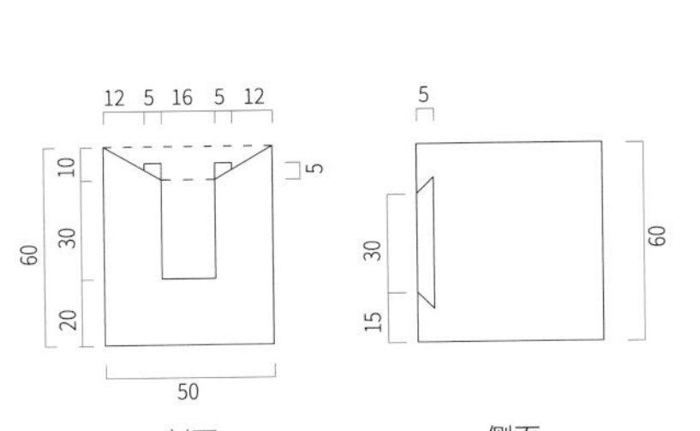
剖面

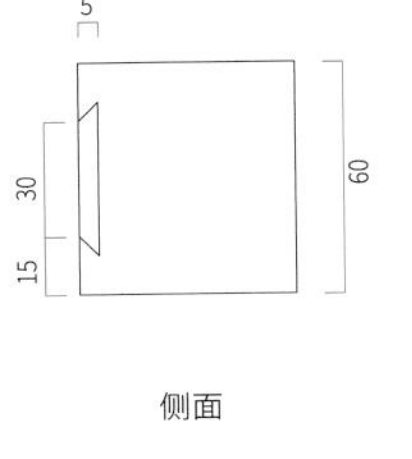
侧面

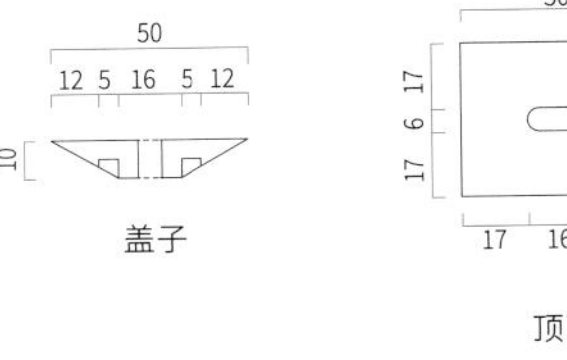
盖子

顶面

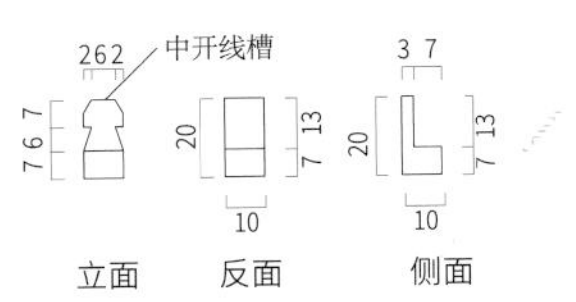

立面　反面　侧面

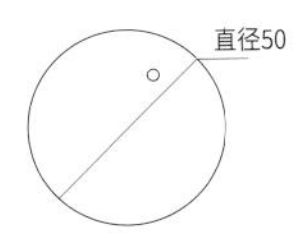

侧面

1. 墨斗把手
2. 墨斗墨仓
3. 墨斗班母
4. 墨斗线盘
5. 墨斗组装成品

4. 划子

划子的做法：取隔年毛竹下段（长度约 200 mm），用斧头劈至 20 mm 宽，然后在下端用板凿削成扫帚形。用板凿将划笔处切出约 20°的斜角，再用板凿在划笔端头间隔 0.6 mm 切成扫帚形状，切好后用拇指前后反复扳动划子头部，以增强吸水性。

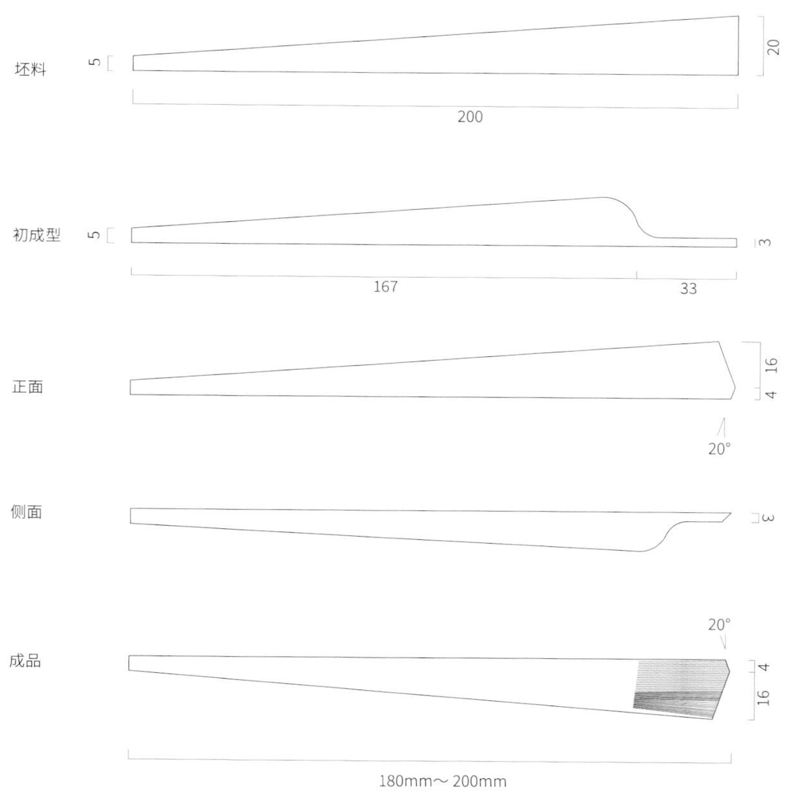

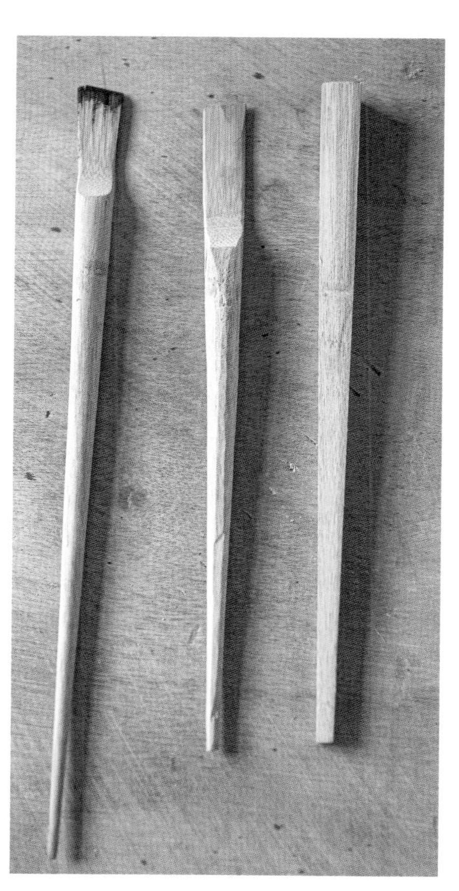

1 | 2

1. 划子结构
2. 划子及坯料

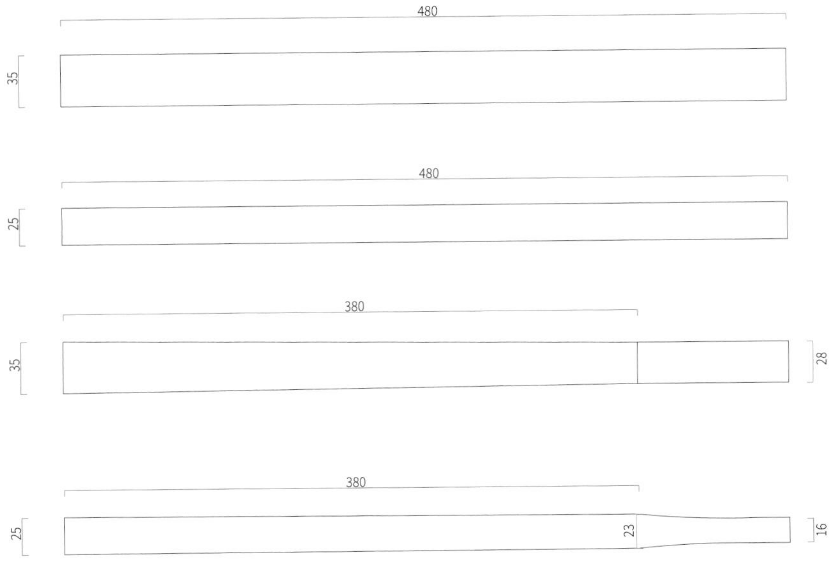

5. 工具木配件

（1）斧头柄

斧头在传统家具制作中是必不可少的：小径圆木做档料，需用斧头砍削；大小面刨好，反面复线要用斧头砍掉多余部分；凿卯孔要用斧头；家具组装也要用斧头；等等。

取四面见线、纹理顺直的长480 mm、宽35 mm、厚25 mm的柞榛木作为斧头柄毛坯料。斧头柄成品长度在420 mm左右（按个人习惯而定）。划好齐头线后，将榫的一端刨成宽28 mm、厚23 mm，再用板凿削成宽28 mm、厚16 mm（榫长根据斧头卯孔深度而定）。一般斧头卯孔长27 mm、宽15 mm。做榫时每个面加厚0.5～1 mm。榫做好后，用重量大的锤子组装。然后在榫肩端头用板凿调整榫头，最后刮平、打磨光滑。

480
35
480
25
380
35
28
380
25
23
16

	1	
	2	3
	4	5

1. 斧柄结构
2. 削榫
3. 刮榫
4. 上柄
5. 装好柄的斧锤

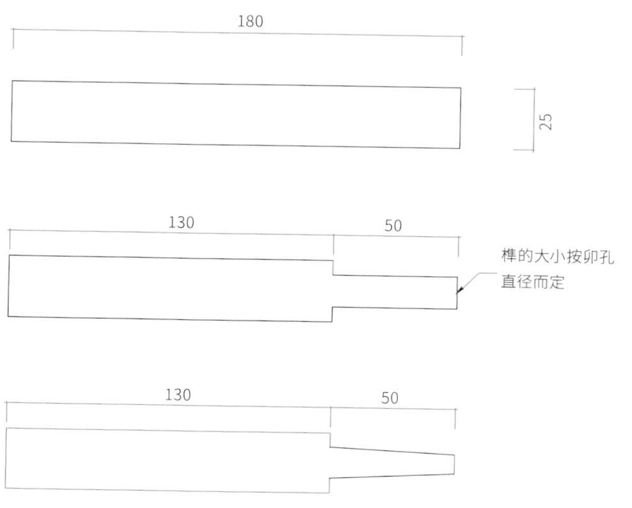

（2）凿柄

凿子是凿榫卯不可缺少的工具。凿柄按凿子卯孔直径放大 15 mm 取料，长度为 180 mm 左右。例如，凿子的卯孔直径为 10 mm，那么凿柄毛坯要做成长 180 mm、宽 25 mm、厚 25 mm。凿柄材料用柞榛木或南通本地产的本榆木，木纹要求直纹。按凿子上端卯孔尺寸，将木柄的一端做成圆榫，反复试组装凿子和柄（以凿子和柄的中轴线重合为标准）并成功后，在榫肩留足 3 mm，用斧头用力敲打凿柄端头，从而完成凿柄组装。在凿柄端头装上金属凿箍。最后，将凿子刃口磨方正，以正面磨铁见钢为佳。

1. 凿柄结构
2. 凿柄粗坯
3. 锉柄
4. 刮柄
5. 装好柄的凿子

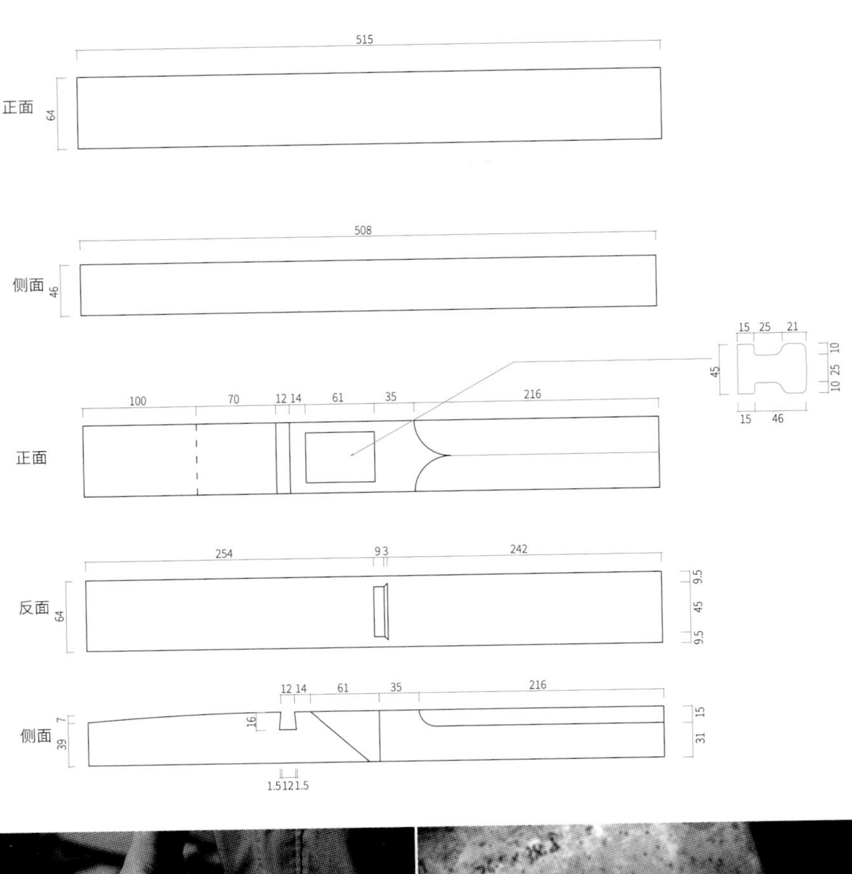

(3) 平刨刨床

刨子是平木的工具。粗刨一般规格为长 380 mm、宽 64 mm、厚 46 mm，精刨一般规格为长 440 mm、宽 64 mm、厚 47 mm。选用四面见线且有弦切纹的优等柞榛木做刨床。刨底面中心线向后为长 10 mm、宽 44 mm 的刨口，面部中心向后为长 60 mm 左右、宽 44 mm 的刨膛。刨膛用打凿凿空，并修平理正。将刨床千斤钉固定在刨床两侧上部向下 13 mm 处。千斤钉选用直径为 4 mm 的优质钉制作。其位置决定刨刀刃口的倾斜角度。刨刀刨切角度取决于待刨材料的气干密度。

确定刨切材料后，在刨床两侧用牵钻钻直径为 4 mm 的圆孔，安装好千斤钉。在刨刀上口线后 14 mm 开凿宽 12 mm、深 16 mm 的刨把手燕尾卯孔，选用长 280 mm、宽 38 mm、厚 38 mm 柞榛或榆木做双弧形把手，并在把手下方按燕尾卯孔尺寸做活燕尾榫，再将把手安装在刨子上。为了刨子的美观和使用方便，刨子前后两端切成斜齐头线。将刨膛向前 35 mm 处到前端部分两面削成斜坡，将刨把手后 70 mm 处到刨尾端部分修饰成边坡面。

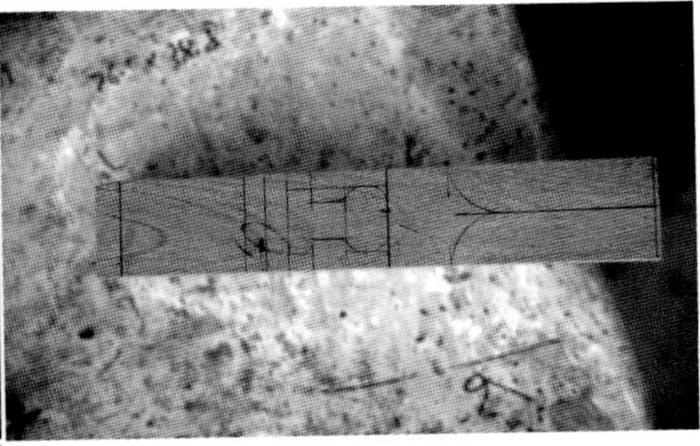

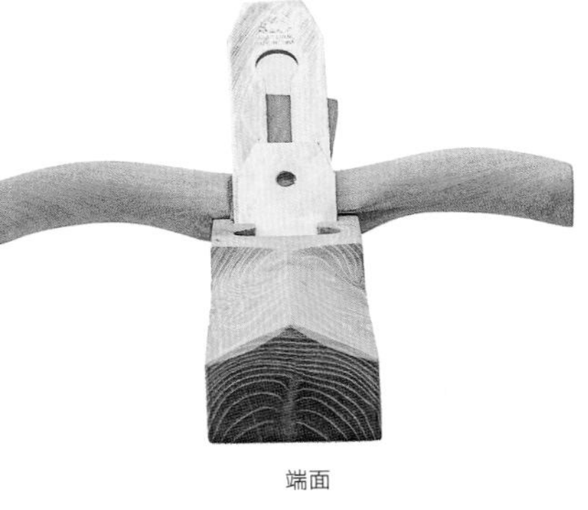

端面

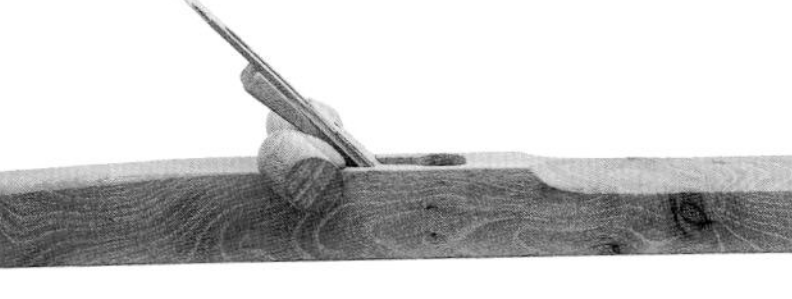

侧面

1	
2	3
4	5
	6

1. 刨床结构
2. 刨床坯料划线
3. 划好线的刨床坯料
4. 给刨床做形
5、6. 平刨成型

(4) 裁口刨刨床

裁口刨是刨工件裁口的工具。一般规格为长 370 mm、宽 52 mm、厚 44 mm。取四面见线、无缺陷的柞榛木做刨床。刨把手制作工艺和粗、精刨刨子的制作工艺一样。刨膛工艺完成后，在刨床底面两边各刨掉宽 10 mm、深 7 mm 的缺口。深 7 mm 是指裁口刨以后刨切工件的深度。裁口宽度是由靠山来决定的。

在刨床前端 59 mm 和后端 50 mm 处分别凿长 17 mm、宽 8 mm 的贯卯孔。卯孔成型后取 2 支四面见线的长 150 mm、宽 32 mm、厚 24 mm 的柞榛木做活动靠山。靠山上做长 124 mm、宽 17 mm、厚 8 mm 的活榫。裁口刨千斤钉位置同精刨的一样，刨切角度根据材料气干密度而定。气干密度越大，刨切角度越大；气干密度越小，刨切角度越小。确定好角度钻圆孔后，用钢钉锚固。

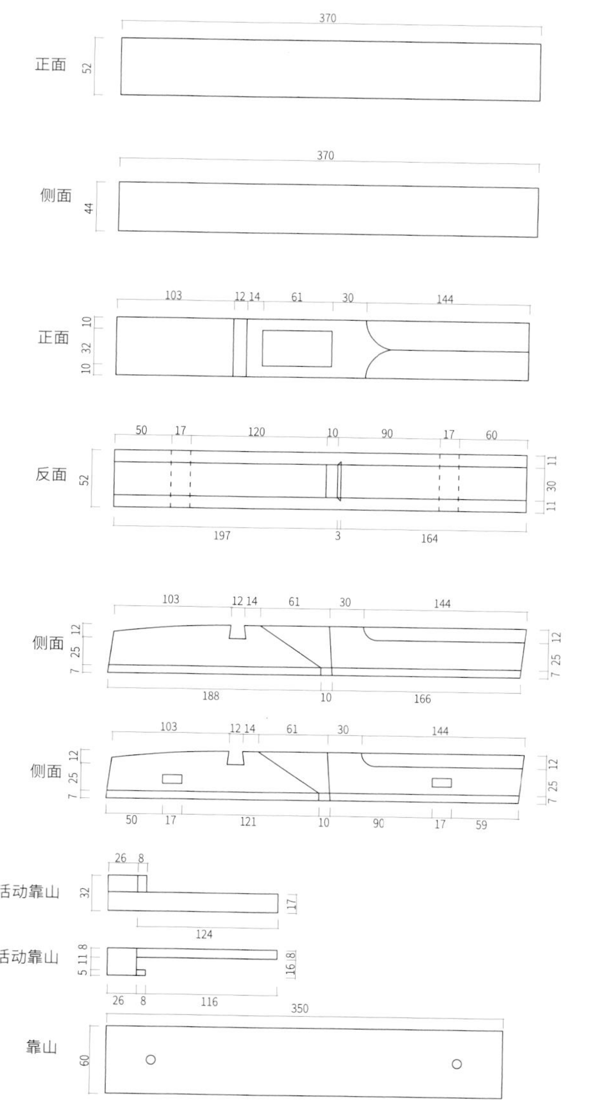

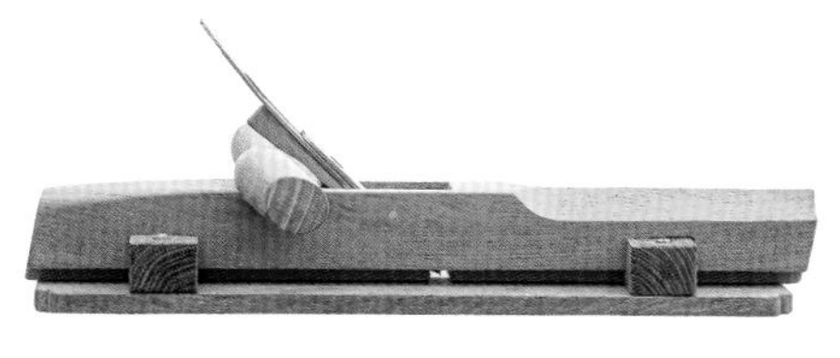

侧面

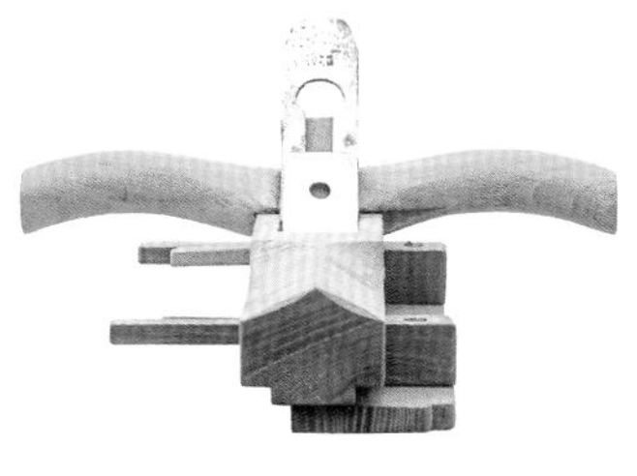

端面

1. 裁口刨刨床结构
2、3. 裁口刨

(5) 槽刨刨床

槽刨是开槽卯的工具。槽刨可分为两种。一种为刨刀在刨膛中心部位的槽刨。刨刀安在刨膛内，加工工艺比较复杂，但使用比较方便，因为其装有两个刨把手，而且设置两个点作为靠山。还有一种为刨刀在刨床右侧的槽刨。刨刀在右侧的槽刨不用刨把手，设单个靠山。

刨刀在刨膛中心的槽刨的制作工艺、功能同于裁口刨。千斤钉安装角度同于裁口刨或精刨。刨膛内刨刀的角度是根据木材气干密度大小来确定，并用千斤钉调整的。槽刨刀略宽于刨床（例如，刨床宽 8 mm，刨刀则宽 9 ～ 10 mm）。在作业时，因为刨刀宽于刨床，所以刨床和工件不产生摩擦力，槽刨使用起来比较轻巧。

槽刨刨膛的刨刀角度同样取决于材料气干密度。刨床划线后用角锯沿线锯开，用板凿修正。将长约 230 mm、宽 18 mm、厚 6 mm 的金属条固定在槽刨底面中心位置作为刨底，并用直径为 3 mm 的金属件锚固。这种槽刨在刨身左侧安装单个靠山，不需要装刨把手。

正面 230 32

侧面 230 52

正面 59 12 14 61 20 60 10 10 10 15 15

反面 25 15 104 10 22 15 35 30 118 11 144 10 72

侧面 12 14 61 15 60 6 26 12 15 30 6

侧面 12 14 61 15 60 6 8 8 17 12 6 8 8 14 15 25 15 96 10 30 15 35

活动靠山 35 83 25 15

活动靠山 5 11 8 8 25 10

靠山 210 46

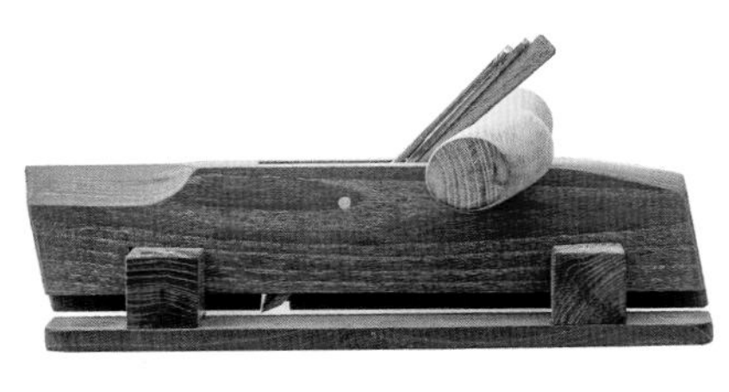
侧面

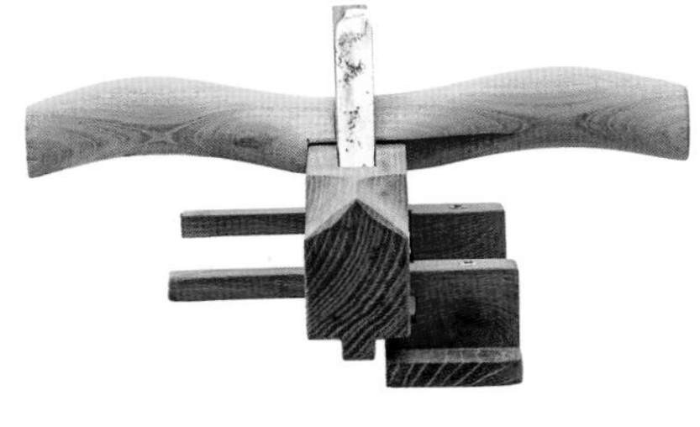
端面

1 | 2 | 3

1. 槽刨刨床结构
2、3. 槽刨

（6）线刨刨床

线刨是制作线条的工具。线型不同，所用的刨刀也不同，刨床的结构也不一样。因此，线刨的种类很多。线刨的长度约为 166 mm，制作工艺同长刨、槽刨的一样。刨床异形面和要刨削的工件面相反。例如，工件面为指甲圆面，那么刨床异形面为洼面。刨刀安装在刨膛中间位置，也有部分刨刀装在刨床右侧位置。刨床侧面有靠山。因为线刨短小，刨线时阻力不大，靠山可做成双榫固定在线刨左侧。刨线时，利用双榫调节靠山，也可以刨子底面左侧做靠山。

正面 166 26

侧面 166 46

正面 48 49 18 37 7 13 6 13 13

反面 94 7 51 26 6 13 7 3

侧面 48 48 18 37 5 34 7 39 7 10

刨刀 138 12.5

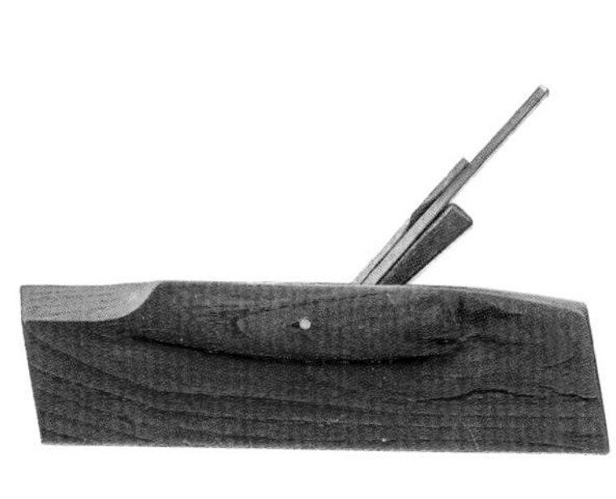

侧面

端面

底面

1. 线刨刨床结构
2、3、4. 线刨

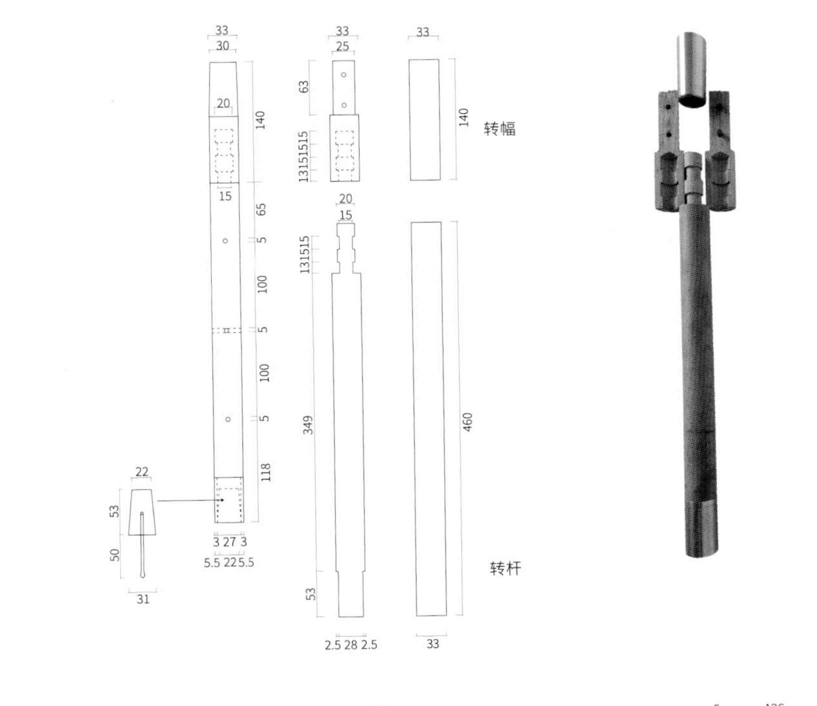

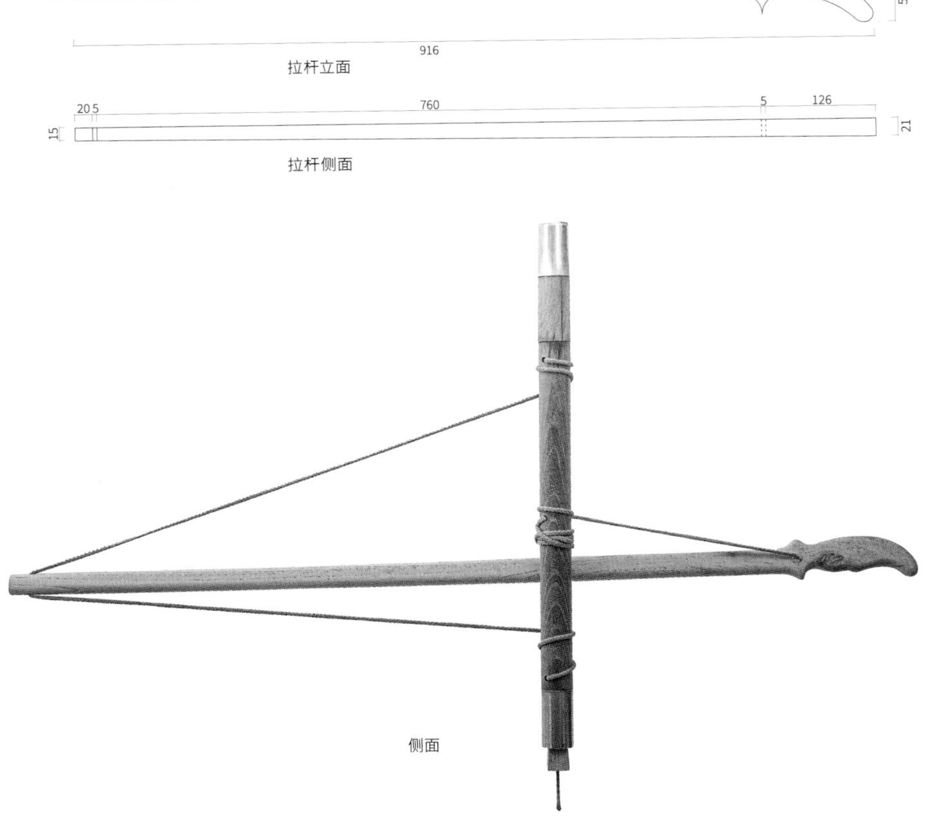

1、2、3. 手工钻结构
4. 手工钻

(7) 手工钻

手工钻是为工件钻孔的工具，由钻帽、钻杆、钻头、拉杆、钻绳等组成。钻杆采用柞榛木材料。圆钻杆长 460 mm，直径为 33 mm，配长 140 mm、直径为 16 mm 的 2 片钻帽。钻杆上端做成长 58 mm 的活榫。钻帽下端凿成 2 个和钻杆上端相匹配的活卯孔。钻帽上端用圆棒榫等固定后，钻杆和钻帽自然为活榫卯结构。钻帽、钻杆固定好后，把钻杆做成直径为 33 mm 的圆柱体，钻帽上端装长 50 mm 左右的铁箍，和圆棒榫一同固定钻帽。

在钻杆下端装钻头。为了预防装钻头时敲坏钻杆，在钻杆下端安装长 50 mm 的金属箍，外径与钻杆相同。在安装钻头的位置凿覆斗形卯孔。钻头木座同样做成覆斗形（假设钻杆下端方形卯孔为 28 mmx28 mm，那么钻头做成 31 mmx31 mm）。在钻杆另一端装铁钉并锉成钻头形状。

在钻杆两边分别钻直径为 5 mm 的圆孔，用钻绳连接钻杆、拉杆，并用杉木楔将钻绳固定在直径为 5 mm 的卯孔内。操作时钻绳和钻杆、拉杆同时联动。

1. 木匠工作台侧立面划线
2. 木匠工作台正立面划线

（8）木匠工作台

按料单下料时，烘干的松木或硬木均可。木匠工作台规格一般为长1 920 mm、宽810 mm、高800 mm（按木匠身高而定）。工作台功能：刨料、钻孔、做缝、拼板、刨板、划线、锉锯、锯肩子（南通工匠俗语叫落肩子）等。工作台面上再放一块整板，也可以作为图纸设计的工作台，变成一台多用。工作台对木匠来说很重要。木匠要有好手艺，也要有好的工作台。

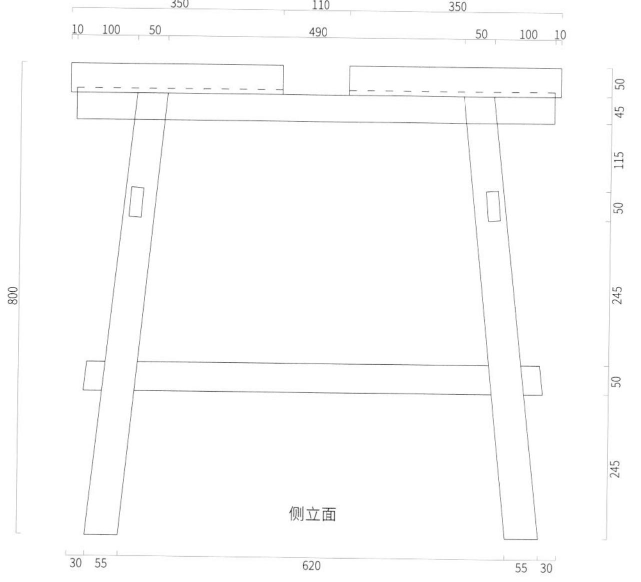

侧立面

1 920 mm×810 mm×800 mm 木匠工作台料单

部位名称	规格	数量
腿足	75 mm×60 mm×830 mm	4
侧档	50 mm×40 mm×740 mm	2
前档	50 mm×40 mm×1 680 mm	2
穿带	75 mm×45 mm×810 mm	2
工作台面板	350 mm×50 mm×1 920 mm	2
抽屉边走道	50 mm×40 mm×620 mm	1
抽屉中走道	50 mm×80 mm×620 mm	2
抽屉	665 mm×195 mm×480 mm	2
铁质千斤口	50 mm×60 mm×3 mm	1
木质千斤口	300 mm×550 mm×40 mm	1

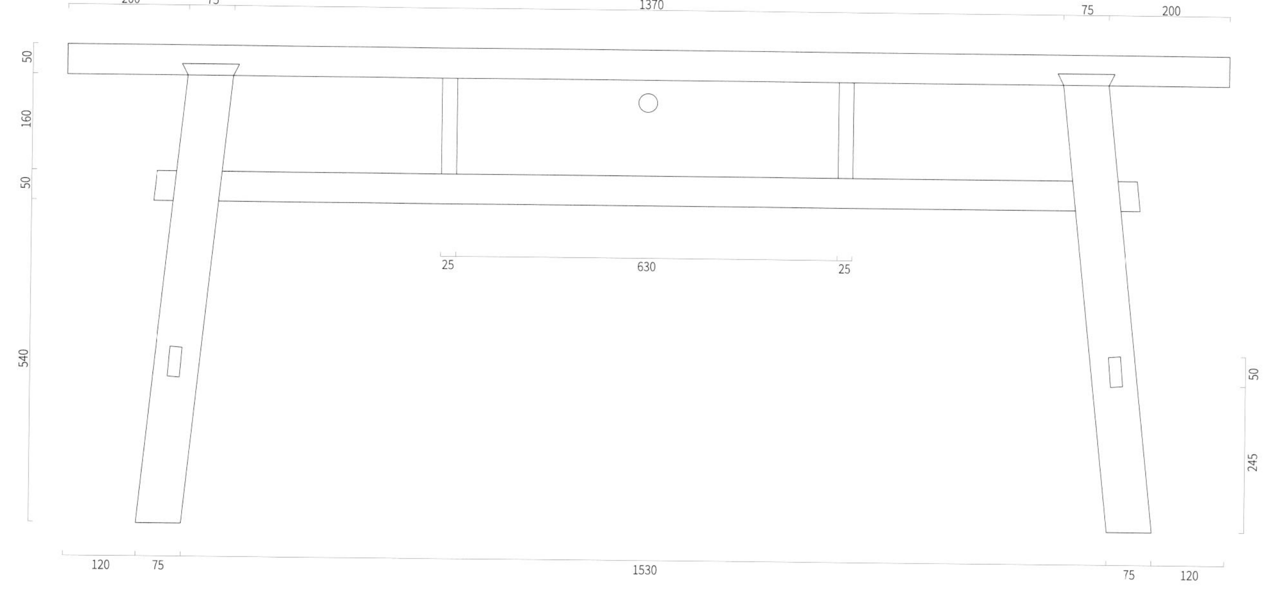

正立面

附二：通作家具的木料品种

1. 南通地区树木

（1）柏木

存世的明清通作柏木家具用料有两种，分别为扁柏和刺柏。第一种为扁柏，柏科扁柏属植物，气干密度为 0.6 ～ 0.7 g/cm^3，分布于南方广大地区。因为树木高大，遗留的明清家具有较宽的柏木板。柏木木质有油性，无结疤，木材表面平滑，呈黄白色。

南通本地产柏木叫刺柏，柏科刺柏属植物，皮白（指树木材心外围，去树皮后的材料）心红，活节、死结较多。木材有油性，不易腐烂。

1 | 2
1. 刺柏
2. 刺柏剖面

（2）榉树

榉树，榆科榉属植物，国家二级植物，产自我国广大地区。

南通地区常年生长的榉木有三种：第一种是灰榉（白榉），树皮呈浅灰色，树叶呈单锯齿状，木质松软，易腐烂，不宜做家具用材。第二种是红榉，红皮红叶，树木成材快，周边白皮可达 50 ～ 60 mm 厚。红榉谈不上坚硬，但可以作为家具用材。南通地区遗留的明清家具中一大半为红榉材质。第三种是血榉，红皮红叶，树皮为鳞片状，生长慢，难成材，木质较硬，有油性，径切纹木材有倒顺纹。血榉不易腐烂。好的血榉可以与柞榛木媲美。南通地区遗留的明清血榉家具少见。榉木、柏木做的明清家具存世量比黄花梨家具多，毕竟榉木可就地取材，而黄花梨木材产自海南，在那个年代运输是个问题，而且产量远不如地产榉木量大。

1 | 2

1. 血榉树
2. 血榉树剖面

（3）柞榛木

柞榛木为桑科柘属植物，树皮呈灰褐色，气干密度为 0.75 ～ 0.85 g/cm³。

柞榛木生长缓慢，且十柞九空，因而柞榛木难以成材。明清以来，用柞榛木做家具的几乎只有南通地区。柞榛木因质地硬，没有好的工具无法做成家具。柞榛木容易出现空洞，很难出大料。南通的先辈们惜木如金，利用小料通过榫卯结构，攒接成拐儿，用于椅、台、桌、凳的面下部分，既提高了家具美观度，又增加了结构强度，从而使拐儿纹成为南通家具的文化符号，而拐儿纹的攒接技艺，也形成了众多的榫卯结构方法。南通先辈们采用榫卯工艺制作了名目繁多的精致家具和硬木小件。

1 | 2

1. 柞榛树
2. 柞榛树剖面

(4) 本榆树

本榆树指南通特有的榆树，青皮，青皮节点带点浅红色，和红榉皮叶近似，榆科榆属植物，气干密度和红榉的一样，都是 0.6 ～ 0.7 g/cm³。本榆树剖开后呈浅黄带点浅红色，量少，难成材，是做工具柄特别是木匠凿子、锤子、斧头柄的优等材料，也是做椅、凳、桌的上等材料。其木材纤维韧性大于榉木。

1 | 2

1. 本榆树
2. 本榆树剖面

(5) 枣树

枣树别称刺枣、枣子，鼠李科枣属植物，树皮呈褐色或灰褐色，气干密度为 0.75～0.80 g/cm³。该木材纹理美观，材质坚硬，耐腐耐磨，不易被虫蛀。枣树不易成材，是做家具的优良用材，也可以用于制作木匠刨、锯把手及其他工具。

1 | 2

1. 枣树
2. 枣树剖面

(6) 楝树

楝树，别名苦楝，楝科楝属植物，气干密度为 0.6 ～ 0.7 g/cm^3，纹理直，有美丽的花纹，呈柚木色，宜用于做家具后背板及简易家具。楝树木质松，无倒顺木纹，加工容易，不易变形，内应力相对较小。

1 | 2

1. 楝树
2. 楝树剖面

（7）黄杨

黄杨，黄杨科黄杨属植物，分布于热带和亚热带地区。黄杨一般要两三百年才能成材。南通地区生长的黄杨俗称本黄杨。本黄杨质白密实，而其他地区生长的黄杨带浅黄色。南通地区遗留的明清黄杨木家具不多见，而用黄杨木制作的工艺品较多。黄杨木受潮会霉烂，不易保管，不宜用来做家具，但可作为工艺品的原材料。

1 | 2

1. 黄杨
2. 黄杨剖面

(8) 桑树

桑树，桑科桑属植物，气干密度在 0.6 g/cm^3 左右。桑树叶可用于养蚕，树干生长快，易成材，呈浅黄色。此木材若不做沉水脱脂处理，很容易腐烂、被虫蛀。由于桑和丧同音，因此，该木材一般不单独用来做家具。

(9) 银杏

银杏，银杏科银杏属植物，气干密度为 0.5 ～ 0.6 g/cm^3。树木高大无节。木材呈浅黄色，易加工、耐腐蚀，一般做家具后背、搁板用材。

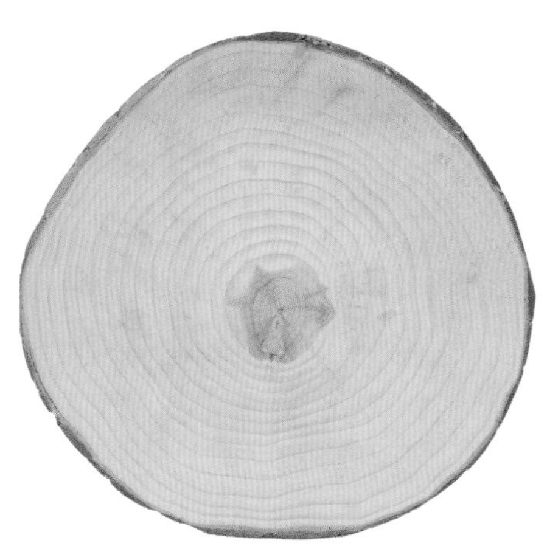

1 | 2

1. 桑树剖面
2. 银杏树剖面

2. 外来木材

（1）铁力木

铁力木，别名铁梨木，藤黄科铁力木属植物，常绿乔木，国家二级保护植物，主要分布于云南及两广地区，气干密度在 0.9 g/cm^3 以上。木色浅黄至黄，干涩无光泽，纹理粗糙，树干条直、高大，易取材。铁力木抗腐蚀性好，耐磨损，含油，不易变形。从明代中叶开始，铁力木被大量用于生产家具。南通也出现众多的明式铁力木家具，如大小头衣柜、罗汉床、架子床、椅、凳、几等。

（2）鸡翅木

鸡翅木，国标红木，崖豆属和决明属植物，主要有三种。白花崖豆木主要产于缅甸和泰国。此木气干密度大，内应力相应比较大。原木锯开时为草绿色，通过光合作用变成深褐色。斯图崖豆木即非洲鸡翅木，材质轻，内应力相对较小。原木径级大，出材率较高，可做一般民用家具用材。而明清家具使用的鸡翅木产自中国两广、云南、福建地区，决明属植物，纹理细密，含油性高，花纹美观，内应力较小，是生产家具的良材。

（3）楠木

楠木，樟科楠属植物，国家二级保护植物，主要分布于四川、云南、贵州等地，以小叶桢楠为上品。南通地区遗存大量楠木家具，多数用小叶桢楠制作，有大小头橱、架子床、书案等众多实用性家具。 楠木木材抗白蚁，含油，不易腐烂，是做高档家具的良材。

1 | 2 | 3

1. 铁力木剖面
2. 鸡翅木剖面
3. 楠木剖面

(4) 杉木

杉木为杉科杉木属植物，除在我国寒冷地区不生长外，其他大多数地区都有生长，是制作桁条、梁、柱、门窗框、门窗扇的优良材料，同时也是制作床、衣柜等实用家具的良材。

(5) 黄花梨

黄花梨，别名降香黄檀，蝶形花科黄檀属植物，产自海南。因木纹交叉生长，木质稳定而不易变形，是制作高档家具的理想材料。

(6) 紫檀

紫檀，豆科紫檀属植物，油性足、密度大，不易腐烂，木性稳定，不易变形，有天然檀香味。紫檀和黄花梨不同，黄花梨自民间使用后流入皇宫，而紫檀被直接制作成了大量宫廷家具。紫檀家具是中国传统家具的典型代表之一。

1 | 2 | 3

1. 杉木剖面
2. 黄花梨剖面
3. 紫檀剖面

（7）老红木

老红木通常指交趾黄檀，豆科黄檀属植物。在清中晚期进入中国市场。气干密度为 0.9～1.09 g/cm^3。老红木有光泽，强度大，硬度大，耐腐蚀性强，纹理通常直，结构细而均匀。不仅是高级家具用材，还是乐器首选用材，尤以泰国所产为上等木材。

（8）香红木

大果紫檀，蝶形花科紫檀属植物。大约在清晚期进入我国市场，称香红木，俗称花梨木，有香味，产于东南亚地区，树木高大，易成材，木质坚硬、耐腐，是硬木家具首选用材之一。

1. 老红木剖面
2. 香红木剖面

后记

每个人的成长都离不开学校和家庭的良好教育。从我记事起，爷爷奶奶那一辈都相敬如宾；我的父母也一样，他们相互尊敬、相互爱护，对长辈毕恭毕敬。常说父母是人生的第一任老师。家父王汉群、家母龚惠萍虽然都只是小学毕业，但在旧时的农村，也应该算是文化人了。他们的一言一行深深地影响了我。

那时我们家每顿的饭菜总是先给爷爷奶奶的。奶奶有点小姐脾气，在生活上有点不如意就批评父母。父母只好躲在房间里偷偷地哭，但一转身看到奶奶还是马上会叫声“娘”。他们二人对爷爷奶奶从来没有说“不好”二字。我从小看在眼里，记在心里。

我小时候穿的衣服、鞋子，所用的书包都是母亲一针一线亲自缝制的，让同学好生羡慕。我们兄弟四人，一直到 2021 年房屋拆迁时才分家。兄弟、妯娌之间几乎没有红过脸。

我们家虽小，但被收拾得井井有条。父母提倡简朴，因此我们家不会有剩饭剩菜。虽然现在生活条件改善了，但家里还是粗茶淡饭。家里的地暖，因为父母舍不得用而成为闲置品。但是，左邻右舍到我们家来串门，母亲会把家里好吃的东西拿出来和大家分享。逢年过节，是我们家最热闹的时候。

在三年困难时期，家里养的鸡鸭下的蛋，父母都舍不得吃，拿到镇上去卖，换山芋回来给全家充饥。那时，父亲把家里的新米送到镇上换籼子，让全家人能多吃上几顿。家里养的羊、猪长大后，父母将它们出售，再买山芋、籼子、糙米。爷爷奶奶、父母宁愿自己挨饿，也要保证我们兄弟四人吃饱。他们这种勤俭持家和待人处世的作风我永远记在心里。

我从小喜欢跟父亲进城。哪怕时间再紧，父亲也会到报栏把当天的报纸从头看到尾，然后到废品店以低廉的价格买上一堆书。这个时候父亲的脸上总会露出满足的笑容。这两件事办好后，父亲才会办其他事。父亲白天在农田里做事，晚上点上煤油灯(那时候农村未通电)，坐在床上看两三个小时的书，然后才睡觉。他关心政治、喜欢看书的习惯一直延续到现在。他这种热爱学习的精神经常鼓舞着我。

过去不少邻居家闹矛盾时，都会来请父亲说和。家里再忙，父亲也会抽出时间，耐心说服双方化干戈为玉帛，和好如初。父亲为人正派、办事公平。邻居兄弟要分家，也请父亲作为中间人，从而欢欢喜喜地分家。邻居如有家人在外地，也会请父亲代为写信。谁家里有困难，都愿意找父亲帮忙，而父亲都乐意帮助。父亲助人为乐的品质，对我产生了潜移默化的影响。

一些关键技艺，师傅是不会传授给徒弟的。但我很幸运，舅舅把木匠技艺毫无保留地传给了我。旧时的书店中很少有家具方面的书，也没有资料可查。技艺全靠师傅传承和个人记忆，以及自己在实践中积累经验来自我完善。

改革开放后，乡镇企业迅速发展。人们择业的机会多了，不少手艺人相继改行从事其他职业。从 20 世纪 90 年代起，大量的进口木材进入中国市场，同时刨板机、打眼机、带锯机、电钻等木匠机械大量出现。随着木作生产机械化的发展，重体力劳动大大减少，传统手工技艺也逐步减少。

木匠机械的应用，把木匠从繁重的体力劳动中解放出来。这是社会的进步。木匠机械的工作原理来自传统木匠工具。如刨床，其机械原理和传统手工刨一样，是轴心转动带动刨刀。但机械还是要靠人来掌控。家具线脚在器物造型上有举足轻重的作用，而线脚的合理搭配是用线刨刨刀、刮具来完成的。部分线脚用现代机械可以制作，但韵味没有了，看上去很枯燥、平庸，更谈不上美。

传统的木材脱脂方法很简便，就是在冬季砍伐树木并做简单处理后将木料投入河中。直径在 300 mm 内的树木在河中浸泡一年，径级较大的则浸泡两年。届时，将河中的树木拖到岸上阴干，半年后可以锯成板材、薄板。板材再搁置两年（薄板搁置一年），阴干后可以分割成方料。再阴干半年，就可用于制作家具。有的明代家具由于使用或保管不当而散架，但为什么零件还是结实的，敲打起来仍有叮叮咚咚的声音，还可以继续使用？这就是因为木材脱脂、脱水的方法比较科学。

拐儿纹是通作家具文化符号。南通如果没有柞榛树，可能就不会出现大量拐儿纹部件和众多的硬木小件，也不会出现众多的榫卯结构、线条装饰和艺术造型。拐儿纹是一个系统工艺形成的重要原因。我们不但要传承拐儿纹文化符号，而且要传承与之相关的技艺。

制作条凳和快口方桌都是通作家具的入门手艺。其要诀是：条凳侧面腿足高1寸叉2分，正面腿足高1寸叉1分半，快口桌腿足高1寸叉1分。20世纪80年代以前，南通木匠对这些数据都能倒背如流。那时，还没有电动工具。我经常在农村做快口方桌。一张快口方桌，从配料到成品，两人一天内完工。一人做桌面（含两支穿带），一人做腿足（含六支横档）。用活络尺按1寸叉1分放好实样，不需画图纸，很快就加工成型了。

随着人们生活习惯的改变，我已30多年未做这类桌凳，因此，对此工艺出现了失忆。1寸究竟是32 mm还是33.3 mm？查阅《律吕精义》后知：营造尺对应32 mm，量地尺对应32.6 mm，裁衣尺对应34 mm。通过画实样图，再按1寸叉1分记忆，测算腿足和横档的叉线数据。用刺槐木新做一张方桌和四张条凳，按传统工艺，每个节点都画图记录。这些第一手资料都为以后研究大小头书橱、案类及椅类座具做好了铺垫。

本书采用图文结合的方法，对通作家具传统书橱、大小头橱、四出头官帽椅、拐儿纹八仙桌，以及传统架子床等，从图纸设计、料单、榫卯结构、线条运用，直至划线技艺逐一做了阐述；对方直线、碗口线、皮条线在家具制作中的合理运用，花几腿足撇足工艺，霸王枨、鸟儿头及冰裂纹制作技艺，实图设计中器物节点的处理，以及每件家具榫卯节点工艺，也都从技艺角度进行了说明。

《大匠之道——中国通作家具制作技艺》是对中国通作家具制作技艺的总结，包含了个人对通作家具制作技艺的一点体会。该书即将出版发行，不当之处，恳请大家批评指正。同时我也由衷地感谢中国民间文艺家协会、江苏省民间文艺家协会，以及中共南通市委宣传部、南通市文联、南通市文物局、崇川区文旅局的诸位领导对非遗传承工作的重视和对民间传统工艺的扶持；诚挚感谢中国民间文艺家协会副主席、中国工艺美术大师吴元新，中国工艺美术学会原副理事长、江苏省工艺美术学会名誉会长、江苏省工艺美术行业协会名誉会长马达，中国艺术研究院研究生院副院长、中国艺术研究院工艺美术研究所所长、博士生导师孙建君，中央美术学院研究生院院长、教授、博士生导师许平，非物质文化遗产研究专家、民俗学家、南京大学历史学系教授徐艺乙，苏州大学教授、博士生导师廖军，江苏省民间文艺家协会主席陈国欢，南通大学美术学院院长、教授张卫，南通大学杏林学院教授康卫东，江苏工程职业技术学院教授任建的全力支持；非常感谢南通市委宣传部副部长顾德华，南通市文化广电和旅游局局长毛炜峰，南通市文联主席姜平及副主席陈国强、冯莹，南通博物苑苑长杜嘉乐，南通市文化馆馆长、南通市非物质文化遗产保护中心主任、南通市非物质文化遗产研究会会长曹锦扬，南通市文化馆党支部书记朱志强的关心和支持；深切感谢中国通作家具研究中心的黄培中、焦宝林、李玉坤、王宇明、赵彤、王曦、凌振荣、高培新、黄雪飞、罗锦松、赵明远、卜元、姜平、苗金卫、高坚等研究员的倾心相助；非常感谢我的爱人陈云及全家的理解、鼓励和不懈的支持。

中国通作家具研究中心

王金祥

癸卯年正月十二

于南通通作家具博物馆